Technical statuses and development trends of power generation forms

发电技术现状与发展趋势

西安热工研究院有限公司　组编

杨倩鹏　林伟杰　王月明　何雅玲　编

中国电力出版社
CHINA ELECTRIC POWER PRESS

内 容 提 要

本书结合基础科学发展和工程技术应用等因素，将发电形式划分为传统能源发电和新型能源发电两大范围，并以“技术”为核心点和创新点，分析了传统能源发电和新型能源发电的技术现状和发展趋势；提出了传统能源发电技术的发展路线和政策建议，以及新型能源发电的前沿技术探索和产业开拓方向。

本书既可供从事能源发电领域制造、运行、检修、管理等相关工作的技术人员阅读使用，也可供从事能源发电相关研究工作的技术、管理人员及高校师生借鉴参考。

图书在版编目（CIP）数据

发电技术现状与发展趋势/杨倩鹏等编；西安热工研究院有限公司组编．—北京：中国电力出版社，2018.2

ISBN 978-7-5198-1439-7

Ⅰ.①发…　Ⅱ.①杨…②西…　Ⅲ.①发电－技术　Ⅳ.①TM6

中国版本图书馆 CIP 数据核字（2017）第 292748 号

出版发行：中国电力出版社

地　　址：北京市东城区北京站西街 19 号（邮政编码 100005）

网　　址：http://www.cepp.sgcc.com.cn

责任编辑：赵鸣志　（010-63412385）

责任校对：朱丽芳

装帧设计：赵姗姗

责任印制：蔺义舟

印　　刷：北京九天众诚印刷有限公司

版　　次：2018 年 2 月第一版

印　　次：2018 年 2 月北京第一次印刷

开　　本：787 毫米×1092 毫米　16 开本

印　　张：26.5

字　　数：437 千字

印　　数：0001—2000 册

定　　价：158.00 元

前　　言

能源与人类社会发展息息相关，是人类生息繁衍和社会信息交互的基本资源和重要保障。回顾能源科技与人类社会的历史，可以发现能源革命与科技革命总是同时发生，共同推动着人类社会的不断进步。未来科技革命的到来，对于能源的利用水平提出了更高要求。电能，作为当今世界最重要的能源利用形式，未来将在世界范围的电气化水平提高和气候变化两大趋势推动下，占据一次能源消费和终端能源消费的更高比例，在能源领域的主导地位将进一步强化。

作为清洁、高效、安全、可控、便利的二次能源，电能的利用标志着人类文明的进步，是社会生产生活中使用的最重要、最普遍的能源形式，广泛应用于动力、照明、化学、纺织、通信等各个领域。电能的使用率是衡量一个国家经济发展水平的重要指标。随着生活水平的提高和电力技术的进步，越来越多的一次能源将作为发电能源使用，通过先进高效的发电技术转化为电能。电能作为优质的二次能源，也将在终端利用环节逐步替代煤炭、汽油、柴油、燃气等其他终端能源。

展望未来，发电技术将向着清洁、高效、低碳的方向不断发展，电能在各个领域的应用将更加广泛和多样化。不同的发电形式和发电技术之间，也将不断展开相互竞争和替代更新，推动发电技术的革命和发电产业的发展。本书结合基础科学发展和工程技术应用等因素，将发电形式划分为传统能源发电和新型能源发电两大范围，并以“技术”为核心点和创新点，分析传统能源发电和新型能源发电的发展前景。

本书的具体分析方法，是通过系统归纳火电、水电等传统能源发电，以及核电、风电、光伏、光热等新型能源发电的产业发展现状和技术经济性指标，分析总结发电形式的技术现状和发展趋势这一核心问题。本书对于各类发电形式的最新基础理论和前沿工程技术进行了讨论分析，围绕“技术”这一出发点和关键点分析了各种发电形式的发展前景。与从资金、产能、市场、政策等角度开展的发电形式短期预测相比，本书的分析方法有助于提供较为可靠的长期预测，这也是本书的创新之一。

本书还在整体对比传统能源发电与新型能源发电的技术指标和经济指标，以及资源、环境和社会评价的基础上，讨论传统能源发电与新型能源发电的竞争趋势和替代时间，并提出相应观点。本书给出了传统能源发电技术的发展路线和政策建议，以及新型能源发电的前沿技术探索和产业开拓方向，希望能为能源发电领域的战略研究人员提供参考和建议。

本书由中国华能集团香港有限公司林伟杰、西安热工研究院有限公司王月明、西安交通大学何雅玲院士指导编写并审核内容，西安热工研究院有限公司博士后工作站杨倩鹏负责各章节编写。限于作者水平，书中疏漏之处在所难免，恳请各位读者批评指正！

编　者

2017 年 10 月

目　录

第 1 章

能源重要性与能源发电形式划分

能源与人类社会发展息息相关，是人类生息繁衍和社会信息交互的基本资源和重要保障。本章将从能源与生命、能源与信息两方面，分析能源对于人类社会的决定性影响。另外，本章将通过回顾能源科技发展与人类社会进步的历史，总结能源发展与科技革命的关系，分析和展望未来能源科技与未来科技革命的前景，并讨论两者之间的密切关联。

电能，作为能源的重要利用形式，在未来人类社会发展中的重要性将会进一步提升。本章通过分析电能的开发历程和利用趋势，阐述了电能和发电对未来人类社会的重要性。本章将划分传统能源发电和新型能源发电的范围，以便后续章节对比分析传统能源发电和新型能源发电的竞争趋势与替代时间。

本章最后一节简单介绍了本书的整体内容，主要包括传统能源发电技术现状与发展趋势、新型能源发电技术现状与发展趋势、传统能源发电与新型能源发电对比分析、能源发电未来发展路线等四部分内容。

第 1 节　能源与人类社会关系

一、 能源与生命

生命的定义，一般指有机物和水构成的单细胞或多细胞、具有稳定的质量和能量代谢、能回应刺激和自身繁殖的半开放系统。其中，质量和能量的新陈代谢，即可以稳定地从外界获取质量和能量，并将体内产生的废物和多余热量排放到外界，是生命最重要的标志。

能量对于生命的存在至关重要。人类生命所需的能量，主要来源于食物中所蕴涵的糖类、脂肪和蛋白质。人类生命活动中，以葡萄糖为主的糖类是主要能源，三磷酸腺苷（ATP）水解产生的化学能是直接能源，而脂肪所含能量是储存能源。

光合作用所固定的太阳能，则是地球上绝大部分食物链范围内，生命活动的最终能源。由太阳能转化而来的生物质能和化学能，是生命维持和繁衍的最基本能源保障。

热能，则是生命保持系统内外热量平衡的重要能源形式。热能获得或排出的增加、减少或停止，会相应地造成生命系统的生长、停滞或死亡。光能，同样是影响生命活动的重要因素，植物光合作用和呼吸作用的切换，动物的昼行夜行和生命周期，人类的昼夜作息和健康成长，都与光能有密切的关联。

综上所述，能量与生命是密不可分的整体，人类生命必须时刻依赖于能量。因此，能量的来源即能源，对于人类具有极为重要的意义。

二、 能源与信息

信息泛指音讯、语言、消息、文字、信件、网络等人类社会个体之间在交流中传播的一切内容。

信息学奠基人香农（C. E. Shannon）将信息定义为“用来消除随机不确定性的东

西”；控制论创始人维纳（Norbert Wiener）则将信息定义为“人类在适应外部世界，并使这种适应反作用于外部世界的过程中，同外部世界进行互相交换的内容和名称”。

信息与能量之间的根本关联，属于科学领域的前沿课题。对于信息是否必须依赖于能量，通过共同变化而传播，目前科学研究的结论是肯定的。

1961年，IBM公司物理学家罗夫兰道尔（Rolf Landauer）证明，重置1bit信息会释放出极少的热量，即兰道尔极限，并且这一极限与环境温度成比例。量子计算机需要将量子元件冷却到接近绝对零度的温度，从而接近兰道尔极限，实现信息处理的能量最小化。

信息和能量总是共同存在和变化的，能量的传递可以传播信息，这一点显而易见。而信息能否产生能量，从热力学定律的角度来看答案是否定的，但科学领域仍然存在不同观点。

1871年，麦克斯韦提出了“麦克斯韦妖”的设想，即假设盒子中一道闸门边存在一个精灵，它允许速度快的微粒通过闸门到达盒子的一边，而速度慢的微粒则通过闸门到达盒子的另一边。一段时间后，盒子两边就会产生温差和热量。麦克斯韦妖是耗散结构的雏形，而“分子是热的还是冷的”这一信息，似乎产生了能量。

2010年，日本研究人员在《自然》杂志报道称，在实验室条件下让一个纳米级小球沿电场制造的“阶梯”向上爬动，其爬动所需的能量由该粒子在任何给定时间朝哪个方向运动这一信息转化而来。研究人员认为该实验初步验证了“麦克斯韦妖”设想，实现了从信息到能量的转化。

反对的意见中，匈牙利物理学家冯劳厄认为，“麦克斯韦妖”必须消耗能量（如光照等）来确定“分子是热的还是冷的”信息，能量仍然遵守热力学第二定律。而日本研究人员的实验中，目前要确定这一信息，需要通过摄像机消耗能量而实现。确认信息所消耗的能量，是否一定大于产生的能量，还有待进一步探索。

综上所述，信息和能源，并非两个完全独立的学科，而是存在着密切的关联。人类社会的信息发展历史，也与能源科技的进步密切相关。

科学研究发现，植物可以通过化学信息素（乙烯、芳香烃等）和电信号等传递信息；动物通过声音、气味和动作交流信息；人类的最初时期，也通过声音、气味、动作和简单的符号，与其他个体产生信息交流。

人类初期的信息传递，主要依赖于生物质能所产生的声音和动作，并且逐渐演变为语言和文字。这一时期，人类个体之间因为有了信息的交流，逐渐形成了群体居住的特点，并逐步发展为初步的社会形态。由于人体能够产生的生物质能和机械能的限制，信息的传播受到明显限制。

进入农业社会后，人类传递信息的能量形式得到了一定的扩展。在生物质能和机械能方面，人类开始利用人力、马力、信鸽传递信息，并形成了初步的信件和驿站系统。此外，人类通过燃烧方式，利用产生的烽火、烟雾进行信息的远距离快速传播，但这种方式传递的信息内容非常有限。

印刷术和打字机的出现，标志着人类开始大规模利用机械能进行信息的大规模准确传播，使得新闻载体和出版物成为可能。印刷最初的机械能，由人力或水车产生，工业革命后开始由蒸汽机通过释放化石燃料的化学能，产生热能并转换为机械能。

电能的开发利用，显著拓宽了信息传播的深度和广度。依赖电能的电报、电话、传真、电视、电影等信息传播形式，深入影响人类社会。采用电磁波的无线电、手机、光纤、互联网等信息传播技术和形式的出现，又进一步丰富了人类社会的物质和精神生活。

随着光子计算机、量子通信等未来信息科技的发展，信息的传播将更加依赖于能量。量子通信是利用光子等粒子的量子纠缠原理进行信息传递的一种高效率和绝对安全的新型通信方式。量子通信和量子计算机的信息，仍然需要依赖光能等能量进行传播，而且对于能量的可靠性、稳定性等提出了更高的要求。

综上所述，能量与信息不可分割，信息技术的发展也依赖于能源技术的发展。人类个体之间正是因为信息交流才构成了社会，从信息角度来看，社会的稳定和发展离不开能源的保障。

三、 能源科技与人类社会

人类社会的构成中，生命和信息是两个重要支柱。生命决定了人类个体的存活进步，信息决定了个体之间的交流发展，人类个体间的信息交流产生了社会。能源与生命、能源与信息的密切关系，也说明了能源与人类社会发展息息相关。

1. 从历史角度看能源与人类社会关系

能源发展历史与人类社会发展历史方面，人类最初时期的绝大部分生命活动依赖于太阳能，以及太阳能转化得来的部分生物质能、化学能（食物）和机械能（人力）。

随着人类的进化，发现旧石器时代的人类留下的木炭、灰烬等痕迹，说明人类已经学会了钻木取火等利用火的能力，开启了主动利用能源的时代。新石器时代各类彩陶的出现，说明人类已经能成熟地利用木材、柴草作为燃料，烧烤食物和烧制陶器。这一时期，人类利用的能源已经有所扩展，由被动利用转变为主动利用太阳能及其各种转化形式。

人类主动利用能源的历史，由此开始可以分为五大阶段：①火的发现和利用。②畜力、风力、水力等自然动力的利用。③化石燃料的开发和热能的利用。④电的发现及开发利用。⑤核能的发现及开发利用。

火的利用，标志着人类已经能够将生物质能、化学能等，通过燃烧的方式转变为热能和光能，用于加工熟食、制作工具和照明用途。进入农业社会后，人类利用能源的来源主要还是太阳能，但利用的形式和方式都更加多样。

在农业社会，太阳能的直接利用包括太阳光的照明、太阳能的加热取暖和制盐。人类根据能源形式的不同特点制取不同用途的热能和光能时，能源形式的区分日益清晰，但利用方式仍然以燃烧为主。制取热能的能源形式包括木材、柴薪、动物粪便、沼气等，制取光能的能源形式包括动植物油、石蜡、煤油等。燃烧利用方式之外，还包括火山、地热、荧光等直接利用自然界的热能和光能的方式。

农业社会中，机械能的形式和利用方式得到了较为显著的发展，也成为人类利用能源第二阶段的主要标志。机械能的形式和方式包括了人力、畜力，以及有关的耕种灌溉农具、交通工具等利用方式；风能形式，以及有关的风车、帆船等利用方式；水能形式，以及有关的水车、汲水器等利用方式。

农业社会持续到18世纪前，人类仍然局限于天然能源的直接利用。天然能源，尤其是木材，在世界一次能源消费结构中长期占据首位。人类很早就认识到煤炭可以作为燃料。中国先秦时代出土的雕漆煤、汉代出土的煤块、魏晋时代的煤井，以及唐宋时代煤炭的广泛利用，都显著领先于西方。

但是由于古代煤炭开采技术原始、煤炭相比木材不易点燃、煤炭中硫和杂质较多、运输困难等缺点，人类普遍不倾向于使用煤炭。14～16世纪，木材的短缺已经严重威胁西欧和北欧人民的生活。1700年，英国首先决定以煤炭代替木材作为能源基础，这种替代趋势随后逐渐扩展至其他各国，为18世纪的工业革命提供了能源条件。

从人类一次能源发展历程可知，人类社会一次能源有三次转换，分别为：①第一次是煤炭取代木材等成为主要能源。②第二次是石油取代煤炭，占据主导地位。③第三次是20世纪后半叶向多能源结构的转换。煤、石油和天然气等化石能源是近现代的主要能源，因此也将从1700年起近300年或工业革命起250年，称为化石能源时代，区别于古代太阳能时代。

18世纪末出现的以煤为燃料的蒸汽机，推动了机械化工厂逐渐代替手工业工厂。蒸汽机的出现加速了18世纪开始的工业革命，促进了煤炭的大规模开采。到19世纪下半叶，出现了人类社会第一次能源转换。1860年，煤炭在世界一次能源消费结构中占24%，到1920年则上升至62%，成为化石能源时代中的煤炭时代。

19世纪中叶，随着开采和化工技术的发展，人类开始开发石油。1859年在美国宾夕法尼亚州钻探形成了第一口现代化的石油井，开发了第一个油田。19世纪末，相继出现了采用汽油、柴油作为燃料的汽车、火车、轮船和飞机，还出现了采用柴油为燃料的火力发电厂。在20世纪，石油逐渐超过煤炭成为主要能源，天然气也开始作为重要能源受到重视。

1831年，英国物理学家法拉第发现电磁感应现象，从而开辟了人类利用电能的时代。1832年，法国人毕克西受电磁感应现象启发，发明了手摇式直流发电机。1866年，德国的西门子发明了自励式直流发电机。1869年，比利时的格拉姆发明了环形电枢发电机。1882年第一座火力发电厂建成。从此，电力逐渐成为人类社会广泛使用的二次能源。电气化标志着人类进入能源利用的第四个阶段，也进一步推进了第二次能源转换。

当电力代替了蒸汽机，电气工业迅速发展，煤炭在世界一次能源消费结构中的比重逐渐下降。1965年，石油首次取代煤炭占据一次能源首位。1979年，世界一次能源消费结构的比重为：石油占54%；煤炭和天然气各占18%。石油替代了煤炭，第二次能源转换基本完成，人类社会进入化石能源时代中的石油时代。

然而，地球上煤炭和石油储量有限，石油的大量消费使能源供应趋于短缺。人类社会能源消费结构已经逐渐从石油为主向多元能源结构转变，即第三次能源转换。20世纪70年代，世界上出现了两次石油危机。在石油危机和环境污染的双重压力之下，开发新能源成为人类社会面临的重要课题。

新能源包括核能、太阳能、海洋能、风能、生物质能、地热等，其中核能是较有希望替代石油的一次能源。核能的发现及开发利用，也是人类主动利用能源历史的第五个阶段。人类在20世纪40年代发现核能，50年代建立了世界上第一座核电站。2015年核能已经占世界一次能源的4%，核电发电量占世界总发电量的11%左右。

通过回顾人类社会发展历史和能源发展历史，不难看出人类社会发展对于能源科技进步的依赖，以及能源科技水平对于人类社会形态的决定作用。

人类社会发展过程中，从人类学角度来看，空间、能源、物质、信息和生命等基本要素的需求都在不断增加；从心理学角度来看，生理、安全、情感、尊重和自我实现的要求也在逐渐提升。人类社会的这些变化，对于农业、纺织、交通、居住、医疗、信息、娱乐等各个方面都在不断提出新的要求，这些需求依赖于能源科技的进步来解决。

与之相应的，能源科技水平也决定着人类社会的形态和水平。仅依靠火的发现和利用，人类只能满足基本的生命维持，远距离交通和信息传播难以开展，社会形态只能停留在最初始的群体部落；化石燃料的开发和热能的广泛利用，改变了人类社会的交通和居住水平；电能的发现和广泛利用，促进了人类社会信息快速传播。上述情形说明只有现代化的能源科技水平，才能支撑现代化的人类社会；只有未来能源科技的不断发展，才能支撑不断进步的未来人类社会。

2. 数据角度看能源与人类社会关系

如表1-1所示，估计原始人类人均能耗约为8×10^{3}kJ/d，石器时代人均能耗约为（1～2）$\times10^{4}$kJ/d，农业社会的人均能耗约为5×10^{4}kJ/d。实现工业化时，人均能耗达到3×10^{5}kJ/d；实现信息化时，人均能耗将接近1×10^{6}kJ/d。人类文明的进程，具有周期加速性，工具时代发展周期约为200万年，农业时代约为5000年，工业时代约为200年，而1970年开始的信息时代预计将持续100年左右。进入信息时代的50年期间，世界人均能耗又增加了接近1倍。

人类社会形态进步和人均能耗提升的同时，世界人口也在不断增长。原始社会的人口出生率和死亡率都维持在50%左右的高水平，人口增长基本停滞。100万年前世界人口约为1万～2万，10万年前约为2万～3万，千年人口增长率不足1%。

表 1-1　　人类社会时代划分与能源关系

时代	时间点（年）	世界人均能耗（kJ/d）	世界人口	世界年总能耗（kJ）
原始人类	100 000 B.C.	8×10^{3}	2.5×10^{4}	7.3×10^{10}
石器时代	10 000 B.C.	1×10^{4}	4.0×10^{6}	1.5×10^{13}
农业社会	3000 B.C.	2×10^{4}	1.4×10^{7}	1.0×10^{14}
开始工业化	1600 A.D.	5×10^{4}	5.8×10^{8}	1.1×10^{16}
开始信息化	1970 A.D.	3×10^{5}	3.7×10^{9}	4.1×10^{17}
完成信息化	2100 A.D.	1×10^{6}	1.1×10^{10}	4.0×10^{18}

新石器时代原始农业开始普及，世界人口第一次进入增长状态。如图 1-1 所示，公元前 10000 年，世界人口约为 400 万；公元前 5000 年，世界人口缓慢增长到 500 万；公元前 3000 年时达到 1400 万。

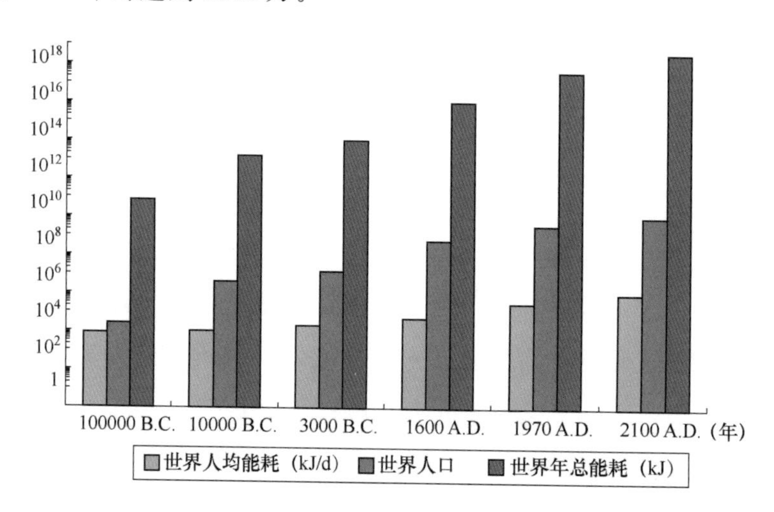

图 1-1　世界人均能耗、人口和年总能耗变化

数据来源：维基百科。

公元前 3000 年，人类社会进入奴隶社会和封建社会，世界人口开始较为快速地增长，在 1600 年世界人口达到 5.8 亿。工业革命后，第二次人口增长浪潮来临，世界人口从 1800 年的 10.0 亿，增加至 1950 年的 25.3 亿。

第二次世界大战后，世界各国出现第三次人口浪潮。1960 年世界人口达到 30 亿，1974 年达到 40 亿，1987 年达到 50 亿，1999 年达到 60 亿，2012 年达到 70 亿。

由图 1-1 可以看出，对于不同的人类社会时代，人均能耗相比上个时代增加 3～6 倍，而人口相比上个时代增加 3～10 倍，因此每年能耗总量相比上个时代增加 10～40 倍。

农业社会发展至顶峰，每年能耗总量约为 1.1×10^{16} kJ，随后开始进入工业化。

工业化时代，平均每年能耗总量约为 2.0×10^{17} kJ，工业化完成时，每年能耗总量约为 4.1×10^{17} kJ。世界可用于作为燃料的木材每年约为 15 亿 m^3，能提供的能量约为 1.3×10^{16} kJ。世界每年煤炭产量约为 60 亿 t，能提供的能量约为 1.8×10^{17} kJ。

不难看出，仅仅依靠木材作为主要能源，人类社会只能停滞在农业社会末期，无法进入工业时代。这种情况下能源总量基本不变，当人口增加时，人均能源将出现下降，分配不均、能源短缺、生存危机将出现，最终引起争夺能源资源的战争；危机和战争后的人口减少，人均能源增加，社会发展人口再次增多，又陷入能源短缺的情况。因此，与农业和粮食情况相似，在人类社会发展过程中，能源领域也存在马尔萨斯陷阱，必须依赖能源科技的进步走出陷阱。

煤炭的开发利用，能够基本满足工业化时代 2.0×10^{17} kJ 的能耗总量水平，而木材仅能满足这一水平的 6.5%。到达工业化后期，还需要通过石油、天然气等其他化石燃料的补充，才能满足工业化完成时每年 4.1×10^{17} kJ 的能耗总量水平。

由图 1-2 可知，世界人均能耗水平约为 2×10^5 kJ/d。除少数已经完成工业化的国家（G8）外，大部分国家仍然处于工业化的过程中。但部分发达国家如美国，已经在 19 世纪末 20 世纪初完成工业化，人均能耗超过 3×10^5 kJ/d，并且在 1970 年前后开始逐渐进入信息化，相应的能耗水平也反映了这一情况。中国在 1980 年之前，人均能耗水平处于（2～5）$\times10^4$ kJ/d，从能耗水平角度来看属于农业社会。随着改革开放的深入，2015 年中国人均能耗已经达到 2.5×10^5 kJ/d，处于工业化进程的后期。

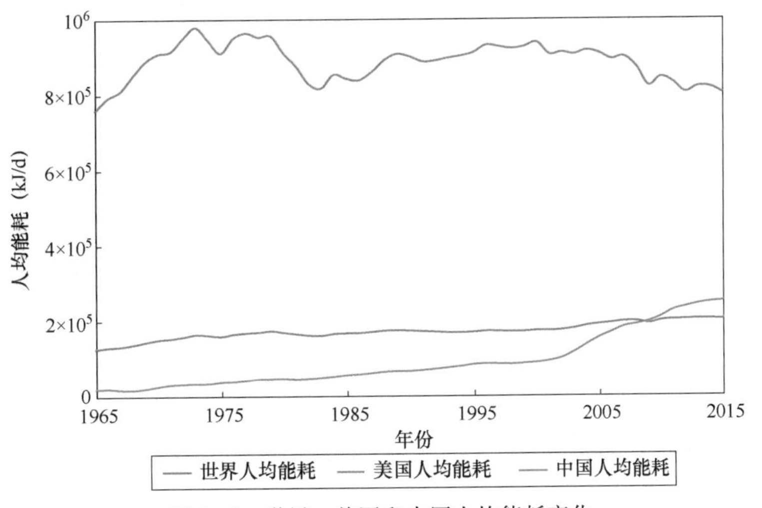

图 1-2　世界、美国和中国人均能耗变化

数据来源：世界银行、BP、UN、国家统计局。

四、 未来科技革命与未来能源科技

如前所述，从2050年到2100年人类社会完成信息化，进入下一个时代之前，人均能耗将达到1×10^{6}kJ/d，能耗总量将达到每年4.0×10^{18}kJ，相当于完成工业化时的10倍，化石能源显然已经无法支撑如此庞大的能源需求。人类社会只有两条途径可以解决能源问题：一条途径是通过未来绿色科技革命减少人均能耗；另一条途径是通过开发未来能源科技，探索新能源。

科技革命的三个判断要素包括显著改变人类的生活观念、显著改变人类的生活和生产方式，以及影响超过半数的社会人口。21世纪预计将有三次科技革命：第五次科技革命即信息革命正在进行；第六次科技革命大约在2020～2050年；第七次科技革命大约在2050～2100年。

第六次科技革命即将来临，相关专家预计此次革命主要涉及三个方向，包括生命和再生工程、信息和仿生工程，以及纳米和仿生工程。最终，人类将获得三种新的生存形式，即网络人、仿生人和再生人。

网络人需要将人的认知和思维数字化，配合先进的网络科技，实现人的信息的网络化生存。其中，信息的转换、传递和存储，都需要更为先进、高效的能源系统支撑。仿生人主要包括各种仿生材料及机器人科学的发展，需要采用更先进的能源利用方式来进行制造，并且采用更科学的能源形式维持机器人运行。再生人是指操纵遗传物质、细胞等，通过先进的制造和3D打印技术，形成再生的人体部分，这一领域也需要更加绿色、小型化的能源科技进行支撑。

第2节 电能的开发历程与利用趋势

一、 电能的开发历程

人类对于电的最早认识来自闪电，形成了希腊神话中的雷神宙斯、北欧神话中的雷神托尔和中国神话中的雷公电母等神话形象。人类也在部分鱼类身上发现了电的现象。公元前 3000 年，古埃及人发现了电鲶，并利用电鲶对头痛等疾病进行电击治疗，类似于今天的电刺激疗法。

公元前 600 年前后，希腊哲学家泰勒斯曾经思考过琥珀摩擦后吸引羽毛的现象。希腊人将琥珀称为“elektron”，与现在电的英文发音相同。1600 年，英国科学家吉尔伯特发明了人类首个电学仪器——静电计。吉尔伯特指出静电现象不仅存在于琥珀，还存在于毛皮、陶瓷、纸、丝绸、金属、橡胶等物质。

1708 年，英国科学家沃尔认为雷电是由于静电产生的。1746 年，莱顿大学教授马森布罗克发明了储存静电的莱顿瓶，也是最初的电容器。1752 年，富兰克林采用风筝吸引雷电，证明了雷电同样来自于电，并发明了避雷针。

1800 年，意大利物理学家伏特证明了锌、铅、锡、铁、铜、银、金、石墨的金属电压系列。通过将铜和锌制成电极置于稀硫酸中，发明了伏打电池。英国化学家戴维将 2000 个伏打电池连在一起，产生放电并发出强光，成为电能用于照明的开始。

1820 年，丹麦哥本哈根大学教授奥斯特发现了伏打电池连接导线旁边磁针的偏转现象；法国科学家安培发现了关于电流周围产生的磁场方向问题的安培定律。1826 年，欧姆发现了关于电阻的欧姆定律。

1831 年，英国物理学家法拉第发现划时代的电磁感应现象，开辟了人类利用电能的时代。1832 年，法国人毕克西发明了手摇式直流发电机，原理是通过转动永磁体使磁通发生变化，在线圈中产生感应电动势，并将电动势以直流电压形式输出。1866 年，德国的西门子发明了自励式直流发电机。

1869 年，比利时人格拉姆制成了环形电枢，发明了环形电枢发电机，可以利用水力驱动发电机转子发电。1882 年，美国人戈登制造了输出功率达 447kW 的两相式巨型发电机。

1882 年，爱迪生在美国纽约建立了拥有 6 台发动机的发电厂。发电厂利用蒸汽机驱动直流发电机，电压为 110V。在电能的生产和输送问题上，爱迪生主张用直流，但直流电的供电范围存在制约。由于爱迪生坚持直流电，美国的特斯拉将两相交流发电机和电动机专利出售给西屋公司。

1886 年，西屋公司利用交流变压器进行交流供电试验获得成功。1889 年，西屋公司在美国俄勒冈州建设了发电厂，1892 年成功采用 15 000V 电压将电能输送至皮茨菲尔德。随着电能使用范围的不断扩大，交流电逐渐成为主流。

早期的发电机依靠蒸汽机和齿轮传动装置驱动。1884年，英国制造出第一台汽轮机。汽轮机可以直接与发电机连接，减少了传动装置带来的振动和磨损。1888年在福斯班克电厂安装的小型汽轮机，转速为4800r/min，功率为75kW。1912年，在芝加哥安装的汽轮机功率已经达到25 000kW。随后汽轮机和发电机的功率不断增加，现今汽轮机和发电机的功率已经超过百万千瓦。

1940年左右，瑞士和德国相继出现较为成熟的燃气轮机，开启了利用燃气轮机发电的历史。20世纪，水力发电和风力发电技术也逐步成熟，利用水轮机和风机带动发电机发电，也进一步丰富了发电的形式。1951年，美国原子能委员会在爱达荷州实验堆上成功进行了第一次核能发电试验。1954年，苏联建成了世界上第一座实验核电站，发电功率为5000kW。核电与火电能量转换过程系统的区别是火电热源来自化石燃料在锅炉中燃烧产生的热量，而核电则来自裂变反应产生的热量。

1839年，法国科学家贝克雷尔发现，光照能使半导体材料的不同部位之间产生电位差，即光伏效应。1954年，美国科学家在贝尔实验室首次制成了实用的单晶硅太阳能电池。1958年，太阳能光伏电池在卫星的供能领域首次应用。随后，光伏发电技术逐步成熟，并且开始得到发电领域的大范围应用。

进入21世纪，发电形式更加多样，地热发电、光热发电、生物质发电、海洋能发电、燃料电池等技术的蓬勃发展，都在进一步丰富着人类社会的电能来源。与发电技术同时发展的还包括使用电能的照明、通信、医疗、仪器、设备、娱乐等人类社会各个方面的科技发展，它们共同构成了人类社会的电气时代。

二、 电能的利用现状

电能作为清洁、高效、安全、可控、便利的二次能源，标志着人类文明的进步，是人类社会生产生活中使用的最重要、最普遍的能源形式，广泛应用于动力、照明、化学、纺织、通信等各个领域。

电能的利用是第二次工业革命的主要标志，从此人类社会进入电气时代。电能的使用率是衡量一个国家经济发展水平的重要指标。随着生活水平的提高和电力技术的进步，电能作为优质的二次能源，将在终端利用环节逐步替代煤炭、石油、天然气等其他终端能源。发电技术的不断进步和多样化，也为电能的替代提供了保障，促进了电能在各个领域更广泛的应用。

电能来源广泛，可以从目前已知的所有一次能源转换得到。电能也广泛应用于人类社会各个领域，可以便捷地转换为机械能、热能等并实现精确控制。在工业领域，电能可以用于动力、照明和制热，具有效率高、易控制、安全环保等特点。电能在工业领域的普及，有助于提高自动化水平和能源利用率，带动工业的转型升级。在信息领域，电力支撑着数字技术和通信技术，是信息化的血液。

在生活领域，电能可以有效提升生活品质，提高终端能源利用效率，减少一次能源的直接燃烧及相应的环境污染。在交通领域，电能可以用于动力、空调和照明，相比采用化石燃料，电能能够更好地提高能源利用率，降低对于油气资源的依赖，减少环境污染。

针对中国能源消费情况，提高电气化可以有效促进资源节约型和环境友好型社会的建设。国内外研究表明，随着经济水平的提高，电气化水平将不断提高，能源强度（或单位GDP能耗）将不断下降。1970～2000年，英、美、日、德、法等五个发达国家的能源消费情况显示，发电能源占一次能源消费比重每提高1%，能源强度下降2.4%，电力消费占终端能源消费比重每提高1%，能源强度下降3.7%。

中国共产党第十八次全国代表大会报告提出，中国将促进新型工业化、信息化、城镇化、农业现代化同步发展，而这些发展都离不开电气化的发展。电能自身也在朝着多元化、分布式等以能源消费为导向的方向转变。

新型工业化方面，提高工业电气化水平可以提高自动化水平和能源利用率，减少环境污染，促进工业转型升级，支撑新型工业化发展。信息化方面，电气化是信息化的基础，信息化可以从智能电网等方面促进电气化技术。

城镇化方面，城市的能源在安全稳定的前提下，需要更加清洁化。电能和天然气等是支撑中国新型城镇化的清洁能源。增加电能等清洁能源的消费比重，可以优化能源消费结构，也有助于提高生活品质。提高城市交通的电气化水平，发展电动汽车、地铁等采用电能的交通方式，可以减少石油消费和大气污染。

提高农村电气化水平，可以促进农业生产的电气化和农村经济的全面发展。电能的利用，可以减少煤炭、秸秆直接散烧带来的环境污染和生态破坏，改善农村卫生状况，提高农民生活质量。

三、 电能的未来趋势

能源利用和能源环境，是人类未来发展面临的两大重要问题。国内外研究普遍认为，电气化水平提高是未来世界能源发展的主要趋势，气候变化则是未来世界能源环境影响的主要趋势。

世界各国的资源、气候和习俗存在差异，电能发展历程也有所不同，但是GDP与用电量均为正比关系。电气化水平可以通过发电能源占一次能源消费的比重，以及电能占终端能源消费的比重两个指标来衡量。

伴随着工业革命和信息革命，会有更大比例的常规能源通过各种方式转化成为电能在终端使用，发电能源占一次能源消费的比重将稳步提高。根据国际能源署（IEA）的研究结果，发电能源在一次能源总量中的占比预计将从2010年的38%提高至2030年的41%，到2035年将达到40%～44%。其中，2030年美国、欧盟和日本的发电能源在一次能源总量中的占比将分别达到44.7%、43.0%和49.5%。根据英国石油公司（BP）的研究结果，发电能源在一次能源总量中的占比预计将从2015年的42%提高至2035年的46%。

从世界终端能源的发展历程来看，随着经济水平的不断提升，电能占终端能源消费的比重也将不断提高。1980～2010年的30年间，世界电能占终端能源消费的比例从11%上升至18%。发达国家中这一趋势更为明显。对于世界经济合作与发展组织（OECD）国家，电能占终端能源消费的比重则从1971年的10.9%上升到2008年的21.5%。

IEA预计，2010～2035年世界电能消费的增速为1.7%～2.6%，显著高于一次能源消费0.6%～1.6%的增速，也高于终端能源消费0.7%～1.5%的增速。因此，电能占终端能源消费量的比例将不断提高，预计将从2010年的18%上升至2035年的23%左右。根据IEA的预测，电能占世界终端能源消费的比重在2030年将达到22%，其中2030年美国、欧盟和日本将分别达到25.4%、23.0%和30.2%。

在第六次科技革命、第七次信息革命和第四次工业革命进程中，电能既是未来科技发展的重要能源支撑，又是未来能源环境转型发展的重要问题，具有不可替代的地位。

第七次信息革命中的智能互联网，即“互联网+”技术，要实现大数据、云计算、物联网、智能感应、可穿戴设备、虚拟现实（VR）技术、智能交通、智能医疗等，都必须依靠电能作为重要和唯一的能源支撑。与此同时，未来的生物医药、人工智能、电动汽车等各行业的新型技术，对于电能的依赖和需求将会持续增加，发电行业的重要性也会与日俱增。

第四次工业革命即“工业4.0”时代中，绿色工业革命的目标首先是实现碳排放的“脱钩”，具体为：①促使传统能源“绿化”，即采用更加高效、清洁的方式使用化石能源，使单位能耗的污染强度下降。②尽量减少化石能源在经济生产和消费中所占的比重。③促进非化石能源、可再生能源、绿色能源所占比例的大幅上升，并最终占据主导地位。第四次工业革命对于传统能源的利用提出了更高的要求，对于传统能源发电的转型和升级具有重要指导意义。

第六次科技革命、第七次信息革命和第四次工业革命，都对未来能源科技革命提出了更高的要求。未来能源科技革命中，电气化水平将不断提高，电能在能源供应体系中的地位将不断增强。

四、 中国能源未来趋势

中国能源资源结构以煤炭为主，油气资源较少，石油对外依存度高。资源结构决定中国终端能源消费的油气比例难以增加，而电能替代更适合基本国情。在发达国家煤炭基本用于发电或冶金，在终端能源消费中的比例很低。2015年世界发电用煤占煤炭消费的比重约为68%。从1990年开始，世界发电用煤占煤炭消费的比重每年提高约0.4%，未来电煤比重将保持逐步提高的趋势。

发达国家电煤比重基本超过80%，2015年OECD国家电煤比重为83.5%，美国电煤比重高达92%。相比之下，发展中国家电煤比重较低，但在快速提升。中国1990年电煤比重为28.7%，2013年电煤比重为55.0%，2016年电煤比重约为58%，过去的二十多年间平均每年增加1.3%，是世界增速的三倍。根据国家发改委、环保部和能源局印发的《煤电节能减排升级与改造行动计划（2014—2020年）》的规划目标，到2020年，中国电煤比重计划超过60%，每年至少提高0.8%。

从能源和资源利用角度，发电是较为合理的煤炭利用方式，优点包括利用效率高、污染可集中治理等。大型火电机组一般采用先进的燃烧技术和完善的除尘、脱硫、脱硝装置，煤炭利用效率高。燃煤发电可以对燃烧产生的污染物进行集中规模化处理，有效减少污染物排放总量和排放强度。根据研究，煤炭直接燃烧所排放的SO_2、NO_x、烟尘等污染物，约为同样质量煤炭用于燃煤发电的4～8倍。

煤炭的其他利用方式还包括煤化工、动力用煤、生活用煤等。中国每年约有8亿t煤炭在终端被直接燃烧，占终端能源消费比重近四分之一，已经成为雾霾等大气污染现象的重要原因。提高发电煤炭比重有利于改善大气污染等环境问题。在终端能源方面发展电能替代，减少煤炭直接燃烧，可以有效促进大气质量提高和生态环境改善。提高煤炭用于发电的比例，也是煤炭清洁、高效利用的必然趋势。

中国煤炭能源近年来的进展和未来的发展趋势包括煤矿绿色安全开采技术，大型煤气化、液化、热解等煤炭深加工技术，低阶煤的分级分质利用，超超临界火电技术的推广应用，大型IGCC、CCUS和700℃超超临界燃煤发电技术的发展等。

油气能源方面，中国近年来的进展和未来的发展趋势包括：常规油气技术装备自主化，复杂地形和难采地区油气勘探开发技术，3000m深水半潜式钻井船等装备自主化；页岩气、致密油等勘探开发关键装备技术，煤层气规模化勘探开发；千万吨炼油技术，大型天然气液化、长输管道电驱压缩机组等成套设备自主化。

其他能源方面，中国近年来的进展和未来的发展趋势包括：大型水电、1000kV特高压交流和±800kV特高压直流技术及成套设备；智能电网和多种储能技术；AP1000核岛设计技术和关键设备材料制造技术，采用“华龙一号”自主三代技术示范项目，首座高温气冷堆技术商业化核电厂示范工程，核级数字化仪控系统自主化；陆上风电技术达到世界先进水平，海上风电技术攻关及示范有序推进；光伏发电实现规模化发展，光热发电技术示范进展顺利；纤维素乙醇关键技术取得重要突破。

五、 中国电能未来趋势

中国能源消费方面，电力消费增速远高于主要化石能源。随着城市化和工业化的推进，2030年中国电力需求预计将达到10万亿kWh左右。2016年5月，国家发改委、国家能源局等部门联合印发了《关于推进电能替代的指导意见》，提出四个电能替代重点领域，即北方居民采暖领域、生产制造领域、交通运输领域和电力供应与消费领域。

《关于推进电能替代的指导意见》指出，“十三五”期间实现能源终端消费环节替代散烧煤、燃油消费约1.3亿t标准煤，电煤占煤炭消费比重提高约1.9%；电能占终端能源消费比重提高约1.5%，电能消费比重达到约27%。

生产制造工业领域方面，2012年中国工业领域的电能占终端能源消费比重为23.7%，接近发达国家水平，但是终端煤炭消费比重高达28.6%，油气消费比重较低。

2012年，中国燃煤工业锅炉共计47.9万台，消耗煤炭占总量的18%，而烟尘、SO_2、NO_x排放分别占总量的33%、27%、9%，成为环境污染重要来源。“十三五”期间，中国将积极推动钢铁、建材、轻工等领域终端煤炭、油气的电能替代，到2020年中国工业领域电气化水平预计将达到26%。

交通运输领域方面，中国电气化水平较低，终端能源主要依赖石油。根据2016年中国统计年鉴给出的2014年交通运输、仓储和邮政业的能源消费组成，电力消费按照国家标准GB/T 2589—2008《综合能耗计算通则》中的当量值（0.1229kg/kWh，标准煤）计算，占能源消费量的比例为3.6%，电气化水平较低。

油品燃烧产生的汽车尾气，占中国大气污染物PM2.5和NO_x的比例为20%～30%。汽车产业的快速增长，为石油供给和环境保护带来巨大压力，也促进着电动汽车、电气化铁路、电气化城市轨道交通等采用电能的交通工具占据更大份额。

参考欧盟2050年能源转型战略，2050年欧盟计划有65%的轿车和轻型卡车将实现电气化，从而推进电能占终端能源比重提高至36%～39%。可以看出，中国交通领域电气化水平的提高，也将进一步推动电能在终端能源比重的提高。“十三五”期间，中国将积极发展电动汽车、高铁和地铁等电力交通工具，进一步替代交通领域油品消费，推动交通领域的“以电代油”，到2020年使得交通领域电气化水平达到6%。

建筑采暖领域方面，中国公共建筑仍然有大量散煤作为终端能源，2012年电气化水平约为37%，而日本和美国分别为46%和56%，存在一定差距。在学校、商场、酒店等公共建筑进一步推广热泵等电能采暖设施，可以在2020年使电气化水平达到40%～45%。

城乡居民电力消费方面，2012年中国居民生活电气化率为27.5%，仍有相当的散煤作为终端能源。“十三五”期间，通过普及电采暖、电热水器、电厨具等家电，替代煤炭、秸秆等直接燃烧的采暖、烹饪方式，将使得2020年居民生活电气化水平达到30%～33%。

第3节　能源发电形式划分

将发电形式划分为传统能源发电和新型能源发电，可以更清晰地梳理发电形式的技术现状与发展趋势，并便于两者之间进行技术经济性和资源环境社会评价的对比分析。进行发电形式范围划分，也有助于分析两者整体的竞争趋势与替代时间，更有针对性地提出技术发展路线和战略建议。

一、发电形式划分因素

划分传统能源发电和新型能源发电，首先需要探讨能源科学与发电技术两方面因素。能源科学通过不断的探索发现，逐步清晰认识自然界的能源形式。目前，能源科学中已经较为充分了解和掌握的能源形式，主要包括机械能、生物质能、热能、化学能、光能和核能等。

发电技术是在能源科学充分已知和掌握的能源形式范围内，探索高效率、低成本的利用能源的形式，进行电力生产的各类方法和手段。一种能源发电形式划分为传统能源发电，需要利用充分已知的能源形式，同时利用成熟的电力生产技术。也就是说，传统能源发电需要同时满足在能源科学角度的“充分已知”和在发电技术角度的“相对成熟”。

为了满足未来人类发展需求，能源科学也在不断探索新的能源形式，包括部分已知的氢能、海洋能、核聚变等，以及未知的或者不了解能否作为能源的如引力、量子纠缠等。发电技术的未来发展，一方面是对能源科学提出的新形式，探索开发发电技术的可行性；另一方面是对于能源科学已经充分认识的能源形式，研究新型发电技术和改进提高方向。

二、 发电形式划分范围

在能源科学领域，充分已知的传统能源主要包括机械能、生物质能、热能、化学能、光能和核裂变等，存在部分未知的新型能源包括氢能、海洋能、核聚变等。在发电技术领域，技术成熟的主要特点包括能量密度较高、规模较大、效率较高、成本较低、生产运输销售环节较完善等。

从以上因素考察，在机械能领域，人力畜力无法实现较大规模发电，不属于传统能源发电的研究范围。水力发电属于传统能源发电，除生态环保环节有待提升外，基本满足发电技术成熟的条件。风力发电在生产环节方面，风机设计、叶片材料、远程诊断和故障维修有待成熟，而且发电成本有待降低，因此在本书中将其划分为新型能源发电。海洋能从能源科学角度来看还存在较多未知问题，以发电技术角度来看也存在能量密度低、技术不完善等情况，也属于新型能源发电。

在化学能领域，采用燃煤、燃油、燃气的火力发电符合技术成熟的条件，属于传统能源发电。燃料电池发电技术则在规模、成本、环节等方面技术不够成熟，属于新型能源发电。氢能在能源科学方面的安全性等问题还有待研究，从发电技术角度来看，成本、生产、储存也有待进一步成熟，属于新型能源发电。

在以太阳能为主的光能领域，光伏发电技术仍然面临效率偏低和成本偏高等问题，太阳能的间歇性也造成并网等环节的技术有待成熟，属于新型能源发电。光热技术在规模、效率、成本和生产技术方面，均存在较多不成熟问题，也属于新型能源发电。

在核能领域，核裂变发电技术基本成熟，成本较低，但在环保和安全方面存在较大提升空间，因此归属于新型能源发电范畴。核聚变在能源科学方面仍然存在未知问题，还不能稳定、持续地输出能量，属于新型能源发电领域。

三、 传统能源发电中热能的重要性

热能在发电领域占据重要地位。由图 1-3 所示各种能源形式的转换关系可知，热能是大部分能源形式在发电过程中必须经历的转换环节。根据各类估计，电能的

80%～90%都通过热能转换而来，其中化石燃料（煤、石油、天然气）、生物质、核能、地热、太阳能、氢能等自然界的大部分一次能源，都是利用成熟的发电技术，通过热能再转换为电能。

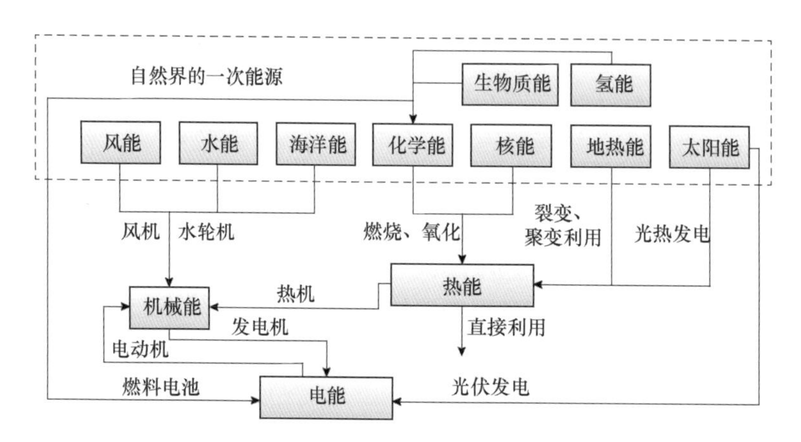

图 1-3　热能在发电领域的位置

根据能源已知和技术成熟的划分条件，水力发电以外的大部分传统能源发电都与热能相关。转换过程中，自然界一次能源转换为热能的效率较高，机械能和电能之间相互转换的效率也较高。因此，热能到机械能的转换，即热力系统效率，是传统能源发电中最为关键的环节，也是技术突破的重点部分。

部分新型能源发电形式也是通过尝试绕开热能而产生的，如化学能直接转换为电能的燃料电池、太阳能直接转化为电能的光伏发电、核能直接转换为电能的辐射伏特效应同位素电池（RVIB）等。但可以看出，这些回避热能的新型能源发电形式普遍存在科学和技术上的未解决问题，应用规模也有待提升。

与此同时，还有一些前沿技术也在尝试将热能直接转换为电能。如根据霍尔效应，利用加热到高温的带电流体发电的等离子发电机（磁流体发电机），利用塞贝克效应的温差发电的电堆，利用对温度敏感的合金材料的磁场强度变化而发电的技术等。

综上所述，热能在传统能源发电领域占据主导地位，在新型能源发电领域也属于重要组成部分。热能的转换效率，也是传统能源发电技术发展的核心问题和关键指标。

第4节 本书主要内容

根据国家发展改革委和国家能源局联合发布的《能源技术革命创新行动计划》，中国现有能源政策研究体系尚未把科技创新放在核心位置，国家层面尚未制定全面部署面向未来的能源领域科技创新战略和技术发展路线图。

本书围绕能源发电的“技术”这一核心问题，进行能源发电技术现状及发展趋势研究，并通过对比传统与新型能源发电技术，提出能源发电未来的技术发展战略建议。本书内容主要分为四个部分：传统能源发电技术现状及发展趋势，新型能源发电技术现状及发展趋势，传统能源发电与新型能源发电对比分析，能源发电未来发展路线。

传统能源发电技术现状及发展趋势部分，将在第2章分析世界和中国能源消费概况，以及中国能源发电产业的现状。在第3章，主要围绕中国火力发电技术现状和发展趋势展开，并简略介绍国外火力发电现状和趋势。第4章通过参考有关科研机构的信息资料，重点分析水力发电技术现状及发展趋势。

新型能源发电技术现状及发展趋势部分，将开展与相关科研机构的合作交流。其中，第5～第7章，将主要分析新型能源发电中比重较大的发电形式，分别涉及核电、风电和太阳能发电的技术现状和发展趋势。第8章主要探讨其他形式的新型能源发电的技术现状和发展趋势。

本书的第9章，重点开展传统能源发电与新型能源发电的对比分析，涵盖技术经济性、资源环境社会评价等方面。通过对比分析，归纳新型能源发电对于传统能源发电的替代趋势，并预测不同情景下的替代时间。

本书的第10章，将重点研究发电技术的未来发展路线。从战略角度提出传统能源发电技术的发展路线和战略建议，以及新型能源发电的技术探索和产业开拓方向。

参考文献

[1] 何传启．第六次科技革命的战略机遇［M］．北京：科学出版社，2011.

[2] 中国科学院．科技革命与中国的现代化：关于中国面向2050年科技发展战略的思考［M］．北京：科学出版社，2009.

[3] 中国科学院能源领域战略研究组．中国至2050年能源科技发展路线图［M］．北京：科学出版社，2009.

[4] 中国科学院重大交叉前沿领域战略研究组．中国至2050年重大交叉前沿科技领域发展路线图［M］．北京：科学出版社，2011.

[5] 中国科学院．科技发展新态势与面向2020年的战略选择［M］．北京：科学出版社，2013.

[6] 国家发展改革委，国家能源局．能源技术革命创新行动计划（2016—2030年）［Z］．国家发展改革委，国家能源局，2016.

[7]（美）丹尼尔 耶金．能源重塑世界（上）［M］．北京：石油工业出版社，2012.

[8]（美）丹尼尔 耶金．能源重塑世界（下）［M］．北京：石油工业出版社，2012.

[9] Rutger Van Santen，Djan Khoe，Bram Vermeer. 2030技术改变世界［M］．北京：中国商业出版社，2011.

[10] Stevens A，Lowe J S. Human histology［M］. London：Mosby，1997.

[11] 李继尧．人体的能量代谢［J］．生物学通报，1995，30（2）：29-30.

[12] Garrow J S. Energy balance and obesity in man［M］. North-Holland Publishing Company.，1974.

[13] Shannon C E. The lattice theory of information［J］. Information Theory，Transactions of the IRE Professional Group on，1953，1（1）：105-107.

[14] Wiener N. What is information theory［J］. IRE Transactions on Information Theory，1956，2（2）：48.

[15] Landauer R. Irreversibility and heat generation in the computing process［J］. IBM journal of research and development，1961，5（3）：183-191.

[16] Landauer R. The physical nature of information［J］. Physics letters A，1996，217（4）：188-193.

[17] Landauer R. Minimal energy requirements in communication［J］. Science，1996，272（5270）：1914.

[18] 冯端，冯步云．熵与信息—麦克斯韦妖的启示［J］．现代物理知识，1991（4）：15-16.

[19] Toyabe S，Sagawa T，Ueda M，et al. Experimental demonstration of information-to-energy conversion and validation of the generalized Jarzynski equality［J］. Nature Physics，2010，6（12）：988-992.

[20] 王琦，刘桂玲．熵、麦克斯韦妖与生命［J］．物理与工程，2005，14（6）：23-25.

[21] Brillouin L. Maxwell′s demon cannot operate：Information and entropy. I［J］. Journal of Applied Physics，1951，22（3）：334-337.

[22] 闫学杉．关于21世纪信息科学发展的一些见解［J］．科技导报，1999，17（8）：3-6.

[23] Fromm J，Lautner S. Electrical signals and their physiological significance in plants［J］. Plant，Cell

& Environment，2007，30（3）：249-257.

[24] Dicke M，Agrawal A A，Bruin J. Plants talk，but are they deaf? [J]. Trends in plant science，2003，8（9）：403-405.

[25] Adler F R，Gordon D M. Information collection and spread by networks of patrolling ants [J]. American Naturalist，1992：373-400.

[26] Wilson T D. Human information behavior [J]. Informing science，2000，3（2）：49-56.

[27] Henshilwood C S，Marean C W. The origin of modern human behavior [J]. Current anthropology，2003，44（5）：627-651.

[28] Locke J L，Bogin B. Language and life history：A new perspective on the development and evolution of human language [J]. Behavioral and Brain Sciences，2006，29（3）：259-280.

[29] 吴志荣.人类信息交流的变革和社会文明的变迁 [J].上海师范大学学报：哲学社会科学版，2009，38（6）：67-75.

[30] Standage T. The Victorian Internet：The remarkable story of the telegraph and the nineteenth century's online pioneers [M]. London：Weidenfeld & Nicolson，1998.

[31] Nielsen M A，Chuang I L. Quantum computation and quantum information [M]. Cambridge University press，2010.

[32] Lo H K，Spiller T，Popescu S. Introduction to quantum computation and information [M]. World Scientific，1998.

[33] 徐冠华，葛全胜，宫鹏，等.全球变化和人类可持续发展：挑战与对策 [J].科学通报，2013，58（21）：2100-2106.

[34] Ponting C. A green history of the world [M]. London：Sinclair-Stevenson，1991.

[35] 薛毅.关于中国古代煤炭历史研究的几个基本问题 [J].中国矿业大学学报：社会科学版，2012，14（1）：97-102.

[36] Ashton T S. An economic history of England：The eighteenth century [M]. Routledge，2013.

[37] Clark G. The long march of history：Farm wages，population，and economic growth，England 1209—1869 [J]. The Economic History Review，2007，60（1）：97-135.

[38] Allen R C. The British industrial revolution in global perspective [M]. Cambridge：Cambridge University Press，2009.

[39] Parra F. Oil politics：A modern history of petroleum [M]. IB Tauris，2004.

[40] 刘海燕，于建宁，鲍晓军.世界石油炼制技术现状及未来发展趋势 [J].过程工程学报，2007，7（1）：176-185.

[41] David P A，Bunn J A. The economics of gateway technologies and network evolution：Lessons from e-

lectricity supply history [J] . Information economics and policy, 1988, 3 (2): 165 - 202.

[42] Hughes T P. Networks of power: electrification in Western society, 1880 - 1930 [M] . JHU Press, 1993.

[43] Johansson T B. Renewable energy: sources for fuels and electricity [M] . Island press, 1993.

[44] 冯玲，斉涛，赵千钧．城镇居民生活能耗与碳排放动态特征分析 [J] ．中国人口资源与环境，2011，21 (5)：93 - 100.

[45] Holdren J P, Ehrlich P R. Human Population and the Global Environment: Population growth, rising per capita material consumption, and disruptive technologies have made civilization a global ecological force [J] . American scientist, 1974, 62 (3): 282 - 292.

[46] World population [EB/OL] . https: //en. wikipedia. org/wiki/World _ population, 2016.

[47] World Development Indicators 2016 [M] . World Bank Publications, 2016.

[48] Chontanawat J, Hunt L C, Pierse R. Does energy consumption cause economic growth: Evidence from a systematic study of over 100 countries [J] . Journal of Policy Modeling, 2008, 30 (2): 209 - 220.

[49] Energy consumption [EB/OL] . http: //stats. oecd. org/, 2016.

[50] 化学课程教材研究开发中心．化学 2 [M] ．北京：人民教育出版社，2004.

[51] 1971—1999 年世界各国人均能耗 [J] ．能源政策研究，2002，1：4 - 4.

[52] 何传启．第 6 次科技革命的主要方向 [J] ．中国科学基金，2011 (5)：275 - 281.

[53] Benyus J M. Biomimicry [M] . New York: William Morrow, 1997.

[54] Maxwell J C. A treatise on electricity and magnetism [M] . Clarendon press, 1881.

[55] Smythe W R, Smythe W R. Static and dynamic electricity [M] . New York: McGraw - Hill, 1950.

[56] Benjamin P. A History of Electricity [M] . Ayer Company Pub, 1975.

[57] Bauer M. Resistance to new technology: nuclear power, information technology and biotechnology [M] . Cambridge University Press, 1997.

[58] Reddy P J. Science technology of photovoltaics [M] . BS publications, 2010.

[59] Next generation photovoltaics: High efficiency through full spectrum utilization [M] . CRC Press, 2003.

[60] BNEF New energy outlook 2016 [R] . Bloomberg New Energy Finance, 2016.

[61] 汉能．全球新能源发展报告 2016 [R] ．2016.

[62] IEA Key Electricity Trends [R] . International Energy Agency, 2016.

[63] IEA Key world energy statistics 2016 [R] . International Energy Agency, 2016.

[64] Medium Term Coal Market Report 2016 [R] . International Energy Agency, 2016.

[65] BP 世界能源统计年鉴 2016 [R]. British Petroleum，2016.

[66] BP 2035 世界能源展望 [R]. British Petroleum，2015.

[67] IEA 世界能源展望 2016 [R]. International Energy Agency，2016.

[68] IEA 世界能源展望特别报道：能源与气候变化 [R]. International Energy Agency，2015.

[69] Silberglitt R，Antón P S，Howell D R，et al. The Global Technology Revolution 2020，Executive Summary：Bio/nano/materials/information Trends，Drivers，Barriers，and Social Implications [M]. Rand Corporation，2006.

[70] Hawken P，Lovins A B，Lovins L H. Natural capitalism：The next industrial revolution [M]. Routledge，2013.

[71] 森德勒. 工业 4.0 [M]. 北京：机械工业出版社，2014.

[72] Brettel M，Friederichsen N，Keller M，et al. How virtualization，decentralization and network building change the manufacturing landscape：An Industry 4.0 Perspective [J]. International Journal of Mechanical，Industrial Science and Engineering，2014，8 (1)：37-44.

[73] 王喜文. 2015 年第四次工业革命元年 [J]. 物联网技术，2015 (3)：5-5.

[74] 世界能源远景：2050 年的能源构想 [R]. 世界能源理事会 World Energy Council WEC，2013.

[75] 中国社会科学院世界经济与政治研究所（IWEP）世界能源中国展望课题组. 世界能源中国展望 2014-2015 [M]. 北京：社会科学文献出版社，2015.

[76] 中国电机工程学会. 动力与电气工程学科发展报告（2015）[R]. 中国电机工程学会，2015.

[77] 美国自然资源保护委员会. 煤炭消费减量化和清洁利用的国际经验 [R]. NRDC，2014.

[78] 国家发展与改革委员会，环境保护部，国家能源局. 煤电节能减排升级与改造行动计划（2014-2020 年）[Z]. 国家发展与改革委员会，2014.

[79] IEA. Energy Balance of OECD Countries [R]. International Energy Agency，2011.

[80] 国家发改委能源研究所. 2030 年实现 20%非化石能源目标可行性方案研究 [R]. 北京：国家发改委能源研究所，2014.

[81] 国家统计局. 中国能源统计年鉴 2015 [R]. 国家统计局，2016.

[82] 国家统计局. 2016 中国统计年鉴 [R]. 国家统计局，2017.

[83] 国家发改委能源研究所. 生态文明建设背景下电力发展转型研究 [R]. 北京：国家发改委能源研究所，2015.

[84] 中电联统计信息部. 2016 年全国电力工业统计快报 [R]. 中国电力企业联合会，2017.

[85] 余洁. 中国燃煤工业锅炉现状 [J]. 洁净煤技术，2012，18 (3)：89-91.

[86] 徐火力. 推进燃煤工业锅炉节能减排的建议及措施 [J]. 能源与环境，2010 (2)：20-22.

[87] 周梦君. 从新能源战略看欧盟能源结构的调整与优化 [J]. 电力与能源，2013，34 (1)：4-7.

[88] 顾宇桂．我国电气化水平和能源效率关系分析［J］．中国能源，2008，30（8）：10－12.

[89] 顾宇桂，郭利杰．中外电气化发展历程探讨［J］．电力需求侧管理，2011，13（6）：5－9.

[90] Liming H. Financing rural renewable energy：a comparison between China and India［J］．Renewable and Sustainable Energy Reviews，2009，13（5）：1096－1103.

[91] Turner J A. Sustainable hydrogen production［J］．Science，2004，305（5686）：972－974.

[92] 罗顺忠，王关全，张华明．辐射伏特效应同位素电池研究进展［J］．同位素，2011，24（1）：120－121.

[93] Polymers，phosphors，and voltaics for radioisotope microbatteries［M］．CRC press，2002.

[94] Koinuma H，Ohkubo H，Hashimoto T，et al. Development and application of a microbeam plasma generator［J］．Applied physics letters，1992，60（7）：816－817.

[95] Förster H，Lilliestam J. Modeling thermoelectric power generation in view of climate change［J］．Regional Environmental Change，2010，10（4）：327－338.

[96] Rebecca Boyle. New alloy can convert heat directly into electricity［EB/OL］．Popular Science，2011.

第 2 章

中国能源消费与发电产业概况

传统能源发电和新型能源发电的技术现状和发展趋势，与能源消费情况和发电产业发展密切相关。本章横向探讨了世界能源消费与中国能源消费的相互关联与整体概况，纵向分析了我国发电产业的基本现状和发展趋势，目的是为后续章节开展传统能源发电和新型能源发电的技术发展研究做好铺垫。

第1节 中国能源消费概况

一、世界能源消费背景

如图 2-1 所示，根据 BP 统计的 2015 年世界能源消费总量中，煤炭、石油和天然气三大化石能源约占 86%，非化石能源比例仍然较低。电力生产是一次能源的主要用途，占据一次能源消费量的 42%。

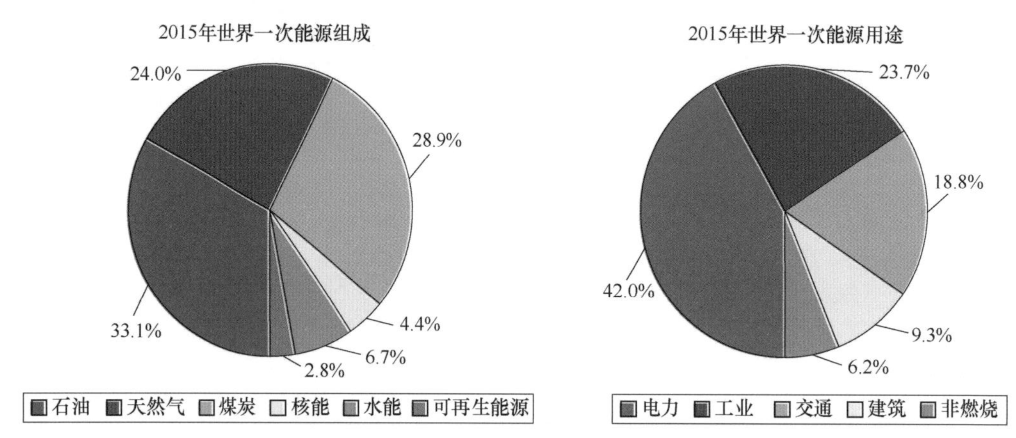

图 2-1　世界一次能源组成与用途

数据来源：BP。

目前世界发电能源中，煤炭、石油和天然气三大化石燃料的发电量仍然占据总发电量的 66%左右，水力发电量占的 16%，核能发电量占 11%，风力发电量占 4%，太阳能发电量占 1%，生物质发电、垃圾发电、地热发电、海洋能发电等的发电量之和占 2%，如图 2-2 所示。

根据 BP、BNEF 和 IEA 等能源研究机构的预测，在 2035 年、2040 年和 2050 年等时间节点上，化石能源仍然将占据一次能源消费量的大部分比例，非化石能源比例将逐步增加，但仍然将处于 20%～30%的比例范围。

发电能源方面，化石能源发电的发电量比重，在上述时间点预计将会下降至 50%～60%，非化石能源发电的比例在上述时间点预计将上升至 40%～50%。对于

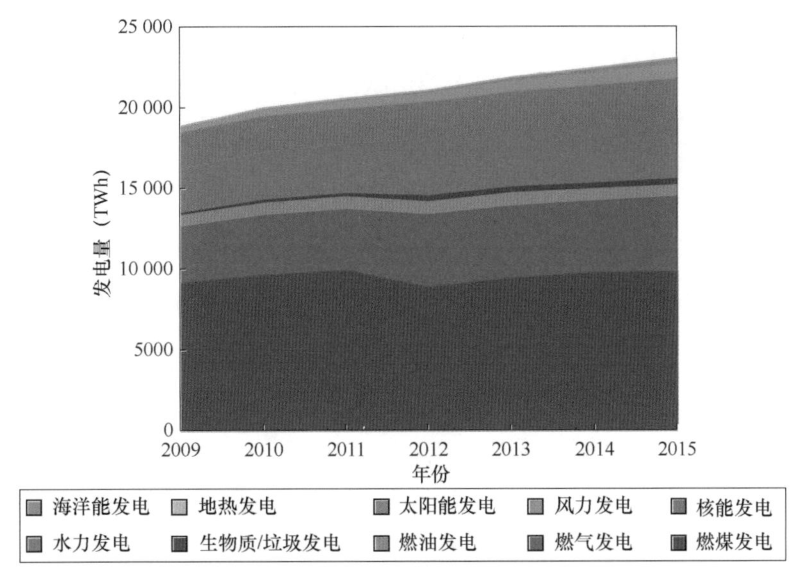

图 2-2　世界发电量组成

数据来源：彭博新能源财经（BNEF）。

本研究划分的新型能源发电，发电量比例预计将处于 20%～35%的范围。

总体来看，世界能源基础设施的基本格局短期不会改变，传统能源发电将通过不断改进和完善，满足未来人类和社会的发展需求。在生态环境压力与日俱增的情况下，进一步推进传统能源发电向着清洁、高效、低碳方向转型升级，是能源发电行业应当重点关注的课题。

二、 世界背景下的中国能源消费

根据高盛（GS Global ECS Research）、经济学人智库（EIU）、世界银行、金融时报、华尔街日报、中国科学院等多个机构对于中国至 2050 年经济发展趋势的预测，中国 GDP 总量预计在 2020～2030 年超过美国，2050 年达到 25 万～105 万亿美元，成为世界第一大经济体。

中国人口预计将于 2025 年前后达到 14 亿人口峰值，在 2050 年人口规模预计保持在 13 亿人口左右。同时，中国人均 GDP 水平预计将在 2030 年达到 2010 年水平的 2～4 倍，在 2050 年达到 2010 年水平的 3～6 倍，进入中等发达国家行列。

根据经济发展和人口规模情况，世界能源理事会（WEC）《世界能源远景：2050

年的能源构想》和 BP《2035 年世界能源展望》分析认为，2035 年全球能源消费总量预计为 252 亿 t 标准煤，2050 年全球能源消费总量预计为 300 亿 t 标准煤。

2015 年，中国能源消费量已经占全球能源消费总量的 21%左右，根据中国社会科学院世界经济与政治研究所发布的《世界能源中国展望》，到 2035 年，中国将占全球能源消费总量的 25%左右。

能源消费的趋势方面，预计 2011～2035 年中国能源需求的增长速度为 2.23%，高于 IEA 新政策情景下全球 1.9%的平均水平；中国同期能源生产的增长速度为 1.97%，也高于 IEA 估计的全球 1.4%的平均水平。2035 年中国能源需求增量将占世界能源需求增量的 38.5%，在总体上提升了世界能源的供需水平，使中国能源供需在世界能源所占的比重更加突出。

三、 中国背景下的中国能源消费

中国的经济发展与能源消费关系方面，经济增长严重依赖于巨大的能源供应和能源消费的增长。根据图 2-3 所示的国家统计局数据，中国国内生产总值、能源消费、电力消费的增速，呈现密切相关的状态。

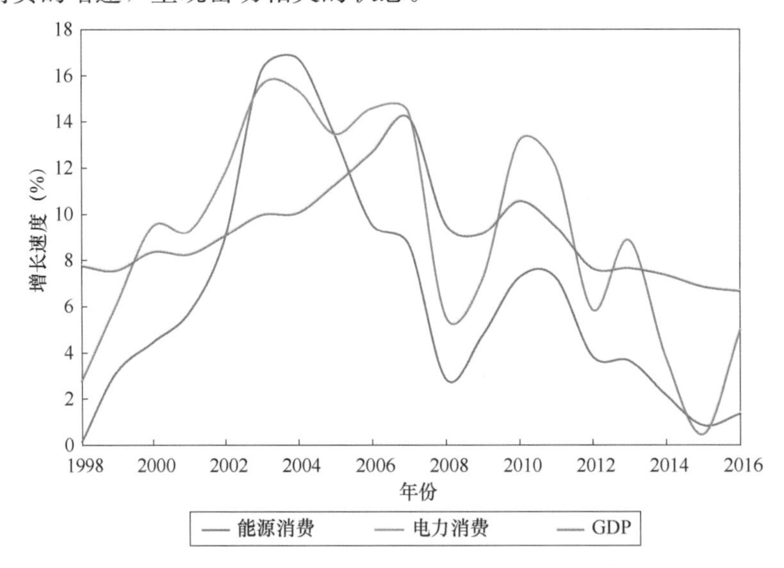

图 2-3 中国经济发展、能源消费与电力消费增速对比

数据来源：国家统计局。

一个国家的产业结构状况决定了能源消费的总量、组成和利用水平。目前中国工业贡献的GDP占中国经济总量接近50%，而工业的能源消费和电力消费，占总量比例均接近70%（如图2-4所示），但近年来比例逐步下降。未来中国仍将继续在工业领域推进转型升级和供给侧改革，单位工业增加值能耗下降率将继续保持在5%左右（如图2-5所示），并同时带动单位GDP能耗下降率保持在3%～5%的水平。

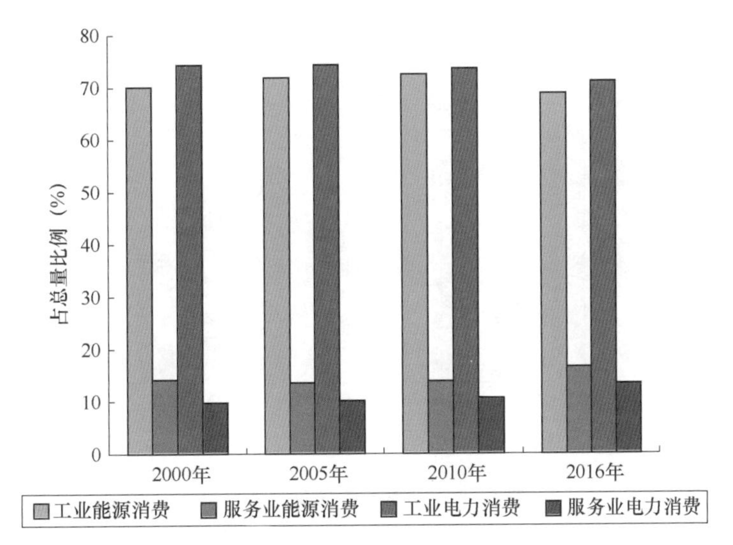

图2-4　中国产业结构与能源消费关系

数据来源：国家统计局。

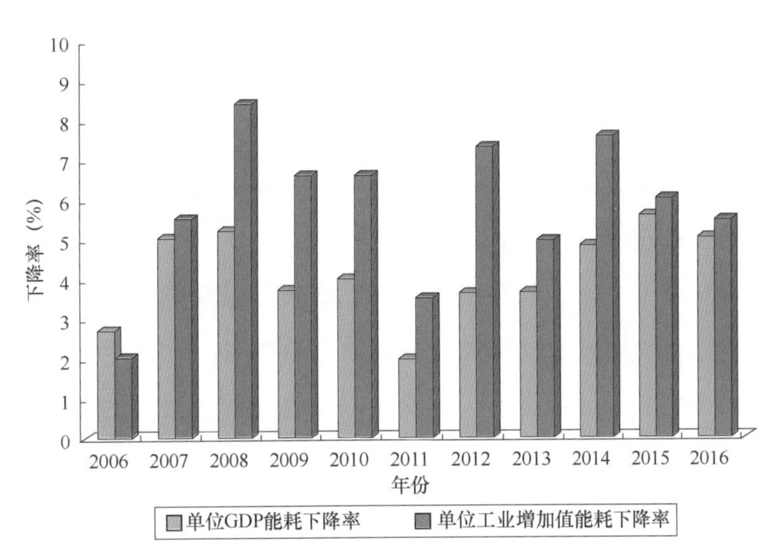

图2-5　中国GDP、工业增加值与能源消费关系

数据来源：国家统计局、工信部。

能源消费弹性系数反映了能源消费增长速度与国民经济增长速度之间的比例关系，如图 2-6 所示。根据国家统计局发布的国民经济和社会发展统计公报，2015 年中国能源消费总量为 43.0 亿 t 标准煤，能源消费弹性系数为 0.13；2016 年能源消费总量为 43.6 亿 t 标准煤，能源消费弹性系数为 0.21。

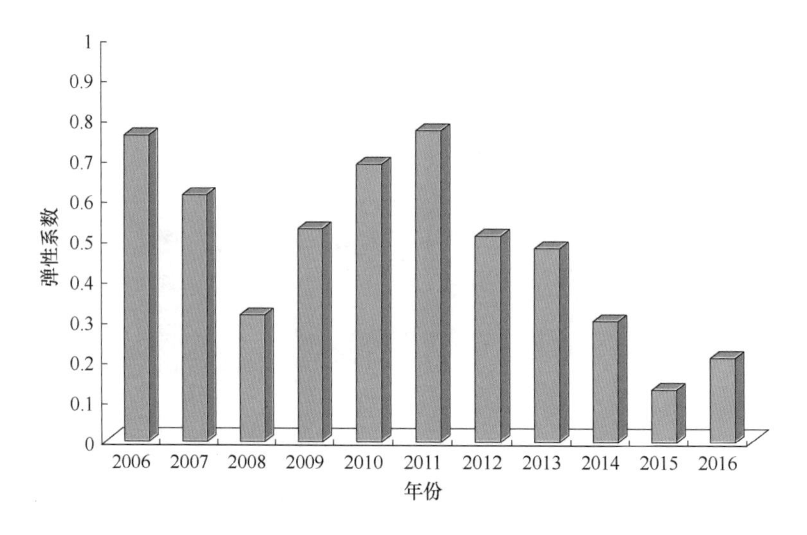

图 2-6　中国能源消费弹性系数

数据来源：国家统计局、工信部。

相比之下，2013 年和 2014 年能源消费弹性系数分别为 0.48 和 0.30。能源消费弹性系数的逐步下降，表明经济增长对能源投入的依赖性在减弱，经济增长动力更多来自技术进步、制度变革、产业结构优化等因素，而不是单纯的工业规模扩张。

中国能源消费结构方面表现出两方面趋势：煤炭消费在能源消费总量中的比例逐渐减少；火力发电在电力供应中的比重逐步下降。

由于中国煤炭储量丰富、开采成本较低、煤炭开采和燃煤发电等相关技术较为成熟等原因，中国将长期属于以煤炭为中心的能源结构。但随着水电、风电、核电、天然气等清洁能源消费量逐步上升，煤炭及石油在能源消费中的比例将逐渐缓慢下降。根据图 2-7 所示的国家统计局数据，2000 年中国煤炭消费量占能源消费总量的 68.5%，石油消费量占能源消费总量的 22.0%，比例之和超过 90%。到 2016 年，煤炭消费比例下降至 62.0%，而水电、风电、核电、天然气等清洁能源消费比例上升至 19.7%，其中非化石能源比例已经上升至 13.3%。

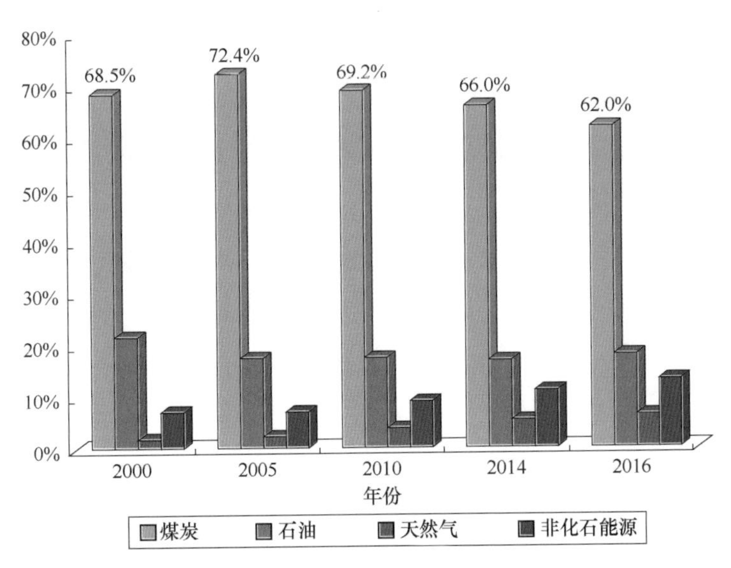

图 2-7 中国一次能源消费组成

数据来源：国家统计局。

发电形式在本书中划分为传统能源发电和新型能源发电。装机容量和发电量组成方面，以燃煤发电为主的传统能源发电将长期占据主导地位，但比例将逐渐缓慢下降。如图 2-8 所示，2016 年火电装机容量占全部装机容量的比重为 64.0%，相比 2000 年下降 10.4%，仍然占据主导地位。水电装机容量比例为 20.2%。核电发展迅速，2016 年装机容量达到 3364 万 kW，相比 2000 年提高了 1.3%，占比达到 2.0%。

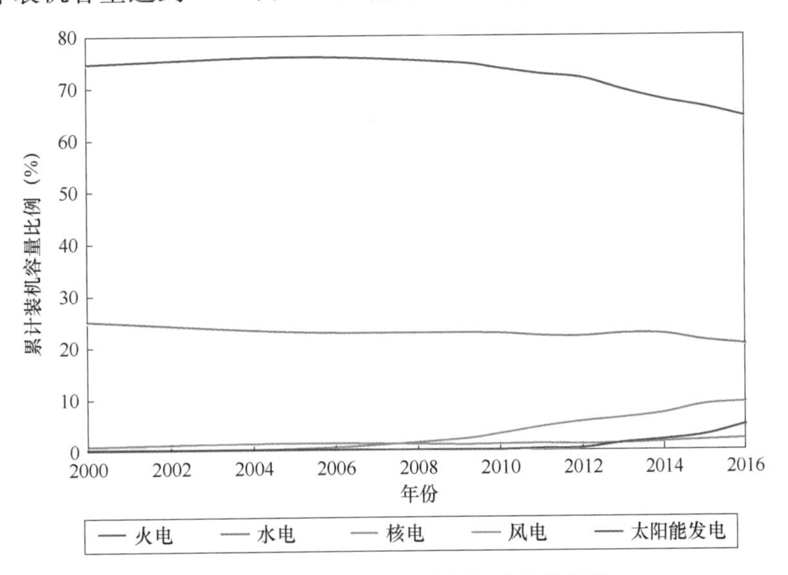

图 2-8 中国发电装机容量组成变化趋势

数据来源：国家统计局、中国电力企业联合会。

2016 年风电装机容量为 14 864 万 kW，相比 2000 年显著上升了 8.9%，占比达到 9.0%。2016 年太阳能发电装机容量达到 7742 万 kW，所占份额达到 4.7%。调度次序方面，风电、核电及水电等调度次序高于火电，因此发电量方面其他发电形式也存在着对火电的替代趋势。

综合以上两方面趋势可知，中国能源结构正在经历转型升级，能源“去煤化”的态势较为明显。以核电、风电、太阳能为代表的清洁新能源发展快速，反映中国的能源经济结构正在发生积极的变化，正在逐步转向生态环境友好的绿色化发展。

中国煤炭消费是否达到峰值，也成为国内外的研究热点。中国电力供应从短缺逐步转向平衡或者过剩，2016 年中国 6MW 及以上电厂的发电设备利用小时数下降至 3785h，6MW 及以上火力发电设备利用小时数下降至 4165h，为近四十年来的最低水平。这一现象的主要原因是“十二五”期间火电投资和建设持续增长，而经济和社会发展对于电力需求放缓，同时高速发展的可再生能源发电与火力发电形成竞争，共同造成了火电产能过剩的现状。

在当前宏观经济和社会背景下，相关研究认为中国煤炭消费和燃煤发电的比例已经达到峰值，未来将逐步减少。2015 年煤炭消费量已经减少约 1.5 亿 t，燃煤发电装机容量有所上升，但燃煤发电量减少约 1300 亿 kWh，煤炭占一次能源比例，以及燃煤发电量占总发电量比例均保持持续下降的趋势。

2016 年中国煤炭消费量下降 4.7%，煤炭消费量占能源消费总量的 62.0%，比上年下降 2.0 个百分点；燃煤（含煤矸石）发电装机容量占总装机容量的 57.3%，比上年下降 1.7 个百分点；燃煤（含煤矸石）发电量占总发电量的 65.2%，比上年下降 2.7 个百分点，均延续了下降趋势。

2015 年巴黎气候大会的召开，进一步促进了中国能源结构的转型升级。巴黎协定是推动全球 195 个缔约方发展转型的重要协议，协议要求增长的低碳转型、能源的低碳转型和消费的低碳转型。煤炭消费和燃煤发电在占据能源和发电两方面主导地位的同时，比例也将逐渐减少，转型升级到煤炭清洁化利用、清洁高效燃煤发电的压力也会进一步增加。

2016 年 3 月，国家发改委和国家能源局联合下发特急文件，督促各地方政府和企业放缓燃煤发电建设，化解产能过剩局面。2016 年中国燃煤（含煤矸石）发电量为 39058 亿 kWh，同比增长 1.3%，燃煤发电量出现小幅回升。2017 年 1～2 月火力发电设备利用小时数也出现同比小幅回升。可以看出随着政策变化，煤电投资和建设逐步降温，设备利用小时下滑态势趋缓，发电量开始回升，产能过剩局面初步得到遏制。

“十三五”后期预计火电产业形势依然严峻，对于燃煤发电建设的风险预警机制将继续发挥作用。国家能源局将通过经济性、装机充裕度和资源约束三项预警指标，设置绿色、橙色和红色评级，指导地方政府和企业有序规划和建设煤电项目。

四、 中国能源消费中的电力消费

根据图 2-9 和图 2-10 所示的国家统计局数据，2016 年中国发电装机总容量已达 15.3 亿 kW，全口径发电量达 5.7 万亿 kWh，均稳居世界第一；人均装机容量达到 1.1kW，人均年用电量为 4332kWh，达到世界平均水平。

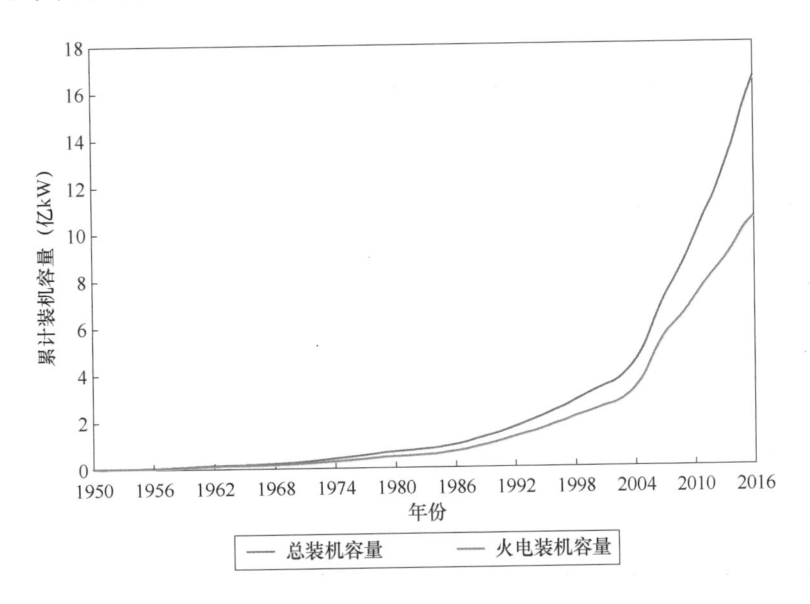

图 2-9　中国发电装机容量变化趋势

数据来源：国家统计局、中国电力企业联合会。

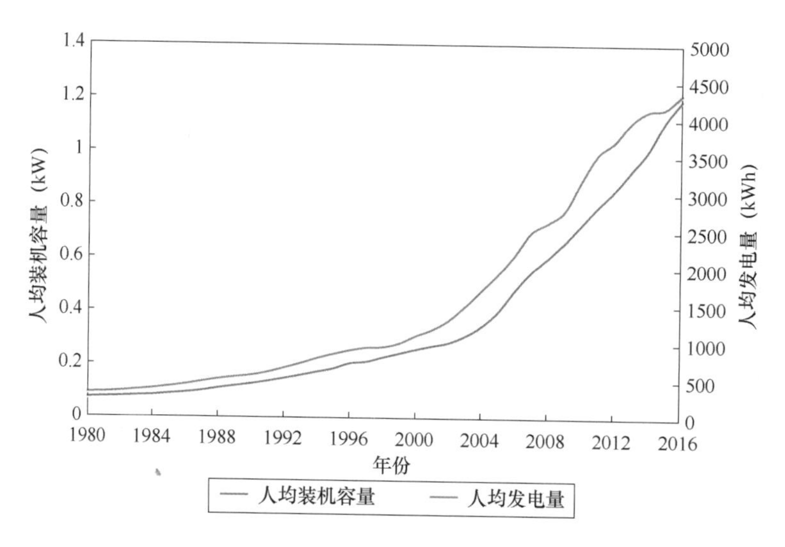

图 2-10　中国人均装机容量和人均发电量变化趋势

数据来源：中国电力企业联合会。

中国发电形式主要包括火电、水电、核电、风电、太阳能发电，以及其他发电形式。由于中国煤炭资源丰富的资源国情，以及燃煤发电技术成熟、成本较低的突出优势，中国以燃煤发电为主的火力发电长期占据装机容量的70%左右，如图 2-11 所示。根据中国现有能源电力结构，以火力发电和水力发电为主的传统能源发电仍然将长期占据较高的装机容量比例。火力发电消耗了大量以煤炭为主的化石燃料，产生了大量的SO_2、NO_x、CO_2，以及粉尘排放污染，成为近年来雾霾等大气污染现象的重要原因之一。

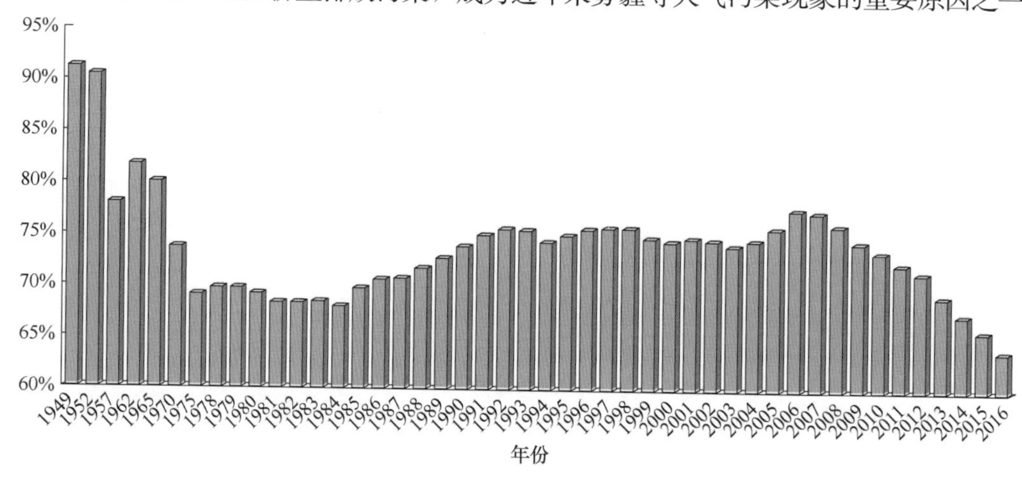

图 2-11　中国火电装机容量比例变化

数据来源：国家统计局、中国电力企业联合会。

由图2-12可知，2016年中国火电发电量占总发电量的比例为71.60%，是中国传统能源发电的主要形式。2016年中国水电发电量占总发电量的比例为19.71%，从能源形式和技术成熟角度来看，也属于传统能源发电的重要形式。

2016年中国核电、风电和太阳能发电的发电量占总发电量的比例依次为3.56%、4.02%和1.11%。从技术成熟角度来看，风电和核电技术初步成熟，但仍存在较多技术问题有待解决，并处于技术快速发展阶段。以核电技术为例，第四代核反应堆和先进燃料循环技术，将在2040年之前长期处于技术发展进程。

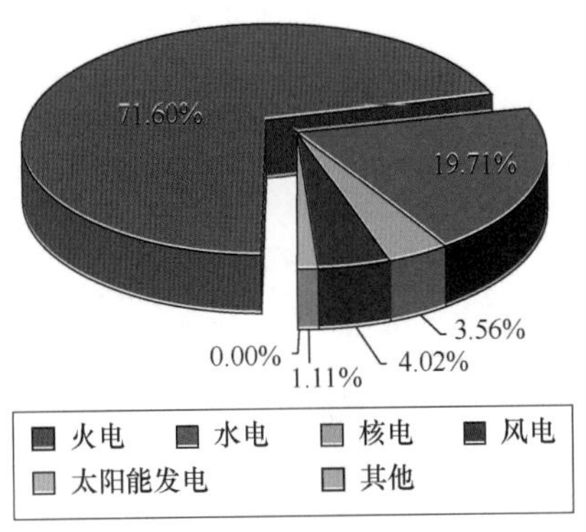

图2-12　2016年中国发电量组成情况

数据来源：国家统计局、中国电力企业联合会。

第2节　中国发电产业概况

一、发电行业组成

根据国家标准GB/T 4754—2017《国民经济行业分类》，发电行业属于D门类（电力、燃气及水的生产和供应业）、44大类（电力、热力的生产和供应业）、441中类（发电）。火力发电为4411小类，水力发电为4412小类，核力发电为4413小类，其他能源发电为4414小类。

中国发电行业的组成可以分为国家五大发电集团、非国电系国有发电集团、地方发电集团，以及民营和外资发电企业。发电企业的规模大小主要根据装机容量确定。

五大发电集团是指华能集团、大唐集团、国电集团、华电集团和中电投集团；非国电系国有发电集团包括三峡总公司、国家开发投资公司电力板块、神华集团电力板块、华润集团电力板块等四小发电集团；地方发电集团主要包括申能集团、粤电集团等地方拥有的电力集团。

衡量发电企业的基础指标方面，主要包括营业收入、利润、发电量、装机容量、核准电源项目，及上游煤炭产量等，主要发电企业2016年指标如图2-13所示。截至2016年，五大发电集团装机容量为69 811万kW，占中国发电装机容量总量的45.6%。五大发电集团的技术经济指标基本代表了中国发电企业的技术经济情况。其中，清洁能源装机容量占五大发电集团装机容量的比例处于29%～43%范围，如图2-14所示，近年来增长较为迅速，增速高于全国平均水平。

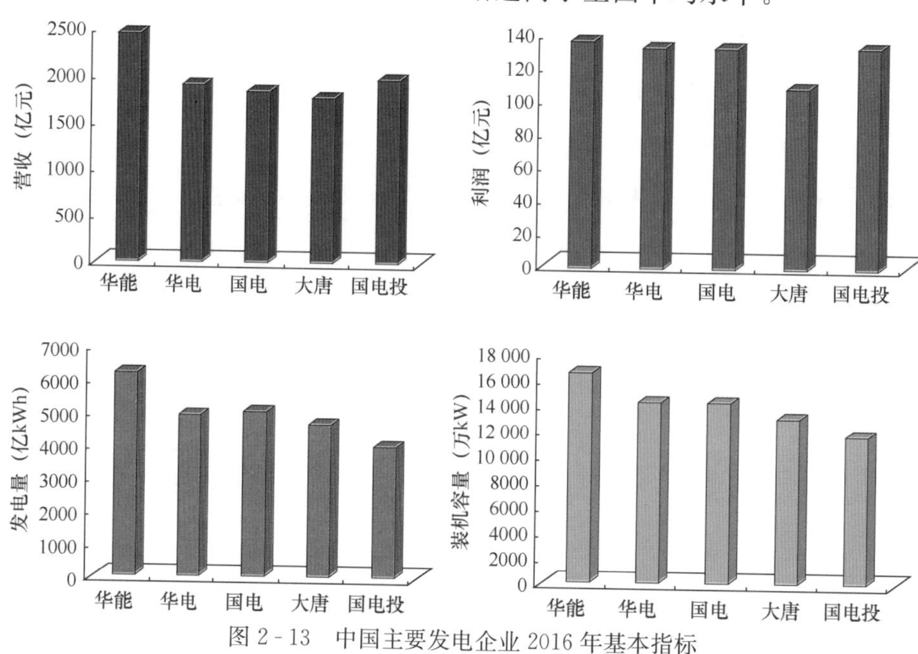

图2-13　中国主要发电企业2016年基本指标

数据来源：中国电力报、中国电力企业联合会、企业年报。

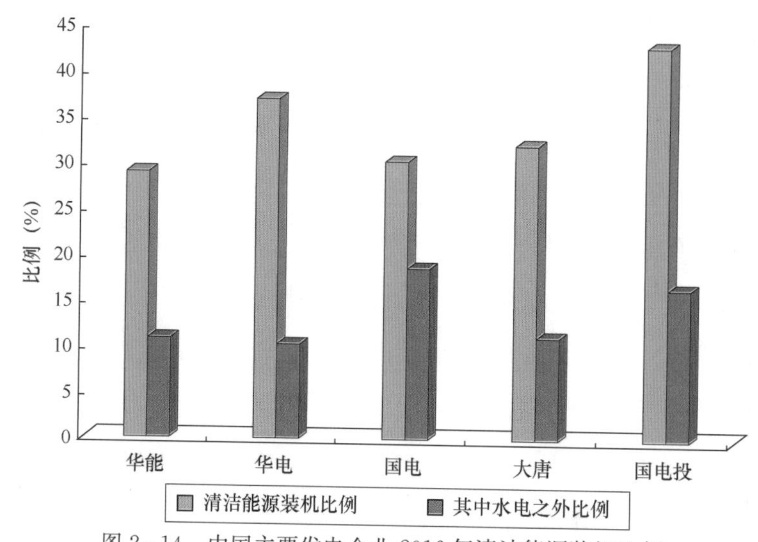

图2-14　中国主要发电企业2016年清洁能源装机比例

数据来源：中国电力报。

二、发电产业概况

中国发电产业主要由火力发电、水力发电、核能发电、风力发电和太阳能发电等五大发电产业组成，海洋能发电、地热能发电、燃料电池等其他发电形式的产业规模较小，有待进一步发展。

火力发电方面，从产业链的角度来看，火力发电产业的主要原料是煤炭、石油、天然气等，因此火力发电行业的上游产业主要是煤炭、石油、天然气的开采加工业；下游产业主要是广大各类用电行业；生产过程中需要使用发电设备，生产产品主要销售对象是电网公司。因此，火力发电行业本身和相关上下游行业，都属于较为稳定可靠的产业，自然条件制约较少，技术经济成熟可靠。

火电行业进入壁垒较高。火电行业资源壁垒较高，主要包括燃料资源和电源点位置资源。火电的最优地理布局，既便于获得煤炭资源，又在电网拓扑结构中处于有利位置，资源较为稀缺。火电行业政策和技术方面也存在壁垒，包括电监会许可、火电审批程序，以及技术和专业人员积累等壁垒。

水力发电是技术成熟的传统能源发电，也是可再生的清洁能源。欧美等发达国家已经基本完成水电开发，行业进入稳定平台期。亚洲、南美等发展中国家的水力发电行业处于增长阶段。中国在“十二五”期间，对于水力发电行业的要求是实现能源发展目标和技术产业发展的同时，保护生态环境并且妥善安置移民。2016年，中国水力发电总装机容量已经达到3.32亿kW，其中包含抽水蓄能0.27亿kW，水力发电量达到10 807亿kWh。

水力发电需要首先从水资源总量和降水量来分析水力资源理论蕴藏量，中国理论蕴藏量约为6.1亿kW；随后从发电技术角度讨论技术可开发装机容量，中国技术可开发装机容量约为5.4亿kW；最后从经济角度分析经济可开发容量，中国经济可开发装机容量约为4.0亿kW，年发电量约为17 500亿kWh，说明中国水力发电行业存在一定发展潜力。

中国水电资源分布广泛，主要集中在中西部的大中型河流上。长江、金沙江、雅砻江、大渡河、乌江、澜沧江、黄河和怒江等干流上的可开发装机容量约占总量的60%。

与火力发电机组不同，水力发电厂的装机容量选择，需要考虑更多自然条件和技术经济因素。首先需要根据水文特性、水利要求、水库条件、电力负荷，以及技术经济等因素，选择水电厂的最大工作容量、备用容量和重复容量；随后根据以上容量情况，确定水电厂的装机容量；最终根据装机容量选择机组型号、机组台数和单机容量。

中国是世界上少数拥有完整核工业体系的国家之一，这为核电行业发展提供了技术保障。中国目前已经形成浙江秦山、广东大亚湾和江苏田湾三个核电基地，核电机组主要分布于沿海地区。

核电行业壁垒较高，核电厂的技术研发、装备制造、设计建造、核安全等方面要求较高。根据国务院制定的《核电管理条例》，目前仅有中核、中广核、国电投三家企业具有核电项目控股资质。

核电行业受到能源资源的制约较少，而选址是核电行业最为关注和稀缺的资源。中国核电行业需求量呈逐年增长态势，而核电厂对于地质等条件要求很高，沿海适合建设的选址越发稀缺。中国建设内陆核电趋势明显，安全性等问题也在调研之中。

风力发电行业属于近年来发展迅速的新型能源发电行业之一。风力发电行业较为集中，以欧洲、亚洲和北美地区为主，占据风力发电装机容量的95%左右。2016年中国风电并网装机容量达到1.49亿kW，居全球首位。风力发电具有清洁、安全、可再生等优点，但也与其他新型能源发电一样，存在成本较高、发电间歇性、远距离输电等问题。

国家发改委近两年来连续下调陆上风电标杆电价0.1～0.2元/kWh。根据国务院办公厅印发的《能源发展战略行动计划（2014～2020年）》，2020年风电上网电价将与煤电电价相近。风力发电行业补贴减少成为定局，对风电运营企业提出了更低的成本要求。与光伏发电设备清晰的成本下降趋势不同，风电设备暂无突破性技术，占风电成本一半的风机成本下降空间较小。

风力发电的间歇性问题和特高压、跨区域送电问题，也造成了行业弃风限电现象严重。风力发电主要受到风场选址制约，对于地形、风速、风向、有效风力时数、风功率密度、自然灾害、交通情况、电网距离、候鸟迁徙等都有要求，优质风场资源稀缺。

光伏发电行业方面，2016年中国光伏发电新增装机容量3479万kW，同比增长

81.6%，连续四年增速全球第一。中国光伏发电累计装机容量达到7742万kW，是世界光伏发电累计装机量最大的国家。应用形式方面，地面集中式电厂约占80%，建筑分布式电厂约占20%。

光伏发电技术进步较为迅速，效率不断提高、成本持续下降，并且相比水电和风电，对于自然条件要求更为宽松。光伏发电也存在发电成本高、发电间歇性、远距离输电等问题，有待于突破补贴减少、弃光限电等困局。

“十三五”期间光伏发电年新增装机容量预计将为“十二五”期间年新增装机容量的3倍以上，光伏发电行业将进入装机规模化时代。光伏发电技术的快速进步，将推动光伏发电市场的细分化程度提高，除地面电厂、分布式电厂（非住宅建筑和住宅建筑）等传统光伏发电的应用类型外，光伏技术与民用产品的结合，也开始呈现快速增长趋势。光伏发电行业的高速增长，也将带动光伏产业链上中下游的快速发展。

综上所述，目前从装机容量和发电量等指标来看，火电、水电、核电、风电和光伏等发电形式构成了中国发电产业。根据不同发电形式的特点，本书将在第3章～第7章，依次对火力发电、水力发电、核能发电、风力发电和太阳能发电等的产业情况进行深入介绍。

参考文献

[1] BNEF New energy outlook 2016 [R]. Bloomberg New Energy Finance，2016.

[2] BP 2035世界能源展望 [R]. British Petroleum，2015.

[3] BPStatistical Review of World Energy 2016 [R]. British Petroleum，2016.

[4] IEA世界能源展望2016 [R]. International Energy Agency，2016.

[5] 全球新能源发展报告2016 [R]. 汉能，2016.

[6] 世界能源远景：2050年的能源构想 [R]. 世界能源理事会 World Energy Council WEC，2013.

[7] Goldman Sachs 2016 Macro Economic Outlook [R]. Goldman Sachs Global ECS Research，2016.

[8] EIU长期宏观经济展望——2050年主要发展趋势 [R]. Economist Intelligence Unit，2015.

[9] 2016年全球经济展望 [R]. World Bank，2016.

[10] 中国社会科学院世界经济与政治研究所（IWEP）世界能源中国展望课题组. 世界能源中国展望2014—2015 [M]. 北京：社会科学文献出版社，2015.

[11] 国网能源研究院. 2016世界能源与电力发展状况分析报告 [M]. 北京：中国电力出版社，2016.

［12］国网能源研究院．2016世界500强电力企业比较分析报告［M］．北京：中国电力出版社，2016.

［13］马建堂．近期我国能源消费呈现四大趋势［J］．财经界，2015（25）：64－66.

［14］国家统计局能源统计司．中国能源统计年鉴2016［M］．北京：中国统计出版社，2017.

［15］IEA煤炭市场中期报告2015［R］．International Energy Agency，2016.

［16］2015年电力统计基本数据一览表［R］．中国电力企业联合会，2016.

［17］2016年电力工业统计快报统计［R］．中国电力企业联合会，2017.

［18］国办发〔2014〕31号．能源发展战略行动计划（2014－2020年）［Z］．国务院办公厅，2014.

［19］中华人民共和国标准GB/T 4754—2002，国民经济行业分类与代码［S］．国家质量监督检验检疫总局，2002.

［20］中国电力报．五大发电2016主要经济技术指标解读［N］．2017.

［21］2016—2021年火电行业市场竞争力调查及投资前景预测报告［R］．中国报告大厅，2016.

［22］2015—2020年中国火力发电行业分析与发展趋势研究报告［R］．中国产业研究报告网，2015.

［23］中国核能行业协会．中国核能年鉴2015年卷［M］．北京：中国原子能出版社，2015.

第 3 章

火力发电技术现状与发展趋势

火力发电形式主要包括燃煤发电、燃气发电、燃油发电和其他形式的火力发电。根据中国电力企业联合会的划分，燃煤发电中包括常规燃煤发电和煤矸石发电；燃气发电中，包括常规燃气发电和煤层气发电；其他形式的火力发电主要包括余温、余气、余压发电（余热发电），垃圾焚烧发电，以及秸秆、蔗渣、林木质发电（生物质发电）等。

在上述火力发电形式范围中，本章首先分析了我国火力发电产业概况、主要指标与技术现状，随后对火力发电领域的基础科学和前沿技术进行了详细分析讨论。从“技术”这一出发点，本章分析预测了火力发电的千瓦时电成本、装机容量和发电量的未来趋势。最后对各种火力发电形式的效率和规模进行了归纳，并从集中式和分布式两方面提出了未来火力发电的技术路线。

第1节　火力发电技术现状

一、火力发电产业概况

1. 火力发电组成与燃煤发电产业概况

中国火力发电以常规燃煤发电为主，如图3-1和图3-2所示。2015年，6MW及以上火力发电装机容量为100036万kW，其中常规燃煤发电占85.4%；6MW及以上火力发电的发电量为42181亿kWh，其中常规燃煤发电占86.9%。

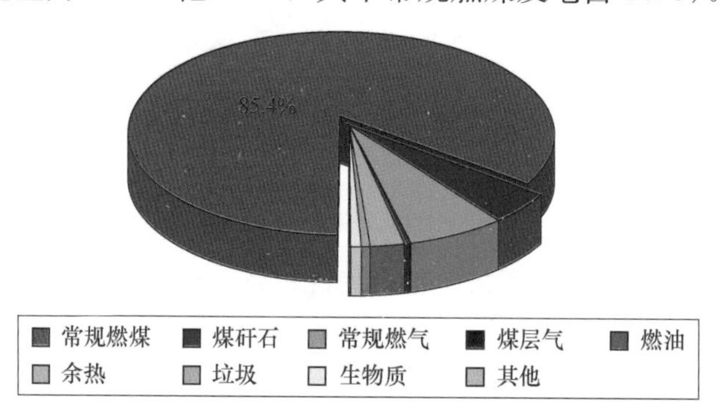

图3-1　2015年中国6MW及以上火力发电装机容量组成

数据来源：中国电力企业联合会。

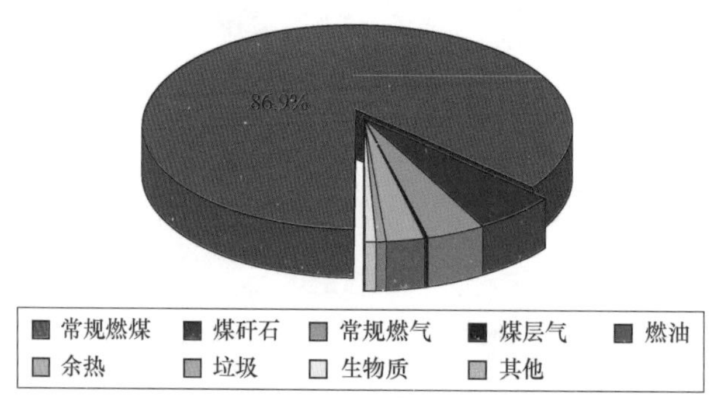

图3-2　2015年中国6MW及以上火力发电发电量组成

数据来源：中国电力企业联合会。

利用煤矸石等，通过混烧、循环流化床（CFB）等技术进行的燃煤发电也占据6MW及以上火力发电总装机容量的4%和总发电量的5%左右。除常规燃煤发电和煤矸石发电外，占据一定比例并且近年来快速发展的火力发电形式，还包括常规燃气发电和余温、余气、余压发电（余热发电）。

2015年，中国火力发电的装机容量快速增长，同比增长7.9%；而发电量有所降低，同比下降1.7%。直接原因是6MW及以上火力发电设备利用小时数下降414h，下降至4364h。这一现象的深层原因是“十二五”期间火电投资和建设持续增长，而经济和社会发展对于电力的需求放缓，同时高速发展的可再生能源发电与火力发电形成竞争，共同造成了火电产能过剩的现状。

2016年3月，国家发改委和国家能源局联合下发特急文件，督促各地方政府和企业放缓燃煤发电建设，化解产能过剩局面。根据2016年全国电力工业统计快报，2016年中国火力发电装机容量为105 388万kW，同比增长5.3%；发电量为42 886亿kWh，同比增长2.4%；6MW及以上火力发电设备利用小时数下降至4165h。可以看出随着政策的调整变化，火电投资和建设逐步减速，设备利用小时数下滑趋缓，火电发电量开始回升，产能过剩局面初步得到遏制。

在当前宏观经济和社会背景下，相关研究认为，中国煤炭消费和燃煤发电的比例已经达到峰值，未来将逐步下降。2016年中国煤炭消费量下降4.7%，煤炭消费量占能源消费总量的62.0%，比上年下降2.0个百分点；燃煤（含煤矸石）发电装机容量占总装机容量的57.3%，比上年下降1.7个百分点；燃煤（含煤矸石）发电量占总发电量的65.2%，比上年下降2.7个百分点，均延续了下降趋势。

“十三五”期间预计火电产业形势依然严峻，对于燃煤发电建设的风险预警机制将继续发挥作用。国家能源局将通过经济性、装机充裕度和资源约束三项预警指标，设置绿色、橙色和红色评级，指导地方政府和企业有序规划和建设煤电项目。

2. 燃气发电产业概况

常规燃气发电，占据6MW及以上火力发电总装机容量的6%和总发电量的3%左右，近年来发展迅速。燃气发电的发展与“十三五”和中长期的燃气资源获得充分保障密切相关。国家发改委《关于建立保障天然气稳定供应长效机制的若干意见》指出，到2020年中国天然气供应能力将达到4000亿m^3，力争达到4200亿m^3。

国务院办公厅印发的《能源发展战略行动计划（2014—2020年）》进一步提出，到2020年国产常规气达到1850亿m^3，页岩气产量力争超过300亿m^3，煤层气产量力争达到300亿m^3，并积极稳妥地实施煤制气示范工程。中国将形成国产常规气、非常规气、煤制气、进口液化天然气（LNG）、进口管道气等多元化的供气来源和“西气东输、北气南下、海气登陆、就近供应”的供气格局。

与此同时，中国燃气轮机技术也在快速发展，设计、制造、调整和修复能力都在不断提升，为燃气发电快速发展提供了技术保障。燃气发电具有启动快速、输出功率范围广等特点，使得燃气发电较多用于电网调峰，因此发电量比例明显低于装机容量比例。

燃气发电还具有热效率高、清洁环保、建设周期短、占地面积小等优点。技术、经济和环境指标的优势，成为燃气发电和燃气-蒸汽联合循环发电等（NGCC、CCPP、GTCC）快速发展的重要原因。

在部分负荷和效率较低的工况下，维持常规燃煤机组稳定运行的燃气辅助技术也受到关注。近年来，中国发电设备利用小时数逐年降低，2016 年 6MW 及以上电厂的发电设备利用小时数下降至 3785h，6MW 及以上火力发电设备利用小时数下降至 4165h。同时目前天然气价格相对较低，相关技术采用天然气在燃煤锅炉中燃烧，可实现燃煤机组稳燃和调峰的双重作用。相关技术的研发和应用，也说明了燃气发电具有灵活多样的特点。

3. 余热发电产业概况

余温、余气、余压发电（余热发电）近年来也在快速发展，约占据 6MW 以上火力发电总装机容量 2%比例和总发电量 2%比例。余热发电的快速发展，与相关前沿发电技术的不断进步关系密切。有机朗肯循环（ORC）与蒸汽朗肯循环原理和结构相似，循环工质采用有机流体工质（制冷剂），可以有效利用 80～350℃中低温余热，将低品位热量转换为电能。

超临界 CO_2 布雷顿循环（S-CO_2 Brayton Cycle）具有体积小、质量轻、效率高、功率密度高、功率范围大、费用较低等优点，可以利用外界提供的 500～800℃温度，因此较为适合 600℃超超临界煤基发电、光热发电、高温气冷堆核电和中高温余热发电。

外燃机热气机循环（斯特林发动机，Stirling Engine）具有效率高、结构简单、排放较少等优点，也具有单机容量小、制造成本高、密封可靠性低、机器笨重等缺点，因此 1816 年发明以来没有引起充分重视。斯特林发动机部分特性较为适合潜艇，一方面燃烧连续，工质不参与燃烧，因此无爆震、噪声低；另一方面燃料广泛，只要有外部热源、冷源即可。

随着能源和环境压力的增加，斯特林循环在余热利用方面越发受到重视。因为斯特林循环的环境污染小、燃料广泛、容易利用余热等特点，近年来在余热发电方面应用发展快速。斯特林热气机可以回收100～300℃的中低温余热，发电效率可以达到20%以上。

4. 火力发电地区分布

中国火力发电地区组成方面，对比图3-3和图3-4（数据不含港澳）可知，火力发电分布较为广泛，同时也具有一定的地域规律。

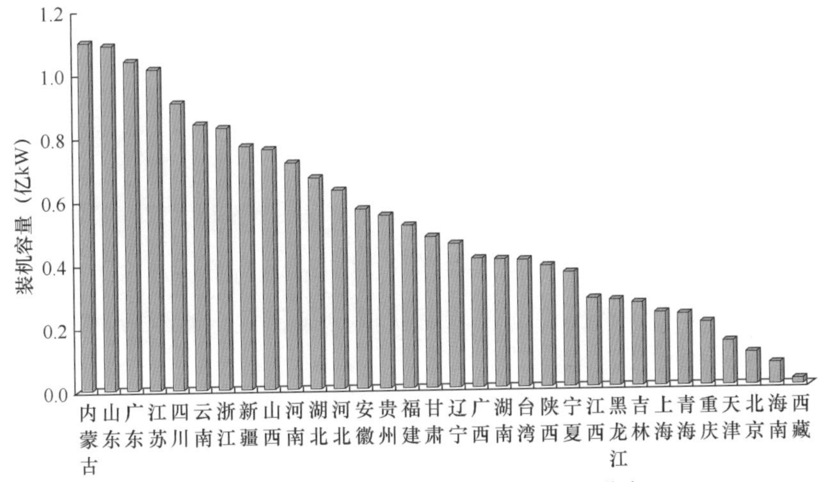

图3-3　2016年中国发电装机容量地区分布

数据来源：国家统计局、中国电力企业联合会。

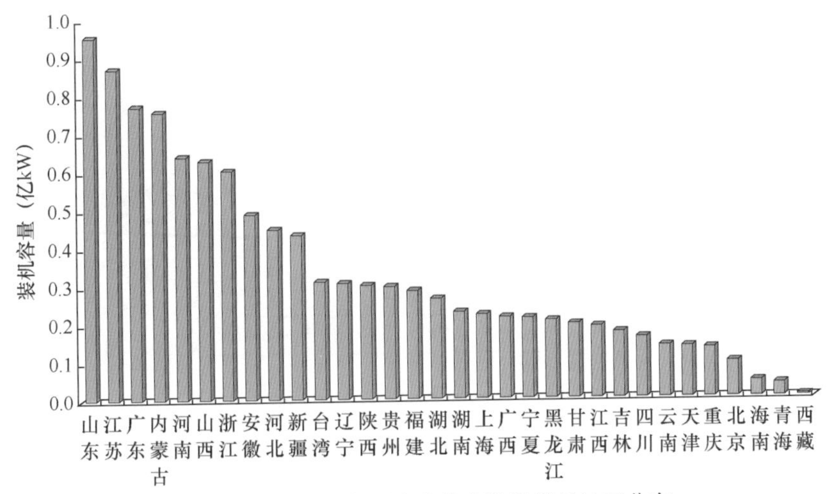

图3-4　2016年中国火力发电装机容量地区分布

数据来源：国家统计局、中国电力企业联合会。

火力发电装机容量较高的区域，大致可以分为两类。一类属于煤炭资源较为丰富的地区，如内蒙古、山西等；另一类属于人口密度较高、能源消费较为密集的区域，如山东、河南、江苏、浙江、广东等。

二、火力发电指标现状

1. 燃煤发电技术指标

衡量燃煤发电的技术指标方面，常用指标为供电标准煤耗，其他主要包括发电标准煤耗、发电设备平均利用小时数、热效率、厂用电率、热电比、机组负荷系数、机组补水率等。

中国供电标准煤耗和发电标准煤耗呈现逐年下降趋势，如图 3-5 所示。2015 年和 2016 年中国供电标准煤耗指标分别下降至 315g/kWh 和 312g/kWh，发电标准煤耗指标分别下降至 297g/kWh 和 294g/kWh，预计未来将继续保持下降趋势。中国主要发电企业的火力发电供电标准煤耗普遍优于全国供电标准煤耗水平，处于 302～309g/kWh 范围，如图 3-6 所示。

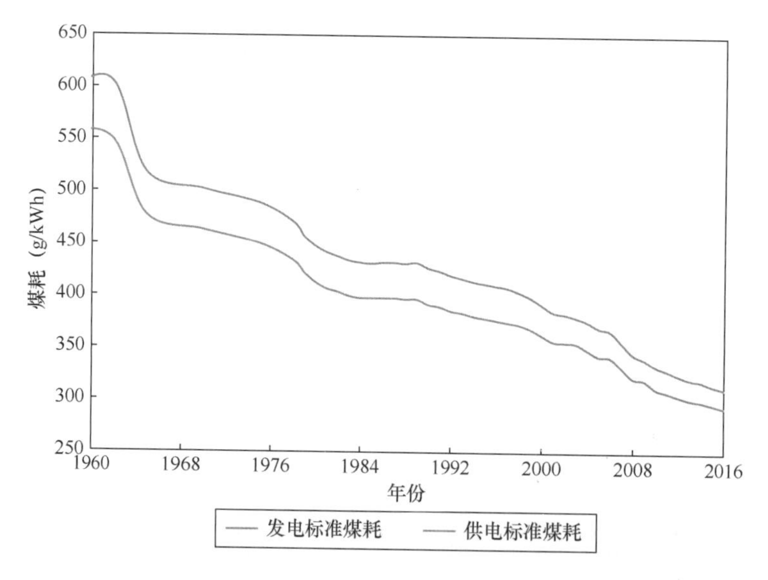

图 3-5　中国火电技术指标中发电煤耗与供电煤耗变化趋势

数据来源：中国电力企业联合会。

2015 年，中国采用超超临界燃煤发电技术的 1000MW 级湿冷机组、1000MW 级空冷机组、600MW 级湿冷机组和 600MW 级空冷机组的供电煤耗典型值依次为 286、298、291g/kWh 和 299g/kWh 左右。

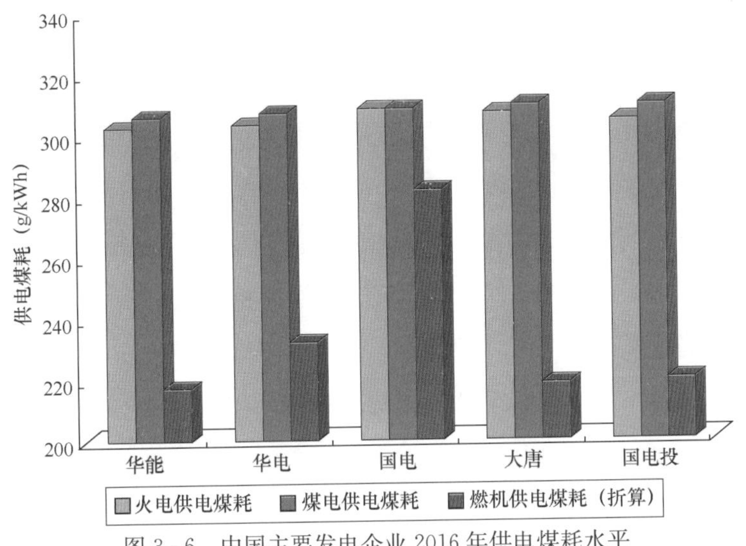

图3-6　中国主要发电企业2016年供电煤耗水平

数据来源：北极星电力网。

根据国务院办公厅印发的《煤电节能减排升级与改造行动计划（2014—2020年）》，新建燃煤发电项目原则上采用600MW及以上超超临界机组。其中，1000MW级湿冷、空冷机组设计供电煤耗分别不高于282、299g/kWh；新建600MW级湿冷、空冷机组设计供电煤耗分别不高于285、302g/kWh。

发电设备利用小时数是反映发电设备生产能力利用程度的指标，是一定时期内平均发电设备容量在满负荷运行条件下的运行小时数。中国电力企业联合会定期发布每年6MW以上发电机组的年利用小时数，如图3-7所示。

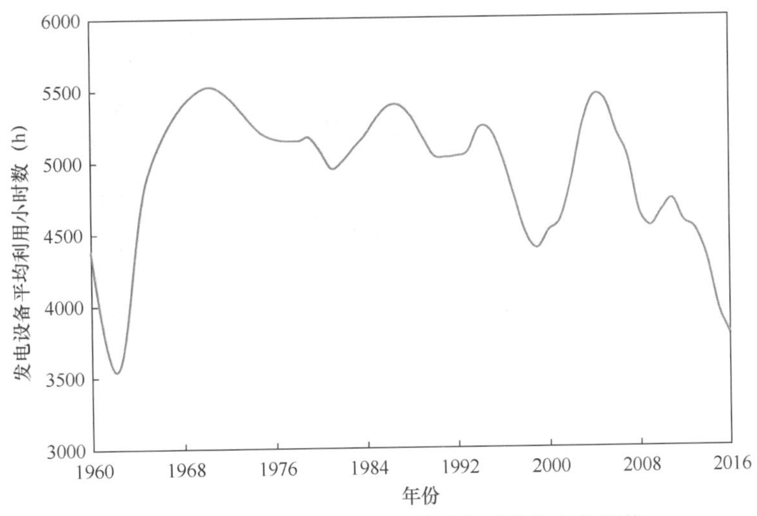

图3-7　中国发电设备平均利用小时数的变化趋势

数据来源：中国电力企业联合会。

受电力需求增长放缓、新能源装机容量占比不断提高等因素影响，2015 年中国发电设备平均利用小时数下降至 3969h，同比降低 349h，为 1978 年来最低水平。其中，火电设备平均利用小时数为 4329h，同比降低 410h；水电设备平均利用小时数为 3621h；风电设备平均利用小时数为 1728h；核电设备平均利用小时数为 7350h。

“十三五”期间，伴随着中国产业结构的优化调整和转型升级的进程深入，经济发展逐步进入新常态，利用小时数的下降趋势预计将持续。2016 年中国 6MW 及以上电厂的发电设备平均利用小时数下降至 3785h，6MW 及以上火力发电设备平均利用小时数下降至 4165h，也说明了这一趋势的延续。

2. 燃煤发电环保指标

环保指标方面，中国制定的 GB 13223—2011《火电厂大气污染物排放标准》中规定的现有机组和新建机组的烟尘、SO_2 和 NO_x 排放标准限值，已经全面超过了美国、日本等发达国家水平。标准规定烟尘排放限值为 30mg/m^3，重点地区为 20mg/m^3；SO_2 排放限值新建机组为 100mg/m^3，现有机组为 200mg/m^3，重点地区为 50mg/m^3；NO_x 排放限值为 100mg/m^3。

在排放标准限制的约束下，中国近年来烟尘、SO_2、NO_x 的排放总量逐年下降。发电领域的排放绩效指标 EPS（emission performance standard），是以单位发电量所产生的污染物排放为度量的环保指标。中国火力发电污染物排放绩效如图 3 - 8 所示，烟尘

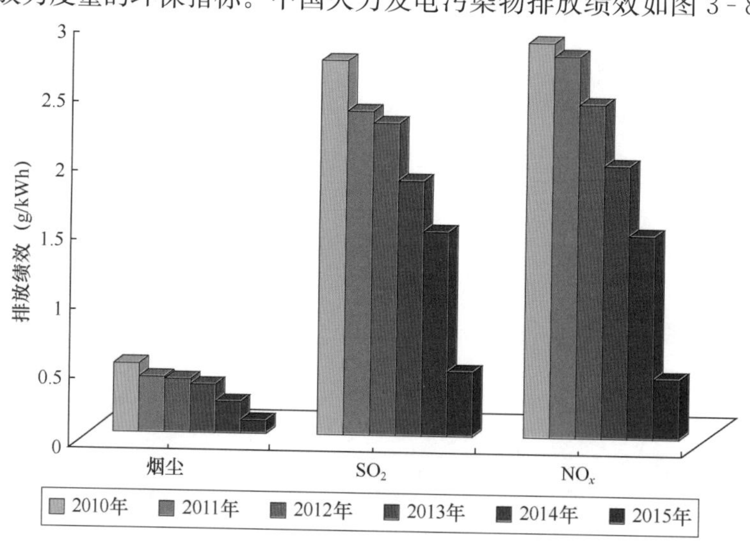

图 3 - 8　中国火力发电污染物排放绩效

数据来源：中国电力行业年度发展报告。

排放绩效下降至2015年的0.09g/kWh；SO_2排放绩效下降至2015年的0.47g/kWh；NO_x排放绩效下降至2015年的0.43g/kWh；整体排放绩效达到世界先进水平。采用超低排放技术的燃煤发电机组，烟尘、SO_2和NO_x的排放绩效可以进一步降低至0.003、0.04g/kWh和0.09g/kWh。

3. 温室气体排放指标介绍

火力发电的温室气体排放方面，《京都议定书》中控制的6种温室气体包括二氧化碳（CO_2）、甲烷（CH_4）、氧化亚氮（N_2O）、氢氟碳化合物（HFCs）、全氟碳化合物（PFCs）、六氟化硫（SF_6）。火力发电过程中，主要产生的温室气体包括CO_2、CH_4、N_2O，其中CO_2为最主要的温室效应来源。

虽然温室效应潜值（global warming potential，GWP）方面，100年时间尺度CO_2的GWP为1，CH_4的GWP为34，N_2O的GWP为298，但发电过程中CO_2排放量高于CH_4、N_2O约5个数量级，因此CO_2是发电行业和火力发电产生的最主要的温室气体，占温室效应来源的99.5%左右。中国2016年火力发电的CO_2排放绩效按照供电煤耗折算约为780g/kWh水平。

中国各地区因火力发电量占总发电量比例不同，温室气体排放绩效有一定差别，差别最大接近40%。国家发改委发布的2015年中国区域电网基准线排放因子如表3-1所示。其中，下标“OM”代表电量边际排放因子的加权平均值，下标“BM”代表容量边际排放因子的加权平均值。根据各国制定的碳排放限额，较为理想情况下温室气体的排放绩效应当处于450～600g/kWh范围。

表3-1　　2015年中国温室气体排放因子

区域电网	省市	$EF_{grid,OM,y}$（g CO_2/kWh）	$EF_{grid,BM,y}$（g CO_2/kWh）
华北	京津冀晋鲁蒙	1041.6	478.0
东北	黑吉辽	1129.1	431.5
华东	沪苏浙皖闽	811.2	594.5
华中	豫鄂湘赣川渝	951.5	350.0
西北	陕甘宁青新	945.7	316.2
南方	粤桂云贵琼	895.9	364.8

4. 燃煤发电经济指标

燃煤发电的经济指标方面，建设成本和千瓦时电成本是衡量燃煤发电机组经济性的两个重要指标。燃煤发电的建设成本即燃煤发电厂初始投资成本，因设备制造、人工成本、材料成本、融资成本、发展政策、行业发展、税收情况等各种因素差异而不同，2016年中国燃煤发电机组建设成本粗略估计约为4500～5000元/kW水平。

燃煤千瓦时电成本，由燃料成本、运行成本、折旧成本、维护成本、人工成本等组成。中国燃煤发电的建设成本折算至千瓦时电成本的比例约为27%，低于美国、德国、日本等发达国家；相应的燃料成本在千瓦时电成本所占的比例约为68%，明显高于美国、德国、日本等发达国家。

在发电效率和年利用小时数稳定的情况下，燃料成本影响较大，约占千瓦时电成本的50%～70%。煤炭价格每提高50元/t，千瓦时电成本相应提升约0.02元/kWh，是燃煤发电千瓦时电成本控制的重要环节。机组效率、机组调峰也会对千瓦时电成本产生影响。2016年中国燃煤价格处于600元/t水平，各省市燃煤发电的千瓦时电成本基本处于0.20～0.40元/kWh范围内，相比各省市0.25～0.45元/kWh的燃煤发电标杆上网电价范围，存在较为稳定的利润空间。

根据2016年燃煤价格较低的情况（600～700元/t），中国燃煤发电的直接千瓦时电成本约为0.26元/kWh，低于美国、德国、日本等发达国家约为0.65元/kWh的水平。如果进一步考虑燃煤发电带来的资源减少、碳排放、环境治理、废弃物处理、公众健康、社会影响等间接边际成本，则燃煤发电的全面千瓦时电成本根据不同研究估算，约为直接千瓦时电成本的2～3倍。

5. 燃气发电技术指标

与燃煤发电相比，燃气发电在技术和环保方面具有多重优势。技术方面，燃气发电启停灵活，便于电网调峰；占地面积小，约为燃煤发电的54%，能在城市负荷中心就地供电，特别是轻型燃气轮机和微型燃气轮机，可以较好满足分布式的多联产需求。燃气发电相比水力发电存在的丰枯季节发电不平衡、风电和光伏发电存在的随机性间歇性强等问题，具有较高的稳定性，可在电网中承担重要的调峰作用，同时也具有对天然气管网的填谷作用。

燃气发电的技术指标主要与燃气轮机的技术指标相关，同时也受到燃料特性的影响。燃气轮机按照燃烧温度进行划分，每100℃为一级，1100℃为E级，1200℃为F级，1400℃为H级，1600℃为J级。等级的划分基本决定了燃气轮机的效率和功率范围。

目前主流的F级燃气轮机的典型参数方面，单机功率为260MW左右，联合循环机组功率为390MW左右；单机效率为38%左右，联合循环机组为58%左右，先进的G/H/J级燃气轮机单循环效率和联合循环效率分别可以达到41%和61%。燃气轮机还可以应用于多种发电形式，如热电联产、NGCC、IGCC、热泵联合冷热电三联供、燃料电池联合发电等方面，进一步提升整体效率。

6. 燃气发电环保指标

环保指标方面，燃气发电几乎不排放SO_2及烟尘，NO_x排放量通常仅为燃煤发电的十分之一。采用F级燃气轮机发电的NO_x排放绩效典型值约为0.30g/kWh。从排放绩效角度可以看出燃气发电的主要污染物是NO_x，也是燃气轮机在环保方面着力提升的技术方向。总体来看，燃气发电在环保指标方面相比燃煤发电具备一定优势，也是近年来燃气发电装机容量和发电量增长更为迅速的原因之一。

如图3-9所示，燃气发电每千瓦时电的CO_2排放量约为燃煤发电的一半，排放绩效约为450g/kWh水平。在中国大气污染和温室气体问题日益严峻的背景下，具有显著的环保优势。

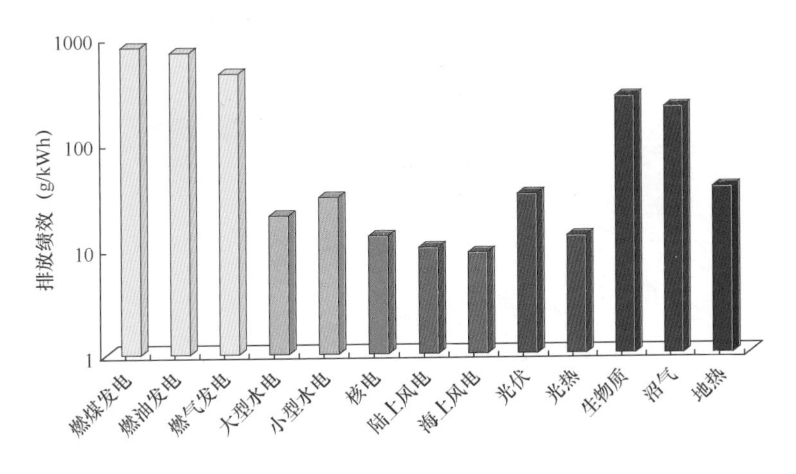

图3-9　各类发电形式二氧化碳排放绩效

7. 燃气发电经济指标

经济指标方面，燃气发电建设成本在7000～9000元/kW范围，如表3-2所示。相比之下，燃煤发电厂建设成本在4500～5000元/kW范围；常规水电厂建设成本在5000～7000元/kW范围；抽水蓄能电厂建设成本在2500～3500元/kW范围；核电建设成本在8000～10 000元/kW范围；风力发电建设成本在8000～10 000元/kW范围；光伏发电建设成本在6500～10 000元/kW范围。

表3-2　发电形式的典型建设成本和千瓦时电成本

成本	燃煤	燃气	水电	抽水蓄能	核电	风电	光伏
建设成本（元/kW）	4500～5000	7000～9000	5000～7000	2500～3500	8000～10 000	8000～10 000	6500～10 000
千瓦时电成本（元/kWh）	0.26	0.57	0.16	0.14	0.28	0.41	0.60

千瓦时电成本方面如图3-10所示，燃气发电、核电、风电、太阳能发电的千瓦时电成本和上网电价分别比燃煤发电约高0.31、0.02、0.15、0.34元/kWh，水电的千瓦时电成本和上网电价比燃煤发电约低0.10元/kWh。

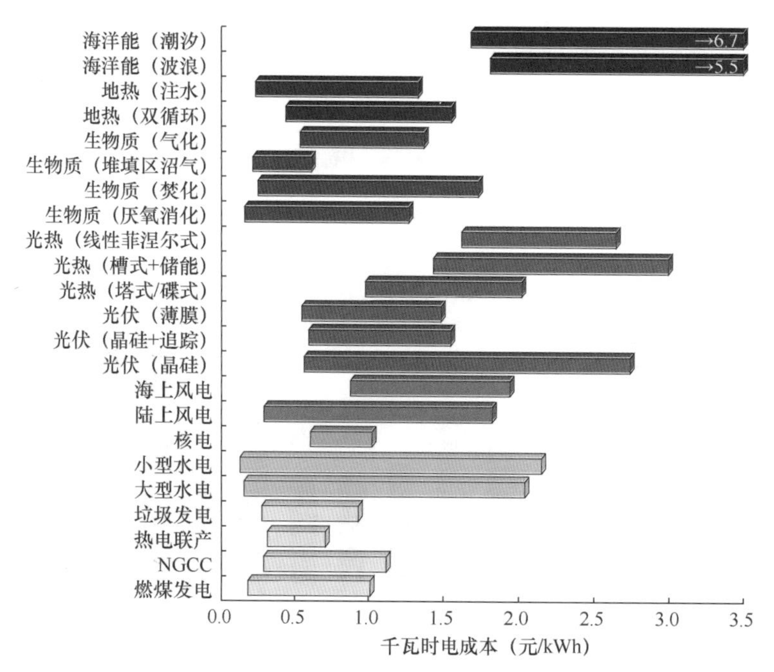

图3-10　各类发电形式千瓦时电成本范围

数据来源：彭博新能源财经（BNEF）。

其中，燃气发电和抽水蓄能电厂在中国主要用于电力系统的调峰填谷作用，功能具有部分相似性。燃气发电的建设成本和千瓦时电成本约为抽水蓄能发电的2～3倍，经济性方面抽水蓄能具有一定优势。但两者在技术特点和应用范围方面具有较为明显的差异和清晰的划分，因此总体上看两者的互补明显大于竞争。

三、燃煤发电具体技术

常规燃煤发电占据中国火力发电中装机容量和发电量的90%左右，本部分主要介绍燃煤发电当前的技术现状，作为后续前沿技术分析的铺垫。

燃煤发电系统主要由燃烧系统、汽水系统、电气系统、控制系统等组成。燃烧系统由输煤、磨煤、粗细分离、排粉、给粉、锅炉、除尘、脱硫等部分组成；汽水系统由锅炉、汽轮机、凝汽器、高低压加热器、凝结水泵和给水泵等组成；发电系统由副励磁机、励磁盘、主励磁机、发电机、变压器、配电装置等组成。燃煤发电厂的主要设备为锅炉、汽轮机和发电机，即燃煤发电厂的三大主机。

1. 燃煤发电机组参数

燃煤发电技术现状方面，主要技术指标包括主蒸汽压力、主蒸汽温度、再热蒸汽压力、再热蒸汽温度、锅炉热效率、锅炉蒸发量、汽轮机效率、发电机效率等。亚临界锅炉主蒸汽出口压力为15.7～19.6MPa，超临界锅炉主蒸汽出口压力大于22MPa。

中国燃煤机组以600MW级亚临界机组、超临界机组、超超临界机组，以及1000MW级超超临界机组为较为先进的燃煤机组。其中600MW亚临界机组主蒸汽参数为16.7MPa，538℃/538℃；600MW超临界机组主蒸汽参数为25.4MPa，538℃/566℃或25.4MPa，566℃/566℃；超超临界机组主蒸汽参数为25～26.5MPa，600℃/600℃。

在燃煤发电机组方面，先进的超超临界技术发展迅速，已投入运行的1000MW级和600MW级600℃超超临界机组数量和装机容量均居世界首位，发电效率超过45%，达到国际先进水平。

2006年，中国首台1000MW级超超临界机组在浙江玉环投运。2010年，世界首台1000MW级超超临界直接空冷机组宁夏灵武电厂3号机组投运。2015年5月，世界首台1000MW级超超临界间接空冷机组鸳鸯湖电厂二期工程开工。空冷技术可以应用于煤炭资源丰富而水资源匮乏的地区，节水率可以达到80%。

2015年6月，世界首台660MW超超临界二次再热机组华能安源电厂1号机组投入运营。2015年9月，世界首台1000MW超超临界二次再热机组国电泰州电厂二期工程3号机组投入运营。泰州电厂1000MW超超临界二次再热机组的设计发电煤耗为256.2g/kWh，优于之前世界最高水平6g/kWh，CO_2、烟尘、SO_2和NO_x排放量减少5%以上。上述工程说明国内二次再热发电技术虽然起步较晚，但已完全具备开发、制造、运行能力，技术水平达到国际先进水平。

综上所述，中国已经完全具备25MPa、600℃的600MW级和1000MW级发电机组的设计、制造、运行和维护的技术体系，超超临界发电技术居于世界领先水平。

在工业化发达国家，20世纪50年代超临界机组已经投入运行。随着材料科学的发展，20世纪90年代600℃超超临界技术逐步走向成熟。目前国外600℃超超临界发电技术以欧洲和日本为主。

欧洲方面，600℃超超临界发电技术代表性的公司主要为西门子公司、阿尔斯通公司等。欧洲技术参数中，蒸汽温度为600℃，蒸汽压力为28～30MPa，都选取较高值以达到更高效率。蒸汽压力较高时，需要更高的材料强度和优化的结构设计，并且需要配合更高的再热温度或二次再热。容量技术方面，欧洲具备大功率机组、汽轮机低压缸设计、末级钛合金长叶片等技术。目前再热蒸汽温度已经提升至620℃，容量也增加至1100MW。此外，以德国西门子公司为代表的600℃超超临界发电技术，还实现了利用褐煤进行超超临界发电。

日本方面，600℃超超临界发电技术代表性的公司主要为日立公司、三菱公司、东芝公司等。日本的技术参数中，蒸汽温度为600℃，蒸汽压力为25MPa，与中国超超临界技术参数较为接近。容量技术方面，也已经具备大功率机组、汽轮机低压缸设计、末级钛合金长叶片等技术。目前再热蒸汽温度也已经提升至620℃，容量也增加至1100MW水平，与欧洲保持一致。

2. 燃煤发电单机容量

中国燃煤机组单机容量以300、600、1000MW为主。目前，单机容量超过1000MW的燃煤机组也受到关注。

国外方面，美国在1970～1990年代投运了9台1300MW机组，机组的参数均为主蒸汽压力24.2MPa、温度538℃，再热蒸汽温度538℃。苏联在1982年投运了1台1200MW机组，在停运高压加热器的工况下出力可达1400MW，机组参数为主蒸汽压力23.5MPa、温度540℃，再热蒸汽温度540℃。可以看出，美国和苏联早期的1200MW和1300MW机组均为超临界参数，与主流1000MW超超临界机组相比在效率上差距较大。

在当前技术条件下，采用现有材料和超超临界参数开发更大容量机组的技术难度较低，风险较小，成本较为经济。国内外主要发电设备制造企业的大容量机组技术储备良好，欧洲国家如德国、荷兰等也在建设1100MW等级火电机组。

中国1200～1400MW等级的火电机组技术也在研发和应用中，有望进一步发挥集中式大容量机组的高效、清洁优势。目前，单轴汽轮机发电机组提高容量的主要制约包括发电机（最大1200MW）、高压缸（30MPa进汽、最大1300MW）、中压缸（1300MW）、低压缸（最大1500MW）等，最大容量约为1200MW左右。

由上海电气开发的单轴全速1240MW水氢氢汽轮发电机目前将制造完成，安装于阳西电厂二期工程。其中，发电机效率达99.07%，可以较好地突出大容量火电机组的高效、清洁优势。

此外，核电领域采用的半速汽轮机（1500r/min），最大单机容量可以达到1750MW（台山核厂）。半速汽轮机的尺寸、质量较大，制造、运输和安装成本较高。半速汽轮机的末级叶片水滴相对速度小，防水蚀性能好，适合排汽流量大、湿度大的核电机组。半速汽轮机的相关技术，对于火电机组在提升单机容量方面也值得借鉴。

3. 燃煤发电环保技术

火力发电环保技术现状方面，近年来环保成为中国火电行业转型升级的重要方向。火电行业在“上大压小”的政策下，关闭了大批效率较低、污染严重的小型火电机组，在环保技术方面取得了显著进步。

除尘技术现状方面，目前国内99%以上的火电机组配套了高效除尘器，其中电除尘约占90%，布袋除尘及电袋除尘约占10%。脱硫方面，目前国内火电脱硫装机容量达到6.8亿kW，约占燃煤发电装机容量的90%左右。其中，石灰石一石膏湿法脱硫占92%，海水脱硫占3%，烟气循环流化床脱硫占2%，氨法脱硫占2%。

脱硝方面，目前国内90%左右的火电机组采用了低氮燃烧改造，脱硝装机容量达到2.3亿kW，约占煤电装机容量的28.1%。此外，规划和在建的脱硝装机容量超过5亿kW，其中选择性催化还原法脱硝（SCR）占99%以上。

各类污染物的环保技术存在一定关联和相互影响。同时采用低氮燃烧改造和

SCR脱硝，可以较好平衡锅炉效率和脱硝要求。除尘方面，湿法脱硫对于烟尘有一定脱除作用，但也会因石膏携带增加一部分粉尘排放。因此，目前燃煤发电提出了一体化协同脱除概念，推动燃煤机组朝着超低排放和近零排放的方向发展。

第2节 火力发电技术发展趋势

火力发电中的燃煤发电、燃油发电和燃气发电，以及在广义上属于火力发电的部分余热发电、垃圾发电和生物质发电，在原理与流程方面已经较为成熟。因此，火力发电在基础科学方面新内容较少，更多是工程技术方面的创新，也符合传统能源发电在科学和技术两方面标准的定义。

一、材料科学进展

火力发电涉及的基础科学领域中，进展集中在材料科学领域。燃煤发电领域的关键科学问题是高强度镍基高温合金；燃气发电领域的关键科学问题主要是燃烧室材料、叶片高温材料及冷却方式。

燃煤发电朝着更高参数和更高效率的发展过程中，高强度镍基高温合金一直是核心科学问题。镍基高温合金具有良好的高温抗氧化和抗腐蚀能力，具有较高的高温强度、蠕变强度和持久强度，以及良好的抗疲劳性能等。镍基高温合金的科学进展主要围绕合金体系（Ni-Cr、Ni-Fe-Cr、Ni-Cr-Mo）、强化方式（固溶强化、时效强化、氧化物弥散强化）、制备工艺（变形、铸造、粉末冶金）、夹杂物净化等问题展开。镍基高温合金的科学研究方向，主要朝着低成本（降低贵金属元素添加量）、高强度、耐热、抗腐蚀性（单晶合金）、低密度（针对航空发动机）的方向发展。

燃气轮机高温部件材料科学方面，发达国家已经形成了成熟的燃气轮机高温材料体系和高性能涂层材料。燃气轮机单晶合金叶片已经历了三代单晶的开发及应用历程：第一代单晶以PWA1483和CMSX-11B为主；第二代单晶以CMSX-4和MC2

为主；第三代单晶 TMS-75 已在新型燃气轮机中应用。涂层材料方面，目前燃气轮机透平叶片表面应用最多的高温防护涂层，主要有铝化物涂层和热障涂层两类。为克服传统热障涂层在 1200℃或更高温度服役时易发生相变、烧结等缺点，研究者开始在传统热障涂层成分的基础上掺杂其他改性物质（Nb_2O_3、CeO_2、Gd_2O_3等），探索适合应用于陶瓷顶层的新型热障涂层材料。

在制造方面，发达国家已掌握了先进高温合金和热障涂层加工制造技术，能够制备高性能热障涂层，并生产带有复杂冷却通道的大尺寸先进单晶透平叶片。单晶制备、液态金属冷却定向凝固、薄壁细晶铸造、高温等离子喷涂、物理气相沉积等新技术的应用，极大地提高了高温部件的性能和合格率。

在燃气轮机材料科学方面，中国近年来研制了一系列高温部件新材料，如透平叶片材料 K488 和 K4104、透平轮盘材料 GH2674 等。在高温部件加工制造方面，国内基本掌握了包括高梯度定向凝固、锻造、粉末冶金、铸锻后连接、加工、高温涂层喷涂及检验等新技术。

此外，磁流体高效联合循环（MHD-CC）发电等前沿技术，也对于材料提出了更高的要求。磁流体发电（magneto hydro dynamic power generation）是通过流动的导电流体与磁场相互作用产生电能的。磁流体发电技术将燃料直接加热成电离气体，在 2000～3000K 高温下电离成导电的离子流，在磁场中高速流动切割磁力线，产生感应电动势，也称等离子体发电。

磁流体发电技术将热能直接转换为电能，燃料利用率显著提高。磁流体发电本身效率为 20%左右，但排烟温度很高，可送入锅炉继续燃烧产生蒸汽，驱动汽轮机发电，组成磁流体高效联合循环（MHD-CC）。MHD-CC 热效率可达 60%，并可以有效控制 SO_x、NO_x产生，是清洁煤气化联合循环发电技术的一种。

磁流体发电技术中，导电流体、高温陶瓷、电极材料、超导磁体等材料技术，是目前的技术关键和技术瓶颈。

导电流体方面，为了增强电离气体的导电性能，目前开发了采用低熔点金属（Na、K），并通过易挥发流体（甲苯等）增强液态金属流动性。高温陶瓷关系到 2000～3000K 高温下通道使用寿命，目前高温陶瓷的耐受温度已超过 3000K。电离气体导电性能不足，加入金属离子可以增强导电性，但也会带来电极腐蚀的问题，耐腐蚀的电极材料也是技术关键。磁流体发电机需要强磁场，要做到大规模工业化，必须使用超导磁体产生高强磁场。

二、 燃烧学和传热学进展

燃烧学和传热学，也是火力发电相关的基础科学领域中近年来进展明显的领域。近年来，燃烧科学领域提出了多种新型燃烧方式和燃烧理念，朝着高效率和低污染两大目标不断发展。燃烧学领域提出的层状燃烧、旋流燃烧、分级燃烧、流化床燃烧，以及富氧燃烧、纯氧燃烧、化学链燃烧（CLC）、MILD燃烧等，对于燃煤、燃油、燃气和其他火力发电的高效化和清洁化均有显著的推进作用。具体到锅炉设备，按照代码RF01 - RF04，又分为层状燃烧、悬浮燃烧（室燃）、沸腾燃烧和其他燃烧等。

根据高效、清洁的不同要求，可以选取不同的燃烧方式：分级燃烧可以有效降低NO_x排放；流化床燃烧可以较好利用劣质燃料；富氧燃烧和纯氧燃烧，可以较好支持后续CO_2捕集；MILD燃烧可以较好地同时满足高效和低NO_x要求；化学链燃烧通过载氧剂（OC）将燃烧分解为两个气固反应，具有高效率、CO_2容易分离、低NO_x、低二噁英等优点。

1. 富氧燃烧

富氧燃烧（oxygen enriched combustion）是利用相比空气（含氧浓度21%）含氧浓度更高的富氧空气作为助燃气体进行的燃烧。富氧燃烧由Yaverbaum在1977年提出，具有燃烧速度快、燃烧温度高、烟气量小、CO_2捕集容易等优点。

1980年前后在苏联、美国就开始有少量富氧燃烧应用，并逐步推广普及。富氧燃烧早期技术是氧气混入空气助燃，到目前逐渐发展为全富氧和局部富氧等形式。

在富氧燃烧中，氧浓度范围为26%～100%（纯氧）。目前在实际应用中，由于氧气制取成本的制约，以及对于经济回报率的考虑，通常使用26%～30%富氧空气。

富氧燃烧技术的经济性与富氧空气制造的技术经济性密切相关。富氧空气制造方法包括深冷法、膜法富氧、分子筛变压吸附、磁法富氧等。深冷法主要用于纯氧制造，产量较大，可以配合纯氧燃烧，对于一般富氧燃烧而言成本较高。

膜法富氧是目前较为普遍的富氧方式，包括空气过滤、送风机、富氧膜、真空泵、水气过滤、平衡装置、预热循环等部件。近年来富氧燃烧受到关注，与膜法富氧的技术突破和成本降低有密切关系。分子筛变压吸附，是利用氧气和氮气通过分子筛速率的差异，通过变压技术得到富氧空气，具有较好前景。

磁法富氧属于新型富氧空气制造方法，原理是利用氧分子和氮分子的不同的顺磁性和逆磁性，使两种气体分子经过高磁磁场发生不同偏转，得到富氧空气和富氮空气。磁法富氧的优势是成本较低、能耗较少、使用年限长、规模无限制，应用前景很好。

由表3-3可以看出，当前富氧空气制造方式中，膜法富氧具有产量较大、能耗较低、成本较低的显著优势，对于制取常用的30%富氧空气而言是最佳选择。磁法富氧初级氧浓度可以达到26～31%，随着未来技术的进步，可以通过串联方式制取更高的氧浓度。而且磁法富氧的产量、能耗、成本等各方面相比膜法制氧均有明显优势，随着技术的逐渐成熟，应用前景良好。

表3-3　富氧空气制造方式对比

成本	深冷（高纯）	深冷（低纯）	分子筛变压吸附	膜法富氧	磁法富氧
产量（m^3/h）	50～100 000	1000～100 000	50～4000	25～15 000	300～50 000
纯度（%）	99.6	95.0	93.0	40.0	30.0（单级）
压力（MPa）	0.02～0.50	0.02～0.50	0.01	0.01	0.01
能耗（kWh/m^3O_2）	0.80～0.45	0.60～0.40	0.10～0.15	0.12～0.18	0.035～0.05
启动时间（h）	30	28	0.2	0.1	0.1
制氧成本	高	较高	中	低	更低
设备投资	高	较高	中	低	更低
占地面积	大	较大	中	小	更小
工艺流程	复杂	较复杂	简单	简单	简单
其他产品	氮气	无	无	无	无（氩气）

富氧燃烧研究集中于煤粉锅炉，应用较为成熟，但存在烟气循环量大（70%～80%）、经济性一般等问题。最新研究趋势开始关注富氧燃烧用于循环流化床技术。

循环流化床（CFB）结合富氧燃烧时，再循环烟气中含有大量固体颗粒，可以有效控制炉温，降低制造运行费用，并且还可以结合流化床特点，增加对于硫氧化物的脱除。与富氧燃烧相关的技术组合可以考虑CFB＋富氧燃烧＋脱硫＋CCUS这一技术组合，充分发挥循环流化床与富氧燃烧结合的技术优势。

2. 化学链燃烧

化学链燃烧（chemical looping combustion，CLC）是将传统燃烧的燃料与空气直接接触反应，通过载氧剂（OC）的作用分解为两个气固反应，燃料与空气不直接接触，由载氧剂将空气中的氧传递到燃料中，是一种无火焰的燃烧方式。化学链燃烧具有高效率、CO_2容易分离、低NO_x、低二噁英等优点。

化学链燃烧中，从燃料反应器内排出的CO_2和水蒸气，可以直接通入凝汽器冷却。因此不需要额外能耗，就可以将水蒸气冷凝为液态，分离得到高浓度的CO_2便于后续CCUS技术，如超临界CO_2布雷顿循环、有机合成（如催化加氢制甲醇）等。

化学链燃烧中，燃料不与氧气直接接触，避免了燃料型NO_x产生。化学链燃烧中空气侧反应温度较低，燃烧温度低于1500℃，可以较好控制热力型NO_x产生。

与化学链燃烧相关的技术组合，可以考虑采用化学链燃烧＋脱硝＋CCUS组合，可以在NO_x控制方面进一步发挥化学链燃烧的优势。

3. 传热学进展

传热学的发展，也为火力发电技术向着高效的目标发展提供了支撑。20世纪初，传热学从物理学中逐渐独立成为一门科学。传热学的发展，显著提高了能源利用效率，减少了污染物排放，有效控制了火力发电对生态环境的影响。非平衡传热、超急速传热、非傅立叶导热、非斐克扩散等传热学研究，从理论实验和数值模拟等方面支撑着火力发电向着更高参数和更高效率发展。冲击冷却、气膜冷却、层板冷却、热管冷却等不断发展的冷却方式，也为燃气轮机和微燃机叶片技术的发展提供了支持。

三、火力发电前沿技术方向

火力发电领域前沿技术众多，燃煤、燃气、燃油、余热、垃圾、生物质等具体发电形式均有多个前沿技术方向，并存在一些火力发电的共性技术和交叉方向，如图3-11所示。本部分重点关注了多项火力发电领域的前沿技术，通过分析这些前沿技术从而明确火力发电技术的发展趋势，并为火力发电产业的展望和预测提供依据。

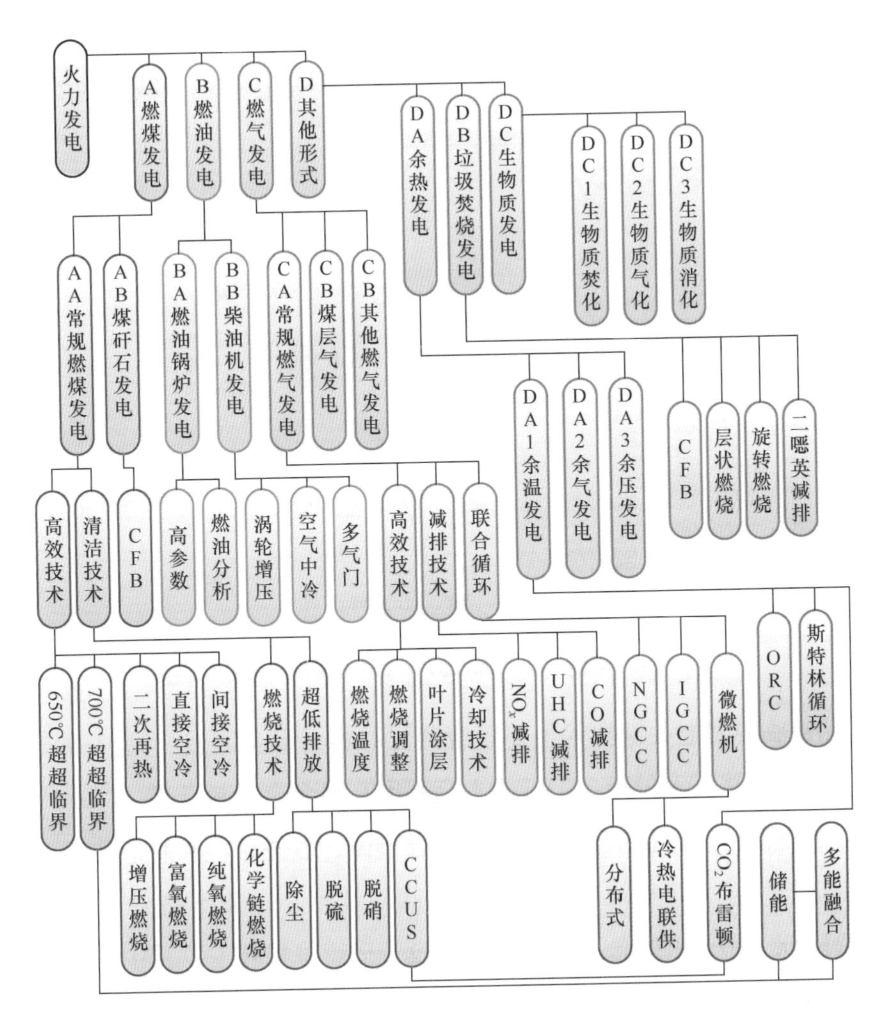

图3-11 火力发电技术发展趋势树状图

四、700℃超超临界发电技术

燃煤发电技术方面，中国在提高热效率、促进节能减排等方面发展快速，技术和装备不断向高参数、大容量、高效和低排放的方向发展。

高效、清洁，是燃煤发电技术的未来发展方向；提高蒸汽参数，是提高燃煤发电机组效率的重要手段。随着超超临界发电技术的发展和应用，超超临界发电展示了在技术方面稳定可靠、经济方面竞争力强、环保方面洁净污染少等显著优势。

700℃超超临界发电技术通过将主蒸汽温度进一步提升至700℃以上，使得燃煤发电效率可以提高至50%，如图3-12所示。与600℃超超临界发电技术相比，700℃超超临界发电技术供电煤耗可以降低约36g/kWh，CO_2排放可以减少约13%。

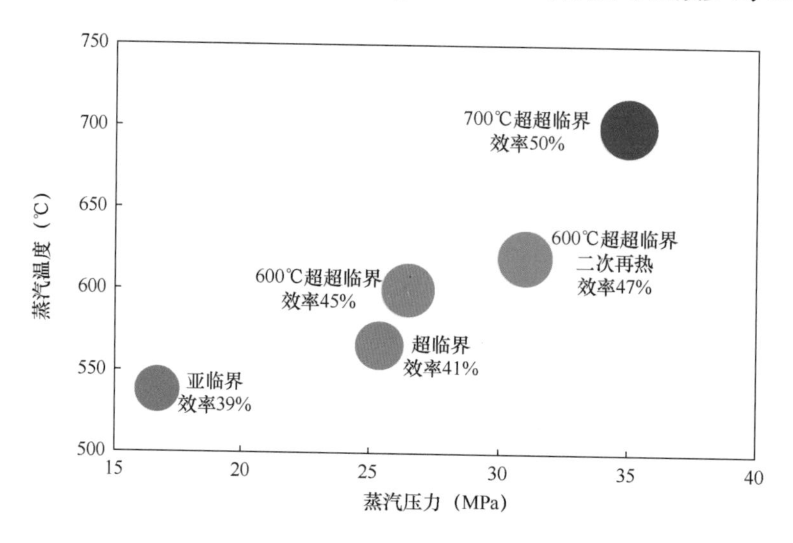

图3-12　蒸汽参数与效率关系

700℃超超临界发电关键技术主要围绕高温材料、设备制造、高温验证和机组运行等四个方面。具体技术包括：①低成本高强度高温合金材料开发。②水冷壁、过热器、再热器关键部件制造技术，汽轮机大型合金铸、锻件材料和制造技术，汽轮机转子和气缸制造技术，大口径镍基合金管道、阀门技术。③关键高温部件的长周期实炉挂片试验验证。④机组概念设计、工程建设及运行维护技术。其中，高温部件验证是700℃超超临界发电技术最为关键的内容。

700℃超超临界发电技术，国外研究以欧洲、美国、日本为主。欧洲方面，在1998年1月正式启动了AD700（运行温度为700℃的先进超临界燃煤电厂技术）计划，研究目标是论证、开发和示范35MPa、700℃/720℃、400～1000MW等级的示范机组，使机组效率达到50%以上（海水冷却55%，冷却塔52%），CO_2排放降低15%。

AD700计划的核心问题是高温材料开发和优化设计降低建造成本两个方面。

AD700计划中，主蒸汽温度达到700℃左右，关键部件将采用镍基高温合金。核心材料为Alloy617，属于固溶强化镍基合金。在Alloy617基础上，欧洲建立了700℃电厂高温镍基合金制造技术体系，完成了700℃机组的可行性研究和经济性评估。高温部件验证方面，AD700计划的长周期实炉挂片试验中，试验集箱、喷水减温器等管道的焊接接口处出现裂纹，导致计划搁置。

2000年，美国能源部和俄亥俄州煤炭发展办公室共同启动美国超超临界发电计划（A-USC），由美国电力科学研究院（EPRI）负责组织。

美国A-USC设定的蒸汽参数目标，是将主蒸汽参数提高到35MPa、760℃，显著高于欧洲AD700计划。美国A-USC在项目执行过程中将主蒸汽温度降低至732℃，更适合美国高硫煤种。美国A-USC项目目标是效率超过55%，污染物排放相比亚临界机组减少30%。

美国A-USC项目计划5年内建设较大规模的高温材料挂片试验平台，7年内完成实炉挂片试件。美国A-USC项目选择Inconel740H为核心材料，Haynes282为辅助验证材料，均为时效强化镍基合金。A-USC项目已于2006年结束，尚未进行实炉试验，内容也局限于锅炉材料研究，没有汽轮机、辅机的相关研究。

2000年，日本启动“700℃级别超超临界发电技术”可行性研究。2008年8月，日本正式启动“先进的超超临界压力发电（A-USC）”项目的研究。

日本A-USC项目，目标是通过在关键部件采用镍基高温合金，使蒸汽温度达到700℃以上，净热效率达到46%～48%（高热值HHV）。净热效率相比600℃机组的42%（高热值HHV）约提高10%以上。

日本A-USC项目主要内容包括：总体设计和经济性分析；700℃超超临界锅炉技术；700℃超超临界蒸汽透平技术；辅机及阀门研究；材料长时间性能试验；部件验证等。日本A-USC项目计划2015年进行部件实炉挂片试验，2016年底完成项目。

2008年初，中国发电企业及科研机构开展了“新一代超超临界机组关键材料研究”等预研项目，并于2010年6月完成。项目对于欧洲、美国和日本的700℃超超临界项目的研究进展和关键技术进行了分析。研究重点调研了镍基高温合金，进行了基础试验研究，包括微观组织和力学性能，以及10 000h高温时效和组织稳定性研究等。通过对中国高温合金研究开发和生产能力的调研，项目论证了700℃火电机组重大项目的必要性和可行性。

2010 年 7 月，国家能源局启动了“国家 700℃超超临界燃煤发电技术创新联盟”，形成了中国 700℃超超临界发电技术发展路线图（2010～2015）。路线图共 9 个部分，包括综合设计、材料应用技术、高温材料和大型铸锻件开发、锅炉关键技术、汽轮机关键技术、部件验证试验、辅机开发、机组运行和示范电厂建设。路线图提出目标参数为蒸汽压力不低于 35MPa、蒸汽温度不低于 700℃、机组容量为 600MW 及以上。

上海电气集团、东方电气集团和哈尔滨电气集团分别开展了 700℃超超临界机组锅炉和汽轮机的核心部件研究，第一重型机械股份公司开展了 700℃超超临界机组的铸锻件、管道和管件的研究，也为中国 700℃超超临界发电技术提供了支撑。

五、 二次再热技术

目前，超超临界一次再热机组的典型参数包括 25MPa、600/620℃，26.2MPa、600/600℃，27MPa、600/620℃等参数设计。对于较为成熟的 600℃超超临界发电技术，主蒸汽压力超过 25MPa、再热蒸汽温度超过 620℃时，参数已接近目前成熟材料的许用上限。

根据当前的参数水平，仅采用一次再热难以进一步提高火力发电效率。在不提高超超临界机组参数水平的情况下，采用二次再热技术可以提高机组效率，同时减少二氧化碳和氮氧化物等污染物排放。采用超超临界二次再热（30MPa/600℃）技术的情况下，机组效率相比同一级别的一次再热机组提升约 1%。

二次再热技术从 20 世纪 50～60 年代开始应用，在 70～90 年代投运较多，美国约有 25 台，日本约有 11 台，德国和丹麦等欧洲国家也有二次再热机组投运。在投运的二次再热机组中，达到超超临界参数的机组目前共计 6 台。美国和日本的二次再热机组采用Ⅱ型锅炉，德国和丹麦的二次再热机组采用塔式锅炉。

美国 1957 年在 Philo 电厂投运首台超超临界二次再热机组，机组容量为 125MW，蒸汽参数为 31MPa、621℃/566℃/538℃。机组中锅炉采用Ⅱ型布置、垂直管屏水冷壁和四角切圆燃烧方式。

1958 年美国 Eddystone 电厂投运的二次再热机组容量为 325MW，蒸汽参数为 36.5MPa、654℃/566℃/566℃，锅炉采用Ⅱ型布置、垂直管屏水冷壁和对冲燃烧方式。由于设计参数的蒸汽压力温度较高，运行中出现多次与材料问题相关的故障，1968年蒸汽参数调整至31MPa、610℃/557℃/557℃。

除了超超临界机组外，美国也投运了其他二次再热机组，如装机容量为580MW，蒸汽参数为24.1MPa、538℃/552℃/566℃的Tanners Creek电厂。

日本超超临界二次再热技术借鉴美国经验，在川越电厂投运两台700MW超超临界燃气机组。两台机组蒸汽参数为32.9MPa、571℃/569℃/569℃，锅炉采用Ⅱ型布置、垂直管屏水冷壁和八角双切圆燃烧方式。

日本还在姬路第二电厂投运一台600MW二次再热机组，蒸汽参数为25.5MPa、541℃/554℃/548℃，锅炉采用Ⅱ型布置、膜式水冷壁和对冲燃烧方式。由于采用了新型表面换热器控制过热器温度，负荷变动时二次再热段出口蒸汽温度的提升、跟踪特性良好。

德国在1956年投运一台机组容量为88MW，蒸汽参数为34MPa、610℃/570℃/570℃的二次再热机组；1979年投运一台蒸汽参数为25.5MPa、530℃/540℃/530℃的二次再热机组。德国代表性二次再热机组为曼海姆电厂7号机组，锅炉为单烟道塔式炉，机组容量为465MW，蒸汽参数为25.5MPa、530℃/540℃/530℃。1997年和1998年，丹麦也投运了412MW燃气二次再热机组和410MW燃煤二次再热机组。

美国、日本和欧洲2000年后投运二次再热机组较少，主要是因为二次再热机组复杂性相比一次再热机组增加，而技术经济性优势不明显。此外，美国、日本和欧洲电力供需较为平衡，对二次再热技术需求较少。

国内方面，相关的电力设计机构、科研机构和三大动力集团，均对二次再热技术开展了相应的研究工作。

东方电气集团在2010年底启动了二次再热技术的研发工作，研究了1000MW和660MW机组的方案，已完成31MPa、600℃/620℃/620℃的二次再热锅炉和汽轮机方案。

哈尔滨电气集团在2011年初启动了二次再热技术的研发工作，研究了1000MW和660MW机组的方案，已完成31MPa/600℃/620℃/620℃的二次再热锅炉和汽轮机方案。

上海电气集团在2010年启动了二次再热技术的研发工作。对参数的选择、锅炉的布置形式、汽轮机的结构形式及二次再热的技术难点进行了初步的研究，研究了

1350、1000MW 和 660MW 机组的原则方案，推出的参数为 30～35MPa、600℃/620℃/620℃或 30～35MPa、600℃/610℃/610℃。

2015 年前中国还没有二次中间再热机组运行，2015 年中国相继投运了 3 台二次再热机组，分别是华能莱芜电厂 2×1000MW 超超临界二次再热机组、华能安源电厂 2×660MW 超超临界二次再热机组和国电泰州电厂 2×1000MW 超超临界二次再热机组。

2015 年 6 月 27 日，由东方电气集团的东方汽轮机厂和东方电机厂提供汽轮机、发电机，由哈尔滨电气集团的哈尔滨锅炉厂研制和提供锅炉，第一台超超临界二次再热 660MW 机组在江西华能安源电厂成功投运。华能安源电厂蒸汽参数为 31MPa、600/620/620℃。机组设计发电效率大于 47%，机组设计发电煤耗小于 260g/kWh。

2015 年 9 月 25 日，世界首台 1000MW 超超临界二次再热机组——国电泰州电厂二期工程 3 号机组投入运营，蒸汽参数为 31MPa、600℃/610℃/610℃。上海电气为国电泰州电厂二期两台 100 万 kW 二次再热机组提供锅炉、汽轮机、发电机成套设备。在锅炉方面，上海电气采用了创新的塔式炉。

2015 年 12 月 24 日，华能山东莱芜电厂 6 号机组顺利完成 168h 满负荷试运行，华能集团首台 1000MW 级超超临界二次再热机组投运。机组蒸汽参数为 31MPa、600/620/620℃，发电效率为 47.95%，比常规 1000MW 机组平均效率高约 2.2%。机组设计发电煤耗为 256.16g/kWh，较常规 1000MW 机组低 14.1g/kWh。

莱芜电厂 6 号机组二氧化硫、氮氧化物、粉尘排放浓度分别为 10、15、1.5mg/m^3（标准状态），实现了超低排放。

可以看出，在二次再热技术方面，中国在 2015 年已经与美国、日本和欧洲保持一致，并且部分技术方面取得突破和领先。

六、 间接空冷技术

火力发电机组采用翅片管式的空冷凝汽器，直接或间接利用环境空气来冷却、凝结汽轮机乏汽的冷却方式称为空冷。

火力发电机组的空冷系统可以分为直接空气冷却系统和间接空气冷却系统。间接空气冷却系统又分为采用表面式凝汽器的间接空冷系统和采用混合式凝汽器的间接空冷系统。

直接空冷系统是以空气作为冷却介质，利用空气直接冷凝汽轮机乏汽；间接空冷系统是以空气作为介质冷却循环水，循环冷却水再冷凝汽轮机乏汽，冷却水循环使用。

直接空冷系统通常采用机械通风方式，间接空冷系统通常采用自然通风方式。现有火力发电机组中，三种空气冷却方式技术较为可靠，并已有成熟应用。

随着中国电力工业的发展，空冷技术由于其优越的节水性能，在火电机组的应用进入快速发展阶段。截至2015年，中国运行和在建的空冷机组装机容量达到2亿kW以上，处于世界领先地位。

空冷机组供电煤耗高于相同级别的湿冷机组，主要优点是节水。与常规湿冷却塔系统相比，采用空冷系统可以使电厂的补充水量降低至原来的30%或更少。针对三北地区煤炭资源丰富而水资源缺乏的资源国情，在煤矿坑口电厂推广和应用空冷技术，是适应中国国情的能源战略选择。

2010年，世界首台1000MW级超超临界直接空冷机组——宁夏灵武电厂3号机组投运。2015年5月，世界首台1000MW级超超临界间接空冷机组——鸳鸯湖电厂二期工程开工。空冷技术可以应用于煤炭资源丰富而水资源匮乏地区，节水率可以达到80%。采用空冷凝汽型汽轮机的煤矿坑口火电厂配合超高压输配电，可以有效满足中国能源消费密集区域的用电需求。

目前，中国空冷系统设计、制造、安装、调试、运行维护等环节，已经完全实现国产化，达到了国际领先水平。

国外方面，空冷技术研究已有60多年的历史，积累了较为成熟的设计、运行和管理经验。其中，直接空冷机组的运行特性、安全诊断、运行优化和调节等相关的研究和应用也较为完善。季节性运行条件，会对空冷系统的运行提出不同的要求和制约。

根据中国电力企业联合会统计，2015年度参与对标的57台1000MW超超临界机组中，纯凝式湿冷机组53台，供热式湿冷机组2台，纯凝式空冷机组2台。其中，湿冷机组平均供电煤耗为286.24g/kWh，平均厂用电率为4.00%；空冷机组平均供电煤耗为298.07g/kWh，平均厂用电率为5.44%，如图3-13所示。可以看出，1000MW级超超临界机组中，空冷机组相比湿冷机组供电煤耗高11.8g/kWh，厂用电率高1.44%。在600MW级机组中，超超临界、超临界和亚临界参数的空冷机组，比湿冷机组供电煤耗高7～14g/kWh左右，厂用电率高1.8%左右。

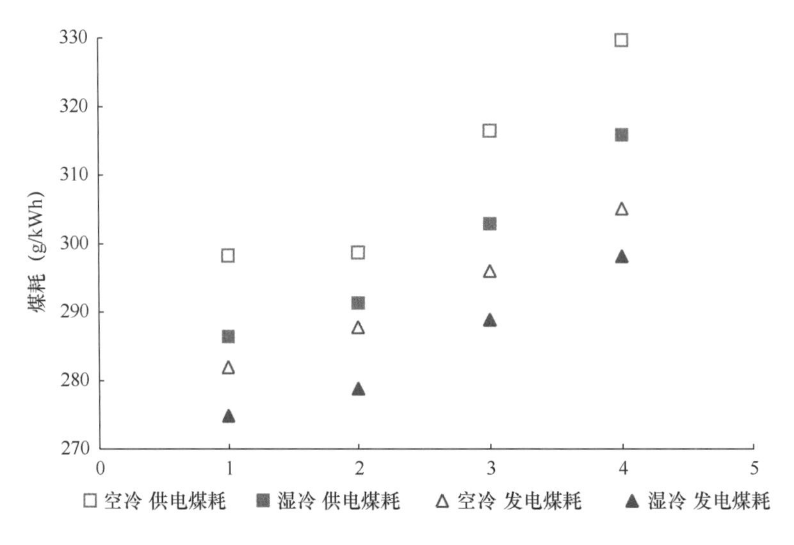

图3-13　2015年空冷机组与湿冷机组煤耗对比

数据来源：中国电力企业联合会。

在耗水率方面，以典型600MW级燃煤发电机组为例，空冷机组约为0.2～0.4kg/kWh，明显小于湿冷机组0.7～1.9kg/kWh的水平，相同参数下空冷机组耗水率约为湿冷机组的30%。

整体来看，对于1000MW级机组或600MW级超超临界机组，空冷机组与湿冷机组的差异较小；而对于600MW级超临界机组或亚临界机组，空冷机组与湿冷机组的差异略大。

最新技术方面，对于直接空冷系统，目前主要关注噪声问题、防风措施、直冷与湿冷、间冷联合、自然通风直冷、垂直布置直冷等新技术；对于间接空冷系统，重点关注防冻、循环泵、钢塔、通风、塔群等前沿技术。此外，最新技术还关注冷却塔的散热面积、材料，以及辅机间冷等方面。技术趋势可以概括为以下几个方面：

（1）自然通风直接空冷系统。现有直接空冷系统中，通常采用轴流风机强制通风冷却，空冷风机的能耗占据机组发电量的0.8%左右，造成空冷机组厂用电率较高。为了降低能耗，目前最新技术趋势是研究采用自然通风的直接空冷系统，从而降低厂用电率。采用自然通风冷却塔代替空冷风机依靠自然通风冷却塔提供冷却空气，可以降低厂用电率。

自然通风直接空冷系统也存在排汽管道长度增加、排汽阻力增大等有待解决的问题。此外，该系统也会造成相应的排汽管道布置困难、占地面积增大、系统投资增加等经济性问题。

（2）高性能散热器管束研究。为了提高散热管束的热力性能并降低阻力，目前空冷技术也在不断开发传热系数高、气侧和水侧阻力小的管束，从而提高空冷系统性能。

（3）间接空冷钢塔技术。间接空冷技术中的冷却塔，不断朝着减少投资、缩短工期的方向发展。随着近年来钢材价格降低，间接空冷系统自然通风塔倾向于采用钢制结构。目前，钢塔的施工工艺、稳定性、强度和刚度、防腐措施等也属于正在研究的新型技术。

（4）干湿联合冷却系统。为了提高空冷系统性能并降低能耗，采用干湿联合冷却的系统正在研发。干湿联合冷却系统在环境温度较低时，冷却空气温度较低，选择运行空冷系统；环境温度较高时，冷却空气温度较高，为了提高机组运行真空度，空冷系统和湿冷系统开始联合运行，从而提高机组运行的经济性。干湿联合冷却系统的设备选型和运行策略值得进一步研究，以实现节水和节能的平衡，提升综合技术经济性。

（5）核电空冷系统。对于内陆核电机组，采用的空冷系统需要经过调整和改进。与火力发电机组不同，核电机组的安全性始终是第一位的，因此核电机组普遍采用间接空冷系统。核电机组采用的间接空冷系统对冷却塔的结构内力、稳定性、塔群效应、防倒塌等要求更高，目前相关技术也在朝着提高空冷系统安全可靠性的方向发展。

七、二氧化碳捕集、利用与埋存技术

CO_2及其他温室气体排放带来的全球气候变化，是当前世界能源环境问题的热点，也是未来人类发展所面临的重要趋势。

CO_2性质稳定，难以采用类似于SO_2和NO_x的脱除方式进行控制。目前常用的CO_2减排控制技术主要包括CO_2捕集（capture）、封存（storage）和利用（utilization）技术，合称为CCUS技术（carbon capture，utilization and storage）。

捕集技术方面，火力发电CO_2捕集技术主要包括：低浓度CO_2富集技术、合成气变换重整技术、富氧（纯氧）燃烧技术和化学链反应技术等。其中，富氧（纯氧）燃烧技术和化学链（CLC）燃烧技术在火力发电领域利用前景较好。

火力发电领域，CO_2捕集技术重点关注燃煤电厂CO_2大规模、低成本捕集技术的研发和应用。目前，技术主要包括物理/化学溶剂吸收法和膜分离法。其中，较为成熟并已经投入应用的是溶剂吸收法中的乙醇胺（MEA）法。乙醇胺吸收法（MEA）运行费用高，目前溶剂吸收法研究也在重点关注开发新型吸收剂（TEA、DEA、MDEA、TETA等），优化CO_2捕集工艺并降低捕集成本。

CO_2捕集技术的发展趋势，还包括结合IGCC和燃烧前脱碳技术，充分利用CO_2的高浓度和高压力，使得CO_2的捕集能耗大幅下降。通过结合IGCC及氢能发电技术，国内外研究还关注如何同时提升CO_2捕集和发电效率的技术。

CO_2捕集后的封存技术方面，主要包括地质封存和海洋封存两种技术。地质封存是将CO_2注入特定的地质构造中，如多孔地质层、耗竭油田或气田、不能开采的煤层和深盐水层等。海洋封存方面，海洋表层CO_2呈饱和状态，而海洋低温深层CO_2不饱和，具有巨大的CO_2溶解能力和碳封存能力。自然界通过溶解泵、生物泵等机理，可以缓慢地（1000年时间尺度）将CO_2封存于深海。技术方面，海洋封存方法包括两种：一种是将CO_2直接注入深海；另一种是通过添加营养物质使海洋肥化，来增强CO_2生物泵机理的吸收能力。

CO_2矿化技术和矿物储存，主要是利用各种天然矿物与二氧化碳进行碳酸化反应，得到稳定碳酸盐来储存CO_2。天然矿物或工业废料中含有丰富的镁、钾、钙等，如果能利用较少能耗来矿化CO_2，并生产高附加值的化工产品，可以较好实现CO_2减排和资源化。常温常压下矿物与CO_2的反应速率缓慢，提高碳酸化反应速率是CO_2矿物储存技术的关键点。

在封存CO_2之外，还可以对CO_2进行利用。CO_2可以注入开采的油田中，提高石油的采收率，称为CO_2-EOR技术。CO_2也可以注入煤田或气田，增加气体采收率。利用CO_2进行驱油、驱气、驱水的技术，在美国、加拿大等发达国家投入应用已经有约30年历史。

CO_2利用技术还包括化学合成等用途，通过将CO_2转化为CO或合成气，再将合成气转化为甲醇或羰基合成醇，用于广泛的工业用途。CO_2也可以用作制冷剂，相关的空调技术近年来发展迅速。此外，CO_2利用技术还包括超临界CO_2萃取、超临界CO_2循环发电技术等。

中国的CCUS研究与应用目前处于发展阶段。燃煤发电的烟气CO_2捕集和提纯利用，以及富氧燃烧等取得了一定进展。2008年，华能集团在北京热电厂建成了3000t/年的CO_2捕集示范工程，制出纯度为98%的CO_2，CO_2回收率大于85%。华能集团还在石洞口二厂开展了10万t/年的CO_2捕集示范工程。中国CCUS研究中封存和利用技术方面，煤化工高纯CO_2地质封存、驱油（EOR）和增采煤层气（ECBM）的研究和应用近年来也取得了良好进展。

八、 循环流化床技术

中国以煤炭作为主要一次能源，其中包含了相当比例的劣质煤和煤矸石。劣质煤通常热值低于4500kcal/kg，具有高硫、高灰分、低挥发分、易结焦等特点。在“十三五”期间严控劣质煤开发利用的背景下，如何高效、清洁利用劣质煤，是目前发电技术关注的问题。

中国劣质煤较为典型的代表是褐煤和准东煤。褐煤主要产地在内蒙古，褐煤水分大、热值低，造成常规机组厂用电率增加、发电效率降低和初始投资上升。新疆准东煤储量巨大，煤质燃烧特性较好，准东煤相关的锅炉燃烧技术也是研发热点。

循环流化床（以下简称CFB）锅炉，具有能够稳定燃烧各类劣质煤、环保性能好、负荷调节范围广等优势。随着煤炭洗选率的提高，作为副产品的低热值燃料如煤矸石、泥煤等的规模化高效清洁利用，也推动着CFB锅炉技术不断发展。

CFB发电技术方面，中国已经建成世界首台600MW超临界CFB机组，蒸汽参数为25.4MPa，机组效率为43.2%。项目标志着中国在CFB技术的研究、制造和运行方面达到世界领先水平。

CFB技术发展方面，根据国务院办公厅印发的《煤电节能减排升级与改造行动计划（2014—2020年）》，300MW级以上CFB低热值煤发电机组，原则上采用超临界参数。对CFB低热值煤发电机组，300MW级湿冷、空冷机组设计供电煤耗分别不高于310、327g/kWh，600MW级湿冷、空冷机组分别不高于303、320g/kWh。

CFB相关的清洁技术发展趋势方面，在目前更严格的新环保标准背景下，CFB

高效、低成本脱硫技术受到重视。相关技术正朝着单级炉内脱硫或两级炉内外脱硫后 SO_2<100mg/m^3（标准状态）的目标发展。

此外，针对褐煤水分高的问题，褐煤预干燥及水回收技术也将在600MW级褐煤机组上试验和应用。准东煤的清洁技术方面，目前主要采用掺烧方法减少污染。开发适应准东煤的燃烧和控制技术，包括入炉前提钠技术、旋风炉液态排渣技术等，也有助于减少污染。

综上所述，"十三五"期间，针对不同劣质燃料的特点，着力开发和装备与之适应的600MW级超临界及超超临界CFB锅炉，是"十三五"期间乃至未来更长时期内中国CFB锅炉清洁燃煤发电技术的总体发展方向。

九、 煤气化联合循环技术

煤气化联合循环（以下简称IGCC）技术，是采用煤气化和净化设备，将煤炭转化为清洁的可燃煤气，随后进入高效清洁的燃气-蒸汽联合循环中发电，是实现煤的高效清洁发电的先进能源系统。IGCC技术融合了化工和电力两大行业，具有高效、环保、CO_2处理成本较低等特点，是目前国际上已验证、可工业化的最洁净高效的燃煤发电技术。

IGCC技术的优势具体包括清洁和高效两个方面。清洁方面，煤炭在燃烧发电之前先进行洁净转化，环境友好，粉尘排放几乎为零，脱硫率可达98%，脱氮率可达90%。由于能量转换效率高，煤炭消耗较少，CO_2排放也相应减少，还可以与CCUS技术相结合，实现CO_2的近零排放。高效方面，IGCC发电效率高且有继续提高的潜力，目前大型IGCC电厂效率已达到42%～46%。随着技术突破和整体优化，IGCC电厂的净效率可能超过50%。

IGCC技术发展历史从1970年代开始，发达国家按照计划开展了IGCC技术的研究，主要包括大型化、高效率、多联产和多联供等方面的技术发展。

第一代IGCC技术以美国的冷水电厂为代表，目标主要是验证IGCC技术的可靠性。电厂采用水煤浆纯氧技术、激冷流程、常规湿法净化、E级燃气轮机、单压蒸汽系统。电厂设计功率为100MW，主要验证了IGCC发电技术的可行性。

第二代IGCC技术以商业化运行的美国Tampa电厂、荷兰Buggenum电厂为代表。电厂采用水煤浆或干煤粉纯氧气化技术，全热回收、常温湿法加部分高温净化、F级燃气轮机、双压/三压蒸汽系统、部分/整体化空分，功率为250MW级。

第三代IGCC技术目前处于研发中，特点是将常温净化转变为高温净化，并采用G/H级燃气轮机，对整体系统进行优化，提高全厂热效率1%～2%。

中国的IGCC技术研究开始于国家“八五”攻关计划。“九五”计划中，重点安排了IGCC工艺、煤气化、热煤气净化、燃气轮机和余热系统方面的关键技术研究。科技部“863”计划支持了IGCC系统集成技术、运行规律与成套设计技术研究等。“十五”期间，中国建成了1150t/d新型水煤浆气化炉工业示范装置。“十一五”期间，国家和科技部关于IGCC技术的研发和示范工作全面开展。

2012年，天津IGCC示范电厂建成并投入运行，装机规模为一台265MW机组。华能天津IGCC机组的主要工艺流程包括：煤在氮气带动下进入气化炉，与空分系统送出的纯氧在气化炉内燃烧反应，生成合成气（有效成分主要为CO、H_2）。合成气经除尘、水洗、脱硫等净化处理后，进入燃气轮机发电。燃气轮机的高温排气进入余热锅炉加热给水，产生过热蒸汽驱动汽轮机发电。目前IGCC机组运行稳定可靠，整体技术接近国际先进水平。

从技术角度进行长期预测，可以看出IGCC技术与常规煤粉发电技术相比具有显著优势。技术组合方面，IGCC技术应当与多联产、CO_2捕集、天然气联合循环（NGCC）结合，推动高效煤炭气化、节能制氢、中温脱除污染物、重型燃机设计制造等核心技术的发展；通过研发和示范工程，积累经验并降低成本。

十、 超低排放污染物控制技术

近年来，大气污染问题日益受到重视，特别是频繁发生的雾霾天气，推动着燃煤电厂超低排放技术的发展。超低排放技术是在满足现行国家和地方环保排放标准的前提下，对成熟的除尘、脱硫、脱硝技术进一步提效，并统筹考虑各技术对污染物的协同脱除效果，必要时采用烟气污染物控制新工艺，使燃煤机组的烟尘、SO_2和NO_x的排放浓度分别低于5^3、35mg/m^{3}和50mg/m^3（标准状态）。

1. 烟尘控制技术

火电行业研发和推广除尘、脱硫和脱硝新型技术的速度较快。烟尘控制技术方面，火电行业目前以技术成熟可靠的电除尘器为主。电除尘技术本身也在不断发展创新，如高频电源、极配方式改进、烟尘凝聚技术、烟气调质技术、低温电除尘技术、移动电极电除尘技术等。

烟尘控制技术方面，新技术主要包括袋式除尘器、电袋复合除尘器，以及湿式电除尘技术等技术。湿式电除尘技术原理与传统干式电除尘类似，工作环境有所区别，主要布置在湿法脱硫设施尾部。与SO_2、NO_x的污染控制相比，中国火力发电粉尘的控制起步较早，湿式静电除尘技术、高效除雾技术、高频电源技术近年来发展迅速。

2. SO_2控制技术

SO_2控制技术方面，中国火电行业目前以石灰石-石膏湿法脱硫为主，技术在脱硫效率、运行可靠性、运行成本等方面也在不断提升。GB 13223—2011《火电厂大气污染物排放标准》中规定重点地区SO_2排放限值为50mg/m^3，单独依靠湿法脱硫技术难以实现。脱硫新技术方面，主要包括单塔双循环、双塔双循环脱硫技术，以及活性焦脱硫技术等。

3. NO_x控制技术

NO_x控制技术方面，中国火电行业技术目前是以低氮燃烧和烟气脱硝相结合为主。2013年起，新建燃煤机组全部采用了低氮燃烧技术，现役机组也开始进行低氮燃烧改造。烟气脱硝机组总容量达4.3亿kW，约为火电总装机容量的50%。

低氮燃烧和选择性催化还原法（SCR）及选择性非催化还原（SNCR）是目前比较常见的技术组合。氮氧化物控制正在研发的新技术，主要包括脱硫脱硝一体化技术、低温SCR技术、炭基催化剂（活性焦）吸附技术等。

4. Hg控制技术

中国对于火力发电Hg排放标准方面，要求Hg排放量不得超过30μg/m^3。大部分燃煤电厂Hg排放浓度低于国家排放标准，其中北方燃煤电厂均在10μg/m^{3}左右。仅在四川、贵州、云南等西南高汞煤地区，存在Hg排放超标的情况。目前燃煤烟气脱汞的技术主要包括吸附脱汞技术、氧化脱汞技术和氧化-吸附复合脱汞技术。

超低排放技术中，单一污染物的治理需要多个环保设备协同作用，单一设备也可能对两种及以上的污染物有脱除作用。

技术组合方面，把低氮燃烧与SCR烟气脱硝相结合，可以兼顾锅炉效率、脱硝

费用和 NO_x 排放指标的要求，既满足了环保要求，又保证了整体效益；湿法脱硫系统对烟尘有一定的脱除作用，同时又会因石膏携带增加一部分颗粒物，最终颗粒物排放由除尘和湿法脱硫系统共同决定；烟尘排放控制方面，干式电除尘、湿法脱硫和湿式电除尘均可以脱除一部分烟尘，在保证烟尘排放标准前提下，合理安排以上环节可以有效降低工程投资；SCR 技术可以脱除 NO_x，也可以氧化烟气中的 Hg，同时又有 SO_3 的转化和 NH_3 的逃逸。

因此，只有进行一体化协同脱除，才能在实现超低排放的同时，降低能耗和成本，达到环保与节能的平衡。根据相关技术经济性分析，超低排放对于千瓦时电成本的增加约为 0.01 元/kWh 水平，而利用小时数可以增加约 200h，并且从政策角度可以获得建设补贴和排污费减免等，因此在技术和经济两方面都具有较好的应用前景。

十一、 燃气轮机联合循环和微燃机分布式发电技术

1. 燃气轮机设计和制造技术趋势

美国、德国和日本等发达国家已经形成了成熟的燃气轮机设计体系，最新设计技术包括全三维叶片设计理念、压气机领域的弯掠叶片、多排可调叶片等设计方法，透平领域的内部强化换热、气膜冷却和蒸汽冷却等先进冷却技术。先进的设计技术有效提高了压气机和透平效率。目前 G/H、J 级重型燃气轮机燃气初温已经达到 1500～1600℃，压气机压比基本达到 1.25，单循环发电效率达到 40%～41%。轻型和微型燃气轮机方面，燃气轮机单循环热效率可达 42%，分布式供能系统热效率在 70%以上。

中国已经基本建立 E 级和轻型燃气轮机设计平台，并通过“十一五”973 计划，建成了 F 级燃气轮机全尺寸转子综合试验系统。中国首台拥有自主知识产权的燃气轮机 QD128 已经投入使用，轻型燃气轮机 QD70 也进入示范应用阶段，中档功率燃气轮机 QD185 已经在 2010 年完成调试。国内燃气轮机制造企业基本掌握了 F 级燃气轮机的静止部件、低温部件制造技术，而高温燃烧部件、透平转动部件等核心部件制造技术仍由国外垄断。

在中国未来燃气轮机的技术发展规划中，重点包括高温合金涡轮叶片制造技术、

燃气轮机装备智能制造技术、F级70MW和300MW重型燃气轮机、高参数燃氢燃气轮机，以及燃气轮机试验平台建设。

2. 燃气轮机高效清洁稳定燃烧技术趋势

近年来随着燃烧学和燃气轮机技术的发展，清洁燃烧新技术发展迅速，包括贫预混多喷嘴分级燃烧、燃料再热式燃烧、富燃/淬熄/贫燃燃烧、驻涡燃烧、贫预混低旋流燃烧、烟气再循环燃烧、柔和燃烧、催化燃烧等技术。

其中，贫预混多喷嘴分级燃烧技术发展最为成熟，应用最为广泛；燃料再热式燃烧、富燃/淬熄/贫燃燃烧等低污染燃烧技术，已开始应用于西门子公司和阿尔斯通公司的燃气轮机；驻涡燃烧、贫预混低旋流燃烧、烟气再循环燃烧、柔和燃烧、催化燃烧等低污染燃烧技术目前处于技术研发阶段。

国内方面已建设了多个燃烧试验平台，基本具备了E级燃气轮机燃烧室试验能力。中国未来发展的重点技术包括低污染燃烧室、分级燃烧燃烧室、回流燃烧室、贫预混与预蒸发燃烧室和可变几何燃烧室，以及低热值燃料稳燃与多燃料适应性、富氢与氢燃料燃烧等方面技术的研发。

3. 燃气轮机高温部件修复技术

在通用电气公司、西门子公司、三菱公司、阿尔斯通公司等主要燃气轮机制造商外，近年来Chromalloy、Sulzer、Wood Group、Liburdi等专业修复公司也相继开展了F级燃气轮机高温部件修复技术的系统研究，形成了一系列以焊接技术为主导的燃气轮机修复新技术和设备体系。主要包括：无损检测、激光焊、裂纹清理、真空钎焊、瞬时液相扩散焊、恢复热处理、涂层退除、热障涂层等离子喷涂、超声速火焰喷涂和电子束物理气相沉积等新技术。

上述新技术的应用方面，激光焊已成为F级燃气轮机热通道部件的主要熔焊修复方法。钎焊也逐渐取代熔焊用于高温部件表面龟裂区、氧化区等损伤的修复，并出现了新型专用焊料，如IN 939、Mar M247、MAR-M509B、Ni-Zr系等。

中国在热通道部件修复技术起步较晚，开展了B级、E级、F级燃气轮机部分高温部件焊接和涂层修复技术的研究，并在透平叶片等单一部件修复领域取得了较好的应用效果。

4. 燃气-蒸汽联合循环发电技术

燃气-蒸汽联合循环发电技术（CCPP）是由燃气轮机发电和蒸汽轮机发电组合

而成的联合循环发电装置。燃气-蒸汽联合循环发电机组将燃气轮机的排气引入余热锅炉，产生的高温、高压蒸汽驱动汽轮机，带动汽轮发电机发电。

联合循环常见形式有燃气轮机、蒸汽轮机同轴推动一台发电机的单轴联合循环，也有燃气轮机、蒸汽轮机分别与发电机组合的多轴联合循环。与传统的蒸汽发电系统相比，联合循环发电具有发电效率高、环境污染少、调峰特性好、消耗水量小、占地面积小、建设周期短等优势。

一般30MW以上的大容量燃气轮机的效率较高，无回热利用时效率可达40%。目前，燃气-蒸汽联合循环发电技术已经较为完善，单轴机组装置净效率可进一步提高至58%～60%。联合循环中，利用燃气余热的蒸汽轮机具有凝汽器、真空泵、冷却水等系统，结构较为复杂。容量小于10MW的燃气轮机一般不采用联合循环发电方式。

国内较为典型的联合循环案例，是北京太阳宫燃气热电有限公司的780MW燃气-蒸汽联合循环发电机组。机组设计采用二拖一运行方式，即两台燃气轮机带一台汽轮机运行。机组年发电量约为35亿kWh，供热面积为1000万m^2，供热区域为40km^2。二拖一运行方式提高了机组供热能力，热效率比常规一拖一机组高0.6%，冬季供暖期热效率高达79%。

5. 微燃机技术

随着微型燃气轮机技术和可再生能源技术的发展，多能源互补和多联产已成为燃气轮机能源系统的重要技术趋势。

微型燃气轮机，通常指发电功率在100～200kW以内，以天然气、甲烷、汽油、柴油为燃料的小功率燃气轮机。微燃机与燃气轮机的区别包括：微燃机使用单级压气机和单级径流涡轮；微燃机压比为3∶1～4∶1，小于燃气轮机的13∶1～15∶1；微燃机转子与发电机转子同轴，尺寸较小。

微燃机通常由径流式叶轮机械、单筒形燃烧室和回热器构成。径流式叶轮机械即向心式透平与离心式压气机，在转子上两者叶轮为背靠背结构，具有结构简单紧凑、便于移动的优点。微燃机还具有发电效率较高、燃料适应性强、噪声低、振动小、运行维护简单等优势，适用于分布式能源系统和微电网。

微燃机技术发展始于1990年代，目前最新技术趋势是高转速转子、高效紧凑式回热器、空气润滑轴承、低污染燃烧技术、微型无绕线的磁性材料发电机转子、可变频交直流转换的发电控制技术等。中国在能源技术革命创新行动计划中也提出要大力发展微燃机技术，包括先进径流式回热循环微型燃气轮机，以及先进轴流式简单循环小型燃气轮机等。

6. 分布式能源系统

在分布式发电系统中，内燃机发电技术较为成熟，与微燃机存在竞争。内燃机优势包括初投资较低、效率较高、适应性强、适合间歇性运行、维护费用低廉等。

市场目前以柴油发电机为主，天然气内燃机份额也在提高。柴油发电机有较高的压缩比，因此具有更高的发电效率，同样的输出功率下，比天然气内燃机体积更小也更经济。

天然气内燃机发电机组适应负荷波动能力较差，但能较好配合恒定负荷供电。相同热量输出情况下，天然气较柴油便宜，虽然发电效率低于柴油机，但在热电联供系统中热效率更高也更经济。

分布式发电（distributed generation，DG），一般指为满足终端用户的要求，在用户侧附近设置的小型发电系统。分布式电源（distributed resource，DR）是指分布式发电与储能装置（energy storage，ES）的联合系统（即 DR＝DG＋ES）。

分布式发电规模通常为 10kW～100MW 范围，一般利用天然气（煤气层、沼气）、太阳能、生物质能、氢能、风能、水电等清洁能源。储能装置主要为蓄电池、超级电容等。

在集中式能源发电系统的容量、参数、效率、环保等接近技术极限时，采用不同的思路发展分布式能源发电系统，是未来能源领域的重要发展方向。由于分布式能源系统可以大幅提高能源利用效率、多样化利用各种清洁能源，所以在未来发展前景广阔。

技术趋势方面，系统整体上的变工况特性，以及全年多目标综合性能评价的优化设计方法，已成为燃气轮机分布式能源系统重要技术关注点。中小型燃气轮机，特别是微燃机等分布式能源系统中的核心装备，也是中国目前亟待突破的技术瓶颈。

7. 冷热电联供

为了提高效率、降低成本，分布式能源系统通常采用冷、热、电联供（combined cooling、heat and power，CCHP）方式或热电联产（combined heat and power，CHP 或 co-generation）方式。

冷热电联供在热电联供的基础上发展而来，是分布式能源发展的主要方向和形式。冷热电联供建立在能量梯级利用原理的基础上，能源生产和利用分布于用户端附近。

冷热电联供通常利用石油、天然气等一次能源通过柴油机、微燃机等设备发电，并结合余热回收等技术制冷供暖，最终实现高效率、低成本、环境友好、灵活可靠等目标，综合能源利用效率可以达到90%。冷热电联供提高整个系统的一次能源利用率，实现了能源的梯级利用。冷热电联供还可以通过分布式并网技术作为能源互补，提升系统的经济性、利用率和转换效率。

前沿技术方面，目前冷热电联供技术较为关注分析用户的冷、热、电负荷的比例和变化情况，并设置“以冷、热定电”、“以电定冷、热”等不同运行模式。目前有各类成熟的商业软件如Aspen等，可以计算系统的最佳热电比等参数，并从效率、经济、环保、用户满意等多个目标评价冷热电联供系统。

8. ISCC技术

太阳能—天然气互补联合循环系统（ISCC）也是近年来的技术热点。国外开展ISCC研究较早，2010年美国已建成投运世界最大的“热互补”ISCC电厂，装机容量为1125MW。针对“热化学互补”ISCC发电技术，国外侧重研究900～1200℃的高温太阳能热化学互补的转化利用，以及构建高温太阳热能与天然气相结合的发电系统。

天然气分布式能源技术方面，中国在系统优化配置与运行、系统变工况协调控制等方面的技术和应用发展良好。在ISCC领域中国起步较晚，近年来技术上取得一定进展。针对高温太阳能“热化学互补”依赖于高聚光比和成本高的问题，中科院工程热物理研究所提出中低温太阳能“热化学互补”联合循环机理与方法，提高了太阳能利用的热功转换效率，减小了聚光和集热部件的成本。

2012年华能三亚太阳能“热互补”联合循环ISCC示范电厂投运，装机容量为1.5MW。系统利用太阳能产出3.5MPa、400～450℃的过热蒸汽，补充燃气—蒸汽联合循环的部分蒸汽，减少天然气用量。

十二、煤层气燃气发电技术

未来能源发展中，非常规油气也将扮演重要角色。近年来，中国在页岩油气相关的基础理论、地质建模、动态预测和开采工艺、关键装备方面发展迅速；煤层气、深层煤层气、复杂储层煤层气、低阶煤层气的评价、开发、增产、安全技术发展良好；天然气水合物的预测、评价、勘探、钻井、环保、安全技术也在研发攻关中。

对于燃气发电领域而言，上述煤层气和其他气等非常规气，可以通过相关技术调整，与常规燃气一样高效清洁、稳定安全地用于燃气发电。

中国是煤炭生产大国，煤层气（煤矿瓦斯，coal bed methane，CBM）资源丰富。陆上煤层气资源总量为36.8万亿m^3，占世界总量的12.15%，仅次于俄罗斯和加拿大居世界第三位，与陆上常规天然气资源量（38万亿m^3）基本相当。

煤层气主要成分是甲烷，既是清洁燃料和化工原料，也是一种强温室气体，其温室效应值GWP约为21。甲烷在空气中的浓度达到5%～16%时，遇明火产生爆炸，是煤矿瓦斯爆炸事故的根源。煤层气发电一举三得，既可以有效减少煤矿瓦斯事故，又可以增加洁净能源比例，还可以减少温室气体排放，发展前景广阔。

煤炭开采过程中，煤层气根据开发的形式不同，可以分为地面开发煤层气、煤矿井下抽放煤层气、报废矿井煤层气。通过地面钻井开采的煤层气成分类似于天然气，可利用天然气发电设备进行发电，技术简单成熟。通过煤矿通风排出的瓦斯，目前技术很难利用，只能排空处理，每年有超过150亿m^3的瓦斯空排。

中国煤层气具有甲烷含量低、浓度波动大的特点。目前煤层气利用主要集中于高浓度煤层气（甲烷浓度大于30%）。低浓度煤层气发电是目前技术前沿，主要瓶颈在于浓度波动时如何稳定发电，以及低浓度煤层气的安全运输和使用。

煤层气发电方式与天然气类似，主要包括内燃机、燃气轮机、联合循环、燃料电池、混合燃烧锅炉等。混合燃烧锅炉是以煤层气作为燃煤发电的补充燃料，可以有效减少SO_2和NO_x排放，环保优势显著。对于煤层气产区，附近有燃煤发电机组的情况下，混合燃烧锅炉具有较好技术经济性和应用前景。

煤层气发电技术中，与天然气主要差异在于安全要求更高，浓度、压力变化适应性要求更好。技术进展方面，中国矿业大学提出了多孔介质燃烧器驱动斯特林发动机系统，可以较好地适应于中国煤层气浓度低、波动大等特点。

技术趋势方面，矿井乏风利用技术具有较好的发展前景，中国每年通风排出甲烷，与西气东输120亿m^3天然气量相当，潜力巨大。甲烷氧化技术，是目前通过现场试验的一项新技术：首先利用外热源加热氧化床，制造CH_4氧化反应环境

（1000℃）；随后将通风瓦斯引入氧化床氧化产热，热量一部分维持氧化反应，多余部分以蒸汽形式排出，用于发电、制冷或制热。

十三、 余热发电技术

余热发电（余温、余气、余压发电）近年来快速发展，与技术的不断进步密切相关。

1. 有机工质朗肯循环

有机工质朗肯循环（ORC）与蒸汽朗肯循环原理和结构相似，循环工质采用有机流体工质（各类制冷剂，包含 CO_2）。有机朗肯循环可以有效利用 80～350℃中低温余热，将低品位热量转换为电能，效率处于 10%～20%范围。

目前技术趋势方面的关键点，是根据不同温度范围、热源特性、发电用途的情况来选取工质。

工质的选取，既要考虑系统效率和制造运行，也要考虑环境影响和安全性能。150℃左右的低温热源，通常配合 HFCs 制冷剂工质，确保效率较高。但因为工质具有较大的 GWP，只能作为过渡工质。氢氟醚工质（HFEs）是重要的技术方向，具有环保、安全、适用温度范围大的优势，有待进一步研究和应用。

300℃左右的中温热源，通常配合烷烃类和苯类工质。但由于该类工质的可燃性，也限制了应用范围，无可燃的地热发电领域可以应用。高温 ORC 方面缺少理想工质，无毒、弱可燃性的硅氧烷仍然是首选工质。此外，混合工质在 ORC 中也表现了良好的性能，是未来技术发展的重要方向。

2. 超临界 CO_2 布雷顿循环

为提高化石能源的转换效率，工程热力学领域历史上提出了朗肯循环、布雷顿循环、斯特林循环、狄塞尔循环等热力学循环。目前火力发电、核电等大部分采用朗肯循环。布雷顿循环具有较高的燃烧转换效率，其在燃气轮机发电系统、航空发动机、空间动力系统（火箭发动机）等领域也已经广泛应用。

现有布雷顿循环大部分以理想气体作为工质。超临界二氧化碳（supercritical carbon dioxide，S-CO_2）具有良好的传热特性和热力学特性，无毒并且具有较好的稳定性。超临界二氧化碳已经在汽车空调、制冷与热泵系统、有机朗肯循环等领域获得应用。

CO_2的热稳定性好、安全无毒、不可燃、成本低廉，临界温度为30.98℃，临界压力为7.38MPa。S-CO_2布雷顿循环的工作温度高于临界温度。超临界CO_2布雷顿循环（S-CO_2 Brayton cycle）具有较高的流动密度和较好的传热性能，可以显著减小压气机、换热器、透平的尺寸，循环温度不高时也可以达到较好的转换效率。

S-CO_2布雷顿循环发电系统具有体积小、质量轻、效率高、功率密度高、功率范围大、费用较低等优点，可以利用外界提供的500～800℃温度，因此适合于对接600℃超超临界煤基发电、光热发电、高温气冷堆核电和中高温余热发电等发电形式。

S-CO_2布雷顿循环发电系统还处于探索阶段，已经在实验室建成了小功率模拟机组，预期将进一步建立工业化示范电厂。目前的技术前沿和难点，在于与S-CO_2布雷顿循环配套的材料技术的开发。

对于S-CO_2布雷顿循环电厂，由于工质改变，各个关键高温部件的结构和材料也需要进行相应调整。超超临界火电机组水蒸气参数为550～700℃/27～35MPa，核电氦气的工作温度范围为800～1000℃/8MPa，而S-CO_2的工作温度范围为500～700℃/20MPa。可以看出，相比火电和核电的前沿技术对材料的要求，S-CO_2温度和压力较低，并且其高密度也显著减小了部件尺寸，因此材料选择范围较为宽松。

对于高温高压的S-CO_2，除合金的机械强度要求较高外，还需要能够承受氧化、渗碳、硫化等腐蚀作用，并结合经济性选取合金。目前火电和核电广泛采用铁素体钢、奥氏体钢和镍基高温合金。铁素体钢和奥氏体钢具有较好的经济性，但是高温力学性能和耐蚀性较差。镍基高温合金Cr含量较高，相比铁素体不锈钢、奥氏体不锈钢具有更好的耐S-CO_2腐蚀能力。对于实际S-CO_2布雷顿循环及工业化示范电厂，合金材料的性能还需要进一步分析和研究。

3. 斯特林循环

外燃机热气机循环（斯特林发动机，Stirling engine），具有效率高、结构简单、排放较少等优点，也具有单机容量小、制造成本高、密封可靠性低、机器笨重等缺点，因此1816年发明以来没有引起充分重视。斯特林发动机部分特性较为适合潜艇，一是燃烧连续，工质不参与燃烧，因此无爆震、噪声低；二是燃料广泛，只要有外部热源、冷源即可。

随着能源和环境压力的增加，斯特林循环在余热利用方面越发受到重视。因为斯特林循环的环境污染小、燃料广泛、容易利用余热等特点，近年来在余热发电方面应用发展快速。斯特林热气机可以回收100～300℃的中低温余热，发电效率可以达到20%以上。

斯特林循环的技术趋势，近年来主要集中在碟式太阳能光热发电和汽车尾气余热发电。碟式斯特林太阳能发电系统是利用旋转抛物面反射镜，将太阳光聚焦到位于抛物面焦点的接收器上，接收器内的工质被加热至750℃左右，驱动斯特林发电机发电。碟式斯特林发电系统具有光电转换效率高、耗水量低、建设运行灵活等特点。

碟式斯特林太阳能发电系统的核心部件是斯特林发电机。斯特林发电机在结构方面比普通内燃机简单很多，但一些关键部件的技术难度较大，如高温太阳能吸收器、高效回热器、工质密封、功率和转速控制等关键技术。

汽车尾气余热发电方面，斯特林循环的高效率和外燃机等特点，使得斯特林循环成为汽车尾气余热发电系统的首选热机。斯特林循环转换效率高，热电转换效率可达40%，具有较好前景，但设计制造、电能输出等技术还需要进一步突破。

十四、垃圾发电技术

2016年，中国城市生活垃圾清运量近2亿t，采用填埋方式处置的约占63%，采用焚烧方式处置的约占35%，采用堆肥等其他方式处置的约占2%。与被动、有限的填埋方式和堆肥等其他处理方式相比，垃圾焚烧更节约土地，不易造成地表水和地下水污染，将逐渐成为垃圾处理的主流方式。

垃圾焚烧发电，是一种垃圾焚烧处理的方法，主要目标是充分和清洁地减少废弃物，同时产生一定发电量进行利用。在高温条件下垃圾的有害物质被氧化和分解，在一定程度上实现垃圾处理的无害化、减量化和资源化。近五年来中国垃圾发电的新增装机容量都保持在100万kW水平，2016年中国垃圾发电装机容量接近600万kW。根据国家能源局印发的《生物质能发展“十三五”规划》，“十三五”末垃圾焚烧发电装机容量将达到750万kW。

垃圾焚烧发电的主要优点包括：消除垃圾中的病原体，高温分解二噁英；焚烧后垃圾减重约80%，减容约90%，而且渣和飞灰可以综合利用；可以节约大量填埋场地，并避免填埋对环境的二次污染；焚烧产生的高温蒸汽，可以用来供热或发电，替代化石燃料；过程中可以回收铁磁性金属等资源；焚烧发电费用随着技术进步和土地紧张，未来有可能低于填埋方式。

中国垃圾焚烧发电的主要技术难点包括：垃圾的发热量低（5MJ/kg左右），可燃物少而厨余垃圾较多，为保证稳定燃烧需要燃煤和燃油助燃；垃圾焚烧发电技术有待进步，污染物排放和二噁英有待进一步控制；垃圾焚烧发电初期投资较大，短期经济收益不明显，政策支持和公众理解有所不足。

垃圾焚烧发电的技术发展趋势方面，CFB燃烧技术是目前较为先进的技术方式。旋转窑焚烧炉多用于处理医疗垃圾，对于热值为5MJ/kg以下的垃圾燃烧困难。回转式焚烧炉的燃烧不易控制，垃圾热值低时燃烧困难，用于垃圾处理量较小的领域。机械炉排焚烧炉的焚烧过程中，烟气在高温下停留不足，容易产生二噁英等二次污染。CFB燃烧技术较为适合国情，可以较好解决垃圾热值低、水分高等问题，投资相对较低。

CFB技术配合先进的气化熔融处理，是目前发展前景较好的二噁英零排放化垃圾发电技术。气化熔融技术分为一步法和两步法，其中两步法中气化与熔融在两个系统进行。垃圾首先在CFB锅炉（500～900℃）中气化产生可燃气体，而飞灰和底渣在熔融炉（1300℃以上）中熔融，彻底分解表面二噁英，并有效处理重金属。

烟气处理技术也是垃圾焚烧发电的重要技术方向，决定了垃圾发电的环保特性和公众接受度。烟气处理包括干法、湿法和半干法。干法工艺简单，投资运行费用低，污染物脱除率较低；湿法工艺复杂，投资运行费用高，脱除率较高，并需要处理废水；半干法介于两种方法之间。

采用半干法和布袋除尘技术处理烟气时，烟气由余热锅炉排出后进入半干式洗气塔，塔内雾化器将熟石灰浆从塔顶喷淋，中和HCl、HF等酸性气体。洗气塔出口管道设有活性炭喷嘴，活性炭用于吸附烟气中的二噁英/呋喃类物质。随后烟气进入布袋除尘器，脱除颗粒物和重金属，并从烟囱排入大气。

目前新型垃圾焚烧发电机组通常采用全封闭设计和负压操作，避免向外界泄漏。单炉焚烧处理量为300～500t/d，发电装机容量为6～10MW。由于烟气处理成本较高，垃圾发电机组初投资在18 000～22 000元/kW范围，约为生物质发电的两倍、燃煤发电的四倍左右。垃圾发电在经济性方面与垃圾处理费、电价补贴、免税补贴密切相关，通常补贴在60～80元/t范围可以保证垃圾发电的经济性。

十五、自动化控制技术

中国发电厂的仪控专业发展，可以划分为热工控制（1953～1965年）、热工自动化（1965～1985年）和综合自动化（数字化、信息化，1985年至今）等三个阶段。

工业过程控制中，诞生于1970年后的三大控制系统分别是分布式控制系统（distributed control system，DCS）、可编程逻辑控制器（programmable logic controller，PLC）和现场总线控制系统（fieldbus control system，FCS）。其中，1975年美国Honeywell公司推出了第一套DCS，型号为TDCS-2000。经过四十多年的发展，DCS已经成为安全可靠、经济实用、功能多样的控制系统，广泛应用于电力、化工、石油、制药、冶金、建材等领域。

目前世界上有数百家厂商推出了千余种DCS，国外著名厂商包括Honeywell、Yokogawa、西屋、东芝、Fisher、Bailey等，国内著名厂商包括上海新华、浙大中控、北京和利时、国电智深等。伴随着工业自动化，2000年前DCS取代了传统模拟仪表控制系统和PLC系统，当前火电厂和核电厂的仪控系统已经普遍采用DCS。DCS的功能也随着电厂对自动化控制的需求而日益增强，例如控制器处理能力、网络通信能力、控制算法、可视化功能和综合管理能力等功能也在不断完善。

DCS的结构有多种划分方法，通常可以分为现场控制层、过程控制层、操作管理层等三层，如图3-14所示。现场控制层主要为现场设备，以传感器、执行器和变送器等组成信号输入/输出级；过程控制层主要实现信息的集中和管理；操作管理层主要包括操作员站、工程师站、历史站等，可以综合所有信息并实现集中显示操作、控制回路组态、参数修改优化等功能。此外操作管理层之上还可以设置综合管理层，使得企业最高管理层可以总体协调和控制系统。

DCS硬件方面，操作员站和工程师站一般采用通用计算机，功能包括监视、操

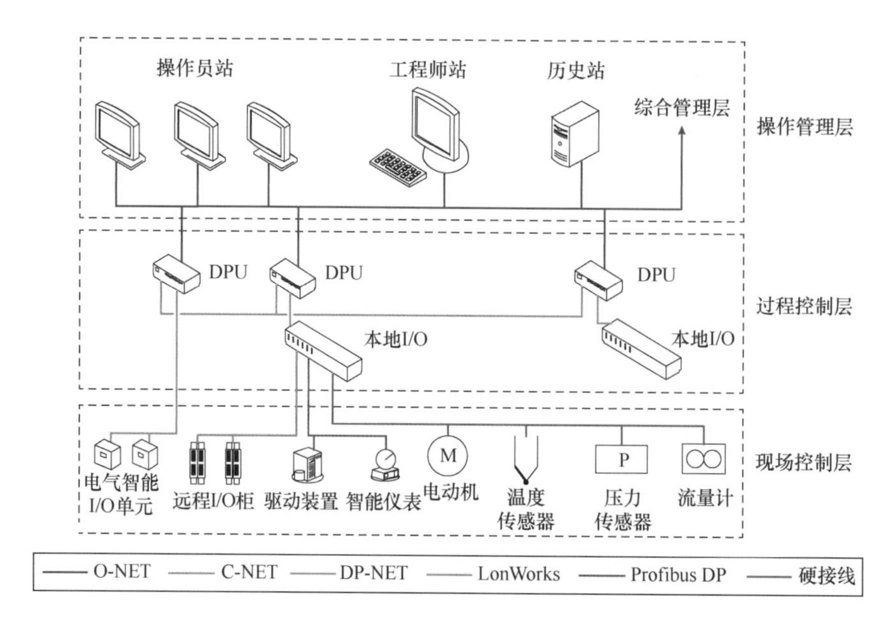

图 3-14　电厂典型 DCS 控制系统结构图

作、管理、组态、配置、维护等，工程师站功能一般高于操作员站，也可以兼做操作员站。现场控制方面，一般包括 I/O、控制器、辅助设备等。通信系统方面，一般包括现场总线、控制网络、系统网络、管理网络等。电源系统方面，一般采用外部供电配合不间断电源 UPS，可以实现双电源切换、分区供电等功能。

DCS 软件方面，操作员站一般配备软件包括图形处理、操作命令处理、实时趋势显示、历史数据保存、运行日志、报警处理等软件。工程师站通常还配备硬件配置软件、算法编辑编译软件、仿真软件、属性设置软件等。现场控制方面的软件主要包括 I/O 驱动软件、I/O 信号预处理软件、实时数据库软件、控制算法软件和实时操作系统等。

DCS 控制系统的特点包括：①可靠性高。DCS 的控制功能分散在不同计算机并采用容错设计，个别计算机故障不影响整体功能。②开放性高。DCS 采用开放式、标准化、模块化和系列化设计，并采用局域网方式通信，可以将计算机、设备、第三方系统等方便快捷地接入系统或断开连接，实现功能的调整。③灵活性好。DCS 可以根据不同对象进行软硬件组态，从控制算法库和图形库选取合适的控制算法和各类监控报警界面，方便地构建控制系统。④易于维护。DCS 中计算机功能单一、维护简单，出现局部故障可以迅速进行在线更换。⑤协调性好。DCS 通过通信网络传输和共享各种数据和信息，实现各部分协调工作和系统控制功能优化。⑥控制功能齐全。控制算法丰富，集连续控制、顺序控制和批处理控制于一体，可实现串级、前馈、解耦、自适应和预测控制等先进控制，并可方便地加入所需的特殊控制算法。

对于火力发电，DCS主要包括：模拟量控制系统（MCS）、逻辑控制系统（SCS）、机组数据监测系统（DAS）、锅炉安全监控系统（FSSS）、汽轮机监测保护系统（TSI）、汽轮机电液调节系统（DEH）、电气控制系统（ECS）、旁路控制系统（BPCS）、紧急停机系统（ETS）等。

其中，模拟量控制系统（MCS）主要包括协调控制系统（主蒸汽压力控制、功率控制、燃料控制、送风控制、引风控制、给水控制）、给水控制系统、主蒸汽温度控制系统、再热蒸汽温度控制系统、机侧/炉侧控制系统（凝汽器、低压加热器、除氧器、高压加热器、辅汽集箱、一次风压）、制粉控制系统、汽轮机旁路控制系统（高压旁路、低压旁路）等。

火力发电DCS技术发展方面，管控一体化已经成为重要趋势之一。近年来，随着网络技术、仿真技术、容错技术和实时数据库技术等的快速发展，火电厂DCS已经从生产过程控制逐步走向集生产控制、生产管理、经营管理、资产管理等于一体的火电厂管控一体化系统。伴随着更先进DCS控制系统的研发和应用，未来火电厂将逐步走向数字化和智能化。

此外，之前FSSS、DEH、ETS、TSI等子系统都设置独立监控系统，随着DCS可靠性和开放性的提升，部分机组FSSS和DEH监控功能也纳入DCS中，仅保留ETS、TSI等子系统的独立监控系统。

软件方面，DCS前沿技术趋势主要围绕先进控制算法和控制模式展开。自动发电控制（automatic generation control，AGC）是一种较为先进的控制技术，可以实现电网调度自动化能量管理系统（EMS）和发电机协调控制系统（CCS）之间的闭环控制。

AGC可以自动响应电网调度发出的负荷指令，结合一次调频功能自动控制机组有功功率的增减，维持电网频率稳定，使发电和用电达到平衡。早期AGC的自动化程度偏低，近年来随着协调控制系统CCS功能不断完善，AGC逐步成熟并在多个火电机组成功应用。CCS还可以通过设置热控智能保护，在不降低保护可靠性的同时，减少机组误动和拒动次数。

快速切回（fast cut back，FCB），是指发电机组发生重要辅机跳闸、发电机解列等严重故障时，快速地甩负荷到带本机组厂用电运行（孤岛运行，不停机不停炉），或汽轮机停机、锅炉蒸汽通过旁路系统输出（停机不停炉），并且过程中运行参数变化在安全范围内，不造成设备损坏，故障排除后可以快速并网和升负荷。具备 FCB 功能的火电机组可以作为黑启动电源，在电网恢复过程中快速并网供电，减少损失。

FCB 自动化控制方面，对于 DCS 提出的功能要求包括：机组运行中发生发电机解列等故障，FCB 功能应自动投运，快速甩负荷并带厂用电稳定运行；机组甩负荷过程中，能保证机组运行参数变化在安全范围内，不引起停机停炉保护动作，不危及设备安全；故障排除后，可以较快地重新并网发电。实际应用中，目前 DCS 控制系统可以通过良好的协调控制，使 FCB 功能得到充分实现，显著提升电厂安全运行水平，增强电力系统的安全性和稳定性。

近年来随着电力市场变化，火力发电机组将更多地参与电网调峰，DCS 技术发展趋势之一是实现火力发电机组的优化控制。DCS 控制系统将更多地关注提高机组负荷的快速响应能力，并实现控制优化，具体措施包括：电网负荷指令变化时，调整汽轮机机前压力设定值，从而提升负荷的初始响应速度；将给水量和燃烧率的相互作用减弱，增加焓值调整和机组调整的稳定性；采用负荷或分离器压力校正调节参数，用变参数调节来提高调节品质。

第 3 节　火力发电产业展望与预测

一、千瓦时电成本分析

千瓦时电成本是评价一种发电形式每生产 1kWh 电所对应的经济成本。对于发电形式的经济性存在多种评价模型，例如采用传统净现值（NPV，net present value）方法评价电力投资收益等。对于千瓦时电成本，目前主流的评价模型是平准化电力成本（LCOE，levelized cost of electricity），其定义为全生命周期内成本现值与全生命周期发电量之比。

采用 LCOE 计算方法，可以较为方便地对比不同发电形式之间的千瓦时电成本差异，从而评价发电形式的经济性。本书中千瓦时电成本均采用 LCOE 评价，也是目前能源发电软科学研究领域的常用方法，因此后续章节中不再区分千瓦时电成本和 LCOE 两词。

根据 LCOE 定义，LCOE 主要与成本和发电量相关。火力发电的成本主要来自于建设、燃料、运输、运行、维护等部分，并且兼顾时间价值（折现率）、固定资产折旧（残值率）、贷款情况、税收情况等经济性因素，发电量则受规模、效率、利用小时数等因素影响。

以供电煤耗为 300g/kWh 的常规燃煤发电为例，燃煤价格为 600 元/t 时 LCOE 中燃料成本部分为 0.18 元/kWh。按照建设成本为 5 000 元/kW、年利用小时数为 4000h、寿命为 40 年计算，建设成本对 LCOE 的贡献，不考虑经济性因素时约为 0.03 元/kWh，考虑经济性因素时约为 0.06 元/kWh。计算其他部分成本并综合经济性因素，就可以得到 LCOE。

结合 LCOE 模型，研究分析了各种火力发电形式的建设、运行、燃料、运输等主要成本因素的现状与趋势，以及装机容量、发电效率、利用小时数等影响发电量因素的现状与趋势。结合文献，估算各种火力发电形式的 LCOE（2016 年典型值）如表 3-4 所示。对于 700℃超超临界和 S-CO_2 布雷顿循环等目前仍在试验阶段的前沿技术，则给出未来的千瓦时电成本预测值。

表 3-4　　火力发电效率与典型经济性指标

火力发电技术	发电效率（%）	典型建设成本（元/kW）	典型千瓦时电成本（元/kWh）
亚临界	39.0	5000	0.29
超临界	41.0	4600	0.27
超超临界	45.0	4500	0.24
超超临界 700℃	50.0	7700（估计值）	0.30（2030 年） 0.23（2050 年）
超超临界二次再热	46.5	4600	0.23
超超临界直接空冷	44.0	4600	0.25
超超临界间接空冷	44.5	4700	0.25
超超临界超低排放	43.5	4800	0.26
超超临界 CCS	43.0	7000	0.33
CFB 湿冷	42.0	4850	0.25

续表

火力发电技术	发电效率（%）	典型建设成本（元/kW）	典型千瓦时电成本（元/kWh）
CFB空冷	40.5	4900	0.26
燃气轮机	40.0	8000	0.57
微燃机	30.0	10 000	0.60
燃气－蒸汽联合循环	60.0	6500	0.40
IGCC	48.0	12 000	0.70
ORC	5.0～25.0	4000～10 000	0.50～1.20
S－CO_2布雷顿循环	45.0～50.0	12 000（估计值）	0.32（2030年） 0.21（2050年）
斯特林循环	10.0～40.0	6000～12 000	0.40～0.80
垃圾焚烧发电	20.0～25.0	16 000	0.80
CFB垃圾焚烧发电	18.0～23.0	17 000	0.82
生物质焚化发电	20.0	7500	0.38
燃油发电	20.0～40.0	4500	0.75

首先分析火力发电各种形式的建设成本与发电效率关系，将表3－4中数据以散点图形式表示，其中700℃超超临界和S－CO_2布雷顿循环采用2030年估计值，如图3－15所示。可以看出，各类发电形式的建设成本随着对应发电效率的增加，存在先快速下降，后缓慢上升的规律。根据这一规律，可以将火力发电形式分为三个区域：发电效率小于或等于30%为区域Ⅰ；在30%～47%之间为区域Ⅱ；大于或等于47%为区域Ⅲ。

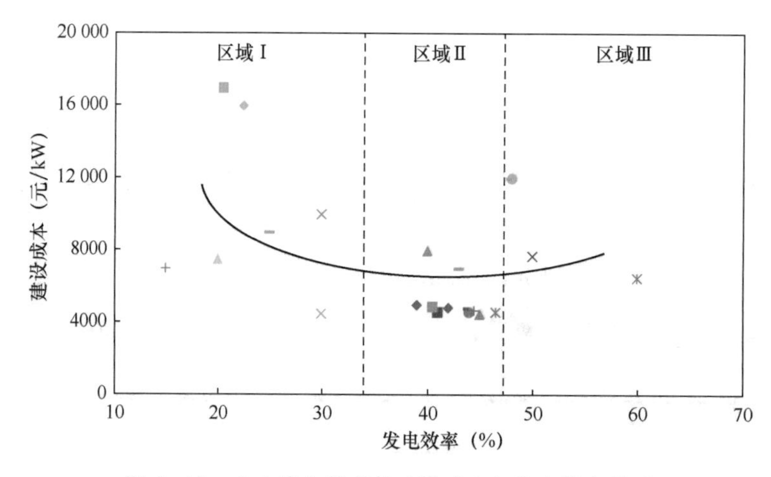

图3－15　火力发电形式的建设成本与发电效率关系

区域Ⅰ中的火力发电方式，普遍存在效率低、建造成本高的特点。除燃油锅炉、柴油机等燃油发电形式外，区域Ⅰ发电形式基本可以分为两类：一类是具有其他主要目标的发电技术，如垃圾发电（垃圾处理与资源化）、生物质发电（生物质综合利用)、微燃机（分布式冷热电联供）等；另一类是尚在研发中的新型发电技术，如斯特林循环（余热回收）、ORC（中低温余热回收）等。

区域Ⅱ中的火力发电技术，一般发电效率较高而建设成本较低，是目前较为成熟的主流火力发电技术。区域Ⅱ中发电形式主要包括三类：第一类是600℃超超临界火力发电技术，以及其与二次再热、直接空冷、间接空冷、超低排放、CCS等技术的组合；第二类是CFB发电技术，以及其与煤矸石利用、空冷等技术的组合；第三类是成熟的燃气轮机发电技术，包括利用常规燃气和煤层气发电技术。以上三类发电技术的效率和建造成本处于同一范围，存在竞争和互补关系。

结合本章提出的前沿技术树状图也可以看出，这一区域目前的技术发展方向如二次再热等，大部分属于附属的改良技术。通过以上划分，也有助于梳理火电技术发展的主流和方向。

区域Ⅲ中的火力发电技术，发电效率高，建造成本也较高，是火力发电技术未来的重要发展方向。区域Ⅲ中发电形式也可以分为三类：第一类是700℃超超临界火力发电技术；第二类是基于燃气轮机的燃气-蒸汽联合循环技术和IGCC技术；第三类是S-CO_2布雷顿循环发电技术。区域Ⅲ中技术因为发电效率方面的显著优势，将成为未来技术的重要突破方向。

分析各类发电形式的千瓦时电成本与建设成本关系如图3-16所示，可以看出两者关联较为密切。除燃油发电（中国燃油价格较高）和ORC（利用中低温余热，技术有待成熟）外，火力发电各种形式的千瓦时电成本与建设成本基本成正比关系。

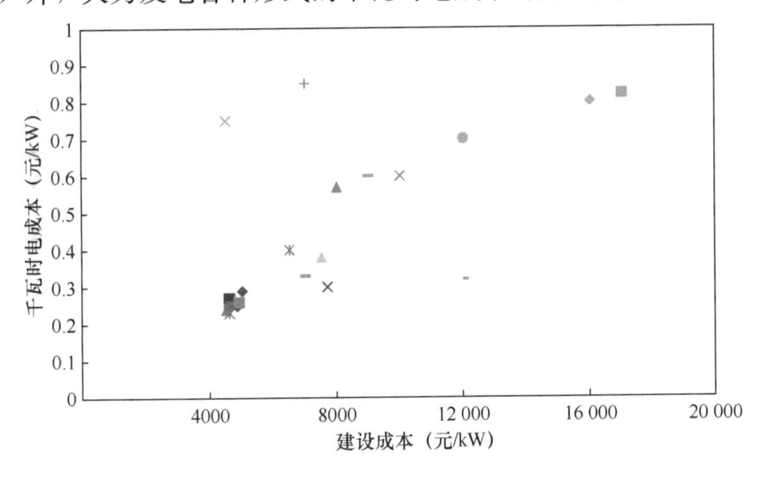

图3-16　火力发电形式的千瓦时电成本与建设成本关系

根据千瓦时电成本与建设成本的关系，以及建设成本与发电效率的关系，可以得出千瓦时电成本随发电效率也存在先快速下降，后缓慢上升的规律，如图 3-17 所示。同样，按照发电效率也可以分为三个区域：小于或等于 30%为区域Ⅰ；30%～47%之间为区域Ⅱ；大于 47%为区域Ⅲ。

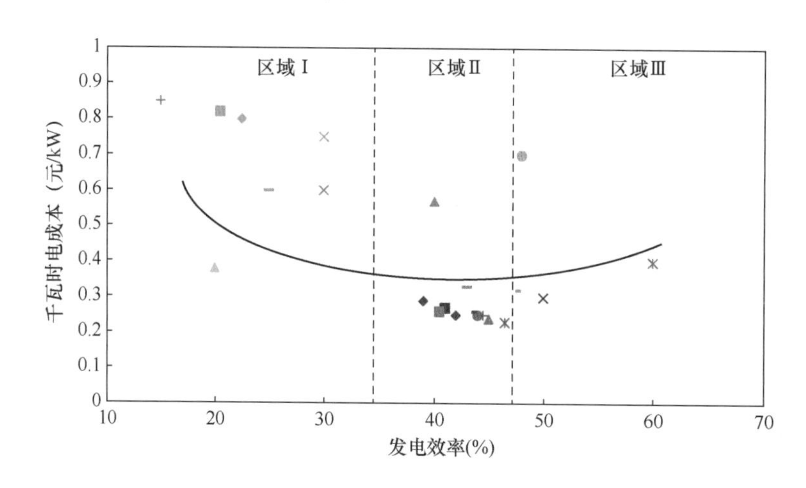

图 3-17　火力发电形式的千瓦时电成本与发电效率关系

相比建设成本与发电效率关系中三个区域的差异，千瓦时电成本 LCOE 与发电效率的关系中，区域Ⅰ与区域Ⅱ因为发电效率的不同而进一步加大；区域Ⅱ与区域Ⅲ因为发电效率的不同而有所减小。

这一现象也说明，对于新型火力发电技术，当技术取得突破，实现较高效率时，U 型曲线的顶点右移，LCOE 可以进一步降低并接近成熟技术。这一规律也说明，效率是发电技术的核心问题，而技术决定了应用前景和经济指标。

二、 千瓦时电成本预测

综合各类火力发电技术的发展趋势，可以预测在较长时期内（2015～2050 年）各类发电技术形式的发电效率变化趋势。结合建设成本、运维成本等经济性因素，得到千瓦时电成本的长期预测，如图 3-18 所示。

由图 3-18 可以发现，火力发电主要类别方面，燃油发电和垃圾发电 LCOE 仍将长期处于高位；燃气发电、生物质发电和余热发电的 LCOE 处于中间水平；根据中国技术现状和资源国情，燃煤发电 LCOE 仍然处于较低水平。

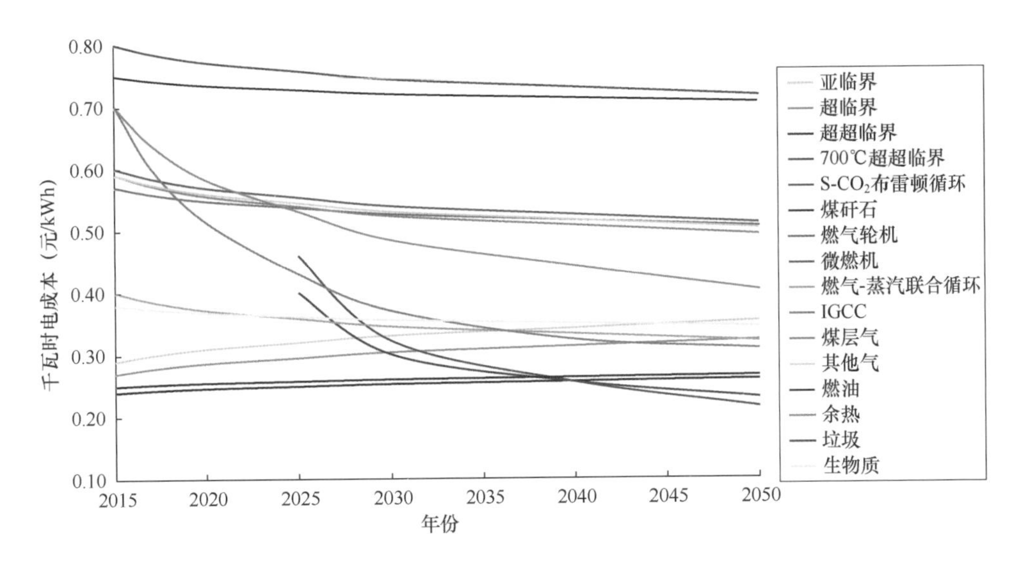

图3-18　基于技术分析的火力发电千瓦时电成本预测

具体发电形式方面，燃煤发电中的亚临界机组和超临界机组，将随着技术落后和环保成本上升，LCOE逐渐上升而失去竞争力。600℃超超临界机组的千瓦时电成本中建设成本占25%左右，燃料成本占65%左右，长期来看也将面临环保成本上升和煤炭资源制约的压力，LCOE有所增加。CFB机组在技术方面的改良使得发电效率提升、建设成本下降，并因为能利用劣质燃料如煤矸石等，在环保和资源方面具有一定优势，因此LCOE预期基本维持不变。

如果在2025年前后700℃超超临界技术中的镍基高温合金等关键问题得到解决，则700℃超超临界技术将在效率、环保等方面具备较强竞争力。700℃超超临界机组的过热器/再热器、主蒸汽/再热蒸汽管道和集箱、汽轮机高温段等需要采用镍基合金材料，占机组高温段合金材料的29%左右。

600℃超超临界机组的建设成本中，设备成本占40%左右，约为2000元/kW，安装、建筑和其他成本占60%左右。设备成本中，采用铁素体合金钢（80%）和奥氏体合金钢（20%）材料的高温段设备制造成本约占50%，折合1000元/kW。

700℃超超临界机组的高温段合金材料替换为铁素体合金钢（56%）、镍基高温合金（29%）和奥氏体合金钢（15%）后，由于镍基合金材料部分的相关成本将上升十倍以上，高温段设备成本将上升至3700元/kW以上，建设成本也将相应上升至7700元/kW以上。

结合经济性因素，建设成本对单位电量成本的贡献将上升至 0.10 元/kWh 以上，示范工程阶段的 700℃超超临界机组的单位电量成本将达到 0.30～0.40 元/kWh 水平。未来随着镍基合金材料成本的降低，以及 700℃超超临界技术在燃料成本和环保费用等方面优势的发挥，700℃超超临界技术预计将成为火力发电前沿技术中单位电量成本最低的技术形式之一。

煤基 S-CO_2布雷顿循环在发电效率方面具有显著优势，并且在建设、环保和资源方面也具有成本竞争力。虽然目前小功率的试验机组效率有待提高，并且千瓦时电 LCOE 较高，但随着技术的逐渐成熟并应用于工业化电厂，效率优势将逐步发挥，各方面成本也将快速下降。本研究预测中，煤基 S-CO_2布雷顿循环 LCOE 在 2050 年前将快速下降，并最终与燃煤发电中的 700℃超超临界技术 LCOE 接近，甚至更低。

燃气发电中，燃气轮机、微燃机、煤层气、其他燃气等技术，随着燃气轮机技术进步和效率提高，以及在环保方面的优势，LCOE 预计均有所下降。伴随着煤层气和其他燃气开采技术的成熟及价格方面的优势，LCOE 曲线可能与常规燃气 LCOE 曲线存在交叉。

联合循环方面，燃气-蒸汽联合循环因为发电效率较高，在 LCOE 方面仍然保持优势。IGCC 随着技术成熟和规模化应用，建设成本将明显下降。由于中国以煤炭为主的资源国情，预计 IGCC 发展前景良好。IGCC 千瓦时电成本预计将逐步接近或低于燃气发电的千瓦时电成本。

燃油发电方面，由于中国资源国情和燃油价格较高，而且技术方面的突破不明显，LCOE 预期将长期保持较高水平，仅用于特殊场合和用途。生物质发电目前技术较为成熟，在环保（秸秆等资源化利用）和资源（可再生能源）方面具有一定优势，预期千瓦时电成本 LCOE 基本维持不变，而装机容量规模继续提高。

垃圾发电的千瓦时电成本 LCOE 组成变化较为复杂，一方面随着技术进步，发电效率将有所提升，环保方面和来源方面的优势也将逐步发挥；另一方面随着垃圾焚烧发电排放指标的进一步严格化，环保设备和投入将显著增加，建设成本将明显上升。

因此，预期垃圾发电的 LCOE 将维持不变或略有下降，但并不代表垃圾发电技术没有进步。正是由于垃圾发电兼顾垃圾处理和发电双重目标，因而技术的快速进步和环保投入的不断加大，最终使得 LCOE 平衡在一个稳定水平。由于中国废弃物的快速增加和垃圾焚烧处理方式的快速普及，垃圾发电的装机容量规模预期将快速上升。

余热发电方面，有机朗肯循环ORC和斯特林循环发电技术暂时不成熟，发电效率预计将随着技术进步逐步上升。余热发电与化石燃料发电的资源不断紧缺、环保成本不断上升相比，在环保和资源两方面优势明显。但由于余热发电主要用于中低温热源、外热源等情况，并多用于辅助和分布式用途，因此发电效率提升和千瓦时电成本下降，均存在客观限制。到2050年，预计余热发电千瓦时电成本LCOE将快速下降，并最终介于燃气发电和燃煤发电LCOE之间。

利用模型进行千瓦时电成本LCOE预测时，如果考虑其中部分成本，如煤炭作为燃料资源的成本，在未来可能产生不同的波动趋势时，还可以进行相应的敏感性分析。以燃煤价格500元/t作为情景1（Scenario1，S1），750元/t作为情景2，1000元/t作为情景3，进行亚临界、超临界和超超临界的千瓦时电成本计算，如图3-19所示。

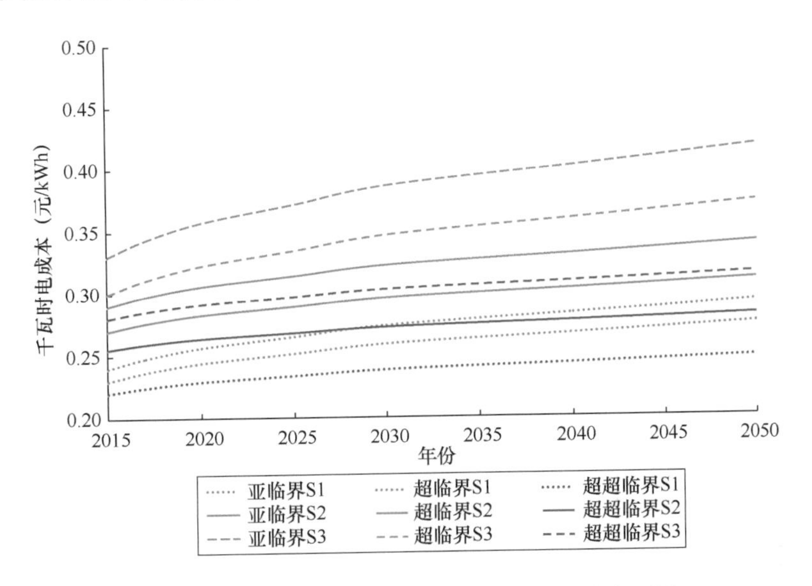

图3-19 不同燃煤价格情景下的千瓦时电成本预测

由图3-19可以看出，各种情景下燃煤发电的千瓦时电成本都将随着资源和环保因素而逐步上升。同时，三种燃煤发电技术的千瓦时电成本差别都将随着时间逐步扩大，而且燃煤价格越高的情景下，三种技术的千瓦时电成本差别越大。

三、 产业背景展望

预测中国火力发电未来发展情况，首先要预测从2015年至2050年中国人口、经济、能源、资源、环境的图景，再从需求侧角度了解未来对于火力发电供给侧的要求情况。

根据国内外研究对于中国人口的分析，中国人口将在2030年达到峰值，随后逐年下降，2050年人口略小于2015年人口，约为13.6亿。在2015～2050年的35年间，GDP增长至2015年的4倍左右，能源消费约为2015年的2倍左右，发电装机容量约为2015年的2倍左右，如图3-20所示。

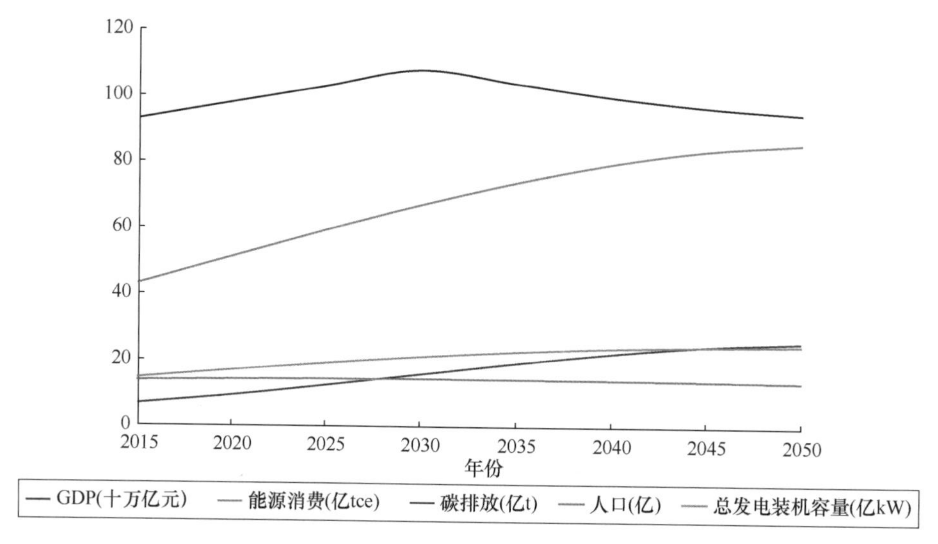

图3-20　中国人口、经济、能源、环境基本数据预测

碳排放将在2030年达到峰值，超过100亿t，最后逐年下降，2050年碳排放与2015年相近，为95亿t左右。2050年万元GDP碳排放约为0.37t，仅为2015年水平的27%。

煤炭消费与燃煤发电方面，目前学者认为煤炭消费2015年已经达到峰值或将在2020年前后达到峰值，主要原因是散烧煤减少、碳减排压力、环保要求、燃煤发电建设限制和新型能源发电快速发展等多重原因。煤炭消费量在2015年已减少约1.5亿t，燃煤发电量减少约1300亿kWh，也说明这一变化趋势较为明显。预计未来中国煤炭消费量将逐年下降，从2015年的37亿t（约合27亿t标准煤）下降至2050年的19.2亿t（约合14亿t标准煤）左右。

在2015～2050年期间，燃煤发电装机容量将逐年缓慢下降，并且随着燃煤发电效率的提升，发电燃煤消费也将逐年下降，如图3-21所示。火力发电装机容量伴随燃煤发电减少，燃气发电增加和其他形式及分布式发电的增长总体将略有增长。

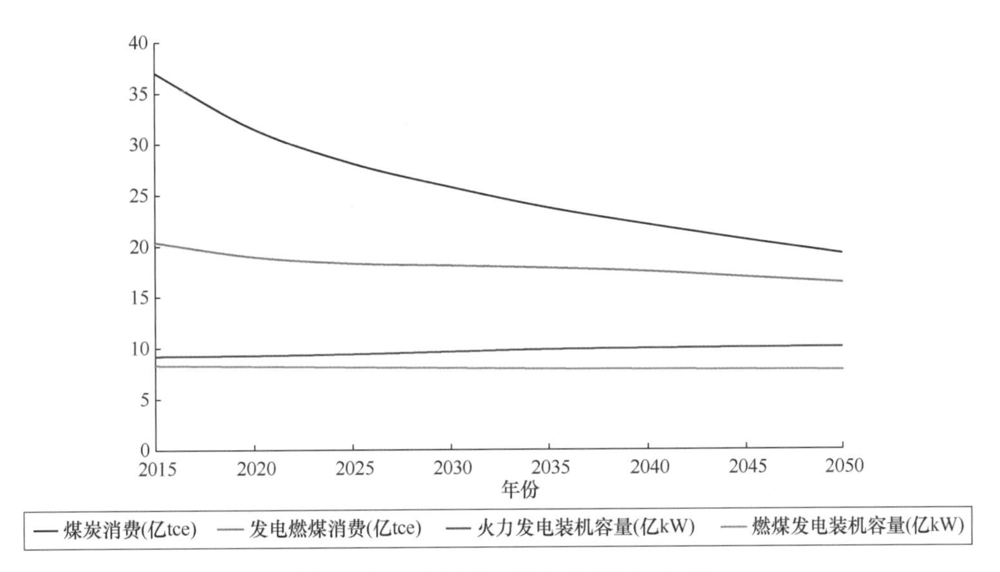

图 3-21　中国煤炭消费与燃煤发电预测

从比例角度分析，如图 3-22 所示，可以看出未来中国发电能源在一次能源的比例将提升至 44%左右，电能占一次能源比例和电能占终端能源比例也将逐步提升。火力发电装机容量略有增长，但显著落后于其他新型能源发电的增长速度，装机容量比例预计将从 65%左右下降至 40%左右。燃煤发电在火力发电中的比例，也将由目前的 90%下降至 78%。

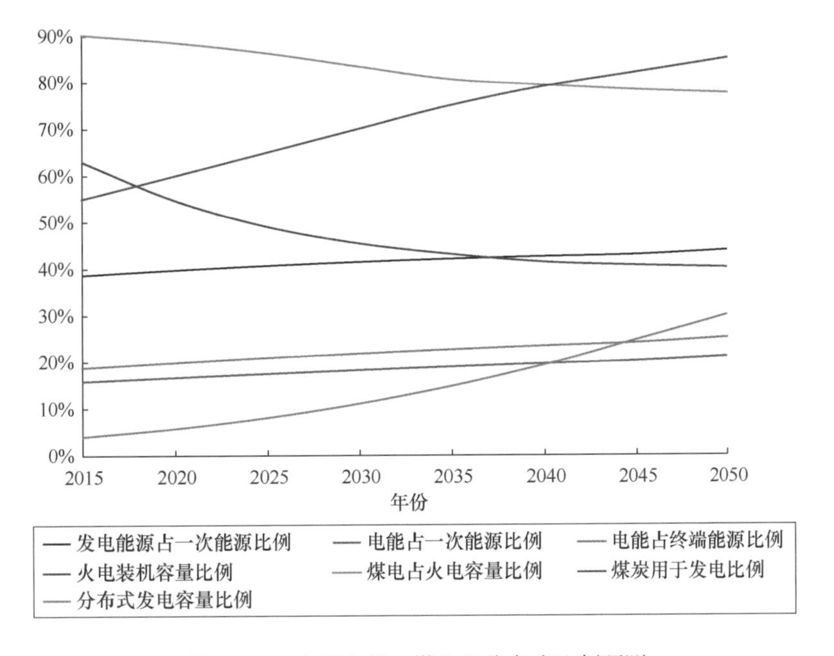

图 3-22　中国电能、煤电和分布式比例预测

在煤炭消费下降的同时，煤炭用于发电的比例相反则逐步上升，由目前的55%上升至2050年的85%，与发达国家水平相近。分布式装机容量比例，也将从目前仅占全部装机容量的4%左右，上升至接近30%，与德国等分布式发展成熟国家的水平相近。

综上所述，从需求角度出发，未来发电领域、煤炭领域和火力发电应当符合以下趋势：①经济和能源消费快速增长，电气化水平显著提高。②人口和碳排放基本不变，清洁可再生能源快速发展。③集中式发电比例下降，分布式发电比例上升。④煤炭消费下降，煤炭散烧明显减少，煤炭用于发电比例显著增加。⑤火力发电装机容量略有上升，所占比例大幅下降。⑥燃煤发电减少，燃气发电增加，余热、生物质、垃圾发电增加。⑦满足碳减排要求的高效低碳火电技术的前景良好。

四、 装机容量预测

根据以上 LCOE 分析和未来需求分析，结合现有装机容量组成和发电技术应用前景，预测各类火力发电形式长期的新增装机容量变化和累计装机容量变化，以及装机容量组成比例变化，如图 3－23～图 3－26 所示。

综合中国科学院和中国工程院相关能源发展研究的预测，火力发电总体装机容量预计将从2015年的9.2亿kW，上升至2050年的10.1亿kW的水平，增加9%左右。火力发电作为传统能源发电的增长比例，预计将明显小于风电、太阳能、核电等新型能源发电的增长比例，但火力发电中各个技术类别的变化显著。

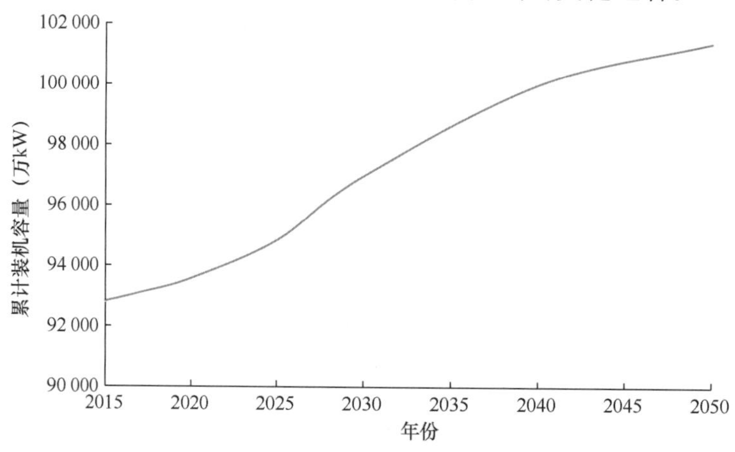

图 3－23　中国火力发电总装机容量预测

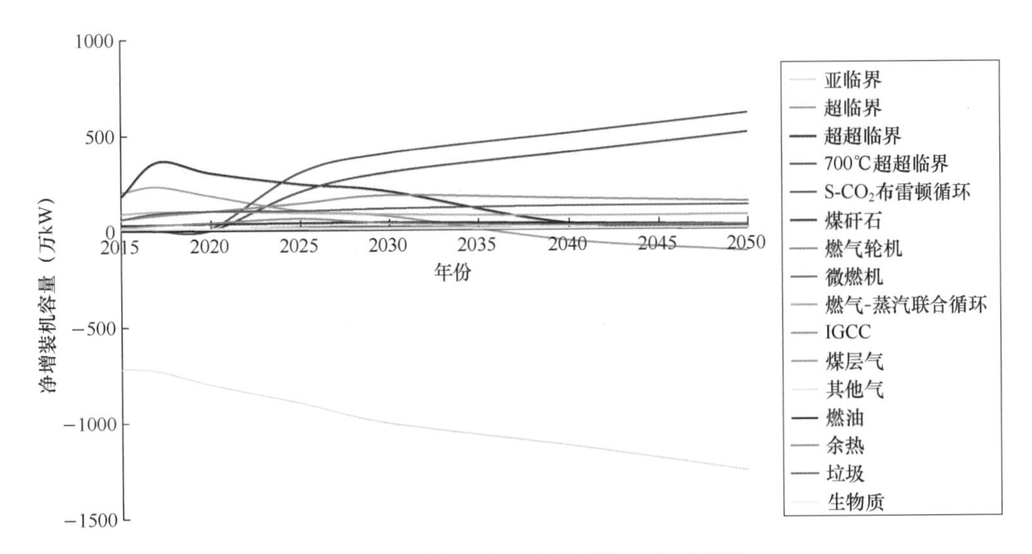

图 3 - 24　火力发电逐年新增装机容量预测

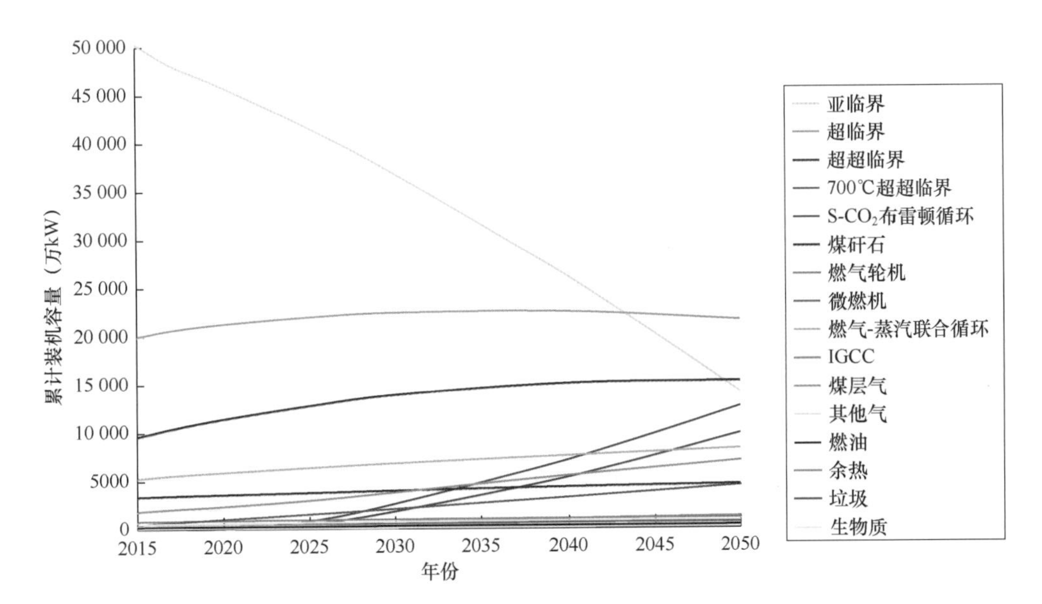

图 3 - 25　火力发电累计装机容量预测

政策方面，2016 年国家发改委、国家能源局联合下发特急文件，督促各地方政府和企业放缓燃煤火电建设步伐。国家能源局指出，“十三五”能源规划首要政策取向是化解产能过剩，对已出现严重产能过剩的传统能源行业，前 3 年不得上新项目。发改委、能源局出台了煤电风险预警机制，取消、缓核、缓建一大批煤电项目，不符合能效、环保、安全、质量等要求的火电机组将被淘汰。其中 30 万 kW 以下，运行满 20 年的纯凝机组和运行满 25 年的抽凝热电机组必须尽快淘汰。

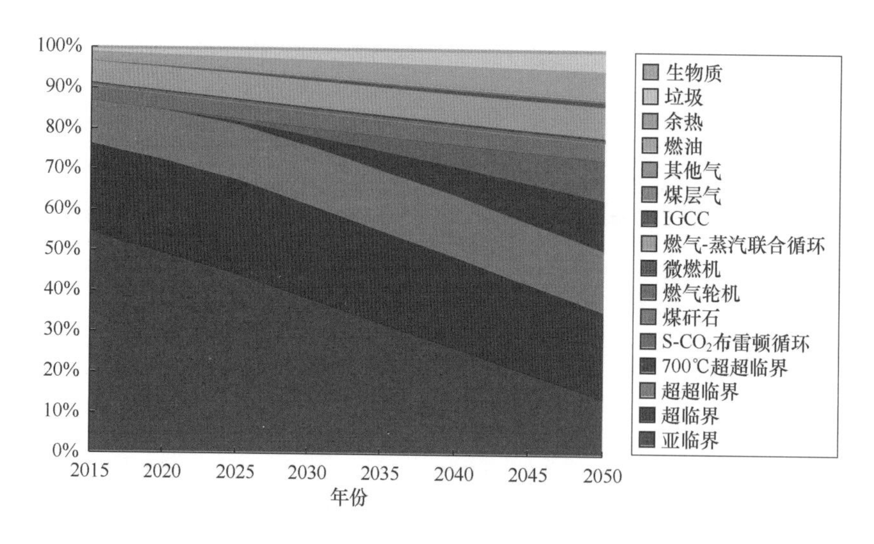

图 3-26　火力发电累计装机容量比例预测

2017 年 4 月，国家发改委、国家能源局正式发布《关于有序放开发用电计划的通知》，明确提出放开多类发用电计划，涉及煤电部分包括逐年减少既有燃煤发电企业计划电量、新核准煤电机组全部实行市场电价等。

综合技术与政策情况，火力发电中比例最大的燃煤发电类，2015～2050 年期间预计装机容量将从 8.30 亿 kW 缩减至 7.75 亿 kW，减少 7%。其中，亚临界和 30 万 kW 以下燃煤机组，随着技术落后、环保要求提升、达到设计寿命、不再新建机组等多重因素，将逐步加速关停。

到 2050 年，预计亚临界机组累计装机容量，将低于超临界机组和 600℃超超临界机组，并有可能低于 700℃超超临界机组和煤基 S-CO_2 布雷顿循环等新型发电形式。最终，亚临界机组预计将从占火力发电一半装机容量的比例，下降至 10%～20%装机容量比例。

超临界机组在 2015～2025 年范围即近十年内，因为技术成熟和性价比优势，仍有一定量的新增装机容量。但由于相对 600℃超超临界机组的技术劣势，以及 2025～2035 年期间 700℃超超临界机组和煤基 S-CO_2 布雷顿循环的技术成熟和应用，新增装机容量逐渐减少。2035 年后，与亚临界机组情况相似，超临界机组也将逐步关停。由于超临界机组的累计装机容量较大，预期到 2050 年，超临界机组的装机容量比例仍然为火力发电的第一或第二位置，但与其他形式的装机容量比例差距较小。

600℃超超临界机组，在 2015～2035 年范围即近 20 年内，都将保持较好的新增装机容量。2035 年后，700℃超超临界机组和煤基 S - CO_2 布雷顿循环，可能将对 600℃超超临界机组形成替代，新增装机容量逐步减少。到 2050 年，600℃超超临界机组装机容量比例预计将成为火力发电第二或第一位置。

可以看出，600℃超超临界机组在 2010 年前后技术基本成熟，在 2020 年前后新增装机容量达到峰值，在 2040 年前后累计装机容量达到峰值。也说明了火力发电特别是燃煤发电领域，由于投资高、建设周期长、设计寿命长等特点，新型技术的研发、应用和推广周期较长，通常从研发到应用需要 15 年左右，而从研发到成为主流发电形式则需要 30 年左右。

700℃超超临界机组和煤基 S - CO_2 布雷顿循环作为燃煤发电领域的技术前沿，如果技术瓶颈能够取得突破，预计可以在 2025～2035 年前后开展工业化大规模应用。到 2050 年，预计 700℃超超临界机组和煤基 S - CO_2 布雷顿循环的累计装机容量将接近超临界机组、600℃超超临界机组和亚临界机组，占据火力发电装机容量的第四和第五位置。

以 CFB 技术为主的煤矸石发电，由于技术成熟，以及在利用劣质燃料方面的燃料成本和环保成本的优势，预期在 2015～2050 年期间，新增装机容量将保持相对稳定的水平，累计装机容量将缓慢稳定上升，成为燃煤发电中相对独立和稳定的发电形式。

根据天然气作为清洁能源的优势，以及“西气东输、北气南下、海气登陆、就近供应”的供气格局，火力发电中比例较大的燃气发电类，2015～2050 年期间预计装机容量将从 6600 万 kW 左右增加至 11 500 万 kW 左右。预测主要基于天然气作为清洁能源的优势、燃气轮机技术的进步，以及中国天然气资源国情、西气东输等工程情况、燃气发电千瓦时电成本等因素综合得到。

其中，燃气 - 蒸汽联合循环由于较高的发电效率和较好的经济性，在 2015～2050 年期间累计装机容量预计将稳步增加。单独的燃气轮机发电，主要用于电网调峰用途，随着分布式电网和智能电网技术的调控技术进步，预计累计装机容量将保持平稳并略有增长。

由于分布式能源系统技术的快速发展，微燃机发电的新增装机容量预计在 2025～2035 年左右达到峰值，累计装机容量在 2015～2050 年期间预计将增加一倍以上甚至更高，预计累计装机容量将于单循环的燃气轮机发电接近甚至持平。

IGCC 技术方面，2015 年中国装机容量仍然处于相对很低的水平。预期随着技术的成熟和建设成本的下降，IGCC 技术在环保方面的清洁性，以及在适应中国以煤炭为主的资源国情方面的优势，新增装机容量将在 2025 年前后达到高峰期，累计装机容量有望在 2050 年大幅提升，在燃气发电类中比例排名第二，仅次于联合循环发电。

煤层气和其他燃气发电，目前装机容量情况与 IGCC 类似，处于很低的水平。由于燃气轮机技术较为成熟，煤层气采集技术可以预见的进步，煤层气等发电形式在累计装机容量方面将呈现逐年稳步上升的态势，并且可以兼顾温室气体减排和煤矿安全生产等良好的环保效益和社会效益。

燃油发电在中国火力发电中装机容量比例较小，而且由于资源国情和燃油价格，预计新增装机容量较少，新老燃油发电机组在更新替代中，基本维持累计装机容量不变。

生物质发电技术较为成熟，在环保和农业废弃物资源化利用方面具有优势，在近十年内将有一定量的新增装机容量投入使用。但由于生物质资源量存在限制，生物质运输半径不能持续扩大，而且生物质发电未来更多以分布式形式出现，预期在 2030 年后生物质累计装机容量将维持在较为稳定的水平。

垃圾发电方面，由于中国废弃物的快速增加和垃圾焚烧处理方式的快速普及，垃圾发电的装机容量规模预期将快速上升。目前垃圾发电的装机容量相比垃圾产生量而言还很小，2015～2050 年期间累计装机容量将增加约 9 倍，折合年均递增 6.5％。在燃煤燃油燃气等化石燃料发电外，预计到 2050 年垃圾发电将成为装机容量仅次于余热发电的非化石燃料火力发电形式。

中国余热发电的装机容量目前规模较大，约为燃气发电的三分之一，但主要以余热锅炉等传统技术为主。目前有机朗肯循环、S-CO_2布雷顿循环、斯特林循环等新型余热发电技术距离应用还有一定距离。在 2030 年前后随着新技术的成熟，余热发电新增装机容量预计将出现峰值。2015～2050 年期间累计装机容量将增加约 3～4 倍，成为最大的非化石燃料火力发电形式，并且装机容量将超过燃气发电的一半。

五、 发电量预测

各种火力发电形式的利用小时也存在差异：燃煤发电类、余热发电、生物质发电等利用小时数在 4500h 左右；燃气发电类利用小时数在 2500h 左右，IGCC 发电利用小时数在 5000h 左右；燃油发电利用小时数在 1500h 左右；垃圾发电利用小时数在 5500h 左右。利用小时数较高的发电形式，在发电量比例方面优势有所增加。根据累计装机容量长期预测和利用小时数的预测，得到 2015～2050 年期间发电量和比例的变化趋势，如图 3－27 和图 3－28 所示。

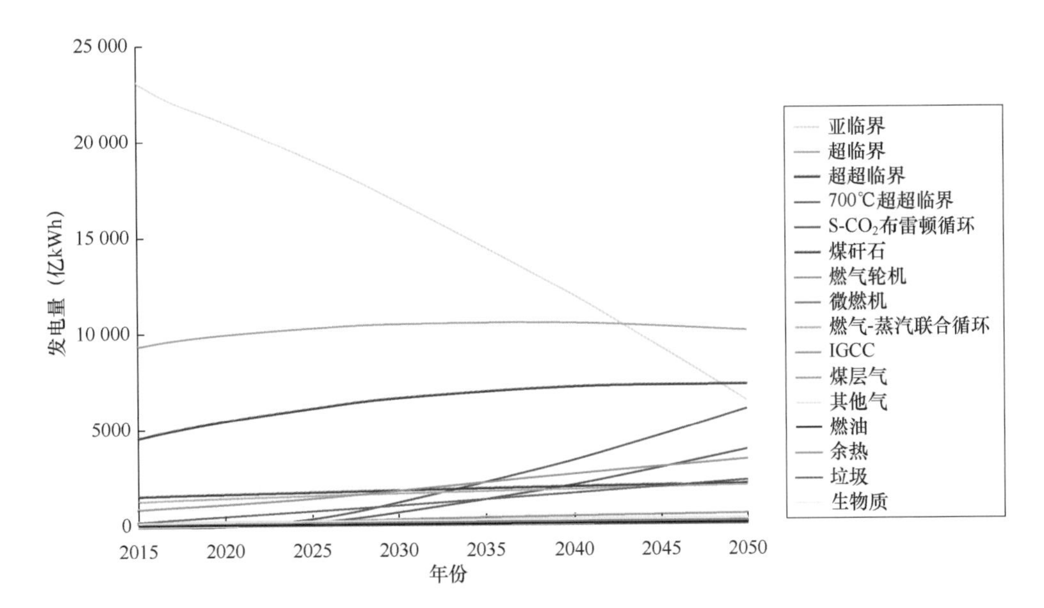

图 3－27　火力发电形式发电量预测

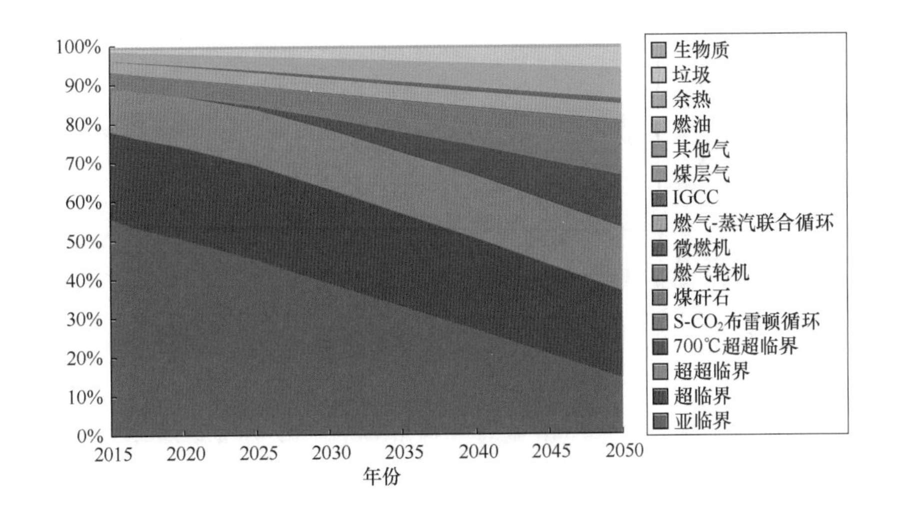

图 3－28　火力发电形式发电量比例预测

六、 规模与效率分析

总结火力发电各种形式的规模范围如图 3-29 所示。其中，小于 10MW 规模的火力发电形式，如微燃机、内燃机、斯特林循环、ORC 循环、燃料电池等技术，较为适用于分布式火力发电；大于 10MW 规模的火力发电形式，如超超临界、CFB、燃气轮机、IGCC、NGCC、S-CO_2 布雷顿循环、热电联产、冷热电联产等技术，较为适用于集中式火力发电。

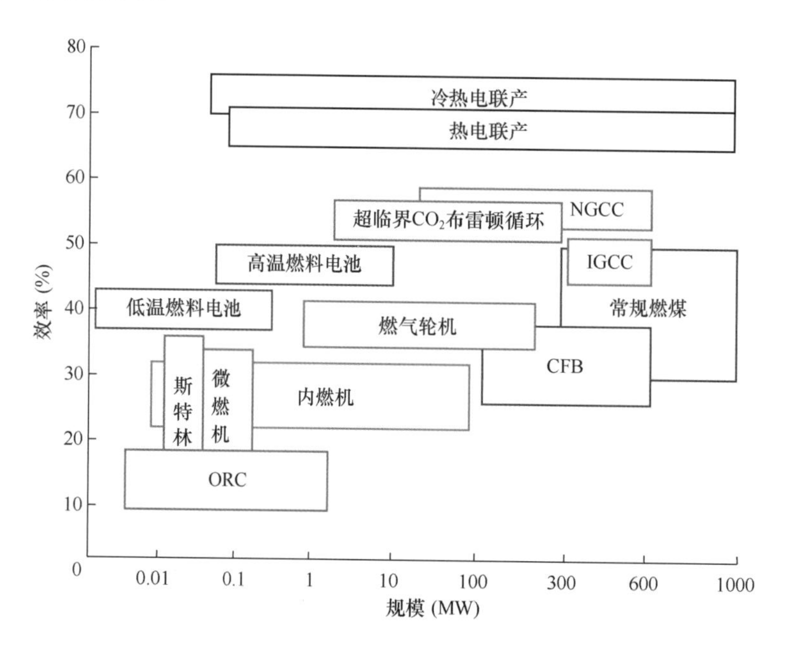

图 3-29　火力发电形式的规模与效率

效率方面，基本规律是发电形式规模越大，效率越高；热源温度越高，效率越高；能量梯级利用越完善，效率越高。从热能转换为电能的效率角度来看，超超临界、IGCC、NGCC、S-CO_2 布雷顿循环、热电联产、冷热电联产等技术的效率普遍高于 45%～50%，发展前景良好。

由于热源温度的差异，各种发电形式的最理想效率（卡诺循环效率）存在较大差异。从㶲（Exergy，Ex）角度分析，得到不同火力发电技术的 Ex 效率，如图 3-30 所示。可以看出，斯特林循环、ORC 循环等由于充分利用了低温余热，Ex 效率较高。燃料电池的发电机理不同，Ex 效率也处于较高范围。其他火力发电形式的 Ex 效率相比热效率，水平和范围也有所变化。Ex效率评价，更准确地反映了发电形式的有用能转化效率，突出了斯特林循环、ORC循环和部分S-CO_2布雷顿循环在余热发电方面的技术先进性。

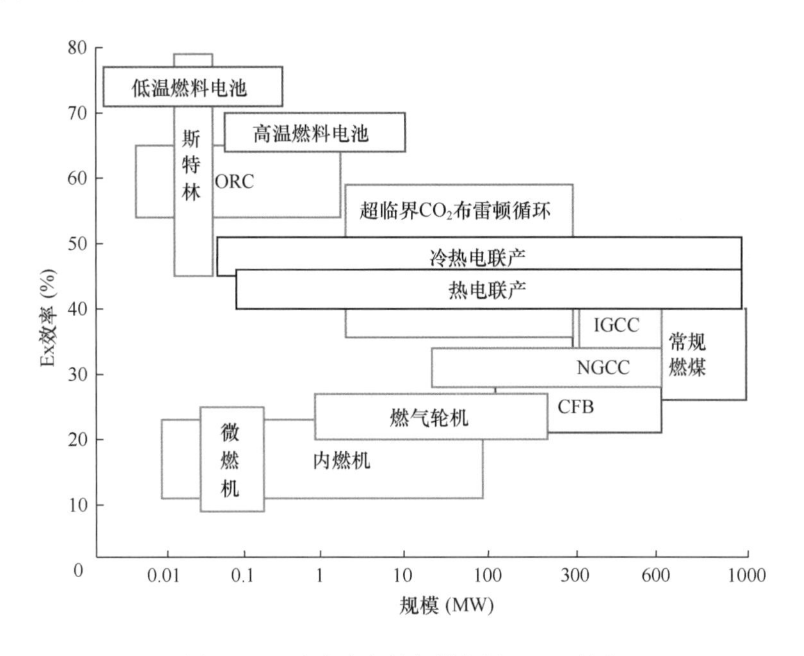

图3-30 火力发电的规模与㶲（Ex）效率

七、 未来技术路线

通过归纳火力发电技术的规模与效率，“十三五”期间中国需要从集中式和分布式两方面提出前沿技术路线，明确火力发电的技术研究和产业应用的战略方向。

火力发电的集中式技术路线方面，可以分为集中式高效清洁发电路线、集中式联合循环与多联产路线和集中式非常规燃料与用途路线。

集中式高效清洁发电路线，是将常规化石燃料利用高参数、高效率发电整体技术，配合先进燃烧技术、污染物控制技术和CCUS技术，实现高效清洁发电。这一技术路线的代表性技术组合是700℃超超临界或煤基超临界CO_2布雷顿循环技术，配合化学链燃烧或富氧燃烧、一体化脱除技术、CCUS技术，实现高发电效率和低排放绩效。

集中式联合循环与多联产路线，是将常规化石燃料利用NGCC、IGCC、ISCC等技术，配合热电联产、冷热电联供、制氢技术等，实现在较高综合效率下提供电能、供暖、制冷、氢气等多种产品的技术路线。

集中式非常规燃料与用途路线，是将非常规燃料（煤矸石、劣质煤、煤层气、页岩气、生物质、垃圾等）采用CFB、超临界 CO_2 布雷顿循环、燃机燃料适应技术、燃料电池等技术，配合先进燃烧技术、减排技术，实现较高效率、较少污染和废弃物资源化发电。

火力发电的分布式前沿技术路线方面，是将常规化石燃料或非常规燃料，利用小型化、多样化的分布式发电形式，配合储能技术、冷热电联供、先进热交换系统和智能微网等技术，实现针对用户侧需求的灵活发电和供能。

火力发电分布式技术路线的代表性技术组合，是采用微燃机、内燃机或燃料电池作为分布式系统核心，配合余热回收、余热发电、储能技术、智能微网，根据用户需求提供电能、采暖、制冷、加热、动力、淡水等多种产品。

明确以上四条技术路线之后，结合上文的技术经济性分析和产业预测，采用打分方式，对比四条技术路线的特点如表3-5所示。

表3-5　　火力发电未来发展的前沿技术路线特点

技术路线	集中式 高效清洁	集中式 联合联产	集中式 非常规	分布式
能源转换效率（10分）	优（8）	优（9）	中（5）	中（6）
化石燃料消耗（10分）	中（5）	中（6）	优（8）	中（6）
温室效应与大气污染（10分）	优（8）	优（8）	中（5）	中（6）
水体与土壤影响（10分）	中（6）	优（7）	中（5）	优（7）
建造拆除成本（10分）	中（4）	中（6）	中（6）	优（7）
人力时间成本（10分）	中（5）	中（4）	差（3）	中（5）
LCOE（10分）	优（8）	优（7）	中（5）	中（6）
用户友好（10分）	中（4）	中（5）	优（8）	优（9）
其他行业效益（10分）	差（3）	优（7）	优（9）	中（6）
社会效益（10分）	中（5）	优（7）	优（9）	优（8）
综合评分（100分）	56	66	63	66

可以看出，四条技术路线的评价较为接近。集中式高效清洁技术路线，在技术、经济和环保方面具有一定优势，在用户友好、多联产、灵活性方面有所不足；集中式联合循环和多联产路线，在各方面较为均衡，并且在能量转换效率、社会效益方面

具有优势；集中式非常规燃料和非常规用途路线，在技术和经济方面较为落后，但在节约优质化石燃料资源、环保、废弃物资源化和社会效益方面有突出优势；分布式技术路线，技术和经济方面适中，用户友好、冷热电联供、灵活性方面优点明显，与集中式高效清洁路线互为补充。

对于以上四种前沿技术路线的发展前景，通过装机容量指标评价长期趋势，如图 3-31 所示。四种前沿技术路线的装机容量之和，在 2050 年预计将达到 5 亿 kW 水平，占届时火力发电总装机容量 10 亿 kW 的一半左右，与采用传统技术的火力发电装机容量相近，初步实现火力发电技术和产业的转型升级。

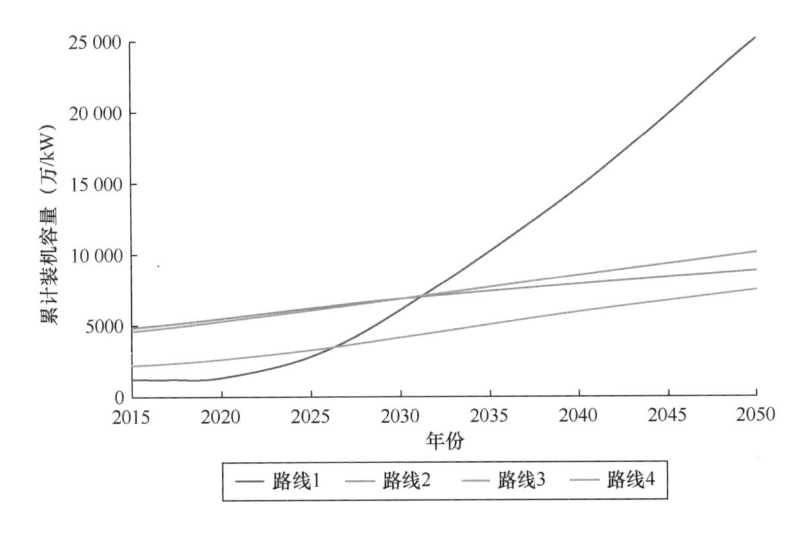

图 3-31　火力发电前沿技术路线装机容量预测

集中式高效清洁发电路线（路线 1）的核心技术包括 700℃超超临界、超临界 CO_2 布雷顿循环、CCUS 技术、化学链燃烧、富氧燃烧等，短期有待于突破，长期发展前景看好，预计将在 2040 年前后成为中国火力发电领域的主力形式。

集中式联合循环与多联产路线（路线 2），目前技术相比其他路线更为成熟，现有装机容量也高于其他路线。随着 IGCC 等前沿技术逐步完善，未来路线 2 将保持稳定增长。

集中式非常规燃料与用途路线（路线 3），目前技术较为成熟，但针对非常规燃料和特有用途的技术改进空间仍然较大。路线 3 装机容量趋势预计将与路线 2 相近，两者共同作为集中式火力发电的重要组成部分。

分布式前沿技术路线（路线 4）中的微燃机、燃料电池、ORC、斯特林循环、储能技术、智能微网等技术还有待发展。预期路线 4 装机容量增速将高于路线 2 和路线 3，使得分布式火力发电成为集中式火力发电的有效补充。

综合以上分析可以看出，“十三五”期间和未来，中国火力发电将在政策引导下逐步向着高效、清洁、低碳方向转型升级。火力发电各项前沿技术按照技术经济性特点，可以面向集中式和分布式两方面推进研发工作。“十三五”期间应当重点突破的关键技术，包括 700℃超超临界、超临界 CO_2 布雷顿循环、IGCC 等前沿技术。

本书总结的四种集中式和分布式前沿技术路线，可以为火力发电的研究发展战略提供参考，推进“十三五”期间和未来中国火力发电的转型升级。

参考文献

[1] 柴晓军．我国火电发展现状与挑战［R］．2013 电力行业竞争情报报告会．中电联科技服务中心，2013.

[2] 国家发展改革委，国家能源局．能源技术革命创新行动计划（2016—2030 年）［Z］．国家发展改革委，国家能源局，2016.

[3] 吕桅桅．组织层面外购电力温室气体排放因子的计算分析［J］．环境科学与技术，2014，37（2）：199-204.

[4] 段志洁，张丽欣，李文波，等．燃煤电力企业温室气体排放量化方法对比分析［J］．中国电力，2014，47（2）：120-125.

[5] 宋然平，朱晶晶，侯萍，等．企业外购电力温室气体排放因子解析［R］．世界资源研究所 World Resources Institute，2013.

[6] Hiraishi T，Krug T，Tanabe K，et al. 2013 Supplement to the 2006 IPCC Guidelines for National Greenhouse Gas Inventories：Wetlands［J］. IPCC，Switzerland，2014.

[7] 2014 中国区域电网基准线排放因子［Z］．国家发改委，2015.

[8] 中国标准化院．企业温室气体核算与报告［M］．北京：中国标准出版社，2011.

[9] 中国电力出版社．2016 中国电力年鉴［M］．北京：中国电力出版社，2016.

[10] 中国能源统计年鉴 2016［R］．国家统计局能源统计司，2017.

[11] 聂龑，吕涛．考虑环境成本的燃煤发电与光伏发电成本比较研究［J］．中国人口资源与环境，2015，25（11）：88-94.

[12] 徐蔚莉，李亚楠，王华君．燃煤火电与风电完全成本比较分析［J］．风能，2014，6：50-55.

[13] Nemet G F，Baker E，Barron B，et al. Characterizing the effects of policy instruments on the future costs of carbon capture for coal power plants［J］. Climatic Change，2015，133（2）：155-168.

[14] Li H Z, Tian X L, Zou T. Impact analysis of coal - electricity pricing linkage scheme in China based on stochastic frontier cost function [J] . Applied Energy, 2015, 151: 296 - 305.

[15] 西安热工研究院有限公司. 煤电机组节能环保国际对标分析研究报告 [R] . 中国华能集团公司, 西安热工研究院有限公司, 2015.

[16] 刘胜强, 毛显强, 邢有凯. 中国新能源发电生命周期温室气体减排潜力比较和分析 [J] . 气候变化研究进展, 2012, 8 (1): 48 - 53.

[17] 张斌. 我国天然气发电现状及前景分析 [J] . 中国能源, 2012, 34 (11): 12 - 16.

[18] 2013—2014 年度全国电力企业价格情况监管通报 [R] . 国家能源局, 2015.

[19] 韦迎旭. 绿色燃煤发电技术 [M] . 北京: 中国电力出版社, 2011.

[20] 阎维平. 洁净煤发电技术 [M] . 北京: 中国电力出版社, 2002.

[21] 王志轩. 直面雾霾—中国电力发展与环境保护新思考 [M] . 北京: 中国电力出版社, 2014.

[22] 熊亮, 李成军, 万贵根. 镍基高温合金在超超临界机组锅炉中的应用进展 [J] . 锅炉技术, 2015, 46 (2): 61 - 64.

[23] 谢锡善, 赵双群, 董建新, 等. 超超临界电站用 Inconel 740 镍基合金的组织稳定性及其改型研究 [J] . 动力工程学报, 2011, 31 (8): 638 - 643.

[24] 鲁金涛, 谷月峰, 杨珍. 3 种 700℃级超超临界燃煤锅炉备选高温合金煤灰腐蚀行为 [J] . 腐蚀科学与防护技术, 2014, 26 (3): 205 - 210.

[25] Wu Y, Zhang M, Xie X, et al. Hot deformation characteristics and processing map analysis of a new designed nickel - based alloy for 700° C A - USC power plant [J] . Journal of Alloys and Compounds, 2016, 656: 119 - 131.

[26] 张健, 楼琅洪, 李辉. 重型燃气轮机定向结晶叶片的材料与制造工艺 [J] . 中国材料进展, 2013, 32 (1): 12 - 23.

[27] Clarke D R, Oechsner M, Padture N P. Thermal - barrier coatings for more efficient gas - turbine engines [J] . MRS bulletin, 2012, 37 (10): 891 - 898.

[28] Hardwicke C U, Lau Y C. Advances in thermal spray coatings for gas turbines and energy generation: a review [J] . Journal of Thermal Spray Technology, 2013, 22 (5): 564 - 576.

[29] 孔胜国, 王祯, 韩伟, 等. K488 合金大尺寸涡轮叶片精铸工艺研究 [J] . 金属功能材料, 2012, 19 (6): 20 - 23.

[30] Daood S S, Nimmo W, Edge P, et al. Deep - staged, oxygen enriched combustion of coal [J] . Fuel, 2012, 101: 187 - 196.

[31] Lin H, Zhou M, Ly J, et al. Membrane - based oxygen - enriched combustion [J] . Industrial & Engineering Chemistry Research, 2013, 52 (31): 10820 - 10834.

[32] 黄飞，林向东．膜法富氧试验及富氧燃烧［J］．锅炉技术，2000，31（3）：21 - 23.

[33] 项敬岩，王喜魁，李源．磁场参数与富氧效果的关系分析［J］．辽宁师范大学学报：自然科学版，2008，31（2）：162 - 165.

[34] Adanez J，Abad A，Garcia - Labiano F，et al. Progress in chemical - looping combustion and reforming technologies［J］. Progress in Energy and Combustion Science，2012，38（2）：215 - 282.

[35] Markström P，Linderholm C，Lyngfelt A. Chemical - looping combustion of solid fuels - Design and operation of a 100kW unit with bituminous coal［J］. International Journal of Greenhouse Gas Control，2013，15：150 - 162.

[36] 周荣灿，范长信，张红军，等．700 ℃超超临界机组材料的选择与应用［C］．清洁高效燃煤发电技术协作网 2011 年会，2011.

[37] 纪世东，周荣灿，王生鹏，等．700℃等级先进超超临界发电技术研发现状及国产化建议［J］．热力发电，2011，40（7）：86 - 88.

[38] 王生鹏，谷雅秀，杨寿敏，等．一种超超临界二次再热发电系统及其热经济性分析［C］，中国电机工程学会年会，2013：357 - 361.

[39] 谷雅秀，王生鹏，杨寿敏，等．超超临界二次再热发电机组热经济性分析［J］．热力发电，2013，42（9）：7 - 15.

[40] 蒋华．国产 1000MW 级超超临界机组间接空冷设计优化［C］．中国电机工程学会青年学术会议，2014.

[41] 曹兴起，赵晖，杨卫卫，等．综合利用低品位余热与 LNG 冷能的复合循环系统［J］．热力发电，2014，43（12）：49 - 55.

[42] 王晓龙，郜时旺，刘练波，等．捕集并利用燃煤电厂二氧化碳生产高附加值产品的新工艺［J］．中国电机工程学报，2012，32（S1）：164 - 167.

[43] Stéphenne K. Start - Up of World’s First Commercial Post－Combustion Coal Fired CCS Project：Contribution of Shell Cansolv to SaskPower Boundary Dam ICCS Project［J］. Energy Procedia，2014，63：6106 - 6110.

[44] 高洪培，王鹏利，党黎军，等．大型循环流化床锅炉燃料及脱硫剂燃烧试验［J］．热力发电，2004，33（11）：1 - 3.

[45] 李勇，李太江，刘福广，等．IGCC 系统中燃气轮机热障涂层技术的发展与研究现状［C］，清洁高效燃煤发电技术协作网 2011 年会，2011.

[46] 朱宝田．IGCC 电站设计集成与动态特性研究［C］．清洁高效燃煤发电技术协作网 2007 年会，2007.

[47] 李兴华，何育东．燃煤火电机组 SO_2 超低排放改造方案研究［J］．中国电力，2015，48（10）：

148 - 151.
[48] 孙献斌，时正海，金森旺．循环流化床锅炉超低排放技术研究 [J]．中国电力，2014，47 (1)：142 - 145.
[49] 张殿军，尹向梅．1000MW 超超临界褐煤锅炉的研究与初步设计 [J]．动力工程学报，2010，30 (8)：559 - 566.
[50] 姬海民，李红智，赵治平，等．新型低 NO_x 燃气燃烧器数值模拟及改造 [J]．热力发电，2015，44 (12)：107 - 112.
[51] 李勇，李太江，刘福广，等．IGCC 系统中燃气轮机热障涂层技术的发展与研究现状 [C]．清洁高效燃煤发电技术协作网 2011 年会，2011.
[52] 张健，楼琅洪，李辉．重型燃气轮机定向结晶叶片的材料与制造工艺 [J]．中国材料进展，2013，32 (1)：12 - 23.
[53] 万安平，陈坚红，盛德仁，等．基于多重环境时间相似理论的燃气轮机热通道部件剩余寿命预测方法 [J]．中国电机工程学报，2013，33 (5)：95 - 101.
[54] 蒋洪德，任静，李雪英，等．重型燃气轮机现状与发展趋势 [J]．中国电机工程学报，2014，34 (29)：5096 - 5102.
[55] 李孝堂．燃气轮机的发展及中国的困局 [J]．航空发动机，2011，37 (3)：1 - 7.
[56] Kaviri A G，Jaafar M N M，Lazim T M，et al. Exergoenvironmental optimization of heat recovery steam generators in combined cycle power plant through energy and exergy analysis [J]. Energy conversion and management，2013，67：27 - 33.
[57] Mago P J，Chamra L M. Analysis and optimization of CCHP systems based on energy，economical，and environmental considerations [J]. Energy and Buildings，2009，41 (10)：1099 - 1106.
[58] Rovira A，Montes M J，Varela F，et al. Comparison of heat transfer fluid and direct steam generation technologies for integrated solar combined cycles [J]. Applied Thermal Engineering，2013，52 (2)：264 - 274.
[59] 林汝谋，韩巍，金红光，等．太阳能互补的联合循环（ISCC）发电系统 [J]．燃气轮机技术，2013，26 (2)：1 - 15.
[60] Lilliestam J，Bielicki J M，Patt A G. Comparing carbon capture and storage (CCS) with concentrating solar power (CSP)：Potentials，costs，risks，and barriers [J]. Energy policy，2012，47：447 - 455.
[61] 刘文革，韩甲业，赵国泉．我国矿井通风瓦斯利用潜力及经济性分析 [J]．中国煤层气，2009，6 (6)：3 - 8.
[62] 毛庆国，陈贵峰，谢华．我国煤矿区煤层气发电方案分析 [J]．中国煤层气，2009，6 (5)：32 - 34.
[63] 王华，王辉涛．低温余热发电有机朗肯循环技术 [M]．科学出版社，2010.

[64] Hung T C, Wang S K, Kuo C H, et al. A study of organic working fluids on system efficiency of an ORC using low - grade energy sources [J] . Energy, 2010, 35 (3): 1403 - 1411.

[65] Papadopoulos A I, Stijepovic M, Linke P. On the systematic design and selection of optimal working fluids for Organic Rankine Cycles [J] . Applied Thermal Engineering, 2010, 30 (6): 760 - 769.

[66] 赵新宝，鲁金涛，袁勇，等．超临界二氧化碳布雷顿循环在发电机组中的应用和关键热端部件选材分析 [J] . 中国电机工程学报，2016，36 (1)：154 - 162.

[67] 鲁金涛，赵新宝，袁勇，等．超临界二氧化碳布雷顿循环系统中材料的腐蚀行为 [J] . 中国电机工程学报，2016，36 (3)：739 - 744.

[68] 黄彦平，王俊峰．超临界二氧化碳在核反应堆系统中的应用 [J] . 核动力工程，2012，33 (3)：21 - 27.

[69] 段承杰，杨小勇，王捷．超临界二氧化碳布雷顿循环的参数优化 [J] . 原子能科学技术，2011，45 (12)：1489 - 1494.

[70] 刘建明，陈革，章其初．碟式斯特林太阳能发电系统最新进展 [J] . 中外能源，2011，16 (4)：36 - 40.

[71] 刘军伟，雷廷宙，杨树华，等．浅议我国垃圾焚烧发电的现状及发展趋势 [J] . 中外能源，2012，17 (6)：29 - 34.

[72] Ouyang X, Lin B. Levelized cost of electricity (LCOE) of renewable energies and required subsidies in China [J] . Energy policy, 2014, 70: 64 - 73.

[73] Hernández - Moro J, Martínez—Duart J M. Analytical model for solar PV and CSP electricity costs: Present LCOE values and their future evolution [J] . Renewable and Sustainable Energy Reviews, 2013, 20: 119 - 132.

[74] Townsend A K, Webber M E. An integrated analytical framework for quantifying the LCOE of waste - to - energy facilities for a range of greenhouse gas emissions policy and technical factors [J] . Waste management, 2012, 32 (7): 1366 - 1377.

第 4 章

水力发电技术现状与发展趋势

水能是一种清洁、可再生的一次能源，包括水体的动能、势能和压力能等能量资源。广义的水能资源，包括河流水能和海洋能（波浪能、潮汐能、海流能、温差能、盐差能等），而狭义的水能资源是指河流水能资源。本章主要围绕狭义的水能资源和水力发电展开，海洋能发电等相关内容将在第8章进行分析讨论。

天然状态下，水能主要消耗在克服流动阻力、冲刷河床海岸、运送泥沙与漂浮物等方面。水能最主要的利用形式是水力发电，方式是将水的势能和动能转换成电能。根据第1章提出的划分方法，水力发电属于传统能源发电范围。水力发电具备成本低、可再生、无污染等优点，缺点是采用天然资源进行发电，受到水文、气候、地貌等自然条件的影响较大。

本章分析了水力发电的产业概况与技术现状，并讨论了水力发电的生态影响和环保技术；随后对于水力发电领域的前沿技术进行了归纳分析，并在此基础上对水力发电的产业趋势开展了预测；最后探讨了与水力发电相关的多种发电形式互补技术，对于包含水力发电的发电形式季节互补和昼夜互补技术，都进行了详细分析讨论。

第1节　水力发电产业现状与技术现状

一、水力发电产业现状与指标水平

1. 中国水力发电产业整体概况

2016年，水能在全世界一次能源消费中占有比例6.8%，未来预计水能开发利用将保持稳定增长，并在一次能源中占据较为固定的比例。2016年，中国水力发电总装机容量已经达到33 211万kW，其中包含抽水蓄能2669万kW。中国水力发电装机容量占全世界水力发电装机容量的四分之一以上，装机容量和发电量均为世界第一。

2016年，中国水力发电量已经达到11 807亿kWh，同比增长6.2%；其中抽水蓄能发电量达到306亿kWh，同比增长高达94%。2016年，中国水电装机容量占总装机容量的比例为20.2%，约火力发电装机容量的三分之一，高于风电、核电、太阳能发电的装机容量之和。

水力发电的利用小时数方面，2016年水力发电利用小时数为3621h，略低于各类发电设备的平均小时数3785h，低于核电（7042h）和火电（约4165h），而高于风电（1742h）和太阳能发电（约1150h）。调度次序方面，风电、核电、水电等发电形式的调度次序高于火电。预计水力发电在当前和未来都将作为稳定可靠的传统能源发电形式，长期占据中国装机容量和发电量的20%左右比例。

2. 常规水力发电产业概况

水力发电是技术成熟的传统能源发电，也是可再生的清洁能源。常规水电方面，欧美等发达国家已经基本完成水电开发，行业进入稳定平台期。亚洲、南美等发展中国家的水力发电行业处于增长阶段。

具体来看，瑞典、瑞士等水能丰富而化石燃料资源较少的国家，水能占一次能源的比例在30%以上，水力发电量占总发电量的比例在60%以上。美国、加拿大等水能和化石燃料资源均较为丰富的国家，已经开发的水电资源也占据可开发容量的

40%以上。德国、英国等水能匮乏而煤炭资源丰富的国家，对于水能的开发程度很高，开发利用部分占可开发容量的80%以上。法国、意大利等水能和化石燃料资源均较为匮乏的国家，开发利用程度已超过90%。委内瑞拉虽然石油资源非常丰富，但水电也提供了50%左右电力。以上情况都说明，水力发电作为技术成熟、清洁可再生的发电形式，是不同资源国情的国家之间的共同优先选择。

水能资源的开发，首先需要从水资源总量和降水量角度，来分析水力资源的理论蕴藏量；中国水能资源的理论蕴藏量约为6.1亿～7.0亿kW，居世界第一。随后需要从发电技术角度，讨论水能资源的技术可开发量；中国水能资源的技术可开发的装机容量约为5.4亿～6.6亿kW，年发电量约为3万亿kWh。最后需要从经济角度分析水能资源的经济可开发量；中国水能资源经济可开发的装机容量约为4.0亿kW，经济可开发的年发电量约为1.75万亿kWh。对比中国2016年水力发电的实际装机容量和年发电量，水力发电产业仍然存在较大发展潜力。

中国水能资源分布广泛，理论蕴藏量在1万kW及以上的河流共3886条，主要集中在中西部的大中型河流上。长江、金沙江、雅砻江、大渡河、乌江、澜沧江、黄河、怒江、红水河和雅鲁藏布江等十大流域上的技术可开发装机容量约为3.7亿kW，占技术可开发的总装机容量的50%～60%。

十大流域的建成装机容量约为1.3亿kW，在建装机容量约为0.3亿kW，待建装机容量约为2.0亿kW，均占全国总量的一半左右比例。其中，雅鲁藏布江、金沙江、怒江三条河流是中国未来水电开发的重点河流，待建装机容量达到1.5亿kW，占十大流域待建总规模的七成以上，开发潜力巨大。

与火力发电机组不同，水力发电厂的装机容量选择，需要考虑更多自然条件和技术经济因素。首先需要根据水文特性、水利要求、水库条件、电力负荷，以及技术经济等因素，选择水电厂的最大工作容量、备用容量和重复容量；随后根据以上容量情况，确定水电厂的装机容量；最终根据装机容量选择机组型号、机组台数和单机容量。

中国水力发电装机容量的地区分布如图4-1（数据不含港澳地区）所示，具有较为明显的地区差异。水资源总量和降水量较高的地区，中大型河流较多和河流落差较大的地区，一般水力发电装机容量较高，代表性地区包括四川、云南和湖北等。

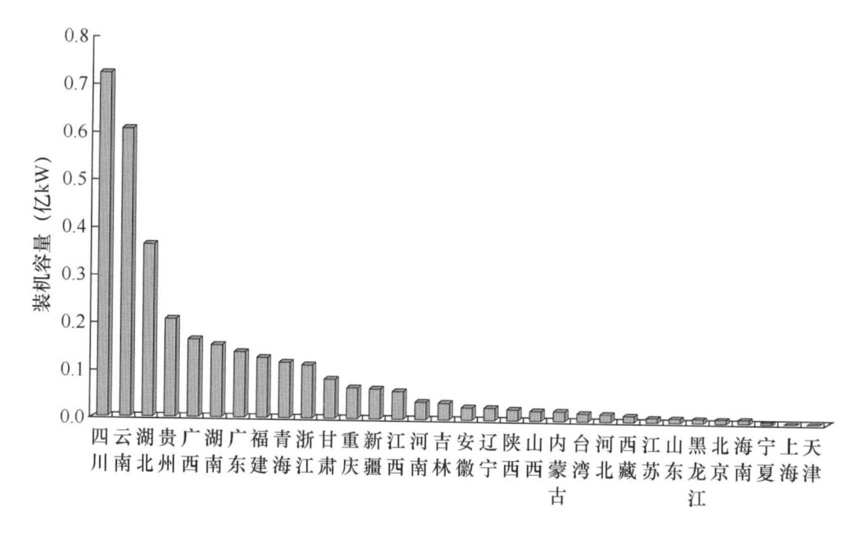

图 4-1　2016 年中国水力发电装机容量地区分布

数据来源：国家统计局、中国电力企业联合会。

结合中国水力资源的区域分布和水力发电装机容量现状，西部地区正在建设大型水电基地，并逐步开展流域梯级水电厂群的联合调度运行管理；东部和中部地区的水电开发受制于水力资源，应当加快抽水蓄能电厂的建设，并完善长江水电能源基地建设，合理开发剩余水能资源，同时重视环境和生态保护。

3. 常规水力发电指标水平

常规水力发电技术（不含潮汐发电和抽水蓄能），按照集中落差的方式分类包括堤坝式水电厂、引水式水电厂、混合式水电厂。按照径流调节的程度分类包括无调节水电厂和有调节水电厂。按照水源的性质，一般称为常规水电厂，即利用天然河流、湖泊等水源发电。

按照水电厂利用水头的大小，可分为高水头水电厂（70m 以上）、中水头水电厂（15～70m）和低水头（低于 15m）水电厂。

水力发电功率与水头关系密切。根据简化的计算公式，发电机组功率为

$$P = gQH\eta(\mathrm{kW})$$

式中：P 为发电机组功率；g 为重力加速度，一般取 9.81m/s^2；H 为工作水头，m；Q 为输入流量，t/s，m^3/s；η 为机组效率。

η 可以简化估算为水轮机效率和发电机效率乘积，常见范围为 80%～90%。

可以看出，为了提高水力发电的发电功率，目前水轮机和发电机的效率提升空

间都比较有限，输入流量又受到各种自然和人为因素制约，通过提高落差来增加工作水头 H，成为提升发电功率的重要途径。

中国在“十二五”期间建立了300m级特高拱坝技术体系，拥有世界最高305m拱坝的锦屏一级水电厂2013年投入运行。此外，250m级超高心墙堆石坝、700m级超高边坡、超大型地下洞室群等技术也取得了突破和应用。

根据水电厂装机容量的大小，可以分为大型、中型和小型水电厂。国际上通常将装机容量在5MW以下称为小型水电厂，装机容量为5～100MW称为中型水电厂，装机容量为100MW及以上称为大型水电厂。

根据《水利水电枢纽工程等级划分及设计标准》，装机容量大于750MW的水电厂为大Ⅰ型；250～750MW的水电厂为大Ⅱ型；25～250MW的水电厂为中型；0.5～25MW的水电厂为小Ⅰ型；小于0.5MW的水电厂为小Ⅱ型。

三峡水电厂是目前世界装机容量最大的水电厂，拥有32台单机装机容量为700MW的发电机组。2012年，中国自主研发的800MW机组在向家坝工程投入运行，标志着中国全面掌握了800MW级大型水电机组的研发、制造和集成技术，有效提升了水能资源开发利用效率，降低了设备单位容量制造成本。

机组容量的提升，需要全面改进水力、电磁、轴承、绝缘以及配套设备的关键技术。中国还在大型水轮机的空冷技术方面取得突破，处于世界领先地位。

4. 抽水蓄能发电产业概况

抽水蓄能电厂一般利用电力系统多余的电量（汛期、假期、后半夜低谷电量），将下水库的水抽到上水库储存。在电力系统负荷高峰时，将上水库的水放下，经过水轮机驱动发电机发电。抽水蓄能具有调峰填谷双重作用，还可以调频、调相、调压和作为备用，对保障电网的安全优质运行和提高系统经济性具有重大意义。抽水蓄能也是目前经济性最好的大规模储能设施，对于保障风力发电、光伏发电等新型能源发电的平稳运行和长远发展具备重要作用。

1950年代，西欧各国大力建设抽水蓄能电厂，装机容量一度占世界抽水蓄能总装机容量的35%～40%。1960年代后，美国抽水蓄能电厂装机容量跃居世界第一。1990年代日本又超过美国成为抽水蓄能电厂装机容量最大的国家。2017年，中国抽水蓄能装机容量有望达到或超过3000万kW，超越美国和日本成为抽水蓄能装机容量最大的国家。

抽水蓄能的比例方面，欧美发达国家抽水蓄能装机容量占总装机容量的比例在2%～10%范围，配合较高的燃气发电比例，共同成为重要的调峰电源。2016年世界抽水蓄能装机容量根据IRENA统计约为159.5GW，占世界发电总装机容量（约6300GW）的2.5%。

其中，美国、英国抽水蓄能装机容量的比例在3%左右，燃气发电装机容量比例在40%左右，调峰较为依赖燃气发电，抽水蓄能电厂主要作为补充；德国、法国、西班牙、韩国等国家的抽水蓄能装机容量比例为5%左右，主要共同特点是资源较为匮乏或新型能源发电发展较快，抽水蓄能是重要的调峰电源；日本抽水蓄能装机容量比例达到10%左右，主要是针对资源匮乏和可再生能源发电比例较高的能源发电产业特点，充分发挥抽水蓄能电厂优势。

燃气发电和抽水蓄能电厂，在中国也主要用于电力系统的调峰填谷作用，功能具有部分相似性。2016年中国抽水蓄能装机容量占总装机容量的比例为1.6%，燃气发电装机容量占总装机容量的比例为4.3%，两种调峰电源都有所不足。

在抽水蓄能电厂的规划和建设方面，目前已经完成了21个省市的选点规划，已查明优良站址250处。2016年中国抽水蓄能装机容量达到2669万kW，全国在建的百万千瓦级以上的抽水蓄能电厂项目接近20个。抽水蓄能电厂的建设周期相对较长，通常在60个月（5年）以上，因此选址、开工和投运的过程时间较长。根据国家能源局发布的《水电发展“十三五”规划》，五年内中国抽水蓄能电厂新开工规模将达到6000万kW左右，到2020年中国抽水蓄能电厂总装机容量达到4000万kW。

5. 抽水蓄能发电指标水平

抽水蓄能电厂具有重要的储能作用，与单循环燃气轮机的调峰速度相近。单循环燃气轮机调峰成本较高，而且频繁启停能力落后于抽水蓄能电厂（每年启停数千次）。抽水蓄能的最大调峰能力最大，启动升负荷速度最快，而且是唯一具有填谷功能的成熟发电技术。

世界上第一座抽水蓄能电厂是1879年在瑞士建成的勒顿抽水蓄能电厂。目前世界上最大的抽水蓄能电厂，是装机容量为2100MW（已经扩建至3000MW）的美国Bath County抽水蓄能电厂。

中国最大的投运抽水蓄能电厂是惠州抽水蓄能电厂，位于广东省惠州市博罗县，为高水头大容量纯抽水蓄能电厂。惠州抽水蓄能电厂装机容量为2400MW，是目前世界上一次性建成的装机容量最大的抽水蓄能电厂。

中国在建的河北丰宁抽水蓄能电厂，规划装机容量3600MW，建成后将取代美国Bath County抽水蓄能电厂成为世界上装机容量最大的抽水蓄能电厂。电厂分两期建设，一期工程建设规模1800MW，安装6台300MW立轴单级混流可逆式水轮发电机组。

2016年4月12日，中国单机容量最大的抽水蓄能电厂——浙江仙居抽水蓄能电厂1号机组成功并网发电。仙居抽水蓄能电厂总装机容量1500MW，安装4台375MW立轴单级可逆混流式水轮发电机组。核心技术方面，机组的水泵水轮机、发电电动机以及自动控制系统，均拥有完全自主知识产权，标志着中国已经掌握大型抽水蓄能电厂的核心技术。

抽水蓄能机组，按照建设类型可以分为纯抽水蓄能机组和混合式抽水蓄能机组。纯抽水蓄能机组中，水在上水库和下水库循环运行，不能作为独立电源，需要配合电网中其他电厂协调运行。混合式抽水蓄能机组，上水库有一定天然水流量，既安装了常规水电机组，又安装了抽水蓄能机组。

按照机组形式，抽水蓄能机组可以分为分置式（四机式）、串联式（三机式）和可逆式（两机式）。分置式电厂的主要设备包括水轮机、发电机、水泵、电动机。分置式电厂的发电和抽水分开设置，效率较高但系统复杂、占地较大、投资较高，因此工程中采用较少。

串联式电厂中，水轮机和水泵共用一台电动发电机，三者同轴运行。通常水轮机和水泵旋转方向相同，便于快速切换，效率较高，在超高水头电厂应用较多。可逆式电厂中，水轮机同时具备水泵功能（可逆式水轮机、水泵水轮机），发电机同时具备电动机功能（电动发电机）。可逆式电厂多采用混流式水轮机，水头范围宽。可逆式电厂的结构简单、造价较低，应用前景良好。

技术指标方面，抽水蓄能发电与水力发电存在一定相似性，抽水蓄能的综合效率可以达到75%～80%水平，在储能领域的技术优势明显。抽水蓄能还可以使电网中的火力发电机组的利用率和效率上升，产生附带效益。

经济指标方面，抽水蓄能电厂的建设成本在2500～3500元/kW范围，而燃气发电的建设成本在7000～9000元/kW范围。通常燃气发电的千瓦时电成本比燃煤发电高约0.3元/kWh，而水力发电和抽水蓄能的千瓦时电成本比燃煤发电低约

0.10 元/kWh。

可以看出，燃气发电的建设成本和千瓦时电成本，约为抽水蓄能发电的 2～3 倍，经济性方面抽水蓄能具备一定优势。当然燃气发电和抽水蓄能在技术特点和应用范围方面，存在较为清晰的差异和划分，总体上两者在调峰电源方面主要是互相补充的关系。

抽水蓄能在储能领域也具备一定的技术经济性优势。化学储能相比抽水蓄能，目前存在充放电时间长、效率衰减快、单位投资高、环境污染大等问题。化学储能的电池成本约为 1 万～3 万元/kW，寿命小于 15 年，经济性角度弱于抽水蓄能。

大规模压缩空气储能对于地质条件要求严格，需要配合燃气轮机运行，目前还处于试验阶段。相变储能、冰蓄冷、超级电容等储能技术，也在技术成熟度、应用范围和转换效率等方面存在一定弱点，暂时还无法取代抽水蓄能在大规模储能的主流地位。

二、 水力发电具体技术现状

1. 大坝工程技术

大坝工程技术方面，目前主要分为混凝土坝（重力坝、拱坝、支墩坝）、土石坝（土坝、堆石坝、土石混合坝）两大类。中国在大坝的设计理论、施工技术、抗震技术，以及筑坝材料、基础处理等方面取得了大量研究和应用成果，在国际上处于领先地位。

2. 地下工程技术

地下工程技术方面，目前相当比例的水电厂，特别是西南地区的常规水电厂和抽水蓄能电厂，电厂的引水系统、泄洪系统、导流系统都布置于地下。中国地下厂房跨度已经超过 33m，高度超过 70m，长度可达 300m 左右。引水洞可以长达 17 000m，最大埋深达到 2500m。中国超大型地下洞室群技术取得突破和应用，能较好应用于岩溶、突水、突泥、高地应力等复杂地质条件。三维激光扫描等先进技术，也应用于围岩地质信息快速监测和反馈。

3. 高边坡技术

中国西南、西北地区的河谷自然边坡有时长达数千米，保持高边坡稳定性在水电开发中至关重要。中国提出了基于变形失稳模式的超高边坡的稳定分析及安全控制标准，形成了基于预警预控及动态监控基础的700m级超高边坡控制开挖和综合加固技术。

4. 水轮机技术

中国已经具备了自主研发和制造大型水电机组的能力，核心技术和关键部件的水平达到国际先进水平。水轮机按工作原理可分为冲击式水轮机和反击式水轮机两大类。冲击式水轮机的转轮受到水流的冲击而旋转，工作过程中水流的压力不变，主要由动能转换为电能。反击式水轮机的转轮在水中受到水流的反作用力而旋转，工作过程中水流的压力能和动能均有改变，主要是压力能转换为电能。水轮机的类别划分，以及各类水轮机的常见水头范围和容量范围，如图4-2所示。

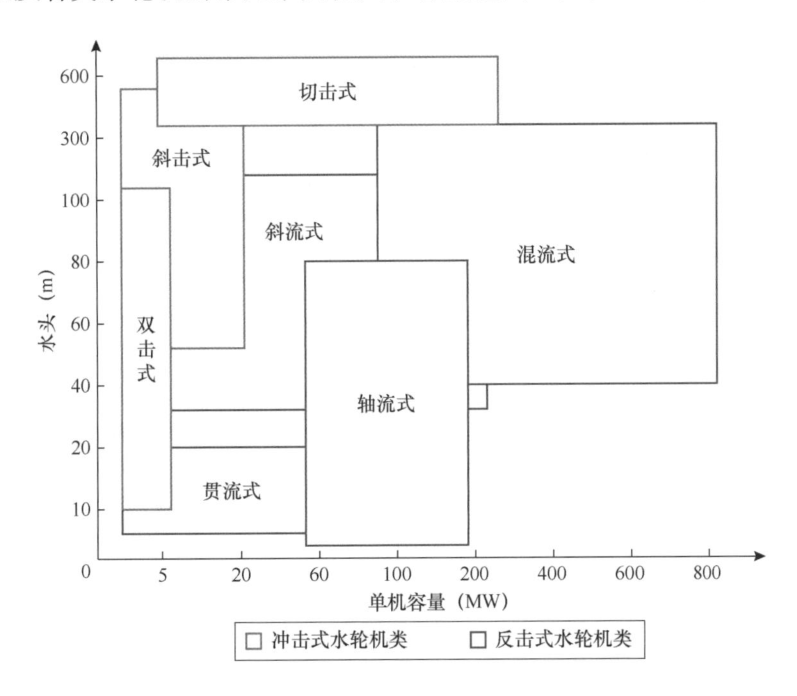

图4-2　各类水轮机的常见水头范围和容量范围

5. 冲击式水轮机技术

冲击式水轮机按水流方向可分为切击式（水斗式）和斜击式两类。斜击式水轮机多用于小型机组。

冲击式水轮机多用于高水头电厂，负荷发生变化时转轮的进水方向不变，速度变化较小。因此，冲击式水轮机的效率受负荷变化的影响较小，效率曲线较为平缓，最高效率可以超过91%。

6. 反击式水轮机技术

反击式水轮机都设有进水装置，大中型立轴反击式水轮机的进水装置一般由蜗壳、固定导叶和活动导叶组成。蜗壳的作用是把水流均匀地分布到转轮周围。

反击式水轮机可以分为混流式、轴流式、斜流式和贯流式。混流式水轮机中水流径向进入导水机构，轴向流出转轮。轴流式水轮机中水流径向进入导叶，轴向进入和流出转轮。斜流式水轮机中水流径向进入导叶，以倾斜于主轴一定角度的方向流进转轮，或以倾斜于主轴的方向流进导叶和转轮。贯流式水轮机中，水流沿轴向流进导叶和转轮。

轴流式、贯流式和斜流式水轮机，按结构还可分为定桨式和转桨式。定桨式的转轮叶片是固定的，转桨式的转轮叶片可以在运行中绕叶片轴转动，从而适应水头和负荷的变化。

反击式水轮机中，水流充满流道，全部叶片同时受水流作用。相同水头时，反击式水轮机转轮直径小于冲击式水轮机。反击式水轮机最高效率也高于冲击式水轮机，但负荷变化时效率受到一定程度的影响。

反击式水轮机设有尾水管，主要作用是回收转轮出口处水流的动能，并将水流排向下游。对于低水头大流量的水轮机，转轮出口动能较大，尾水管回收性能可以对水轮机效率产生显著影响。此外，当转轮位置高于下游水位时，尾水管还可以将位能转化为压力能回收。

7. 混流式水轮机技术

混流式水轮机由美国工程师弗朗西斯于 1849 年发明，是世界上应用最广泛的一种水轮机。混流式水轮机结构简单、运行稳定，最高效率可以超过 95%，高于轴流转桨式水轮机。但混流式水轮机在水头和负荷变化较大时，平均效率低于轴流转桨式水轮机。混流式水轮机适用的水头范围很宽，范围可以达到 5～700m，实际中较多采用 40～300m 范围。

混流式水轮机的转轮多采用低碳钢或低合金钢铸件或铸焊结构。为了提高抗汽蚀和抗泥沙磨损性能，可以在易气蚀部位堆焊不锈钢，或采用不锈钢叶片，甚至整个转轮采用不锈钢。采用铸焊结构可以降低成本，使流道尺寸更精确、表面更光滑，从而提高水轮机效率。中国生产的混流式水轮机，最大单机容量达到 800MW，转轮直径超过 10m。

8. 轴流式水轮机技术

轴流式水轮机适用于低水头电厂，相同水头下比转数高于混流式水轮机。轴流定桨式水轮机的叶片固定在转轮体上，一般安装高度为3～50m。叶片安放角不能在运行中调整，结构简单而效率较低，适用于负荷变化小或可以调整机组运行台数的水电厂。

轴流转桨式水轮机在1920年由奥地利工程师卡普兰发明，一般安装高度为3～80m。轴流转桨式水轮机的转轮叶片，由装在转轮体内的油压接力器操作，可以根据水头和负荷变化进行相应转动，保持活动导叶转角和叶片转角间的最优配合，从而提高平均效率。轴流转桨式水轮机最高效率已超过94%，葛洲坝水电厂是采用轴流转桨式水轮机的代表。目前轴流转桨式水轮机的最大单机容量为200MW，最大转轮直径为11.3m。

9. 贯流式水轮机技术

在贯流式水轮机中，水流在导叶和转轮间无变向流动，并配有直锥形尾水管。贯流式水轮机具有效率较高、过流能力大、比转数高等特点，适用于水头为3～20m的低水头小型河床电厂。

贯流式水轮机在潮汐电厂中还可以实现双向发电。贯流式水轮机包含多种结构，较为常见的是灯泡式机组。灯泡式机组的发电机装在水密的灯泡体内，转轮可以是定桨式或转桨式，还可以进一步分为贯流式和半贯流式。

贯流式水轮机的代表是1978年投运的美国罗克岛第二电厂。该电厂采用灯泡式水轮机（转桨式半贯流），水头为12.1m，转速为85.7r/min，转轮直径为7.4m，单机功率为54MW。目前中国可以生产的灯泡贯流式机组的最大单机容量可以达到75MW，最大转轮直径可达7.9m。

10. 斜流式水轮机

斜流式水轮机1956年由瑞士工程师德里亚发明，叶片倾斜安装在转轮体上，随着水头和负荷的变化，转轮体内的油压接力器操作叶片绕轴线相应转动。斜流式水轮机最高效率略低于混流式水轮机，但平均效率显著高于混流式水轮机。与轴流转桨水轮机相比，斜流式水轮机抗气蚀性能较好，适用于40～120m水头。

斜流式水轮机结构复杂、造价较高，通常在不宜使用混流式或轴流式水轮机时采用。斜流式水轮机可以作为可逆式水泵水轮机。斜流式水轮机在水泵工况启动时，转轮叶片可以关闭至接近于封闭的圆锥，从而减小电动机启动负荷。

11. 可逆式水轮机

可逆式水轮机也称水泵水轮机，多应用于抽水蓄能机组。与水轮机和水泵串联的蓄能机组相比，可逆式水轮机的体积质量减轻，造价有所降低。水泵水轮机的通流部件形状与水轮机略有差异，但基本相似。为满足水泵和水轮机两种运行工况，水泵水轮机比相同水头和容量的水轮机尺寸更大。

水泵水轮机的分类与反击式水轮机相似，分为混流式、贯流式和斜流式，适用水头范围与同类反击式水轮机相近。混流式水泵水轮机结构简单，适用水头范围广，应用较为广泛。贯流式水泵水轮机的适用水头为3～20m，多用于抽水蓄能型的潮汐电厂。除基本功能外，有时还要求贯流式水泵水轮机具有双向发电、双向抽水和双向泄水等六种功能。

斜流式水泵水轮机适用水头为30～140m，桨叶可调节，平均效率高于混流式水泵水轮机。斜流式水泵水轮机，水泵工况的输水量可调，水泵启动力矩小。缺点是结构复杂、造价较高，只适用于机组台数少和水头变化大的抽水蓄能电厂。

水泵水轮机的技术发展方向，主要包括扩大单级转轮的使用水头、提高比转速、增加单机容量，以及优化水泵工况的起动方法。

三、 水力发电生态影响与环保技术

水力发电对于生态环境的影响，也是目前技术领域较为关注的重点。水力发电建设的大坝和水库，会造成气候变化（气温降低、降雨量减小），河流变化（下游水位降低、泥沙量减少），生物多样性变化（动植物淹没、鱼类繁殖受阻）等。此外，水力发电建设中，还存在水库修建区域的移民安置问题。

1. 鱼梯

可以看出，水力发电对于生态环境的大部分影响难以避免，目前只能通过环境评估等方法尽量减小，还没有成熟的技术手段可以完全解决。在水生生态系统方面，目前技术已经提出相关的改进和解决措施，如鱼梯、升鱼机等技术。

多项生态研究表明，水力发电建造的大坝，阻止了一些鱼类前往河流上游的繁殖地产卵，而幼年鱼类前往下游时，需要通过水轮机，对幼年鱼类造成损害。针对这一问题，早期的方法包括定期通过船只运送鱼类迁移等，实际效果并不明显。

鱼梯是协助鱼类在繁殖季节，上溯回游到水温较低的上游地区产卵繁殖的一种技术。通过设置一种连续性阶梯式的水槽（称为鱼阶），使得鱼类可以利用鱼梯，逐阶回到上游。

2. 鱼类友好水轮机

设计对水生生物破坏较小的水轮机，也称为鱼类友好水轮机，是水力发电领域的前沿技术课题。鱼类进入水轮机，需要面对几何形状和水流特性的快速改变，容易对鱼类造成伤害。伤害程度与鱼类大小，水轮机类型及尺寸、转速和工况等均存在关联。对于鱼类的伤害具体可以分为以下几类：

（1）鱼类直接撞击旋转叶片、固定部件（导叶、外壳）等擦伤，水流剪切等损伤。

（2）从高压侧移动至低压侧的压力剧烈变化对鱼鳔的损伤，水蒸气气泡在低压区的形成和快速消失，即空化现象，造成鱼类因气泡消失时的高压冲击的损伤。

（3）附带的水质影响（溶解氧等）和水温变化的损害，鱼类击晕后更易被捕食的损害。

鱼类友好水轮机更多地利用了计算流体动力学（CFD）模拟等方法，在设计中围绕减少叶片撞击概率、减少造成擦伤的结构、减少空化现象等方面展开改进。通过减少叶片个数，增加叶片长度并加大流道尺寸，可以在相同的装机容量及发电量情况下，减少叶片撞击概率。通过增加活动导叶与转轮叶片的间距，可以降低在导叶尾缘和转轮之间的鱼类擦伤概率。

一些先进的设计可以较好地改善鱼类通过条件，如较厚的转轮叶片进口，横切断面的鱼形结构，靠近上冠处的负曲率设计，叶片翼型的最小厚度与最大厚度之比为 0.2～0.3 等，优秀的设计还可以减小空蚀、水流分离现象。

综上所述，鱼类友好水轮机的意义在于保证容量和效率的前提下，尽可能减小对于鱼类的伤害，提高鱼类的存活率。

第 2 节　水力发电前沿技术趋势

水力发电原理较为简单，水轮机和发电机的技术较为成熟，影响发电能力和转换效率的因素，更多来自于外部条件。因此，水力发电前沿技术更多涉及地质、水利、土木、建筑、生态、机械等其他学科，如超高坝技术、超大地下洞室技术、水土保持技术、生态修复技术、推力轴承技术等。本节主要围绕发电技术本身展开，介绍水力发电向集中式和分布式两个方向发展的部分前沿技术。

一、1000MW高性能大容量水电机组技术

目前发电行业的各类发电形式，普遍朝着集中式和分布式两个方向发展。对于水力发电而言，在高山峡谷地区建设大型水电厂，普遍存在大型机组应用问题，造成的投资上升和收益减小问题。2012年中国自主研发的800MW机组在向家坝工程投入运行，标志全面掌握了800MW级大型水电机组全套技术。

水力发电机组的单机容量增加，可以有效提升水能资源开发利用效率，并降低设备单位容量制造成本：增大单机容量，可以减少装机台数，从而减少开挖、浇注、安装等工程量，进一步节省投资；增大单机容量，可以缩短建设周期，提前投产发电，从而提升经济效益和环保效益；增大单机容量、减少装机台数，还可以优化枢纽工程的总体布置，提升工程的安全性和可靠性。

在“十三五”期间，中国将重点开发1000MW及以上单机容量的高性能水电机组，突破设计、制造和安装的关键技术。设计制造方面，主要关键技术包括：①机组整体设计。②水轮机设计与模型试验。③冷却方式与仿真试验。④推力轴承与仿真试验。⑤配套设备开发。安装调试方面，主要关键技术包括：①运输工艺与规范。②焊接工艺与规范。③安装与调试工艺与规范。

1000MW水电机组设计制造方面，中国在金沙江下游河段建设的乌东德、白鹤滩水电厂计划于2020年投运。金沙江下游水量大、落差集中，是金沙江流域和长江流域水能资源最丰富的河段。金沙江下游河段规划的乌东德、白鹤滩、溪洛渡（2014年投运）、向家坝（2012年投运）四个水电厂梯级装机容量约为38 200MW，年发电量约为1700亿kWh，约为三峡水电厂的两倍，是西电东送的重要电源基地。

在三峡水电厂之前，中国不具备制造350MW以上机组能力，而700MW机组技术仅有ABB等少数国外厂家掌握。基于三峡700MW水轮发电机组引进、消化、吸

收的经验，在设计制造国产化的基础上，成功在溪洛渡电厂（18台770MW水轮发电机组）和向家坝电厂（8台800MW、3台450MW水轮发电机组）实现了单机容量的跨越。此外，发电机出口断路器（GCB）、推力塑料瓦、定子铁片等关键部件的国产化，也大幅降低了设备成本。

中国乌东德、白鹤滩水电厂的动能指标和坝址情况，具备了采用1000MW机组的条件。中国已经进入1000MW水轮机设计阶段，并具备了发电机额定电压从20kV提高到24kV的能力，并掌握了相关的电磁、绝缘等技术，基本具备了1000MW高性能大容量水电机组的主要技术。

二、 大型水轮发电机冷却技术

水轮发电机的冷却方式，与参数选择、结构设计、制造成本、安全稳定性等方面密切相关。水轮发电机的冷却方式可分为全空冷和介质内冷两大类。由于采用的冷却介质不同，内冷又可分为水内冷和蒸发冷却两种方式。

全空冷水轮发电机，普遍采用通过转子支臂离心风机作用产生的冷却风量，经转子、定子中的风沟，形成径向双风道的全封闭空冷循环系统。原有研究认为，700MW水轮发电机采用全空冷，是处于极限容量的临界状态。随着840MV·A全空冷水轮发电机的成功投运和全空冷技术的进步，目前技术在设计制造全空冷800MW级水轮发电机不存在障碍，全空冷水轮发电机制造极限容量有所提高。

水内冷水轮发电机普遍采用定子绕组水内冷、转子绕组和定子铁心空冷的组合冷却方式，即半水内冷。半水内冷方式在大容量水轮发电机中已经广泛采用，线棒端部接头技术等不断进步。半水内冷方式涉及的纯水制备和冷却方面，随着前沿技术的发展，纯水处理装置尺寸日趋紧凑。水路循环系统防结垢问题，也是目前前沿技术较为关注的问题。

蒸发冷却水轮发电机利用冷却介质汽化温度较低的特性和水轮发电机立式结构的特点，是全空冷、半水内冷方式之外，中国自主研发的新型冷却方式，具有与水内冷同等的冷却效果和优点。前沿技术主要包括：蒸发冷却系统设计和仿真模拟验证；蒸发冷却介质的性能试验和评价方法；蒸发冷却发电机的设计和布置等。

三、推力轴承冷却技术

1000MW高性能大容量水电机组的关键技术方面，推力轴承的设计制造技术非常重要，而冷却方式和冷却技术又对推力轴承的性能影响显著。推力轴承的冷却方式，包括内循环冷却和外循环冷却两种方式。两种方式在冷却效果差异较小，高转速机组推力轴承通常采用外循环冷却。

内循环冷却方式是冷却器与推力轴承安装在同一油槽内，依靠油槽内旋转部件如镜板、推力头等对流换热，形成循环。内循环的冷却器分为立式冷却器、卧式冷却器和抽屉式冷却器。内循环冷却方式适用于中、低速推力轴承。

内循环优点是管路部件少，装置集中，无附加设备，节省投资。轴承内部密封简单，运行维护简单可靠。缺点是冷却油路循环相对复杂，拆卸推力瓦需先拆卸冷却器。代表性内循环冷却机组包括水口、岩滩、葛洲坝和小浪底等水电厂。

外循环冷却是冷却器与推力轴承分别安装在油槽的外部和内部。外循环根据循环动力分为自身泵和外加泵，自身泵又分为镜板泵和导瓦自泵。外循环冷却方式适用于高速推力轴承。

外循环包含油循环的动力设备，以及油循环的控制设备，管路部件多，系统复杂，投资高于内循环。优点是拆卸推力瓦不需拆卸冷却器，油冷却器、推力轴承检修较为方便。单个冷却器拆卸维修式，不影响其他冷却器使用。代表性外循环冷却机组包括三峡左右岸、龙滩、拉西瓦和锦屏等一级水电厂。

对于乌东德、白鹤滩水电厂的1000MW高性能大容量水电机组，采用外加泵外循环冷却方式较为合适。在龙滩、官地等水电站机组的超大型推力轴承冷却的应用，也说明外加泵外循环冷却方式具有较高的可行性。

四、分布式小型水电厂自动化技术

水力发电向分布式方向发展的前沿技术方面，代表性的技术热点是小型水电厂的自动化控制技术、无人值守技术、并网技术等。

在中国集中式大型水电厂建设稳步推进的同时，大量的分布式中小型水电厂近年来发展迅速。小型水电厂，通常指总装机容量在25MW以下的水电厂。在中国约有5万座小型水电厂，占水力发电装机容量和发电量的三分之一左右。与集中式大型水电厂相比，小型水电厂特点是工程投资少、移民工作少、建设周期短、技术成熟、设计与设备标准化、生态影响小、靠近用户侧等优点。

小型水电厂近年来发展迅速，但控制方式普遍较为传统复杂，自动化水平和无人化水平较低，维护成本较高。近年来，大型水电厂自动化控制的理论研究和工程应用的进展良好，水电厂无人值班、少人值守的技术得到推广，显著节约了人力成本，促进了大型水电厂的自动化和无人化。

对于大量的小型水电厂，由于投资较少，对于成本更为敏感，自动化系统推广有待改进。同时，小型水电厂运行和维护人员通常技术水平较低，在学习和操作较为复杂的自动化系统时较为困难。因此，适用于小型水电厂的简单、可靠和低成本的自动化系统，是小型水电厂研究领域的前沿技术热点。

水电厂自动化控制系统的基本原理与第三章火电厂自动化控制系统相似，在此不再赘述。结构方面通常分为主控级（操作员站、工程师站、通信系统、厂长终端等）和现场控制单位级（水轮发电机组、开关站、公用设备等）两级，功能方面可以分为有功功率调节系统、无功功率调节系统、机组压油装置自动化系统、机组冷却水系统、主变电厂冷却装置系统等。

传统的大中型水电厂的自动化控制系统，包括监控、保护、励磁、调速等部分，各部分的数据采集和控制功能相对较为独立，为保证可靠性多采用冗余配置并保证通用性，功能设计较为全面。

小型水电厂自动化系统通常采用以太网等通用网络，将工控主机与控制装置如PLC等进行互连，控制设备再通过RS-485等通信方式与水电厂设备相连，形成系统控制网络。通过各个部分模块化设计，监控、保护、励磁、调速等部分以通信方式连接，并简化了数据采集、通道配置等环节，从而节约成本简化操作。技术趋势主要是朝着标准化、通用化和智能化方向发展。

小型水电厂自动化系统的功能方面，首先是实现对机组的监视功能。系统可以对各个设备的运行参数进行循环检测，并按照设定的时间间隔进行即时记录并生成报表。保护功能是当发现设备参数超出规定范围，或趋势分析显示走向出现问题，监视功能可以发出报警信号提醒值守人员。

小型水电厂自动化系统主要功能还包括：小型水电厂设备在不同工况时的切换，如空载转暂停、暂停转发电或发电转抽水等；小型水电机组与电网的自动同期并网，快速满足电网的调峰、调频等需求；自动调控频率和有功功率，实现自动发电控制；调节电压和无功功率，自动调节机组励磁稳定电压；根据水位的监视情况，自动控制溢洪闸开闭等。

小型水电厂自动化系统的前沿技术研究，还关注水电厂的故障诊断和自动处理。小型水电厂与电力负荷中心一般相距较远，保障系统稳定非常重要。传统方式故障解决依赖值守人员的专业技能和工作经验，并不能完全保障快速和科学。而自动化系统可以利用大数据、学习机制和人工智能等技术，对停机、电气制动、最佳励磁控制等部分故障进行自动诊断和处理，进一步保障了机组的安全和高效运行。

第 3 节　水力发电产业预测与多能互补

一、 水力发电产业发展预测

水力发电在本书中界定为传统能源发电，发电技术较为成熟，因此基于技术趋势的长期预测较为稳定。另一方面，水力发电与火力发电不同，受到自然资源的制约较为明显，长期预测也必须考虑这一因素。

1. 技术经济性

整体技术经济性方面，水力发电效率较为稳定，集中式的大型水电机组的技术发展，可以降低建设成本和发电成本 LCOE。同时，随着现有优良选址的开发，预计未来的水电选址的建设难度将有所增加，移民成本预计也将明显上升，将削弱集中式大型水电厂的经济性优势。此外，随着社会对于水电开发带来的生态问题的重视，相关的生态保护措施也将进一步提升水电的成本。

分布式小型水电厂，在技术经济性方面又与集中式大型水电厂存在差异。分布式小型水电厂单位成本较高，但由于距离负荷较近可以降低输配电成本。分布式小型水电厂选址容易，移民成本远低于集中式大型水电厂，生态影响带来的成本上升较小。

2. LCOE 长期预测

根据中国对于水电厂的划分，大型水电厂装机容量大于 250MW，中型水电厂装机容量为 25～250MW，小型水电厂装机容量小于 25MW。目前大型水电单位装机容量的建设成本约为 4500 元/kW，千瓦时电成本约为 0.140 元/kWh；中型水电单位装机容量的建设成本约为 4700 元/kW，千瓦时电成本约为 0.155 元/kWh；中型水电单位装机容量的建设成本约为 5000 元/kW，千瓦时电成本约为 0.167 元/kWh。

整体来看，水力发电的千瓦时电成本主要来自于建设成本，两者基本成正比例，燃料、人工、维护等成本对 LCOE 影响较小。集中式大型水电厂的千瓦时电成本可以低至 0.140 元/kWh 以下，是中国千瓦时电成本最低的发电形式。

对于世界上其他国家，由于水能资源、地质条件、移民难度和生态成本的较大差异，水力发电的成本分布在 0.15～2.00 元/kWh 范围。水力发电通常来看，在各个国家相比火电、核电均存在较强竞争力，相比风电、光伏存在明显的成本优势，因此也是各国普遍优先开发的清洁可再生能源。

水力发电在未来的长期发展方面，建设成本随着优良选址的减少会有所增加，大型水电厂的移民成本和生态成本也会明显上升，设备成本随着技术的成熟会有所下降，发电效率随着技术进步会略有提升。综合以上因素，进行各类水力发电形式在长期（2015～2050 年）的千瓦时电成本变化趋势预测，如图 4-3 所示。

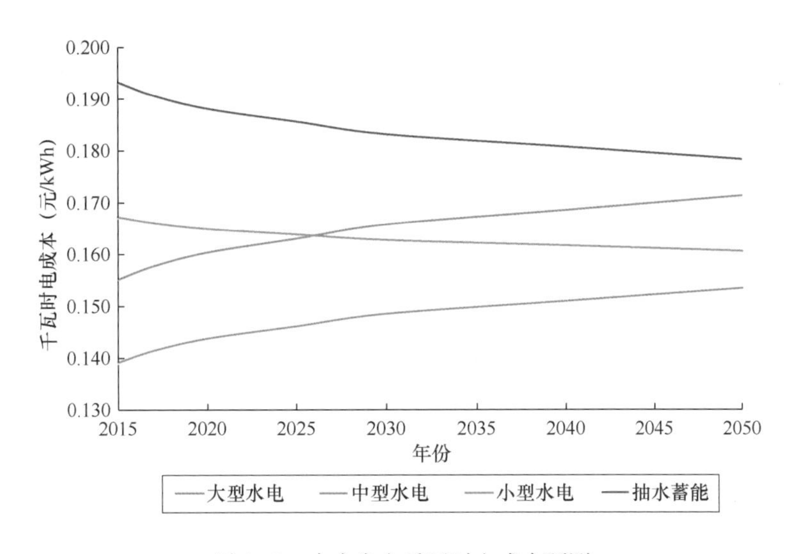

图 4-3　水力发电千瓦时电成本预测

可以看出，常规水电厂方面，集中式的大型水电厂由于建设难度增加、移民成本增加和生态保护要求的提高，预计 LCOE 在长期将缓慢增加，最终接近于分布式小型水电厂 LCOE。

中型水电厂存在与大型水电厂类似的成本上升压力，并且由于设备成本难以降低和发电效率提升有限，LCOE 预计将有所上升。2020 年左右，中型水电厂和小型水电厂的千瓦时电成本 LCOE 预计将接近，随后可能将高于小型水电厂，市场份额保持逐渐缩小的趋势。

分布式小型水电厂，目前千瓦时电成本处于一个较高的水平，主要原因是以往对于小水电定位较低，对于分布式关注较少，小型水电厂的采用的各类技术普遍较为落后。近年来，随着小型水电厂的技术快速进步，建设成本和设备成本随着标准化逐步下降，人员成本和维护成本随着自动化逐步减小，发电效率也在不断上升。此外，小型水电厂面临的选址问题、移民问题和生态影响明显小于大中型水电厂，预期未来小型水电厂 LCOE 将逐步下降，成为重要的分布式电源。

抽水蓄能电厂，对于水能资源和地质条件的依赖小于常规水电厂，因此随着可逆式水轮机等相关设备的技术进步，设备成本将有所降低而发电效率得到提升，从而 LCOE 将逐步降低。

3. 水力发电装机容量长期预测

对于水力发电总装机容量、开发利用率，以及各种具体形式新增装机容量（新建容量减去关停容量）、累计装机容量和累计装机容量比例进行长期预测，如图 4-4～图 4-8 所示。

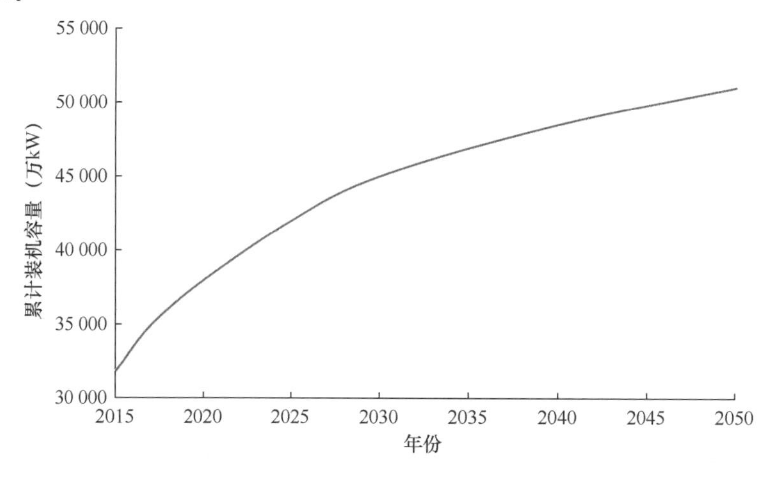

图 4-4　水力发电总装机容量长期预测

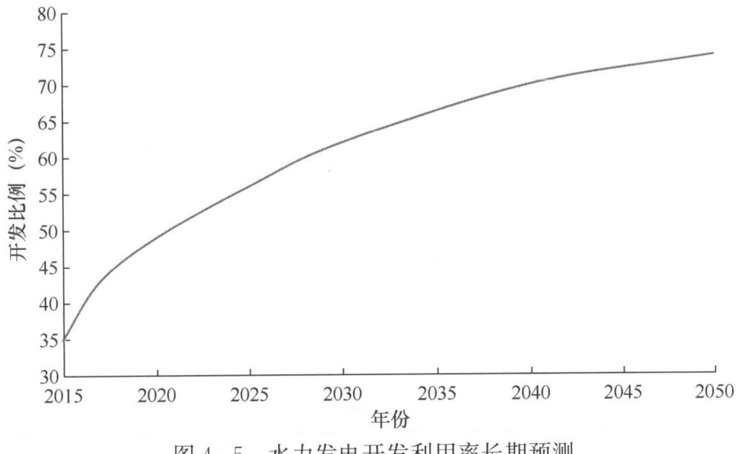

图 4 - 5　水力发电开发利用率长期预测

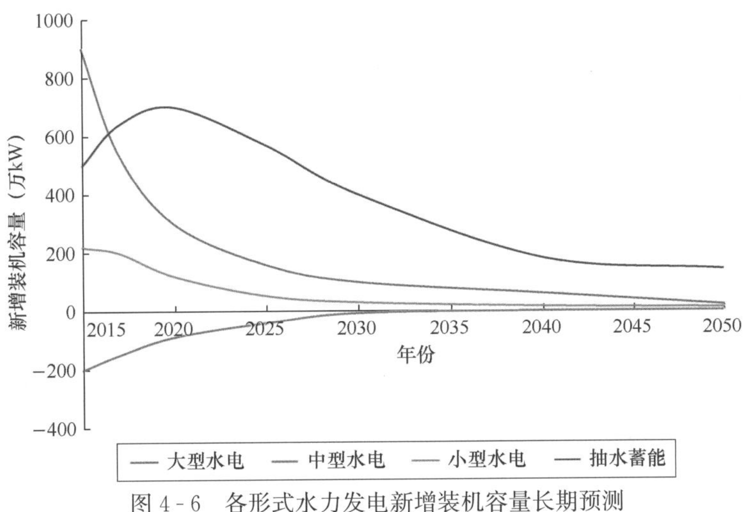

图 4 - 6　各形式水力发电新增装机容量长期预测

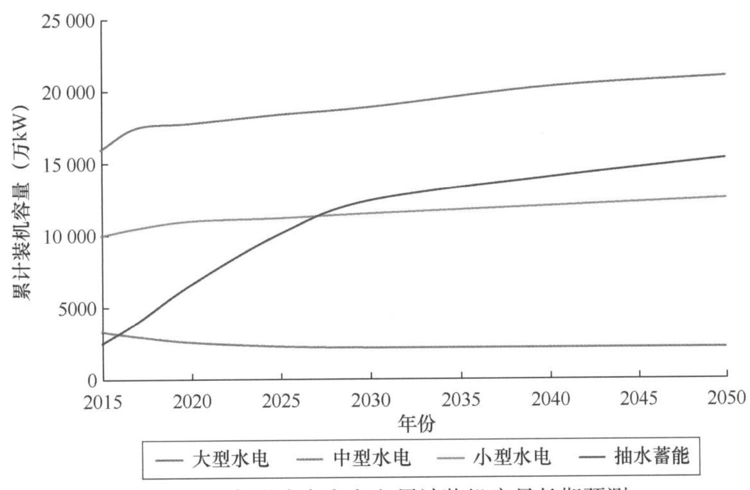

图 4 - 7　各形式水力发电累计装机容量长期预测

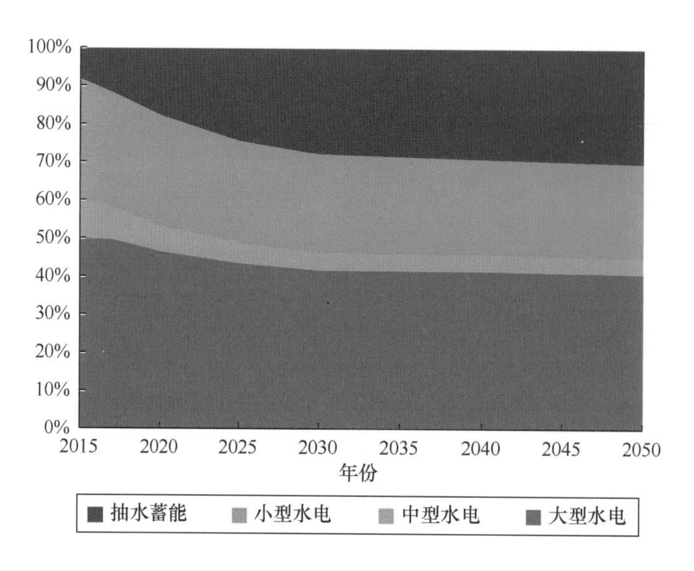

图 4-8　各形式水力发电累计装机容量比例长期预测

“十二五”期间，中国建设的金沙江、澜沧江、大渡河、雅砻江、雅鲁藏布江等一批大型水电厂，总装机容量达到 0.58 亿 kW。加上“十二五”期间建设的中小型水电厂，“十二五”期间中国水力发电的新增装机容量约 0.94 亿 kW，年均增长约 8%。其中，新增抽水蓄能电厂装机容量约为 810 万 kW。截至 2015 年底，中国常规水电装机容量达到 29 344 万 kW，抽水蓄能电厂装机容量达到 2505 万 kW，总计达到 31 849 万 kW。2016 年作为“十三五”的开局之年，中国水力发电总装机容量已经达到 33 211 万 kW，其中包含抽水蓄能 2669 万 kW。

随着西部地区的大型水电基地建设发展，通过创新移民机制，并加强生态保护，预计到 2020 年中国水电总装机容量达到 3.8 亿 kW 左右，年均增长 0.13 亿 kW 左右。2020 年后预计水电装机容量年均增长 0.08 亿～0.10 亿 kW，2030 年总装机容量达到 4.5 亿 kW 左右，2050 年总装机容量达到 5.1 亿 kW 左右。预计 2030 年和 2050 年中国水电装机容量在全部装机容量的比例，相比 2015 年和 2016 年的 22.0%和 20.2%基本稳定并略有下降，预计分别约为 19.0%和 18.5%左右。

其中，抽水蓄能装机容量比例将明显提升，预计从目前的 1.6%上升至较为合理的 5%左右。到 2020 年，随着中国抽水蓄能电厂的快速建设，抽水蓄能装机容量有望达到 0.4 亿～0.8 亿 kW。到 2030 年和 2050 年，抽水蓄能装机容量预计将分别达到 1.3 亿 kW 和 1.5 亿 kW。

目前中国水电开发利用率约为 30%～40%水平，预计到 2030 年和 2050 年，水电开发利用率将达到62%和74%左右，接近目前发达国家的水电开发利用率。

新增装机容量预测，由新建装机容量和关停装机容量的差值得到。新建装机容量趋势预测，重点在于明确投资方向和政策导向；新增装机容量预测，则更侧重于反映不同技术形式之间的竞争趋势和优胜劣汰。

时间节点方面，常规水电厂技术较为成熟，“十二五”和“十三五”时期也是水电建设大发展时期，因此预计2015～2025年期间，大型水电厂每年新增装机容量保持较高水平，小型水电厂每年新增容量也较为稳定，中型水电厂通过扩建或淘汰，装机容量逐年减少，中小型水电厂装机容量之和基本不变。2025年后，随着水电开发利用率接近60%，常规水电厂的装机容量变化明显放缓，装机容量变化量趋于低水平。

抽水蓄能电厂近年来建设加速，预计在2015～2025年期间，抽水蓄能电厂新增装机容量将长期保持较高水平，使得累计装机容量快速上升。2025～2050年期间，与常规水电厂变化趋势不同，抽水蓄能预计仍将保持较为快速的增长，最终使抽水蓄能装机容量达到总装机容量的5%左右。

装机容量的比例方面，大型水电厂装机容量在水力发电装机容量中的比例长期来看将有所降低，而抽水蓄能电厂的比例将从目前的8%显著上升至2050年的30%左右。中小型水电厂比例略有减小，但技术进一步优化，作用也有所区别。

水力发电的发展路线，与政策导向和水资源情况密切相关。结合水力发电的长期预测，2015～2050年期间，对水力发电的发展路线的建议主要包括：坚持将大型水电基地作为水电发展的重点；坚持将妥善安置移民和保护生态环境作为水电建设的前提；有序合理推进分布式小型水电厂发展；加速抽水蓄能电厂建设，达到合理装机容量比例。

二、 水力发电多能互补技术

1. 水力发电多能互补技术简介

水力发电与其他发电形式的多能互补方面，主要技术路线为水电与风电互补，以及水电与光伏发电互补。利用水力发电的低成本、快速启停、调峰填谷等优势，弥补风电和光伏发电的高成本、间歇性等不足，成为清洁可再生能源发电的联合电厂。

此外，抽水蓄能电厂本身的调峰填谷作用，也可以与火电和核电形成互补。

风电作为新型能源发电中技术较为成熟，成本较为低廉的发电形式，近年来发展迅速。风电具有不易预测、储存和调度等间歇性特点，对于电力系统稳定影响明显，造成实际中弃风限电等现象。

解决风电间歇性问题，途径包括有效储存风电，或者采用具有互补性的能源发电联合运行。风电与火电互补方面，柴油机效率低、污染高，而燃气发电成本高、联合控制难。风电与光伏发电互补方面，在季节和昼夜方面较为互补，冬季风强光弱，夏季风弱光强，白天风弱光强，夜间风强光弱，但目前只适用于小型系统，而且两者也存在间歇性，无法完全互补。

风水互补发电，是在风电对于电网的出力产生短期波动时，利用水电快速调节出力，进行补偿从而保障电力系统稳定。中国北方地区的风能资源和小水电资源丰富，冬春季水电出力不足，风电因风速较大可以承担较多负荷。夏秋季风速小风电不足，而雨量充沛，水电站承担负荷较多，从季节性角度风水互补较好。

其次，风电和水电虽然都有波动性，但规律差别较大。水力发电不同季节和不同年份之间波动较大，但日波动较小；风电短期波动强烈，但在季节和年度周期来看波动性较小。水力发电的水库还具有一定的调蓄作用。

风水互补发电，包括风电与常规水电联合运行，以及与抽水蓄能联合运行两种方式。抽水储能电厂投资较高、用途特殊，与成本较高的风电互补时投资压力较大，调节效果较好。常规小型水电厂与风电互补，有一定自然条件限制，但经济性较好。中国四川、云南和内蒙古等水电资源丰富，或风电资源丰富，或两者兼有的地区，都在大力发展风水互补的能源发电基地。

太阳能电与风电类似，具有不易预测、储存和调度等间歇性特点，还存在技术不成熟、效率较低、投资较高等问题，对于能源发电互补需求更加明显。水光互补与风水互补的原理相似，目前也在快速发展中。前沿技术主要包括光伏发电、风电接入水电厂后，通过 AGC、AVC 技术的软硬件，进行快速补偿和联合控制的技术。

中国龙羊峡水光互补水电厂位于青海，原有龙羊峡水电厂装机容量为 1280MW，于 1989 年投运发电。2013 年水光互补一期工程以 320MW 光伏发电装机容量，成为世界最大的水光互补项目。龙羊峡水光互补水电厂的成功，主要得益于水电厂所在地区太阳能资源丰富，以及龙羊峡水电厂 247 亿 m^3 的库容优势。

龙羊峡水光互补二期工程530MW于2015年竣工，龙羊峡水光互补水电厂总装机容量达到850MW。龙羊峡水光互补光伏电厂可以节约电力系统旋转备用容量的70%（400～600MW），龙羊峡调峰调频能力可以增强18%（晴天）、9%（阴天）、5%（雨天），龙羊峡输电送出能力提高22.4%，送出线路年利用小时由4621h提高至5019h，水电厂送出线路的经济效益得到提升。

水风光互补，是基于风水互补、水光互补、风光互补技术集成而来，充分发挥了三种能源发电形式，在季节、昼夜等方面的互补，目前处于研究阶段。在能源互补的基础上，发展多能互补技术路线具有良好的前景。根据国内研究，中国陕甘青宁四省区，具有较丰富和综合的水电、风电、光伏发电、火电等能源资源，较为适宜进行多能互补的发电技术发展。

2. 水力发电多能互补技术分析与发展路线

根据各种发电形式随着一天的不同时段的出力变化，按照百分比折算，绘制发电功率变化曲线如图4-9所示。可以看出，水电在24h内波动很小；风电在夜间发电功率较高，在上午和下午时段发电功率较低；光伏发电在中午和下午时段发电功率较高，在夜间基本为零。

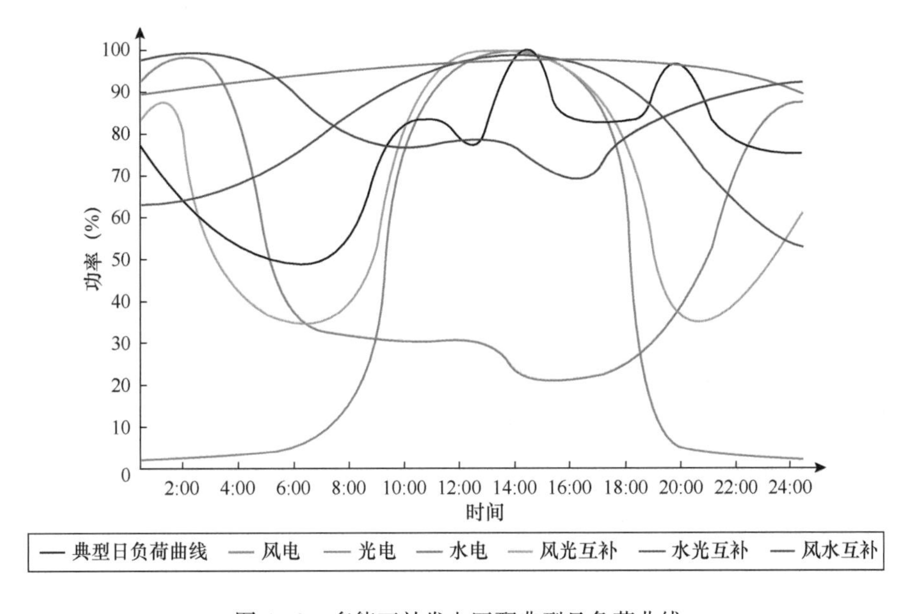

图4-9　多能互补发电匹配典型日负荷曲线

对比典型日负荷曲线，可以看出日负荷存在上午11时、下午15时和夜间20时三个用电高峰期。水电可以基本满足三个高峰期用电需求，但夜间电力没有充分利用；风电在三个高峰期时段，均存在出力不匹配的问题，仅在深夜可以较好满足负荷曲线；光伏发电可以较好满足上午和下午的用电高峰期，但对于夜间高峰期和夜间其他时段完全无法满足。

采用风光互补技术，可以基本匹配上午和下午的用电高峰期和夜间其他时段，但对于夜间20时的负荷高峰，此时风电和光伏发电都存在不足。采用水光互补，可以较好弥补光伏发电在夜间的不匹配问题，充分发挥闲置的水电装机容量。采用风水互补，可以较好匹配三个负荷高峰，但夜间风电和水电出力均有余量，因此目前也在研究风、水、储能三者互补的技术。

根据各种发电形式在一年的不同季节的出力变化，按照百分比折算，绘制发电功率变化曲线如图4-10所示。可以看出，水电在夏秋季出力高而冬春季出力不足；风电冬季发电功率较高，在夏季发电功率较低；光伏发电在夏季发电功率较高，在冬季偏低。

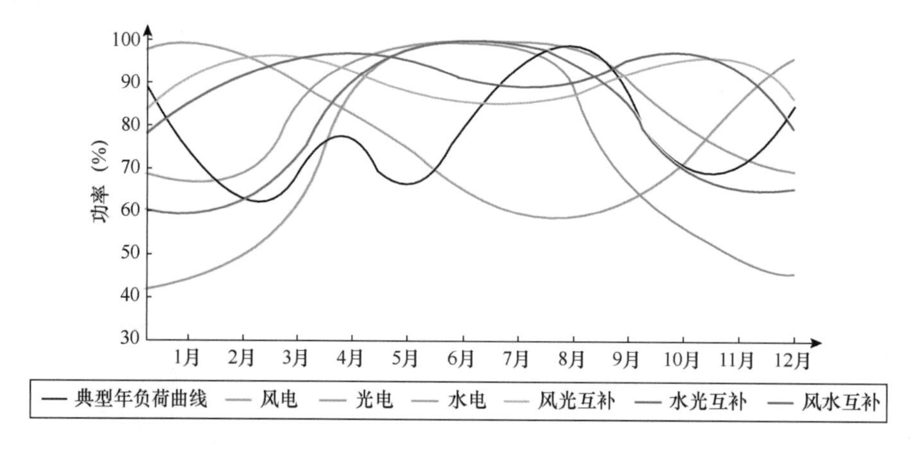

图4-10　多能互补发电匹配典型年负荷曲线

对比典型年负荷曲线，可以看出年负荷存在春季4月、夏季8月和冬季12月三个用电高峰期。水电和光伏发电与春夏季用电高峰较为匹配，但难以匹配冬季用电高峰；风电在冬季可以较好满足负荷曲线，但对于夏季8月高峰难以匹配。

采用风光互补和风水互补技术，可以基本满足全年负荷需求。采用水光互补，由于两者季节变化相似，因此冬季仍然存在不匹配问题，而夏季存在过剩问题。

综上所述，多能互补技术路线中，昼夜互补方面水光互补优于风水互补，风水互补优于风光互补；季节互补方面，风水互补优于风光互补，风光互补优于水光互补。综合来看，风水互补在昼夜和季节方面均表现良好，是两两互补之间较为高效的组合发电形式。进一步研发火-水-风-光-储能的多能互补技术，建议以其中两种发电形式的互补为主，其他发电形式的补充为辅，更好发挥多能互补的高效互补优势。

参考文献

[1] 中国电机工程学会．“十三五”电力科技重大技术方向研究报告 [M]．北京：中国电力出版社，2015.

[2] 国网能源研究院．2015世界能源与电力发展状况分析报告 [M]．北京：中国电力出版社，2015.

[3]《中国电力百科全书》编辑委员会．中国电力百科全书 水力发电卷 [M]．北京：中国电力出版社，2001.

[4]《中国电力百科全书》编辑委员会．中国电力百科全书 水电卷．3版 [M]．北京：中国电力出版社，2014.

[5] 晏志勇，钱钢粮．水电中长期（2030、2050）发展战略研究 [J]．中国工程科学，2011，13（6）：108-112.

[6] 沈晓飞．水电能源重要性获认同各国积极发展水电 [J]．中国水能及电气化，2011，5：69-70.

[7] 贾金生，郝巨涛．国外水电发展概况及对我国水电发展的启示（四）——瑞士水电发展及启示 [J]．中国水能及电气化，2010，6：3-7.

[8] Spänhoff B. Current status and future prospects of hydropower in Saxony (Germany) compared to trends in Germany, the European Union and the World [J]. Renewable and Sustainable Energy Reviews, 2014, 30: 518-525.

[9] Yüksel I. Hydropower for sustainable water and energy development [J]. Renewable and Sustainable Energy Reviews, 2010, 14 (1): 462-469.

[10] Huang H, Yan Z. Present situation and future prospect of hydropower in China [J]. Renewable and Sustainable Energy Reviews, 2009, 13 (6): 1652-1656.

[11] 崔继纯，刘殿海，梁维列，等．抽水蓄能电站经济环保效益分析 [J]．中国电力，2007，40（1）：5-10.

[12] 秦斌，柯强．“十二五”能源发展战略下电网调峰节能规划探究 [J]．现代制造，2013，6：170-171.

[13] 罗星，王吉红，马钊．储能技术综述及其在智能电网中的应用展望 [J]．智能电网，2014，2（1）：7-12.

[14] Sharma A, Tyagi V V, Chen C R, et al. Review on thermal energy storage with phase change materials and applications [J]. Renewable and Sustainable energy reviews, 2009, 13 (2): 318-345.

[15] 顾淦臣．水力发电工程与环境保护 [J]．水电站设计，2008，24（1）：40-45.

[16] 戴会超，王煜，郭卓敏，等．一种增加鱼类存活率的混流式水轮机：中国，CN 102536591 B [P]．2014.

[17] 程永权，胡伟明，邹祖斌，等．1000MW 水轮发电机组研究新进展 [J]．电力建设，2011，32 (6)：62-66.

[18] 阮琳，陈金秀，顾国彪．1000MW 水轮发电机定子空冷和蒸发冷却方式的对比分析 [J]．电工电能新技术，2014，9：1-6.

[19] 袁达夫，梁波．大型水轮发电机冷却方式 [J]．大电机技术，2008，1：1-6.

[20] 武中德，张宏，吴军令．1000MW 水轮发电机推力轴承冷却技术 [C]．中国电工技术学会大电机专业委员会 2014 年学术年会论文集，2014.

[21] Ackermann T，Andersson G，Söder L. Distributed generation：a definition [J]．Electric power systems research，2001，57 (3)：195-204.

[22] Mohamad H，Mokhlis H，Ping H W. A review on islanding operation and control for distribution network connected with small hydro power plant [J]．Renewable and Sustainable Energy Reviews，2011，15 (8)：3952-3962.

[23] 赵雪飞，王亦宁，杨波，等．应用于小型水电站的 SJ—100 型综合自动化装置 [J]．水电自动化与大坝监测，2007，31 (5)：27-29.

[24] 范开元．我国火力、水力发电厂供电成本的经济性对比分析 [J]．科技创业月刊，2011，24 (13)：67-69.

[25] Anagnostopoulos J S，Papantonis D E. Simulation and size optimization of a pumped-storage power plant for the recovery of wind-farms rejected energy [J]．Renewable Energy，2008，33 (7)：1685-1694.

[26] 徐飞，陈磊，金和平，等．抽水蓄能电站与风电的联合优化运行建模及应用分析 [J]．电力系统自动化，2013，37 (1)：149-154.

[27] 赵洁，刘涤尘，雷庆生，等．核电机组参与电网调峰及与抽水蓄能电站联合运行研究 [J]．中国电机工程学报，2011，31 (7)：1-6.

[28] 孙春顺，王耀南，李欣然．水电-风电系统联合运行研究 [J]．太阳能学报，2009，30 (2)：232-236.

[29] 尚志娟，周晖，王天华．带有储能装置的风电与水电互补系统的研究 [J]．电力系统保护与控制，2012，40 (2)：99-105.

[30] 吴佳梁．风光互补与储能系统 [M]．北京：化学工业出版社，2012.

[31] 张乐平．多能互补——促进可再生能源发展的有效途径 [J]．西北水电，2012，1：7-12.

[32] Sopian K，Ali Y，Alghoul M A M D，et al. Optimization of PV-wind-hydro-diesel hybrid system by minimizing excess capacity [J]．European Journal of Scientific Research，2009，25 (4)：663-671.

[33] Bekele G, Tadesse G. Feasibility study of small Hydro/PV/Wind hybrid system for off - grid rural electrification in Ethiopia [J] . Applied Energy, 2012, 97: 5 - 15.

[34] Nema P, Nema R K, Rangnekar S. A current and future state of art development of hybrid energy system using wind and PV - solar: A review [J] . Renewable and Sustainable Energy Reviews, 2009, 13 (8): 2096 - 2103.

第 5 章

核电产业技术现状与发展趋势

轻原子核的融合、重原子核的分裂和原子核的衰变等核反应，可以从原子核释放出能量，分别称为核聚变能、核裂变能和核衰变能，简称核能。核能是公认的清洁能源，1kg铀235裂变释放的能量约为2700t标准煤，相比化石燃料具有能量密度高、资源潜力大等优势。

在电气化水平上升和未来气候变化的两大趋势下，核电是未来能源重要组成部分。核电可以在提供电力的同时，最大限度减少温室气体排放，相比相同装机容量的燃煤发电，CO_2排放量仅为其1.5%左右。

根据IAEA-PRIS数据，截至2017年4月世界上共有449座运行中的核反应堆，总装机容量达到392 116MWe，总运行时间达到17 090堆·年。核电已经成为现在和未来人类社会的重要能源支柱。

本章分析了核电的产业概况、技术现状和发展趋势，对于安全技术、第四代核电、小型堆、行波堆、聚变堆等前沿技术进行了整理分析。本章进行了核电的技术经济性分析，提出了核电的未来预测和技术路线。

第1节　核电产业概况

一、世界核电产业历史及现状

1. 世界核电发展历史

世界第一台核反应堆，由著名物理学家费米研究小组于1942年12月（曼哈顿计划期间）在芝加哥大学建成，命名为芝加哥一号堆（Chicago Pile-1）。反应堆采用铀裂变链式反应，开启了人类原子能时代。

人类利用核能发电的历史始于1950年代，距今已经有65年历史。1951年，美国原子能委员会在爱达荷州钠冷快中子增殖实验堆1号（EBR-1）首次利用核能发电。1954年，苏联建成世界上第一座装机容量为5MW的实验核电厂，证明了核电的技术可行性。1957年，美国建成了90MW装机容量的希平港（Shipping port）压水堆（pressurized-water reactor，PWR）核电厂，标志着第一代核电机组技术成熟。

第一代核电厂（GEN-Ⅰ）是早期的原型堆核电厂，包括1950～1960年代开发的轻水堆（light water reactors，LWR）、压水堆（pressurized-water reactor，PWR）、沸水堆（boiling water reactor，BWR）、法国天然铀石墨气冷堆（UNGG）和英国石墨气冷堆（MAGNOX）等。

第一代反应堆使用天然铀为燃料，石墨或重水作为慢化剂。第一代核电厂受技术限制，普遍功率较低、经济性和安全性不足。

第二代核电厂（GEN-Ⅱ）是1960～1990年代，在第一代核电厂基础上开发建设的300MW以上的大型商用核电厂，包括压水堆PWR、沸水堆BWR、加拿大坎度重水堆（CANDU）、前苏联的压水堆（VVER）、苏联石墨水冷堆（RBMK）等。

第二代核电厂大多于1970年代石油危机期间建设，具有较为安全、技术成熟、经济型竞争力强的特点。其中主流的压水堆PWR和沸水堆BWR，占目前世界核电反应堆总数的85%左右。第二代核电厂具有较高的安全性，但对于一些严重事故（如堆芯熔化）的对策有待改善。1979年美国三里岛核事故后，第三代反应堆技术开始发展。

第三代核电厂（GEN-Ⅲ）主要是满足更高的安全性指标的先进核电厂，达到用户要求文件（URD）和欧洲核电用户要求（EUR）文件的要求。第三代核电厂采用标准化和最优化设计，降低事故概率，增加安全装置冗余度。第三代核电厂采用更安全的非能动系统，提升了抗事故能力、防止堆芯损坏能力和缓解事故能力。

代表性的第三代反应堆包括先进沸水堆（advanced boiling water reactors，ABWR）、System 80＋、AP600/AP1000、欧洲压水堆（european pressurized reactor，EPR）、IRIS、SWR1000、ESBWR、VVER-91等。第三代反应堆应用方面，日本已经投运ABWR核电厂，韩国正在建造System 80＋核电厂，中国和美国合作建设了基于AP1000技术的浙江三门、山东海阳核电厂。

第四代核电厂（GEN-Ⅳ）正在研发中，是反应堆、燃料循环等各方面都将有重大创新的未来核能技术，预计将在2030年前后获得工业应用。第四代核电厂的主要特点是经济性更好、安全性更高、核燃料资源更持久、核废料产生最小化、防止核扩散更可靠。

2000年美国能源部（DOE）发起倡议，2001年世界上成立了第四代反应堆国际论坛（generation IV international forum，GIF）。2002年9月在东京召开的GIF会议上，参会的十个国家在94个概念堆的基础上，一致同意开发6种第四代核电厂系统，如表5-1所示。其中包括2种高温气冷堆（GFR、VHTR），2种液态金属冷却堆（SFR、LFR），1种超临界水冷堆（SCWR）和1种熔盐反应堆（MSR）。6种系统中4种是快中子堆，5种采取的是闭合燃料循环，并对乏燃料中锕系元素进行整体再循环。

表5-1　　第四代核能系统

第四代核能系统	代号	中子能谱	燃料循环
液态钠冷快堆系统	SFR	快	闭式
铅合金冷却快堆系统	LFR	快	闭式
气冷快堆系统	GFR	快	闭式
超高温气冷堆系统	VHTR	热	一次
超临界水冷堆系统	SCWR	热/快	一次/闭式
熔盐堆系统	MSR	热	闭式

此外，基于未来人类对于能源和发电的需求变化，第四代核反应堆在发电之外，更注重能量的综合利用，可以对接多联产技术如制氢、海水淡化等。第四代核反应堆的出口温度在550～1000℃，其中温度较低的SCWR和SFR可以用于发电，温度较高的VHTR可以用于制氢，中间范围的GFR、LFR和MSR可以发电或制氢。

2. 世界核电产业现状

截至2017年4月，根据国际原子能机构IAEA统计，全世界使用核能的国家约为30个，运营中的核电机组约为449台。美国（99台）、法国（58台）、日本（42台）和中国（37台，大陆地区31台，台湾地区6台）的在役和长期关停的反应堆数量保持领先，四个国家核电装机容量之和占世界核电总装机容量的60.0%。

在拥有核电的30个国家中，核电发电量占各国总发电量比例的差别较大。核电发电量占总发电量比例如图5-1所示，2015年法国为76.9%，韩国为31.5%，美国为19.5%，俄罗斯为18.4%，南非为4.3%；中国2015年和2016年分别为3.0%和3.6%。总体来看，2015年世界核电发电量（2577.1TWh）占世界总发电量（24 097.7TWh）的比例约为10.7%。

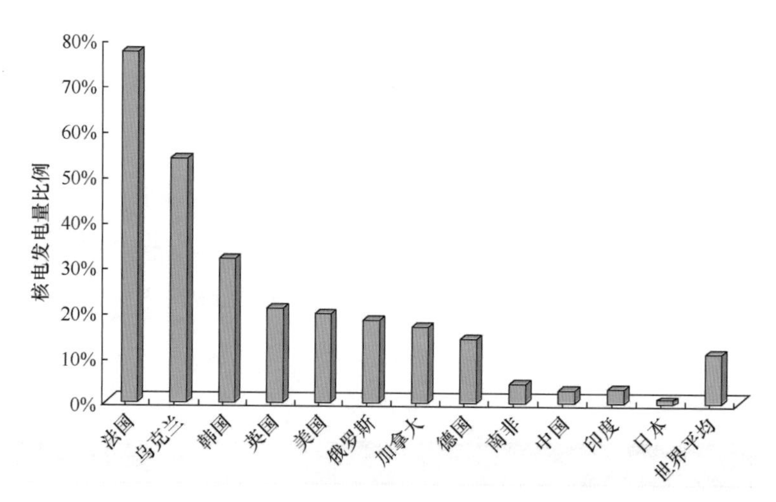

图5-1　2015年各国核电发电量占该国总发电量比例

数据来源：BP。

发电量组成方面，1994～2015年各国核电发电量占世界核电总发电量的比例如图5-2所示。各国核电的实际发电量近5年来受到政策影响较大，2011年福岛核事故后，各国对于核电发展态度各不相同。日本虽然核电机组数量位居世界前列，但2011年后核电发电量显著下降，2014年核电发电量为零。

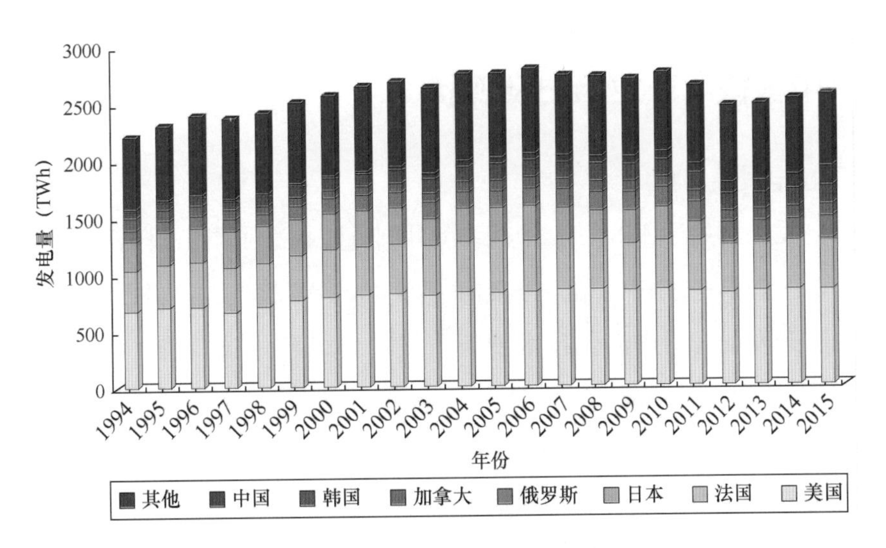

图5-2　1994～2015年世界核电发电量及组成变化

数据来源：BP。

其他国家的核电发电量基本保持稳定，中国的核电发电量近5年来提升了接近一倍，增长趋势明显。采用核电的国家数量近年来也在波动，一些核电发电量较小的国家如立陶宛等2011年后暂停利用核电，一些国家如伊朗在2011年后开始发展核电。各国对于核电的计划也有所不同，以欧盟为例，英国、法国、斯洛伐克、捷克等国坚持发展核电，而德国计划在2022年前关闭所有核电厂，意大利也取消了新建核电厂计划。

技术路线方面，各国采用的主流的先进堆型如表5-2所示。经济性方面，核电厂建设成本较高，在世界范围内约为同等装机容量的火电厂的2～4倍。核电厂运行中，燃料成本稳定、费用便宜、运输量小。在核电领域先进国家，核电的千瓦时电成本低于火电，其中美国自1962年起千瓦时电成本已经低于燃煤发电，法国目前核电千瓦时电成本仅为燃煤发电60%左右。

表5-2　　世界各国先进堆型情况

国家	堆型	国家	堆型
美国	AP1000、ESBWR、IRIS	加拿大	CANDU-X、ACR
欧洲	EPR、SWR1000	韩国	AP1400
俄罗斯	VVER-1500、VBER-300	中国	CPR1000、CNP1000、华龙一号
日本	ABWR、APWR		

二、 中国核电产业历史及现状

1. 中国核电发展历史

中国核电发展开始于1981年，当年11月国务院批准了秦山核电厂的建设。1985年开工建设了中国第一座核电站——秦山一期300MW核电站，并于1991年并网发电。根据自主开发配合引进消化技术创新路线，1982年中国批准了大亚湾核电厂引进2×980MWM310型压水堆核电机组，1994年大亚湾核电厂两台机组发电。起步阶段的10年内，中国共建成两座核电厂和三台机组，装机容量为2100MW。

1996年秦山二期开始建设，标志着中国核电发展进入第二阶段即推广阶段。这一阶段共建设秦山二期、岭澳、秦山三期、田湾等四座核电厂8台核电机组，装机容量为7000MW，如表5-3所示。

表5-3　　中国大陆运行和在建的核电厂

名称	地区	投运时间（年）	装机容量（MW）	技术
秦山一期	浙江	1991	1×310	CNP300
大亚湾	广东	1994	2×984	M310
秦山二期	浙江	2002	2×650	CNP600
岭澳一期	广东	2002	2×990	M310
秦山三期	浙江	2003	2×728	CANDU 6
田湾一期	江苏	2007	2×1060	VVER1000
岭澳二期	广东	2010	2×1080	CPR1000
秦山二期扩建	浙江	2010	2×650	CNP600
中国实验快堆CEFR	北京	2011	1×20	BN20
宁德一期	福建	2012	4×1080	CPR1000
红沿河一期	辽宁	2013	4×1080	CPR1000
阳江一期	广东	2013	4×1080	CPR1000
方家山	浙江	2014	2×1080	CNP1000
福清一期	福建	2014	4×1080	CPR1000
昌江一期	海南	2015	2×650	CNP600
防城港一期	广西	2015	2×1080	CPR1000
三门一期	浙江	2017（预计）	2×1250	AP1000
海阳一期	山东	2017（预计）	2×1250	AP1000
台山一期	广东	2017（预计）	2×1750	EPR1700

续表

名称	地区	投运时间（年）	装机容量（MW）	技术
石岛湾一期	山东	2018（预计）	1×200	HTGR200
田湾二期	江苏	2018（预计）	2×1060	VVER1000
福清二期	福建	2020（预计）	2×1080	华龙一号
防城港二期	广西	2021（预计）	2×1080	华龙一号

在大亚湾M310堆型技术的基础上，中国自主开发了CPR1000和CNP1000等二代改进型核电技术。在第三代核电技术方面，中国引进了AP1000技术，并建设了浙江三门和山东海阳两大核电自主化依托工程。

在消化吸收AP1000技术的基础上，中国推出了ACPR1000＋和ACP1000自主第三代核电技术。2013年，国家能源局主持召开了自主创新三代核电技术合作协调会，中广核集团和中核集团同意在分别研发的ACPR1000＋和ACP1000的基础上，联合开发“华龙一号”（HPR1000）。2014年，“华龙一号”总体技术方案通过国家能源局和国家核安全局联合组织的专家评审，顺利通过了国际原子能机构（IAEA）反应堆通用设计审查（GRSR）。

“华龙一号”采用177堆芯，可以提高发电功率10%，降低工期与质量风险。“华龙一号”国产化率超过85%，设计寿命为60年，堆芯18个月换料，可利用率达90%，从而显著提升了核电经济性。“华龙一号”具有完全自主知识产权，已经与阿根廷、埃及、英国、巴基斯坦等国达成合作协议。目前采用“华龙一号”技术的福清二期核电厂和防城港二期核电厂已经在建设中。

第四代核电技术方面，中国已经确立了“热中子堆电站一快中子堆电站-聚变堆电厂”三步走的技术发展路线。目前第四代核反应堆方面，全世界共有几十座中小型实验快堆、原型快堆和经济验证性快堆在运行中。中国已经建成一座20MW钠冷快堆CEFR（中国实验快堆）和一座10MW高温气冷实验堆HTR-10。

模块式高温气冷堆核电厂具有固有安全性、系统简单、发电效率高、用途广泛等优点，是具有第四代核能系统主要特征的新型堆型。2003年，清华大学自主设计建造的世界第一座10MW高温气冷实验堆核电厂实现满功率运行发电。2006年，国务院印发的《国家中长期科学与技术发展规划纲要（2006—2020）》将高温气冷堆核电厂列为国家十六个重大专项之一。2008年，国务院通过了高温气冷堆核电站重大专项总体实施方案。目前在山东石岛湾建设的石岛湾一期项目，是一座高温气冷堆商用规模示范电厂，也是国家科技重大专项高温气冷堆核电厂示范工程（HTR-PM）。

2. 中国核电设计与设备企业

中国早期实行计划经济体制，核工业领域的研发工作主要由研究设计院承担。因此核电技术研究前期集中在核工业部和后来的中国核工业集团公司。随着核电产业发展，中广核集团和国家核电技术公司开始进入核电技术研发领域。

目前核工业一院拥有军民结合的核能科研试验基地，在反应堆系统设计、先进反应堆技术和核燃料组件方面研发实力较强。核工业二院和728院在核电厂设计与改进方面有较好竞争力。中国原子能研究院在反应堆材料、快中子堆、核安全技术及基础研究方面优势明显。中国核动力运行研究所在先进蒸汽发生器、在役检查和运行技术方面有一定实力。

中国核电起步阶段的发展思路，主要是核工业军转民和缓解沿海用电紧张，核电产业主要由中核集团和中广核集团掌握，独立于其他发电集团。随着核电行业发展，目前具有资质控股建设核电的企业包括中核集团、中广核集团和中电投集团。华能集团也已经是高温气冷堆核电厂示范项目的控股投资方。

对于中国核电厂建设，总体、核岛和主设备的设计一般由核电工程设计院负责，常规岛设计一般由电力设计院负责。设备制造采购方面，国内核电设备制造主要由重工业集团（中国一重）和电气集团（上海电气集团、东方电气集团、哈电集团）完成，国外核电设备采购主要来源于西屋公司、阿海珐公司、三菱公司等成套设备供应商。

3. 中国核电产业现状

中国核电装机容量近年来增长迅速，目前核电装机容量分布地区均为沿海地区，如图5-3所示，形成了浙江和广东两大核电基地。根据中国电力企业联合会统计，2016年中国核电装机容量达到3364万kW，同比增长23.8%；核电发电量达到2132亿kWh，同比增长24.4%。目前中国核电产业已经摆脱了2011年福岛核事故的影响，进入产业高速发展阶段。

核电设备方面，中国核岛设备和常规岛设备的主要供应商是东方电气集团、上海电气集团和哈尔滨电气集团三大电气集团。在核岛设备方面，东方电气集团和上海电气集团具有较强的竞争力，各自占据近一半的市场份额。常规岛设备方面，市场基本由三大电气集团垄断，其中哈电集团和GE公司结成投标联合体，东方电气集

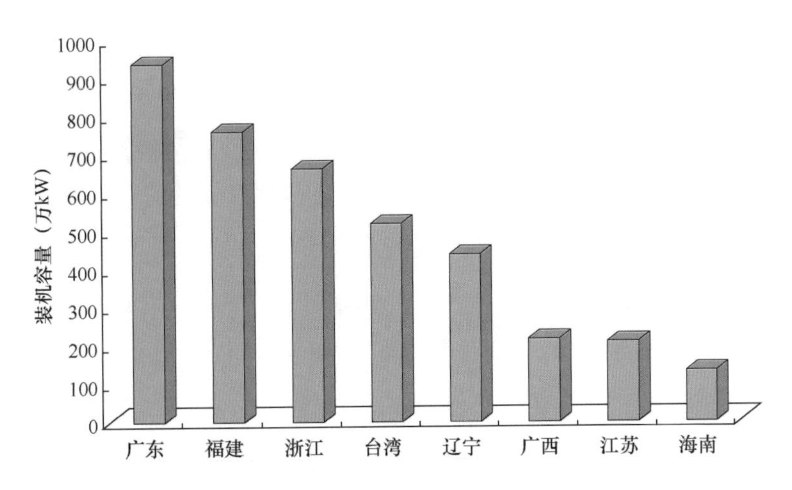

图 5 - 3　2016 年核电装机容量地区分布

数据来源：国家统计局、中国电力企业联合会。

团和阿尔斯通公司结成投标联合体，上海电气集团和西门子公司组成投标联合体，共同竞争国内常规岛设备市场。

对于中国核电事业的发展，国务院先后颁布了《核电管理条例》、《能源发展“十二五”规划》，明确指出要安全、高效地发展核电。包括把“安全第一”方针落实到核电规划、建设、运行、退役全过程及所有相关产业。在做好安全检查的基础上，持续开展在役在建核电机组安全改造，全面加强核电安全管理，提高核事故应急响应能力。

福岛核电厂事故后，国务院相继出台了《核电安全规划（2011—2020）》和《核电中长期发展规划（2011—2020）》等政策，开始有计划地重启核电工程。措施包括恢复暂停工程建设；科学设置核电项目布局，主要布局于沿海地区，不再安排新的内陆核电项目；提高核电项目安全要求，新建项目必须符合第三代安全标准。

对于未来核电发展的安全问题，国家核安全局提出了《核安全与放射性污染防治“十二五”规划及 2020 年远景目标》。中国将进一步提高核设施与核技术利用装置安全水平，明显降低辐射环境安全风险；基本形成事故防御、污染治理、科技创新、应急响应和安全监管能力；保障核安全、环境安全和公众健康，辐射环境质量保持良好。

三、 核燃料循环简介与产业现状

1. 铀矿储采现状

目前利用核能的途径主要是重原子核的分裂和轻原子核的融合。目前裂变技术已经较为成熟，而所利用的核燃料主要是浓缩的铀 235。

铀元素是致密、具有延展性的银白色放射性金属。铀的化学性质活泼，易与绝大多数非金属反应，并与多种金属形成合金。铀包含三种同位素，分别为铀 234、铀 235 和铀 238。铀 234 不发生核裂变，铀 238 不易发生核裂变，而铀 235 容易发生核裂变。

铀在地壳中的含量为百万分之 2.5 左右，高于金、银、汞、钨等，分布广泛但矿床很有限。铀化学性质活泼，不存在天然纯元素，主要为化合物形式。铀矿品种超过 170 种，其中 25～30 种铀矿具有开采价值。常见铀矿品种包括方铀矿、沥青铀矿、晶质铀矿、非晶铀矿、钒钾铀矿、钙镁铀矿、钙铀云母等，形状包括粉末状、块状、钟乳状等，矿床包括火山岩型、花岗岩型、砂岩型、碳硅泥岩型等。

2015 年世界上适宜开采的铀矿储量约为 572 万 t，分布很不均匀，澳大利亚占 29% 左右，如图 5-4 所示。中国铀矿可开采储量约为 27.3 万 t，占世界总量的 4.8%。铀矿评价因素众多，包括矿石品位、加工性能、开采条件、综合开采和运输条件等。

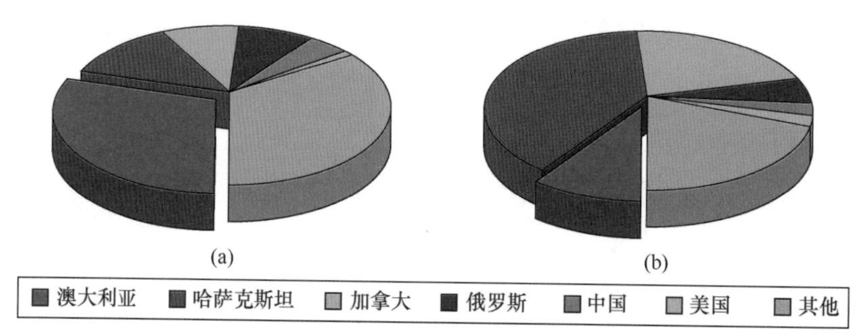

图 5-4　2015 年世界各国已知可开采铀储量与铀矿年产量比例

(a) 各国已知可开采铀储量比例；(b) 各国铀矿年产量比例

数据来源：World Nuclear Association。

中国的铀矿石以中低品位和单铀型矿石为主。矿床以中小型规模为主，埋深多在 500m 以内。2020 年中国核电装机容量计划将达到 60GW，每年需要天然铀约 15 000t 左右，而 2015 年中国铀矿年产量约为 1616t，仅占世界铀矿年产量的 2.7%。核电产业高速发展带来的需求，促进着铀矿地质和铀矿冶行业的快速发展。中国将推进铀资源成矿理论研究，提升实用性综合勘查深度，探索深部铀资源、非常规铀资源开采。

陆地上铀的储藏量并不丰富，按照目前的储藏量和消耗量，只能维持几十年。海水中铀浓度很低，每吨海水含铀 3.3mg。但海水总量巨大，因此海水中铀总量可达

45亿t，裂变的能量可以保障世界数万年的能源供应。从海水中提取铀有一定困难，需要处理大量海水，工艺较为复杂，目前在铀矿资源缺乏的国家受到重视。现有海水提铀的方法包括吸附法、共沉法、气泡分离法和藻类浓缩法等。

2. 核燃料循环产业

天然铀中铀235含量仅为0.7%，而铀238占99.3%。开采的铀需要经过提纯、浓缩，将铀235含量提升至3%上，用于制作核燃料。核燃料循环是指核燃料的获取、使用、处理和回收的循环过程，其中包含前端（开采、加工、使用）和后端（处理、储存、处置）两部分。具体见图5-5和图5-6。

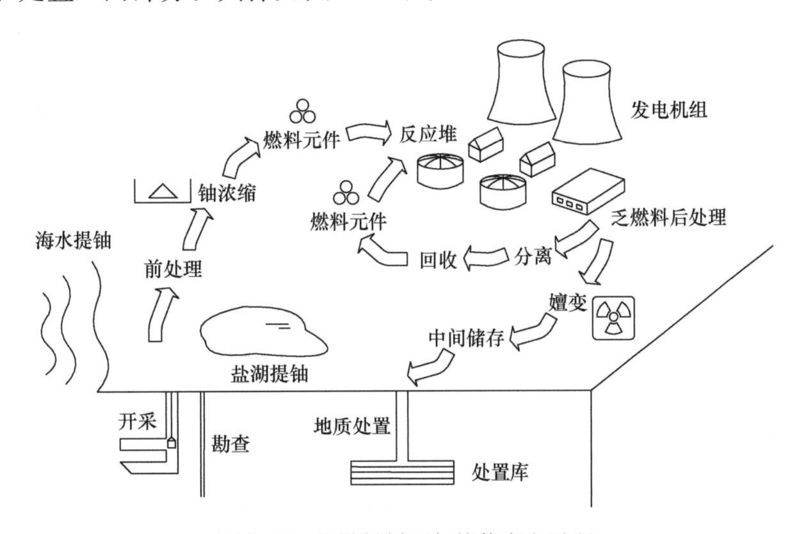

图5-5　核燃料循环与核能发电过程

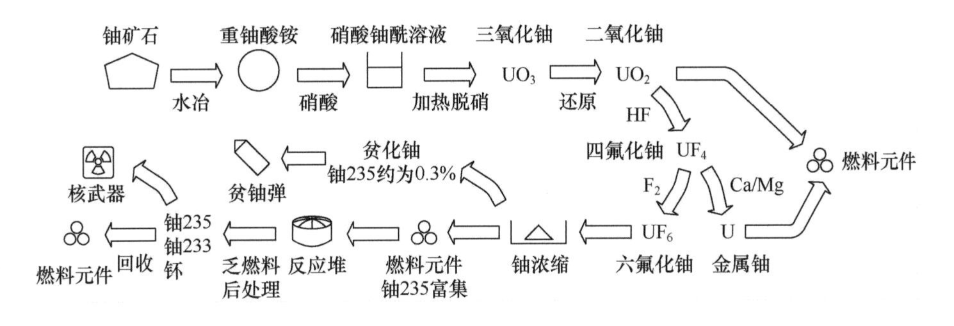

图5-6　核燃料循环图

核燃料循环的前端具体环节包括铀矿开采、矿石加工（选矿、浸出、沉淀等）、提取精制、转换浓缩、元件制造。后端具体包括乏燃料后处理、铀钚分离、放射性废物处理、嬗变、中间储存、地质处置等。

铀矿地质勘探是前端的第一个环节，主要是查明铀矿的地质条件、分布规律和资源储量。铀化学性质活泼，不存在天然纯元素，主要为化合物形式。

铀矿石开采以后，首先加工为含铀 60%～70%的黄色浓缩物重铀酸铵，再纯化为硝酸铀酰溶液，再转换为三氧化铀，并还原为二氧化铀。

二氧化铀与无水氟化氢反应得到四氟化铀。使用金属钙、镁可以还原四氟化铀，得到金属铀。使用氟气与四氟化铀反应，可以得到六氟化铀。

二氧化铀本身可以作为反应堆核燃料；二氧化铀和金属铀可以共同制成燃料元件，用于反应堆；六氟化铀经过铀浓缩后，可以满足对铀 235 丰度要求较高的反应堆。

提纯或同位素分离后的铀需要经过处理加工，制作成燃料元件。核燃料元件一般由包壳和芯体组成。燃料元件按照组分分为金属型、陶瓷型和弥散型，按照形状分为柱状、棒状、球状、棱柱等，按照反应堆分为试验堆元件、生产堆元件和动力堆元件。

3. 核废料处理产业

核废料是指在核燃料开采、生产、加工等核燃料循环过程，以及核反应堆利用后的具有放射性的废弃物。核废料按状态可分为固体、液体和气体三种，按比活度可以分为高水平（高放）、中水平（中放）和低水平（低放）三种。

相比普通工业废弃物，核废料的特点和危害包括放射性、射线危害和热能释放等三方面。核废料的放射性不能通过常规的物理、化学和生物方法消除，传统处理方法依赖于放射性核素自身衰变而减少放射性。核废料射线通过物质时，会发生电离和激发作用，对生物体引起辐射损伤。核废料中放射性核素通过衰变放出能量一般转化为热能，当放射性核素含量较高时，释放的大量热能会导致核废料的温度上升，甚至使溶液自行沸腾和固体自行熔融。

核废料处理的原则是尽量减少不必要的废料产生，核燃料充分回收利用；对已产生的核废料分类收集、科学储存和处理；减少容积从而节约运输、储存和处理的费用；优先以稳定的固化体形式储存，减少放射性核素迁移扩散；如果向环境稀释排放，必须严格遵守规定并充分评价影响。

国际原子能机构（IAEA）对于核废料的处理和处置有严格的规定，要求各国遵照执行。核废料处理的基本方法是稀释分散、浓缩储存及回收利用。核废料处置包括控制处置和最终处置。

核废料的控制处置，是指液体核废料和气体核废料向环境稀释排放时，必须控制在法规排放标准以下。核废料的最终处置是指不再需要人工管理，也不考虑再取回，主要对象是高放射性核废料。

核电产业中常见的核废料包括三种：生产过程中被辐射过的物品及废气废液；发电过程中产生的废液废物；高放废液和堆芯置换下来的乏燃料。乏燃料是经辐射照射、使用过的核燃料，利用率较低（约为5%），因此具有很高的放射性。后处理可以回收乏燃料中的钚239等，但大量铀238成为高放射性的核废料。

核废料处理产业，是将核电产业各环节产生的核废料经过减容、分类、整理、固化、包装、吊装、运输、储存等手段，达到与生物圈有效分离的目的，在核电产业链中具有重要地位。

放射性废气处理，主要通过除尘器、冷凝器、硝酸汞除碘洗涤器和 NO_x 吸收器进行处理，随后再依次通过第二除碘洗涤器、含银沸石除碘吸收器和高效颗粒过滤器进行处理，最后经由百米以上烟囱排入大气。

国际原子能机构（IAEA）提出的放射性废液和固废的处理方法，对于中低放射性废液是通过沉淀、过滤、蒸发、离子交换和膜渗透技术，转化为固体废物或去除废液的放射性，再进行后续处置。对于高放射性废液，由于放射性强、半衰期长、发热率高、腐蚀性大等特点，首先是进行中间储存或者采用固化技术固定废液，随后长期禁锢放射性核素，最后进行地质处置。

分离嬗变技术，是指通过化学分离，把高放废液中的超铀元素和长寿命裂变产物分离出来，制成燃料元件或靶件送入反应堆或加速器中，通过核反应使之嬗变成短寿命核素或稳定元素。

对于中低放射性固体废料，首先对固体废物进行切割、碎化、压缩等减容处理，随后固化装桶后放入地下100～300m浅层废物库，安全监管年限为300～500年。

对于乏燃料等高放射性固体废料，通常在核电厂乏燃料水池临时储存，再经过装桶后，运输至处理厂区进行后处理，再固化后埋藏在很深的地层（500～1000m）进行地质处置（竖井模型见图5-7）。

图5-7 核电站乏燃料储存竖井模型

乏燃料处理技术路线有两种：一种是美国的“一次通过式”，将乏燃料直接进行地质处理；另一种是法国、英国等国家和未来中国采用的临时湿式储存，再进入闭式循环后处理方式，最后进行地质处置。

闭式循环可以从辐照后乏燃料中回收有用的铀、钚，再制成新燃料元件返回热堆、快堆使用，显著提高了铀资源的利用率，降低了高放射性废物的毒性和体积。对于快堆核燃料闭路循环，铀资源利用率可提高 60 倍左右。

后处理代表产品是 MOX 燃料。MOX 燃料是由 7%的钚 239 氧化物和 93%的铀 238 氧化物混合制成的。铀 238 吸收一个中子之后会转变为钚 239，而钚 239 也能发生核裂变反应而发电。

乏燃料后处理技术有 50 多年发展历史，从事商业后处理国家包括法国、英国、俄罗斯、日本、印度等，其中法国、英国大型商业后处理水平处于领先地位。目前法国阿格工厂年处理能力为 1600t，英国塞拉菲尔德后处理厂年处理能力为 900t。美国在 1970 年代因核扩散风险，停止了商业后处理活动，但在 2006 年又重启了后处理计划。

4. 中国核废料处理产业

中国核废料处理产业起步较晚，相比核电产业的高速发展，进程较为滞后。《中国核工业》期刊 2015 年报道指出，中国后处理产业尚未形成工业生产能力，与世界核电大国差距明显，甚至落后于印度。

中国核废料处理产业链可分为站内处理、运输和核废料处置场三个环节。目前仅有中核集团具有运输乏燃料资质。中国的中低放射性废料处置场仅有两座建成运行，乏燃料离堆储存接收地为 404 厂。

乏燃料后处理方面，中国采用湿法后处理和干法后处理两种方法和路线。离堆储存技术路线需要与闭式循环体系保持一致，中国乏燃料中间储存一直采用湿法技术工艺，干法储存主要用于应急。考虑到离堆储存压力，以及未来第四代核电技术的发展，干法工艺也日益受到重视。

在闭式循环路线中，乏燃料后处理分离出的铀、钚可以制成 MOX 燃料，在快堆中实现循环利用。采用 MOX 燃料，也需要后处理产业在技术与政策两方面进行配合。目前中国尚无建设完成的商用大型后处理厂。

中国已经建成两个中低放射性核废料处置场，北龙中低放射性废弃物处置场位于广东省大亚湾附近，另外一个位于甘肃，容量合计为 14 万 m^3。中国中低放射性固体核废物一般存储在暂存库中，目前处置场容量显著小于核电厂固体废物的积存量。目前中国每年新增中低放射性废弃物的体积超过 2000m^3，未来仍将快速增加，到 2020 年预计将达到 6000m^3。

中国高放射性废料主要暂存在各个核电厂硼水池，目前正在筹备建设高放射性废料地质处置库，但需要较长时间建成。历史较长的秦山、大亚湾、田湾等核电基地，目前面临中低放射性固废暂存库和乏燃料池接近饱和的状况，核废料处理产业需求紧迫。目前中国每年新增乏燃料约为 600t，预计到 2020 年有可能超过 1500t。

中国相关计划提出将在 2050 年前后建成高放射性废物处置库，目前处于场址预选研究阶段，重点分析了西北地区甘肃的北山地区。高放射性废物处置库的开发和建设时间大致分为三个阶段，2020 年前是实验室研发和处置库选址阶段，2021～2040 年是地下试验阶段，2041～2050 年是原型处置库验证与处置库建设阶段。

第 2 节　核能发电技术现状

一、核电技术划分与指标

1. 核电技术划分

第一代核电厂（GEN - I）是早期的原型堆核电厂，包括轻水堆、压水堆、沸水堆、法国天然铀石墨气冷堆和英国石墨气冷堆等。第一代反应堆使用天然铀为燃料，石墨或重水作为慢化剂。第一代核电厂受技术限制，普遍功率较低、经济性和安全性不足。

第二代核电厂（GEN - Ⅱ）是在第一代核电厂基础上开发建设的 300MW 以上的大型商用核电厂，包括压水堆、沸水堆、加拿大坎度重水堆、苏联压水堆、苏联石墨水冷堆等。第二代核电厂具有较为安全、技术成熟、经济型竞争力强。第二代核电厂对于一些严重事故的对策有待改善。

第三代核电厂（GEN - Ⅲ），主要是满足更高的安全性指标的先进核电厂，达到用户要求文件（URD）和欧洲核电用户要求（EUR）文件的要求。第三代核电厂采用标准化和最优化设计，降低事故概率，增加安全装置冗余度。第三代核电厂采用更安全的非能动系统，提升了抗事故能力、防止堆芯损坏能力和缓解事故能力。代表性的第三代反应堆包括 AP1000、欧洲压水堆 EPR 等（见图 5-8 和图 5-9）。

图 5-8　AP1000 核电厂核岛模型

图 5-9　AP1000 核电厂常规岛模型

第四代核电厂（GEN-Ⅳ）正在研发中，是在反应堆、燃料循环等各方面都将有重大创新的未来核能技术，预计将在 2030 年前后获得工业应用。第四代核电厂的主要特点是经济性更好、安全性更高、核燃料资源更持久、核废料产生最小化、防止核扩散更可靠。6 种第四代核电厂系统包括 2 种高温气冷堆（GFR、VHTR）、2 种液态金属冷却堆（SFR、LFR）、1 种超临界水冷堆（SCWR）和 1 种熔盐反应堆（MSR）。6 种系统中 4 种是快中子堆，5 种采取的是闭合燃料循环，并对乏燃料中锕系元素进行整体再循环。

2. 核电指标情况

近年来，用户对于核电的安全性指标要求日益提升。在核电的安全性指标方面，用户要求文件（URD、EUR）提出堆芯熔化概率小于 1.0×10^{-5}/(堆·年)，大量放射性释放概率小于 1.0×10^{-6}/(堆·年)，燃料热工安全裕量大于 15%等。目前中国在建的主流二代改进和三代核电厂，都可以满足以上安全性指标。

核电的技术指标方面，主要包括设计寿命、可利用率、换料周期、热循环效率、额定功率等，如表 5-4 所示。设计寿命指标方面，目前对于大部分运行中的核电厂，延长寿命相比新建核电厂经济性更有优势，大部分原设计寿命为 40 年的核电机组可以延长至60年。目前在建的主流二代改进和三代核电厂，设计寿命普遍已经达到60年。

表5-4　　中国主流二代改进和三代核电技术和经济指标

技术	CPR1000	CNP1000	AP1000	EPR1700
技术层级	二代改进	二代改进	三代	三代
堆型	PWR	PWR	PWR	PWR
DNBR裕量（大于或等于%）	15	15	16	15
机组可利用率（大于或等于%）	87	87	93	92
设计寿命（年）	60	60	60	60
机组额定功率（MW）	1080	1106	1115	1755
换料周期（月）	18	18	18～24	12～24
热循环效率（%）	36	36	33	38
汽轮发电机组	半速机	半速机	半速机	半速机
建设周期（月）	58	60	36	48～60
建设投资（元/kW）	9750	8450	13 000	10 725

可利用率和换料周期指标，显著影响着核电的发电经济性。提高机组可利用率、延长换料周期，是核电机组提升经济性的重要方法之一，也有助于增加核电机组的安全性。三代核电技术相比二代改进核电技术，也将可利用率指标从87%提升至93%，将换料周期指标从18个月提升至24个月，进步明显。

热循环效率也是核电的技术指标之一，目前主流二代改进和三代核电厂热循环效率可以达到36%～38%。考虑到核电的多回路换热和各类安全性措施，核电的热循环效率相比火力发电已经处于较好水平。进一步提升核电的热循环效率，可以有效节约核燃料消耗，从而进一步带动其他技术指标的提升。

核电厂中蒸汽发生器产生的蒸汽过热度较小，到达汽轮机末级叶片时，湿度可达10%，为减少液击通常采用半速汽轮机。采用半速机的情况下，由于叶片转速较小，采用相同材料时叶片长度可以更长，因此相比火力发电机组具有更高的单机容量。主流二代改进和三代核电厂额定功率指标，目前已经达到1000～1700MW。

各国设计的核电单机容量近年来也在不断增加，中国也在研发和建造基于CAP1400技术的1400MW级核电机组。俄罗斯提出了建造1500MW的压水堆机组，日本三菱公司也提出了建造1500～1700MW压水堆机组。日本东芝公司和日立公司提出了建造1700MW的沸水堆机组，欧洲的EPR1700技术也用于建造广东台山

1700MW级核电机组。

核电的经济性指标方面，目前主要包括建设周期、建设成本和发电成本等指标。第二代改进核电厂的建设周期已经缩短至60个月左右，而第三代核电厂采用模块化技术，建设周期可以缩短至48个月甚至36个月，从而减小了投资回收压力和时间成本。建设投资方面，目前二代改进核电技术相比三代核电技术仍然具有一定的经济性优势，因此在建核电机组中二代改进核电厂仍然占据主要比例。

二、 典型核电技术系统

1. 压水堆（PWR）技术

目前世界上核电厂采用的堆型包括压水堆、沸水堆、重水堆、气冷堆及钠冷快堆等，但应用最为广泛，占据运行核反应堆60%以上的堆型是压水堆。苏联压水堆（VVER）也属于压水堆的一种。

压水堆是在军用堆基础上发展而来的非常成熟、安全经济的动力堆堆型。压水反应堆使用加压轻水（即普通水）作冷却剂和慢化剂，而且水在堆内不沸腾。压水堆燃料采用低浓铀。压水堆核电厂由核岛和常规岛组成，核岛四大部件包括蒸汽发生器、稳压器、主泵和堆芯，常规岛主要包括汽轮机、发电机和二回路等系统，与常规火电厂相似。

压水堆核电厂寿命主要取决于压力容器寿命，第二代压水堆核电厂的压力容器寿命为40年。压水堆运行中，一回路系统与二回路系统完全隔离，分别是两个密闭循环系统。主泵将冷却剂（加压轻水）送入反应堆，冷却剂在稳压器的作用下保持在120～160atm，300℃以上也不会汽化。冷却剂将核燃料的热能带出，并进入蒸汽发生器，通过传热管加热二回路中的水，产生蒸汽。一回路冷却剂离开蒸汽发生器，随后再由主泵送入反应堆，形成一回路循环系统。二回路从蒸汽发生器产生的高温高压蒸汽，推动汽轮发电机组发电，形成二回路循环系统。

压水堆主要优点包括：反应堆温度上升时功率下降，更为稳定；一回路、二回路相对独立，二回路基本无放射性；厂用电停电时，控制棒失去电磁吸引，自然掉落停止工作，安全性高。压水堆主要缺点包括：一回路需要保持高压，对于泵和阀门要求较高，成本较高；高温高压的冷却水中溶解有硼酸，侵蚀碳钢从而影响反应堆寿命与安全性；反应堆停运后，在1～3年内仍有余热需要冷却。

2. 沸水堆（BWR）技术

沸水堆是采用沸腾轻水作为慢化剂和冷却剂，并在反应堆压力容器内直接产生饱和蒸汽的动力堆。沸水堆与压水堆都属于轻水堆，因此都具有结构紧凑、安全可靠、建造成本低和负荷跟随能力强等优点。

沸水堆核电厂工作流程中，冷却剂（轻水）从堆芯下部流入，并在沿堆芯上升的过程中，从燃料棒吸收热量，变成汽水混合物。随后经过汽水分离器和蒸汽干燥器，分离得到高温蒸汽，再推动汽轮发电机组发电。

沸水堆主要部件包括压力容器、燃料元件、控制棒和汽水分离器等。汽水分离器位于堆芯上部，通过将汽水分离，阻止水滴进入汽轮机造成叶片损伤。沸水堆与压水堆的区别在于沸水堆只有一个回路，直接产生蒸汽而省去了蒸汽发生器的换热过程。

沸水堆省略了蒸汽发生器，再循环管道尺寸较小，还可以设计为堆内再循环，因而显著减少了故障源，流量功率条件也更为灵活。压水堆由于一回路与二回路分开，汽轮机系统无放射性工质，设计制造和维修较为简单。而沸水堆一回路蒸汽直接进入汽轮机，考虑到放射性，相关设计制造和维护均比压水堆复杂。

世界范围内，沸水堆占据核电厂反应堆总数和总功率的20%左右。福岛核电厂属于1970年代投入运行的沸水堆核电厂。由于沸水堆在技术和安全方面的不足，美国GE公司、日本日立公司和东芝公司在沸水堆基础上，开发了先进沸水堆（ABWR）。世界首台ABWR核电厂，日本柏崎刈羽6号机组于1991年开工，1996年投入商业运行。

3. 重水堆（PHWR）技术

重水堆采用重水作为慢化剂和冷却剂。重水相对于轻水吸收中子的能力较差，重水堆可以直接使用天然铀作为核燃料。加拿大开发的坎杜堆（CANDU），是目前唯一商业化运行的重水反应堆。

重水堆燃料由天然二氧化铀压制，并烧结为圆柱形心块。将若干个芯块装入一根锆合金包壳管内，两端密封形成一根燃料元件。将若干根燃料元件焊接至两个端部支撑板上，形成柱形燃料棒束，不同元件棒间采用定位隔块隔开。

燃料更换时，反应堆两端各设一台遥控操作的换料机，并且可以由电脑完成。

某根压力管内的燃料需要更换时，一台换料机处于装料位置，另一台处于卸料位置。装料位置的换料机内有新燃料棒束，由逆冷却剂流向推入；相应压力管道内的乏燃料棒束被推出，进入卸料位置的换料机。

以坎杜堆为代表的重水堆，由于采用了特殊的结构设计，可以实现在线更换核燃料，相比于压水堆显著节约了更换燃料的时间，提高了核电厂的经济性和稳定性。重水堆结构复杂、尺寸较大，重水的生产也会消耗较多的能源和成本，也是重水堆的缺点之一。

4. 石墨水冷堆（RBMK）技术

石墨水冷堆是以石墨为慢化剂、水为冷却剂的热中子反应堆。核工业发展初期，石墨水冷堆主要用于生产核武器装料如钚等，通常采用天然铀金属元件做燃料，燃料元件一般为棒状。石墨水冷堆目前普遍采用闭式冷却方式，冷却水流过堆芯带走热力，并通过热交换器传热至二回路水。

天然铀石墨水冷堆后备反应性很小。早期石墨水堆的反应性随温度升高而升高，堆功率也随之升高，又导致了反应性上升，即正温度效应，容易造成堆芯熔化等严重事故。1986 年切尔诺贝利核事故后，石墨水冷堆正温度效应问题开始引起重视。

5. 钠冷快堆（SFR）技术

快中子反应堆简称快堆，是由快中子引起链式裂变反应，并将释放出来的热能转换为电能的核电厂。快堆在运行中既消耗裂变材料，又生产新的裂变材料，而且产生可以多于消耗，能够实现核裂变材料的增殖。由于这一优点，快堆是当前核反应堆的重要发展方向，中国也在快堆领域处于领先水平。

普通的核裂变反应堆需要将裂变产生的高速中子（快中子）进行减速，成为速度较慢的中子（热中子）。热中子堆这一慢化过程，通常是加入较轻的原子核构成的中子慢化剂，如利用轻水、重水中的氢原子作为高速中子碰撞减速的中子慢化剂。

热堆对于铀浓缩要求较低，控制较为容易，发展较早。在热堆中，热中子可以使 U235 裂变，也可以将 U238 转化为 Pu239。燃料元件中剩余的 U235 和 Pu239，如果通过后处理提取，可以制成新的燃料元件多次利用。但现有后处理技术不成熟、成本较高，大部分热堆还是采用“一次通过”方式，对铀的利用率低于 1%，未来将越发受到资源制约。

快中子反应堆中不包含中子慢化剂。快堆采用钚或高浓铀作燃料，一般用液态金属钠作冷却剂。快堆的核燃料充足时，维持链式裂变反应后剩余中子多。快堆添加U238后，每消耗一个Pu239原子核，可以在维持反应外还剩余1.2～1.3个中子。剩余的中子，可以将U238转化为Pu239，即每消耗一个Pu239原子核，可以产生1.2～1.3个Pu239原子核。因此，快堆既能满足链式裂变反应消耗，又能有较多核燃料产出，称为核燃料的增殖。快堆因此也称为增殖堆或快中子增殖反应堆。

快堆只在启动时需要投入核燃料，受核燃料价格波动影响小于热堆，并且利用效率较高。除去后处理燃料损失和产生的其他核素，快堆可以利用70%的铀资源，约为热堆利用率的80倍。快堆还可以利用贫铀、乏燃料等，并使得低品位铀矿资源开采经济性提升。快堆可以实现Pu239增殖，增殖的Pu239可以装备同样规模的快堆的所需时间，称为倍增时间，目前约为30年。

快堆功率密度大，而冷却剂又不能对中子产生强烈慢化作用，因此冷却剂必须传热能力强、慢化作用小。目前快堆冷却剂主要包括液态金属钠、铅合金和氦气等，因此快堆根据冷却剂不同，也分为液态钠冷快堆（SFR）、铅合金冷却快堆（LFR）和气冷快堆（GFR）。

目前钠冷快堆技术相对成熟，占据世界上运行和在建快堆的绝大部分。气冷快堆涉及氦气高速气流引起振动，以及氦气泄漏情况下的堆芯失冷问题，目前仍然处于研发阶段。铅冷或铅合金冷却（铅铋合金）快堆相比钠冷快堆，具有不易与空气和水化学反应、运行工况蒸汽压力小、沸点较高等优点，也存在功率密度偏小、对结构组件材料存在严重腐蚀的问题，因此发展受到一定制约。

液态金属钠作为冷却剂时，具有中子吸收截面小、比热容大，沸点达886.6℃可以保证较高的工作温度，对于材料腐蚀性小、无毒性等优点。钠的缺点是化学性质活泼，易与氧和水发生化学反应。当蒸汽发生器破损时，钠与水接触将发生强烈反应，因此需要采用严格安全措施。

压水堆的出口水温约为330℃，燃料元件包壳的最高温度约为350℃。快堆为提高热效率和适应高功率密度，冷却剂出口温度达到500～600℃，燃料元件包壳的最高温度达650℃。因此，快堆燃料芯块及包壳面临高温和大量快中子轰击，难度明显高于热堆。虽然快堆出现仅晚于热堆4年，并首先实现核能发电，但目前仍未大规模商业化。

中国实验快堆（CEFR）是中国第一座快堆，热功率为65MW，电功率为20MW，于2011年7月并网发电。CEFR采用钠-钠-水三回路设计，其中一回路为一体化池式结构。堆芯入口温度为360℃，出口温度为530℃，蒸汽温度为480℃，压力为14MP。

6. 超高温气冷堆（VHTR）技术

气冷堆（GCR）是采用石墨慢化、二氧化碳或氦气冷却的反应堆。气冷堆经历了三个发展阶段，包括天然铀气冷堆、改进型气冷堆和高温气冷堆三种。

天然铀气冷堆是采用二氧化碳冷却的石墨气冷堆，在核电发展早期占据重要地位，包括法国天然铀石墨气冷堆（UNGG）和英国石墨气冷堆（MAGNOX）。气冷堆采用天然铀作为核燃料，加压二氧化碳在石墨砌体内的棒状燃料元件所在的通道内流过，带出热量。为了强化传热，燃料元件包壳上设计有肋片。反应堆外部有钢制或预应力混凝土安全壳。

世界第一座天然铀气冷堆电厂，是1956年投运的英国卡德蒙尔核电厂。天然铀气冷堆优点是采用天然铀，技术简单成本较低。缺点是功率密度低、体积大、造价高。天然铀气冷堆受到燃料和包壳材料许用温度限制，冷却剂出口温度仅为400℃左右，因此蒸汽参数较低，热效率仅为30%左右。

改进型气冷堆（AGR）燃料元件包壳改用不锈钢，燃料改用二氧化铀，提高了冷却剂出口温度和蒸汽发生器换热系数，从而提高了二回路的蒸汽参数和热效率。由于材料对于中子吸收的差异，需要将二氧化铀丰度提高至2%～3%，即低浓铀燃料。蒸汽发生器布置在反应堆四周，提升了换热效率，并置于预应力混凝土压力壳内。改进型气冷堆二氧化碳冷却剂出口温度为650℃左右。英国自1965年起建造了14座改进型气冷堆，装机容量达到8658MW。

高温气冷堆（HTGR）是一种新型的先进气冷堆。高温气冷堆采用陶瓷型涂敷颗粒燃料，即在直径200～400μm的氧化铀或碳化铀心外，涂敷2～3层热解炭和碳化硅，然后将此1mm的燃料颗粒弥散在石墨基体中压制为燃料元件。

高温气冷堆采用传热性能好的惰性气体氦气作为冷却剂，替代了二氧化碳，从而将冷却剂出口温度提高至750℃以上。高温气冷堆优点包括以下方面：

（1）固有安全性。堆芯热容量大，负反应性温度系数较大。发生事故时自动停堆、温升缓慢、不发生堆芯熔化。氦不活化，运行和维修时放射性低。

（2）燃料循环灵活。高温气冷堆核燃料转换比高，燃料燃耗深。可以使用高浓铀钍燃料，也可以使用低浓铀燃料。燃料的经济性好，成本较低。

（3）蒸汽参数高，可以配合常规机组高效率发电和供蒸汽，未来可以配合燃气轮机联合循环提升热效率，或配合煤气化、裂解水制氢等工艺。

高温气冷堆（HTGR）核电站技术复杂、价格较高，目前较为成熟的是美法日俄联合设计的燃气轮机模块式氦冷反应堆（GT-MHR）。南非电力公司借鉴德国技术设计研发的球床模块式反应堆（PBMR），也开始进入示范电厂的建设阶段。

日本已经建成30MW级高温工程试验堆（HTTR），用于验证堆芯出口温度达到950℃的可行性。欧洲也在开展下一代高温气冷堆HTR/VHTR的研究项目。国内清华大学开发了球床模块式高温实验堆HTR-10，并在此技术基础上建设了200MW石岛湾高温气冷堆示范电厂（high temperature reactor-pebblebed modules，HTR-PM）。

石岛湾高温气冷堆示范电厂位于山东荣成，选址计划建设1台HTR-PM机组、4台AP1000机组和3台CAP1400机组。HTR-PM采用两台蒸汽发生器对应一台汽轮机，主氦风机布置于蒸汽发生器上部。HTR-PM压力容器高度达25m，质量约为600t（AP1000约为340t），技术难度较高，造价约为1亿元。

HTR-PM包含石墨堆内构件和陶瓷堆内构件，采用全陶瓷包覆球形燃料元件，球形燃料元件由中核集团制造，直径为60mm。运行中堆内球形燃料元件一定时间将下落至检测装置，测量球形燃料元件燃耗，对于达到燃耗的燃料元件送入后处理环节，对于未达到燃耗的燃料元件将返回堆内继续使用。所有球形燃料元件均通过跌落试验保证这一过程中的安全性。

HTR-PM相比常规压水堆体积较大，堆功率密度较小，因此具有固有安全性。堆内氦气总体积约为20万m^3，总成本约为0.1亿元。HTR-PM中氦气温度可以达到700℃，因此热辐射显著高于常规压水堆，换热设计也需要充分考虑热辐射部分。反应堆风机和元件模型见图5-10和图5-11。

HTR-PM预计发电效率约为40%，高于常规压水堆的33%左右水平。目前HTR-PM蒸汽出口温度为570℃，进一步提高蒸汽温度，可以提升发电效率，但同时氦气出口温度需要达到900～1000℃，即超高温气冷堆（VHTR）水平。VHTR发电效率可以达到50%，但目前材料还难以满足稳定运行要求。

图 5-10　HTR-PM 反应堆、蒸汽发生器与主氦风机模型

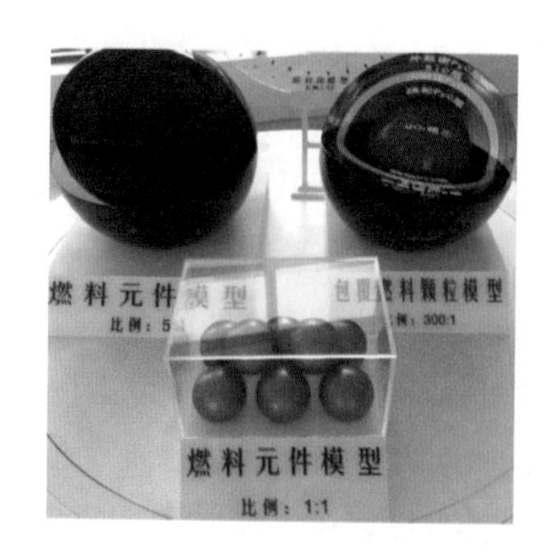

图 5-11　HTR-PM 球形燃料元件模型

目前高温气冷堆（HTGR）出口温度试验中可以达到 950℃，正向着出口温度 1000℃的超高温气冷堆（VHTR）发展。VHTR 设计基于 HTGR，堆芯出口温度为 1000℃，可以用于发电、供热、制氢、煤气化、工艺热等。VHTR 堆芯采用涂覆颗粒燃料，设计可以采用类似于日本 HTTR 的棱柱形块堆芯，或中国高温气冷堆 HTR-10 的球床堆芯。VHTR 需要达到的主要技术参数如表 5-5 所示。

表 5-5　　VHTR 主要技术参数

技术参数	参考值	技术参数	参考值
反应堆功率	600MW	平均功率密度	6～10MW/m³
冷却剂进/出口温度	640/1000℃	热效率	>50%
氦气质量流量	320kg/s		

VHTR 保持了高温气冷堆的固有安全性，事故情况可以安全停堆，停堆后热量可以依靠自然对流、传导和辐射等传至堆外，堆芯燃料元件的最高温度在安全范围。VHTR 冷却剂出口温度更高，因此机组热效率更高，1200℃时热效率可以达到 60%。

VHTR 对于反应堆材料性能要求也比 HTGR 更高，也是目前研发中的关键技术突破点。VHTR 在发生事故时，燃料能承受的最高温度需要达到 1800℃。

氦气透平，也是 HTGR 和 VHTR 发电的重要发展方向。750℃以上的高温高压氦气，可以首先驱动氦气透平发电，排气再通入蒸汽发生器，产生蒸汽驱动汽轮机发电机组发电。这种联合循环方式可以更好地提升 VHTR 核电站的热效率。目前研发的立式氦气透平，主要技术突破点包括磁悬浮轴承、停机擎动轴承，以及高温氦气环境下的金属表面处理技术等。

第3节 核电技术发展趋势

一、核电模块化前沿技术

中国核电技术的发展路线，主要是从压水堆到热堆、快堆，再到聚变堆的三步走技术路线。目前中国核电前沿技术主要围绕第三代核反应堆技术的自主研发和第四代核反应堆的模块化、大型化和商业化展开。

核电的建设周期长、投资高，模块化和标准化的设计和建设是核电技术的重要发展方向。核电的模块化和标准化，通过大模块的运输、吊装、拼接，增加了工厂制造量，而减小了现场施工量，从而可以缩短周期、提高经济性。

美国提出的小型模块反应堆计划（small modular reactors），目标是开发装机容量在300MW以下的模块化小型反应堆。若干个模块化反应堆组合起来，可以形成一定规模的发电装机容量，并且共用控制室等设施。

小型模块化反应堆具有标准化、成本低等优点，适用于偏远地区和小电网，发电外其他用途广泛。在常规大型核电厂成本不断上升的情况下，小型模块化反应堆越来越成为未来核电技术发展的重要趋势。小型模块化反应堆，基于目前第三代商业化的轻水堆技术和第四代高温气冷堆等先进技术。

核电设备模块可以先在工厂组装，再运输至电厂建设现场。小型模块化反应堆规模较小，安全系统可以相应简化。模块化反应堆单位千瓦造价与常规大型反应堆相近或略高，但是可以分批建设降低了初期投资的压力和风险。

二、核电数字化仪控前沿技术

数字化、自动化和智能化，也是核电前沿技术的重要关注点。目前先进的核电技术，都采用了数字化仪表控制系统，并逐步朝着智能化和网络化的方向发展。数字化仪控系统（digital instrument and control system）是以计算机和网络通信为基础的分布式控制系统，因此也称为distributed control system，简称DCS。

DCS主要涉及四方面技术，包括计算机技术、控制技术、通信技术和显示技术。DCS是发电装备领域的重要课题，而核安全级DCS是核电领域的技术核心难点。核电DCS按照中国和美国分类方法，分为非安全级DCS和安全级DCS两部分（欧洲分为A、B、C三个等级），非安全级DCS（NC-DCS）主要实现机组运行状态下的自动控制和监控操作，安全级DCS主要实现反应堆安全停堆和专设安全设施控制。

核安全级DCS需要保证反应堆安全停堆，即需要停堆时不能出现拒动；此外也要保证反应堆正常运行，防止出现误动。实现拒动和误动两个关键因素的准确平衡，是核安全级DCS的技术核心和技术难点。为保证核电厂安全稳定经济运行，核电DCS设计时，必须遵循以下原则：单一故障原则、独立性原则、多样化原则、冗余性原则、故障安全原则、共模故障最小原则和经济运行原则。

核电DCS产品对于安全性、可靠性、电磁兼容、环境适应、故障容错、故障安全、自诊断及结构抗震等方面要求很高，国外主要DCS产品厂商包括阿海珐、西门子、三菱等企业，国内中广核集团等企业也推出了自主研发的DCS产品。目前国内外核电DCS产品，已经可以较好地满足第二代改进型核电（CPR1000等）、第三代核电（AP1000、华龙一号等）和第四代核电（高温气冷堆、快中子堆等）的要求。

其中，AP1000核岛DCS采用Common Q平台，常规岛DCS采用OVATION平台。DCS八大子系统包括：运行与控制中心系统（OCS）；数据显示与处理系统（DDS）；保护与安全监测系统（PPMS）；电厂控制系统（PLS）；汽轮机控制与诊断系统（TOS）；堆芯测量系统（IIS）；专用监测系统（SMS）；多样化驱动系统（DAS）。

CPR1000核岛DCS采用MELTAC-Nplus R3平台，常规岛DCS采用HOLLYSYS N平台，核岛DCS系统主要包括反应堆保护系统（RPC）、专设安全驱动系统（ESFAC）、安全逻辑机柜系统（SLC）、反应堆功率控制柜系统（RPCC）、堆芯冷却监测系统（CCMS）、安全相关系统（SR）等。

未来核电DCS技术发展方面，硬件前沿技术包括核级主处理板卡、核级机箱、核级机柜、安全显示设备等；软件前沿技术涉及安全级网络通信、现场总线协议、智能化报警系统、安全参数计算、电厂状态判定和管理、设备状态管理、在线操作日志、数字化规程显示等；系统整体前沿技术还包括先进主控室监控操作、系统可靠性分析、系统自监视方案等关键技术。

三、 核电燃料循环前沿技术

核燃料循环是核工业的重要组成部分，包括前端部分和后端部分。前端具体环节包括铀矿开采、矿石加工（选矿、浸出、沉淀等）、提取精制、转换浓缩、元件制造。后端具体包括乏燃料后处理、铀钚分离、放射性废物处理、嬗变、中间储存、地质处置等。

核燃料循环的前沿技术关注点，包括前端的铀矿开采，以及后端的乏燃料后处理和放射性废物处理等方面。近年来随着燃料循环与清洁技术发展，前沿技术主要集中在核燃料循环后端，包括乏燃料后处理、钍燃料循环、高放废物、分离－嬗变闭式燃料循环等方向展开。

1. 核燃料循环前端前沿技术

铀资源勘探开发利用技术的发展路线，未来将重点关注深部铀资源勘探开发、高效智能化地浸采铀，以及盐湖、海水等非常规铀资源开发等。

核燃料元件方面，中国将发展自主先进压水堆核燃料元件设计制造，提升安全性和经济性，开发锆合金包壳燃料元件和环形燃料元件，提升事故容错燃料元件（ATF）水平。配合第四代核电技术发展，用于快堆的混合铀钚氧化物（MOX）燃料元件和金属燃料元件也将成为研发重点。

2. 核燃料循环后端前沿技术

核废料处理方面，常见处理方式是将核废料进行固化后，在核电厂废物库内进行中间储存，经过5～10年后运输至国家放射性废物库进行地质处置等。目前还没有能够永久地处理高放射性核废料的方法。

美国在1977年决定，为了防止核扩散，商业核反应堆的乏燃料后处理无限期推迟。美国所有核电厂均采用“一次通过”式核燃料循环，其中乏燃料经过中间储存和冷却后，运输至地质处置库进行最终储存。一次通过式燃料循环中，只有约5%的核燃料核能得到利用。

美国近年提出的燃料循环研发计划（Fuel Cycle Research and Development），目标是对商业乏燃料进行回收后处理，使其成为再生燃料，形成闭合燃料循环，更充分地利用燃料能源价值。

燃料循环研发计划的重点是通过 UREX 流程开发分离和嬗变技术，将乏燃料中的铀、钚、裂变产物和次锕系核素等分离，并避免钚单独分离。回收的铀钚经过转化，成为可以重新使用的燃料。通过嬗变技术，将裂变产物和次锕系核素，转化为危害性较小的物质便于后期处置。

由美、中、法、日、俄提出的国际核能合作框架，重点关注乏燃料后处理和燃料循环后段标准研究。合作框架将促进相关国家开发防核扩散的燃料循环技术，并回收利用燃料能源价值，实现高放射性废物量最小化。合作框架提出了全程燃料管理概念，即由供应商提供燃料供应、乏燃料管理和最终处置等全面可靠的商业化服务。

3. 中国后端前沿技术与计划

乏燃料后处理方面，中国前沿技术主要围绕水法后处理和干法后处理两种方法展开。水法后处理目前较为成熟，技术重点关注锕系元素分离一体化处理发展，以及建立中国首座 800t 级大型商用水法后处理厂。

干法后处理目前处于研发阶段，重点是干法首端技术及干法分离技术，并逐步提升经济性和环保性。干法后处理适用于快堆等先进燃料循环，未来有希望取代水法后处理。后处理领域中国还将关注高放废液分离工艺，此外还将建立熔盐电解分离铀钚的试验装置。

高放射性废物的地质处置方面，中国将首先开展处置库选址评价方法研究，并筛选工程屏障材料。未来中国将建立高放射性废物处置地下实验室，系统研究地质处置及安全技术，包括处置库的核素释放和迁移的安全评价。技术路线还将探索废石墨、重水堆乏燃料等特殊废物的处置技术。

在地质处置的同时，中国还将探索高放射性废物（HLW）的处理和嬗变技术。通常高放射性废物占废物总体积的 3%，而活度却占 95%，处理难度大、费用高。高放射性废物处理包括高放射性废液、高放射性石墨、α 废物处理等。高放射性废液处理流程包括蒸发浓缩、煅烧、冷却、固化等，较为先进的技术是两步法冷坩埚玻璃固化技术。高放射性石墨处理方法包括石墨自蔓延处理技术。其他高射性放废物处理技术还包括有机物超临界水无机化技术、卤渣热等静压陶瓷固化技术、废水螯合吸附技术等。

嬗变技术方面，主要目标是长寿命次锕系核素（MA）总量控制，降低高放射性废物安全处理难度。前沿技术包括外中子源驱动次临界嬗变系统技术。技术中的次临界系统设计、加速器中子源、紧凑型聚变中子源系统、次临界反应堆或包层是技术关键点。

结合未来的第四代核电机组发展，嬗变技术的前沿热点还包括快堆嬗变、ADS加速器驱动次临界嬗变技术等。中国第四代核反应堆中国实验快堆（CEFR）也开展了次锕系核素小样件的辐照试验研究。中国未来还将研发和建设600MW级工业规模的原型/示范快堆电厂（CFR600），其中嬗变组件的辐照和后处理技术也在研发中。

四、 核电安全前沿技术

1. 常规安全技术

目前核反应堆安全技术涉及的基本设施包括安全壳、内部结构和堆芯熔融物捕捉器，主要位于反应堆厂房内。核反应堆厂房一般为双层圆筒形结构，包含核反应堆、反应堆换料腔、内部结构、一回路相关设施（压力容器、主泵、蒸发器、稳压器等）和辅助设备等。反应堆厂房的主要作用是防止外部事件对内部反应堆产生影响，并确保不发生泄漏。

安全壳一般采用双层墙体结构，其中内墙体由预应力混凝土筒体和混凝土穹顶构成，内面设置有钢衬里，保证密封。外安全壳的主要作用是抵抗外部冲击。内外安全壳之间存在一定宽度（如1.8m）的环形区域将两者隔离。这一区域处于负压状态，可以收集发生泄漏事故时的泄漏物，保证泄漏物在排入大气前被过滤。现有的双层安全壳设计，充分考虑了在严重事故情况下对环境的有效保护。

内部结构的主要功能，是提供反应堆压力容器的支撑和附属设备的支撑。内部结构可以保护人员和设备，防止管道甩击和飞射物对安全壳、各个回路，以及安全系统的影响。内部结构通常是钢筋混凝土结构，包括一次屏蔽墙、二次屏蔽墙、反应堆换料腔以及楼板和墙体等。

堆芯熔融物捕捉器一般位于堆芯下部，分为堆坑下部、堆芯熔融物扩展通道和扩张区域三部分组成。堆芯熔融物捕捉器的表面覆盖细石混凝土，底部有循环水系统，水来自换料储水箱，可以在事故状态下对熔融物进行降温。

安全厂房分布在安全壳两侧，燃料厂房位于反应堆厂房和安全厂房附近。燃料厂房包括乏燃料水池和事故废气过滤机组。核辅助厂房放置与安全无关的辅助系统、隔离设施和维修设施。进出厂房主要保障人员进出核岛时的必备安全设施和设备。放射性废弃物厂房和放射性废弃物储存厂房，主要用于收集、储存和处理液态和固态放射性废弃物。应急柴油机房用于放置柴油燃料储存罐。安全厂用水泵房主要用于放置厂用水泵设备。

2. 前沿安全技术

核电安全的前沿技术方面，包括非能动余热导出、堆腔注水冷却、非能动消氢等技术。核电厂中，可以将部件分为能动部件和非能动部件。能动部件是指依靠外界触发，并通过外部动力源输入而执行功能的部件，包括泵、风机、柴油发电机组等；非能动部件是指不依赖外部动力源输入而执行功能的部件，故障率较低。

非能动安全系统是利用自然对流、重力、冷凝、扩散等自然界客观物理规律和工质物理特性，替代主动安全系统，从而提升核电机组的固有安全性。非能动安全设计不需要专设动力源驱动的系统，保证在紧急情况下可以冷却和带走堆芯余热。非能动安全系统可以简化系统、减少设备，提高安全性和经济性。

与火力发电类似，为了在内陆建设核电机组，空冷技术开始成为研究关注的热点。内陆地区特别是缺水的内陆地区建设核电厂，采用间接空冷技术，可以较好地保障核电机组的安全性。核电机组间接空冷技术目前的技术关键点主要集中在间冷塔结构内力、稳定性、塔群效应、间冷塔防倒塌等研究，进一步提高间接空冷系统安全可靠性。

3. 核事故应对技术

核事故的定义通常是指在核设施内发生了意外情况，造成放射性物质外泄，致使工作人员和公众受到超过或相当于规定限值的照射。核事故的严重程度范围较大，根据1990年制定的国际核事故分级标准（International Nuclear Event Scale，INES），核设施内发生的安全有关的事件可以分为七个等级。

核事故分级，类似于用于描述地震的相对大小的矩震级。每增加一级代表事故比前一级的事故更严重约10倍。核事故评级依赖于事件影响和损失评价，事故评价在发生较久后才能给出，相应的事故INES等级才能评定。

7个等级中，1～3级称为核事件，只有4～7级才称为核事故。5级以上的事故需要实施场外应急计划，代表性的事故包括苏联切尔诺贝利事故、苏联基斯迪姆后处理装置事故、英国温茨凯尔事故、美国三哩岛事故和日本福岛核电站事故。

1986年切尔诺贝利核事故的主要原因是技术落后和人为原因。技术方面，反应堆采用的石墨水冷堆具有较大的技术缺陷，存在正温度系数的正反馈工作区。此外，核反应堆缺少外部安全壳，造成大量放射性物质外泄。

1979年美国三哩岛核事故中，2号反应堆发生严重失水事故，堆芯部分熔化，大部分燃料元件损坏或熔化。放射性裂变产物泄漏至安全壳内，但并未外泄，对环境影响轻微。三哩岛核事故也是压水堆核电厂发生的最严重事故。

2011年日本福岛核事故，又引发了世界范围对核电安全的关注。一些国家停止新建核电厂，现有核电厂到期后也将关闭。大多数核电国家继续保持核能利用，但进一步提升了对于核电安全技术的重视。

IAEA关于福岛事故的工作报告中，强调了核电选址和设计中，应当考虑地震、海啸、台风等极端外部自然灾害。完善断电情况下的事故管理措施，减小氢气爆炸风险，建立能抵御灾害的场内应急响应中心，做好场外核应急准备等。

核事故原因复杂、影响广泛，不同事故的应对措施存在较大差异。对于应急处理方面的前沿研究，学者主要提出以下观点：核电厂必须有完善的应对机制和处理预案；拦截放射源、切断放射污染路径是首要任务；根据事故情况，合理采用注水冷却、氮气冷却、排气防爆等措施；科学有序地疏散人员至预先设定的紧急避难场所；加强空气、水、土壤和农作物的辐射监测；妥善安排后续产生的放射性废弃物的储存和处理工作。

新修订的《中华人民共和国国家安全法》进一步强调了加强核事故应急体系和应急能力建设。中国目前正在积极推进原子能法、核安全法的立法进程。2016年1月，国务院新闻办公室发表的《中国的核应急》白皮书指出，中国将参照国际先进标准，汲取国际成熟经验，结合国情和核能发展实际，制定控制、缓解、应对核事故的工作措施。中国对于核事故设置了五道防线，目的是前移核应急关口，多重屏障强化核电安全，防止事故与减轻事故后果。

五道防线包括：①保证设计、制造、建造、运行等质量，预防偏离正常运行。

②严格执行运行规程，遵守运行技术规范，使机组运行在限定的安全区间以内，及时检测和纠正偏差，对非正常运行加以控制，防止演变为事故。③如果偏差未能及时纠正，发生设计基准事故时，自动启用电厂安全系统和保护系统，组织应急运行，防止事故恶化。④如果事故未能得到有效控制，启动事故处理规程，实施事故管理策略，保证安全壳不被破坏，防止放射性物质外泄。⑤在极端情况下，如果以上各道防线均告失效，立即进行场外应急响应行动，努力减轻事故对公众和环境的影响。同时，设置多道实体屏障，确保层层设防，防止和控制放射性物质释入环境。

中国参照国际原子能机构核事故事件分级表，根据核事故性质、严重程度及辐射后果影响范围，确定核事故级别。核应急状态分为应急待命、厂房应急、场区应急、场外应急，分别对应Ⅳ级响应、Ⅲ级响应、Ⅱ级响应、Ⅰ级响应。

前三级响应主要针对场区范围内的应急需要组织实施。当出现或可能出现向环境释放大量放射性物质，事故后果超越场区边界并可能严重危及公众健康和环境安全时，进入场外应急，启动Ⅰ级响应。

核事故发生后，各级核应急组织根据事故性质和严重程度，实施下列全部或部分响应行动，分别为：迅速缓解控制事故、开展辐射监测和后果评价、组织人员实施应急防护行动、实施去污洗消和医疗救治、控制出入通道和口岸、加强市场监管与调控、维护社会治安、发布权威准确信息、做好国际通报与申请援助。

五、 第四代核电前沿技术

1. 第四代核反应堆

2002 年召开的第四代反应堆国际论坛会议上，参会的十个国家一致同意开发 6 种第四代核电厂系统。其中包括 2 种高温气冷堆（GFR、VHTR），2 种液态金属冷却堆（SFR、LFR），1 种超临界水冷堆（SCWR）和 1 种熔盐反应堆（MSR）。6 种系统中 4 种是快中子堆，5 种采取的是闭合燃料循环，并对乏燃料中锕系元素进行整体再循环。

其中，代表性的钠冷快堆和超高温气冷堆已经在上文进行了分析，此外超临界水堆也是第四代核能系统中具有较好发展前景的反应堆。超临界水冷堆（SCWR）是新型的水冷反应堆，其中冷却水在临界点（374℃，22.1MPa）以上运行。超临界水在反应堆被加热后，直接驱动超临界汽轮机发电机组，不需要蒸汽发生器。相比现有的轻水堆，超临界水冷堆发电效率提升约30%，具有较好的技术经济性。

超临界水冷堆主要用于高效发电，堆芯可以采用热中子谱堆芯，也可以采用快中子谱堆芯。采用热中子堆时燃料循环为开式，采用快中子堆时燃料循环为闭式，快中子堆时还可以采用先进水法后处理，实现锕系元素完全再循环。

超临界水冷堆的热中子堆型又分为轻水堆型和重水堆型。美国提出的轻水堆型方案功率为1700MW，运行压力为25MPa，反应堆出口温度为510℃。日本提出的方案功率为1000MW，运行压力为25MPa，反应堆出口温度为508℃。两种方案核燃料均采用二氧化铀，并采用与沸水堆相似的非能动安全系统。加拿大提出的重水堆型方案，则采用重水慢化、轻水冷却，属于压力管式的超临界水堆。

与火力发电相似，超临界水冷堆在进一步提升蒸汽参数的同时，对于材料也提出了更高的要求。堆内构件和燃料包壳的材料方面，需要具有耐500～600℃高温、高强度、耐腐蚀、低中子吸收率等要求，现有材料有所不足。此外，超临界水冷堆还需要解决辐照对于腐蚀、应力腐蚀、冷却剂化学、微观稳定性和机械性能等的影响。

第四代核电技术方面，中国已经确立了“热中子堆电厂 - 快中子堆电厂 - 聚变堆电厂”三步走的技术发展路线。目前第四代核反应堆方面，全世界共有几十座中小型试验快堆、原型快堆和经济验证性快堆在运行中。

美国核电发展路线，短期目标是提升反应堆功率和燃耗深度。2020年的中期目标是延长反应堆寿期，并开发三代改进型反应堆、第四代反应堆和小型模块化反应堆。2040年的长期目标是发展第四代反应堆，并实现核废物的地质处置及闭合燃料循环等。

2. 高温气冷堆核心装备

在核电厂中，主泵或主风机属于核心设备。对于第四代核电中的高温气冷堆核电厂，核心装备为主氦风机，驱动冷却剂氦气进行循环。中国高温气冷堆核电厂的主氦风机，由清华大学核研院研发、调试并提供电磁悬浮轴承，佳木斯电机与制造发电机，上海电气鼓风机厂负责叶轮及整机总装，中核能源公司负责管理。

主氦风机的关键技术包括总体设计、大型氦气置入式立式高速电机研制、电磁悬浮轴承及转子动力学分析、高性能叶轮研制、一回路边界电气贯穿件研制、风机球阀研制等。主氦风机采用内部循环冷却，其中冷氦与热氦的隔热装置也属于前沿技术。主氦风机结构模型见图 5 - 12。

图 5 - 12　主氦风机结构模型

电磁悬浮轴承是轴承领域的前沿技术，HTR - PM 中 4t 的主氦风机转子由电磁悬浮轴承支承，可以实现非接触无磨损运行，无需润滑油系统，因此也避免了润滑油密封和泄漏问题。采用电磁悬浮轴承的主氦风机转速可以达到 4000r/min，相比 AP1000 等常规压水堆主泵 1000～1500r/min 转速显著提高，这也是电磁悬浮轴承技术首次应用于反应堆。

3. 高温气冷堆制氢技术

高温气冷堆和超高温气冷堆产生的蒸汽参数高，可以配合常规机组高效率发电和供蒸汽，未来可以配合燃气轮机联合循环提升热效率，也可以配合煤气化、裂解水制氢等工艺。

其中，由于氢能的清洁环保优势，以及在未来终端能源中氢能与电力的重要互补特点，采用高温气冷堆制氢成为第四代核电领域的重要多能融合前沿技术。

对于核能在制氢领域的应用，美国提出了核氢启动计划（Nuclear Hydrogen Initiative），目标是在 2017 年成功利用高温气冷堆产生的热量，进行商业化大规模制氢示范工程。计划中研究人员重点关注热化学水解、高温电解和高温气冷堆制氢工艺支持系统等三方面前沿技术。

在计划支持下，德州大学和桑迪亚国家实验室在通用原子能（GA）公司的模块化氦冷堆基础上，将建造一座高温测试堆用于热化学水解制氢。美国通用原子能公司提出的碘硫热化学制氢循环，是以水为原料的热化学循环分解水制氢方法，避免了水直接热分解所需的高温（4000K 以上）和较高的能耗。该方法通过加入中间物，经过一系列将水分解为氢和氧，中间物基本不消耗，反应温度较低。

目前碘硫热化学制氢循环所需温度约为 750～900℃，高温电解所需温度约为 700～900℃，甲烷重整所需温度约为 550～900℃，均可以较好匹配高温气冷堆（850℃）和超高温气冷堆（850～1500℃）。进一步提高出口温度有助于提升制氢效率。利用核反应堆制氢时，高压不利于制氢化学反应，需要通过设计保证与核能接口的低压环境。核设施与化学设施的场地也应当分离。

美国核氢启动计划中，碘硫循环、高温电解和混合硫循环三种制氢工艺效率分别为42%、37%和38%，价格分别为3.57美元/kgH_2、3.85美元/kgH_2和4.4美元/kgH_2。可以看出，热化学循环方法是三者中最具有发展前景的方法，制氢效率有望提升至50%以上，制氢成本进一步下降，与天然气或煤气化制氢（1.5～2美元/kgH_2）相比具有一定竞争力。此外，高温气冷堆制氢还可以与氦气透平发电等前沿技术结合，进一步提升效率和经济性。由于核电技术与制氢技术关系密切，核氢计划目前已经成为下一代核电计划的一部分。

六、 小型堆前沿技术

近年来，小型反应堆（SMR）由于初始投资小、建造周期短、选址灵活、用途多样、匹配中小电网等优势得到了世界各国，特别是发展中国家的关注。21世纪初，国际原子能机构（IAEA）明确表示，将鼓励发展和应用安全、可靠、经济、核不扩散的中小型反应堆。

国际原子能机构（IAEA）将小型堆（small modular reactor，SMR）定义为电功率300MW以下的反应堆，而电功率在300MW以上、700MW以下的反应堆为中型反应堆。

根据技术路线的不同，小型反应堆可以分为轻水堆、高温气冷堆、液态金属冷却快堆和熔盐堆四类。根据国际原子能机构（IAEA）统计，世界运行中的中小型反应堆共130台，国家26个，中小型反应堆总容量为58.2GW，累计运行超过5000堆年。

目前世界共有14台中小型反应堆在建，其中有4台为先进型中小型反应堆。小型堆（SMR）的优点具体包括：大型核电厂一次性投资很高，发展中国家难以负担，而小型反应堆规模灵活，可以根据需求分期建设和模块化建设；小型堆选址灵活，可以在偏远地区建设，配套中小电网，还可以设计成陆上或海水的移动式电厂；小型堆用途广泛，除发电外还可以用于制氢、炼油、煤气化、供热、工艺热、海水淡化等。

1. 小型轻水堆

目前小型堆设计和应用方面，轻水堆是最为常见的技术。轻水堆运行经验丰富、非能动等安全技术全面，因此小型轻水堆具有成熟安全的优势。

小型轻水堆的主要差异，是在蒸汽系统设计方面，通常采用一体化设计，即一回路设备全部置于压力容器内。目前也有小型堆将蒸汽发生器或一部分（如汽水分离器）置于压力容器外，用于其他用途。经济性方面，小型轻水堆初始投入较低，投资总额较少，受到发展中国家关注。

美国小型轻水堆研发方面，美国能源部提出了“SMR许可技术支持计划”，通过合作协议支持SMR项目达到许可要求。Babcock & Wilcox’s公司的mPower、NuScale，以及西屋公司的W-SMR是目前主流技术。

mPower由两个180MW模块组成，2013年向美国核管会（NRC）申请设计认证，预计2022年投入商用。NuScale由12个45MW模块组成，2013年向美国核管会（NRC）申请设计认证，预计2025年投入商用。西屋W-SMR借鉴AP1000非能动安全设计，功率为225MW。

此外，IRIS是由西屋公司牵头，多国合作开发的三代半的先进小型反应堆。IRIS-50功率为50MW，采用一体化和模块化的冷却水系统和对流循环设计。铀浓缩度为5%，换料周期为5年。电功率为335MW的商用型IRIS也在研发中，如果采用铀浓缩度10%的燃料，换料周期可以达到8年，目标燃耗值可以达到80 000MWd/tU。

俄罗斯小型轻水堆研发方面主要包括三个企业。OKBM Afrikantov公司作为俄罗斯国家原子能公司的子公司，在船用核反应堆设计研制的经验丰富，相关反应堆包括KLT-40s、ABV、RITM-200、WWER-300等四种。

KLT-40s是一种用于破冰船的成熟反应堆，也可用于偏远地区供电或浮动核电厂，还可以进行海水淡化。KLT-40s基于船舶推进反应堆KLT-40设计，发电功率为30～35MW，供热能力为20MW，换料周期为3年，大修周期为12年。

堆型模式采用双机组，可以在造船厂内加工、组装、测试，交付后可直接运行。安全方面，正常工况依靠强制循环冷却，事故情况依靠自然对流应急冷却。燃料由铀-铝合金制成，铀浓缩度为3.5%，含有可燃毒物，包壳采用锆合金。

ABV是研发中的小型压水堆，设计更为紧凑，采用一体化蒸汽发生器和更先进的安全技术。堆芯与KLT-40s相似，但浓缩度高达16.5%，燃耗值为95 000MWd/tU，换料周期为8年，寿期为50年。概念设计阶段的ABV-6M输出功率为8.6MW，装配和运输容易，主要用途是作为安全的小型多功能能源。

RITM - 200 输出功率为 50MW，换料周期为 7 年，用于核动力破冰船，设计已经基本完成。WWER - 300 输出功率为 300MW，参照 WWER 系列的中大功率堆型如 WWER - 640、WWER - 1000 等设计，设计已经基本完成。

俄罗斯动力工程研究和发展所（RDIPE）也研发了 VK - 300 和 UNITHERM 技术。VK - 300 设计输出功率为 250MW，堆型为沸水堆，基于运行三十年以上的 VK - 50 为原型设计。UNITHERM 输出功率为 2.5MW，设计寿命与换料周期均为 25 年，无需人为操作，目前处于概念设计阶段。

日本小型轻水堆方面，三菱重工开发了功率为 350MW 的轻水堆 IMR 主要用于热电联产，许可相关的设计、研发、验证在进行中，预计 2020 年后投运。日本原子能研究所开发的 MRX 堆是小型一体化压水堆（50～300MW），用途是海上动力或地区供电（电功率为 30MW）。MRX 在工厂建造，采用常规的浓缩度为 4.3%的铀氧化物燃料，换料周期为 3.5 年，设计有充水安全壳保证安全。

韩国 SMART 是输出功率为 100MW 的小型压水堆，采用一体化蒸汽发生器和先进安全技术，可以用于发电、海水淡化、供热（330MW）。SMART 设计寿命为 60 年，换料周期为 3 年。SMART 于 2012 年得到许可，预计 2019 年投运，主要用于出口发展中国家。

法国的原子能技术公司开发 NP - 300 型压水堆，主要用于供热和海水淡化。目标是发电功率为 100～300MW，或海水淡化产量达到 50 000m^3/d。法国国有船舶制造公司（DCNS）开发了移动式压水堆 Flexblue，输出功率为 160MW，全长 140m。特点是能在水下 100m 深度操作运行，并充分利用海洋冷源优势。

阿根廷国家原子能委员会开发的 CAREM 是采用一体化蒸汽发生器的模块化压水堆，发电功率为 27MW，主要用于研究或海水淡化。CAREM 一回路冷却系统位于压力容器内，采用含可燃毒物的燃料，铀浓缩度为 3.4%，换料周期为 1 年。

中国小型轻水堆方面，中核集团正在研发的 ACP - 100 压水堆，输出功率为 100MW，用于发电与海水淡化，计划在福建省建设，预计 2017 年投运。国家核电公司研发的 CAP - 150，输出功率为 150MW。国家核电与西屋公司计划合作开发基于 AP1000 技术的输出功率为 225MW 的模块式小型堆。

中广核集团研发的一体化模块式小型堆 ACPR100，输出功率为 130MW，用于供电、供暖、海水淡化、工艺热等。清华大学研发的一体化壳式供热堆 NHR200 输出功率为 200MW，可用于供热、供冷、海水淡化、工业蒸汽等用途。NHR200 型核能海水淡化技术方案通过国际原子能机构（IAEA）评审，是核能海水淡化的首选先进堆型。

2. 小型高温气冷堆

美国小型气冷堆方面，通用原子能公司（GA）正在设计的模块式氦气透平反应堆（GT-MHR）功率为 150MW，具有高温产氢功能。EM^2（energy multiplier module）为高温气冷快堆、功率为 240MW，可以利用乏燃料。

中国 HTR-10 高温气冷堆与球床模块式高温气冷堆 HTR-PM，根据小型堆的功率范围，也属于小型高温气冷堆。其他国家小型高温气冷堆还包括日本 HTTR 试验堆与 GHHTR 气冷堆、南非球床模块反应堆 PBMR 等。

3. 小型液态金属冷却快堆

美国小型液态金属反应堆方面，GE-Hitachi 开发的 PRISM 钠冷快中子增殖堆，电功率为 155MW，目前正在设计阶段。Gen4 Energy 公司设计的 G4M，功率为 25MW，设计寿命为 5～15 年，换料周期为 10 年，具有运输方便等小型堆的优点。

俄罗斯小型液态金属反应堆方面，俄罗斯动力工程研究和发展所（RDIPE）设计的 BREST-OD-300 输出功率为 300MW，采用液态金属铅作为冷却剂，处于初步设计阶段。AKME Engineering 公司设计的 SVBR-100，输出功率为 101MW，采用铅铋作为冷却剂，处于细节设计阶段。设计参考了俄罗斯核潜艇设计，预计 2017 年建设，2021 年投运。

日本小型液态金属反应堆主要是东芝集团开发的 10MW 钠冷快堆 4S，设计寿命与换料周期均为 30 年，采用 U-Zr 燃料，已经提交许可申请，计划在阿拉斯加建造。

印度甘地原子能研究中心开发的快中子增殖堆 PFBR-500，输出功率为 500MW，采用液态钠冷却剂和 PuO_2-UO_2燃料，换料周期为 6 个月，设计寿命 40 年，已经进入运营阶段。

中国的实验快堆（CEFR）输出功率为 20MW，采用液态钠冷却剂和 PuO_2-UO_2燃料，已于 2011 年并网发电，下一步目标是建设 60MW 快堆。

4. 小型熔盐堆

熔盐堆属于第四代核反应堆，也是小型堆的重要组成部分。熔盐反应堆的燃料是锂和铍的氟化物盐、溶解的钍和U233的氟化物的熔融混合物。堆芯采用无包壳的石墨慢化剂，在700℃和低压条件下形成熔盐流。产生的热量传递至二次盐回路，随后产生蒸汽。裂变产物溶解在熔盐中，经过在线后处理回路连续清除，并采用Th232或U238替换。锕系元素停留在反应堆，直至裂变或转变为更高的锕系元素。

熔盐反应堆燃料循环优点包括：高放废物只包含裂变产物，放射寿命短；所产生的钚同位素主要是Pu242，武器级裂变材料很少；采用非能动冷却，固有安全性高。小型熔盐堆的燃料使用量很少，法国自增殖堆型发电1TWh只需50kg钍和50kg的U238。目前世界上有代表性的小型熔盐堆是日本富士公司的Fuji MSR反应堆，发电功率为100MW。

5. 小型堆安全技术

目前先进小型堆，普遍具有固有安全特性和专设安全设施。前沿安全技术主要包括：采用一体化设计，堆芯、控制棒、蒸汽发生器、稳压器等均集成在压力容器内，取消一回路管道，避免破裂事故；压力容器中子注量小，紧贴式钢制安全壳抗压能力高；采用非能动安全系统，依靠自然规律实现非能动的应急冷却、余热排出、自动卸压等，不需要安全级应急交流电源；冷却剂体积与堆芯功率比值大，热容量和热惯性高，因此堆芯瞬态特征平缓；堆功率与堆芯功率密度小，热储能低，热工安全裕量高。

综上所述，小型堆体积小、功率低，反应性控制、放射性包容、余热载出等三大重要安全问题容易解决，固有安全性相比大型堆也更容易实现。

小型堆还有专设安全设施，进一步提升小型堆安全性。除与三代堆相同的钢制安全壳与非能动系统外，专设安全设施还包括多样化控制棒驱动机构（电动液压、步进电动机、齿轮齿条等）、紧凑型一体化蒸汽发生器、冷却剂屏蔽泵等。

通过以上的固有安全特性与专设安全设施，小型堆安全性可以达到和超过三代核电技术，为偏远地区和内陆核电的提供了新的技术路线。

6. 小型堆产业前景

第四代核能系统中，有一半以上属于或者可以作为小型反应堆，将在未来逐步获得广泛应用。国际原子能机构（IAEA）在2004年宣布将重新启动中、小型反应堆的开发计划，并于7月1日批准了国际协作研究项目（CRP）。目前世界各国已经推出了多种小型反应堆技术路线，小型堆的安全技术和多领域应用技术也在快速发展。

在小型堆的产业发展与应用方面，中广核 ACPR50S 海洋核动力平台作为小型堆重要的前沿技术，已经纳入能源科技创新“十三五”规划，预计 2017 年开始示范项目建设，2020 年建成发电。

世界在建的代表性海上小型堆是俄罗斯的 Akademik Lomonosov 号，采用发电功率为 35MW 的两台机组用于船舶推进，目前已经进入安装调试阶段。海上浮动小型反应堆的特点是选址简单、环境影响小、可以在船厂建造等。中国开发海洋核动力平台，有助于支持海洋经济发展和国防建设，为偏远海岛提供供电、供热、制取淡水等服务。

七、 行波堆前沿技术

1. 发展历史与概念

1958 年，美国麻省理工学院 Saveli Feinberg 在国际和平利用原子能会议上提出了反应堆堆芯自增殖概念，称为“breed and burn”（增殖 - 燃烧）反应堆。主要机理是在反应堆内原位增殖和焚烧，实现堆内闭式燃料循环，提高一次通过模式的铀资源利用率。增殖燃烧过程中，产生增殖行波和燃烧行波的物理图像，因此称为行波堆（traveling wave reactor，TWR）。根据具体实现方式，又可以进一步分为行波堆和驻波堆。

1979 年，Michael Driscoll 对于行波堆进行了深入系统研究，发表相关论文。随后至 2000 年也有一部分学者关注行波堆研究，发表相应理论研究成果。

2006 年，Intellectual Ventures 成立名为 TerraPower（泰拉能源）的子公司，TerraPower 开始在行波堆理论基础上进行工程设计和经济评价。TerraPower 设计的行波堆，反应堆功率从中等功率（300MW）到大功率（1000MW）分为若干种不同级别。

2. 行波堆技术优势与难点

行波堆是通过对抑制堆芯燃料的分布和运行，使得核燃料可以从一端负级利用浓缩铀点燃，裂变产生的多余中子将不能裂变的 U238 转化成 Pu239。当 Pu239 达到一定浓度形成裂变反应后，开始焚烧在原位生成的燃料形成行波。行波堆一次性装料，可以连续运行数十年甚至上百年。

行波堆除了最初需要浓缩铀来点燃，其他燃烧都可以利用乏燃料、天然铀与贫铀，不需要分离浓缩。行波堆具有防核扩散性，便于向发展中国家推广，具有较高的商业价值。由于以上优势，部分学者也称行波堆为“第五代”核电技术。行波堆对于技术要求较高，其中燃耗需要达到30%，燃料包壳辐照需要达到500dpa（displacement per atom，原子平均离位，用于表征材料辐照性能）。行波堆提出的时期，不锈钢和合金等材料辐照性能普遍无法达到100dpa，因此相比成熟的轻水堆技术，技术难度较高。

近年来，随着核工业全面复兴、核燃料供应紧张、乏燃料处理能力不足的大背景变化，行波堆又开始逐渐吸引研究界和产业界的关注。泰拉能源从2006年开始研究行波堆（TWR）即原位增殖焚烧快堆，目前实际开发的是驻波堆方案，也是行波堆概念和技术可行性平衡的结果。

技术路线方面，首先从金属燃料常规快堆设计出发，建成试验性质的原型行波堆（TWR-P）。随后在原型行波堆进行充分的试验和材料辐照测试，逐步进行技术积累，最终实现商业驻波堆（TWR-C）型号研发和应用。

目前面临的主要问题是行波堆的部分关键设备的成熟度较低，燃料材料的开发与测试技术风险较大。泰拉能源计划于2015～2025年完成原型堆的设计、研发和建造。完成原型堆的设计后，在建造、调试和早期运行期间，将同时开展商用行波堆的详细设计。

3. 行波堆与钠冷快堆结合

行波堆与钠冷快堆有很多共性技术，系统、设备及钠冷却剂较为相似，差异主要集中在堆芯和燃料。为了提高行波堆可行性，泰拉能源将行波堆概念与钠冷快堆结合，提出了点火区与增殖区组件倒料的策略，充分利用了较成熟的快堆技术。通过布料、倒料策略的优化，实现行波并提高燃料利用率。

泰拉能源和中核集团合作研发的600MW原型堆TWR-P，实质上是一种有倒料操作的金属燃料钠冷快堆。中核集团原子能院、核动力院、核电工程公司等的专家认为，行波堆技术是提高铀资源利用率、实现核能可持续发展的可选堆型，美方提出的原型堆一商业堆的技术路线合理可行。

关键前沿技术方面，行波堆与钠冷快堆的差异在于核燃料在堆内需要经历数十年辐照，因此服役性能的研究非常重要。2015年泰拉能源表示，已经通过美国爱德华国家实验室、法国阿海珐公司、美国韦里迪安公司等完成了行波堆燃料测试组件设计加工，以及燃料棒束的流量试验，正在俄罗斯BOR60进行材料辐照测试。原型行波堆的堆芯概念设计，也计划进入工程设计阶段，有望在2023年前建造行波堆原型堆。

八、聚变堆前沿技术

从未来的能源与发展角度，核聚变相比核裂变是更理想的未来新型能源。与核裂变相比，核聚变采用氘氚为燃料。氘大量存在于海水之中，1L海水中所含的氘，经过核聚变可提供相当于300L汽油燃烧所释放出的能量。根据储量估算，核聚变可以满足人类数亿年的能源需求。

核聚变相比核裂变，也具有能量密度更高的优势，1kg氘相当于4kg铀235、8600t汽油或11 000t煤。核聚变还具有清洁环保方面的显著优势。氘氚反应产物没有放射性，中子对堆结构材料的活化，也仅产生少量易处理、短寿命的放射性物质。聚变反应堆具有固有安全性，而且氚可以在反应堆中通过锂再生，而锂的存在非常广泛。

聚变反应目前的技术难点是稳定可控的反应条件。氘氚能产生大量核聚变反应时所需温度超过1亿℃。在极高的温度下，气体原子中带负电的电子和带正电的原子核完全脱离，各自独立运动，成为由自由带电粒子构成的高温气体，即等离子体。

受控热核聚变，首先需要解决加热气体的技术问题，使得等离子体温度上升到千万摄氏度或上亿摄氏度。随后，约束高温等离子体，使其不产生逃逸和飞散也是技术的难点。任何材料制作的容器，都难以承受上万摄氏度的气体，因此需要采用特殊途径对等离子体进行约束。闭合磁力线的磁场，即磁笼的设计，成为解决等离子体约束问题的最具希望的方法。

此外，为了使高温等离子体中核聚变反应能够持续进行，必须长时间维持上亿摄氏度的高温，所需能量可以来自外部，也可以依靠聚变自身产生的部分能量，即可自持燃烧。而且等离子体的能量损失需要减小到较低水平，也需要进一步提高磁笼的约束能力。

聚变反应除需要解决以上三方面科学问题外，在工程中还面临加料、排废、能量带出、氚循环等技术难题，聚变反应产生的大量带电氦原子核也会对等离子体产生影响，因此可连续运行、可自持燃烧的聚变反应堆还面临大量理论和工程问题。

1970年代，苏联科学家发明的托克马克（Tokamak）装置，由于突出优点成为聚变研究的主流。托克马克装置又称环流器，是一个由环形封闭磁场组成的磁笼，等离子体在环中感应产生一个很大的环电流。托克马克装置的等离子体的温度上升和约束情况都较为良好，1990年代各国大型托克马克装置上都取得了突破性进展，基本达到大规模核聚变的条件，聚变功率也达到了16MW。

目前国内外对于核聚变的研究方面，国际热核实验反应堆（ITER）计划是重要的多边国际大科学工程合作项目。ITER参与国家和地区包括中国、美国、俄罗斯、日本、韩国、印度和欧盟，计划目标是验证和平利用聚变能的科学和技术可行性，也是实现聚变能商业化必不可少的一步。

1985年，苏联和美国在日内瓦峰会上倡议，由美苏欧日共同启动ITER计划。ITER计划的最初目标是要建造一个可自持燃烧的托克马克核聚变实验堆，从而对未来聚变示范堆及商用聚变堆的理论和工程问题进行探索。

ITER作为聚变能实验堆，需要将由氘氚组成的上亿摄氏度高温等离子体约束在体积达837m^3的磁笼中，并产生500MW的热功率，持续时间达500s。从各项指标而言，ITER计划实现后已经可以实现接近常规电厂规模的发电能力。

ITER计划集成了受控磁约束核聚变研究的前沿科技成果，建造和运行ITER的科学技术基础已经具备，成功的把握较大。经过示范堆、原型堆核电厂阶段，预计在2050年前后可以实现核聚变能的大规模商业化。

在核聚变研究方面，中国的EAST和HL-2A是近年来具有代表性的聚变装置。2002年，核工业西南物理研究院建成中国环流器二号A（HL-2A）装置，目标是开展高参数等离子体条件下的改善约束试验。HL-2A具有独特的大体积封闭偏滤器结构，可以实现双零点偏滤器位形，有利于掌握大型托克马克等离子体密度剖面、温度剖面、电流密度剖面控制技术。HL-2A指标包括实现高温、高密度和高能量约束时间的等离子体，实现等离子体电流大于400kA的稳定放电。

EAST装置是由中国自行设计研制的全超导托卡马克装置，其中16个大型D形超导纵场磁体产生纵场强度，12个大型极向场超导磁体提供磁通变化$\Delta\Phi$大于10V·s。利用极向场超导磁体，可以产生高于100万A的等离子体电流，目标是持续时间达到1000s，在高功率加热条件下温度超过1亿℃。

EAST装置主机部分高11m，直径8m，重400t，包括超高真空室、纵场线圈、极向场线圈、内外冷屏、外真空杜瓦、支撑系统等六大部件。实验运行中配套有大规模低温氦制冷、大型高功率脉冲电源、大型超导体、大型计算机控制和数据采集处理、兆瓦级低杂波电流驱动和射频波加热、大型超高真空及多种先进诊断测量等系统支撑。EAST运行需要超大电流、超强磁场、超高温、超低温、超高真空等极限环境，从芯部上亿摄氏度高温到线圈中4K的低温，装置的设计、制造和材料要求极高。

EAST具有改善等离子体约束状况的大拉长非圆截面的等离子体位形，位形与ITER相似。EAST大小和半径约为ITER的1/3和1/4，但比预期2025年投入运行的ITER提前15年左右。在ITER运行之前，EAST将成为国际上最重要的稳态偏滤器托卡马克试验装置。

第4节　核电发展趋势展望

一、 核电产业总体发展趋势

截至2017年4月，根据IAEA统计，中国在建核电机组20台（含台湾地区2台），数量位居世界第一；运营机组37台（含台湾地区6台），数量位居世界第四。中国目前在建的核电机组主要分布于辽宁、山东、江苏、浙江、福建、广东、广西和海南等沿海地区。中国核电规划和建设在2011年福岛核事故后曾短暂停滞，但在2015年前后逐渐重启，目前进展较为迅速。

发改委早期批准的内陆三大核电项目——湖南桃花江核电厂、湖北咸宁大畈核电厂和江西彭泽核电厂，在日本福岛核泄漏事故后进入重启未定状态。

中国各地方政府和核电企业，近年来也在积极筹备内陆核电项目。根据相关报道，截至2015年9月，各地已经完成初步可行性研究报告审查的核电厂址达到31个。除目前在建的核电机组外，确定在“十三五”期间建设并已经明确规划日程的核电机组还有40台，共涉及11个省份。尚未明确开工时间，但已有规划议程的核电机组达到170台，共涉及19个省份。其中，内陆地区除早期批准建设核电的湖北、湖南和江西外，还包括黑龙江、吉林、河北、河南、安徽、四川、重庆、江西等地。

根据“十三五”规划，2020年中国运行的核电装机容量目标为5800万kW，在建的核电装机容量目标为3000万kW。预计到2017年底，中国大陆地区运行中的核电装机容量将达到3800万kW左右，在建的核电装机容量约为2500万kW，距离实现目标还有一定差距。因此，内陆核电项目重启只是时间问题，内陆核电产业将具有较好的发展前景。

二、核电经济性趋势预测

核电建设成本较高，采用较为成熟的第三代核电技术建设的核电厂，成本约为8000～10 000元/kW，在世界各国均为同等装机容量火电厂的2～4倍。核电厂运行中，由于燃料成本稳定、费用便宜、运输量小，核电的千瓦时电成本较低。

在核电发展较好的国家，核电的千瓦时电成本普遍低于火电。其中美国自1962年起核电千瓦时电成本已经低于燃煤发电，目前核电千瓦时电成本约折合为0.32元/kWh，而燃煤发电千瓦时电成本约折合为0.47元/kWh。法国目前核电千瓦时电成本约折合为0.30元/kWh，仅为燃煤发电的60%左右。

中国核电的千瓦时电成本LCOE约为0.28元/kWh，略高于目前燃煤发电千瓦时电成本0.26元/kWh。燃煤发电千瓦时电成本随着煤炭价格波动的变化幅度较大，在0.2～0.3元/kWh之间，相比之下核电千瓦时电成本较为稳定。

福岛核事故后，核电建设的安全措施强化，相应的建设、人工、维护费用也有所上升。一些学者也指出，将核电的核废料处理和核事故风险成本考虑进入核电的千瓦时电成本后，世界范围内核电LCOE可能上升至0.9元/kWh水平。

中国铀资源较为缺乏，而国际天然铀价格在2003年之前较为稳定，每磅约为10美元。2003年后铀的价格也出现了类似于原油价格的快速上涨和大幅波动，每磅最高达到130美元，目前回落至70美元左右。

此外，1000MW核电厂每年产生的低放射性固体废物体积约为550m^3，按照目前中国装机容量为30GW估算，每年需要新增地质储存容量约为1.65万m^3，而到2020年每年需要新增地质储存容量约为3万m^3以上。目前中国建有两座中低放射性核废料处置库，分别位于甘肃玉门和广东大亚湾附近，未来储存能力将出现不足。

永久性高放射性核废料处置库目前仍在选址阶段。

核废料处理费用较高，也造成核电 LCOE 上升。建设用于处理高放射性核废料的地下处置库投资巨大。美国核电厂产生核废料约为 4.5 万 t，而且每年以 2000t 速度增加。目前已经暂停建设的美国尤卡山核废料处置库，工程初期预算费用已经达到 962 亿美元。根据各类成本水平，中国未来高放射性核废料处置库投资也将达到数百亿甚至上千亿人民币。交由其他国家如俄罗斯处置时，费用也非常昂贵，每千克核废料处置费用将达到 300～1000 美元水平。

三、 核电千瓦时电成本与装机容量预测

根据中国在建 24 台核电机组的经济性概况，以 CPR1000 为代表的第二代改进型核电，建设成本约为 11 000～15 000 元/kW，平均约为 12 000 元/kW，LCOE 约为 0.26 元/kWh，这是运行中和目前在建核电机组的主流。

以 AP1000 为代表的第三代核电的建设成本约为 15 000～16 000 元/kW，LCOE 预期约为 0.28～0.30 元/kWh，这是未来建设的核电机组中的主流。AP1000 技术核电机组的核岛主设备的成本比例值，相比第二代改进型 CPR1000 技术核电机组高约 4%，如图 5-13 所示。考虑到 AP1000 建设成本又高于 CPR1000，折算到核岛主设备部分，AP1000 核岛主设备成本约为 4960 元/kW，高于 CPR1000 3500 元/kW 约 42%，增加较为明显。

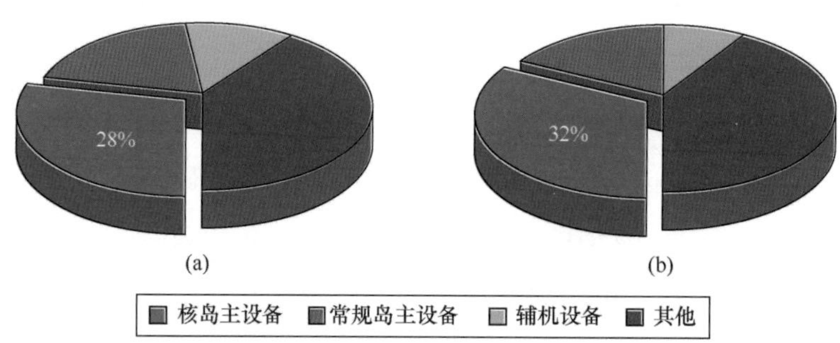

图 5-13 第二代改进型与第三代核电成本分布对比

（a）第二代改进型核电 CPR1000 成本组成；（b）第三代核电 AP1000 成本组成

数据来源：光大证券研究所。

目前第四代核电的建设成本约为 17 000～21 000 元/kW，LCOE 目前估算约为 0.30～0.36 元/kWh，预计是中国 2030～2035 年后建设的核电机组的主流形式。随

着第四代核电技术的成熟，第四代核电预计将在 2025～2030 年实现大规模商业化，届时建设成本预计将下降至 14 000～16 000 元/kW，LCOE 预计将下降至 0.27～0.30 元/kWh 水平。

对于中国核电产业整体而言，在不考虑安全成本上升和核废料处理成本的常规情景下，中国核电的 LCOE 在 2015～2025 年期间，将随着在建第三代核电的投运，以及第四代核电的逐步商业化而缓慢上升，如图 5 - 14 所示。根据光大证券研究所统计，“十二五”期间核电平均建设成本约为 12 500 元/kW，而“十三五”期间将会上升至 14 100 元/kW，也会推动未来十年内核电整体千瓦时电成本的上升。

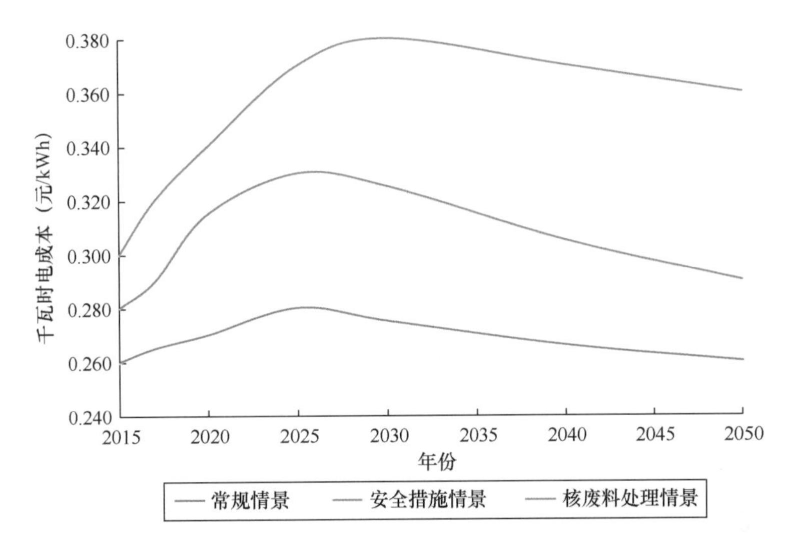

图 5 - 14　中国核电千瓦时电成本长期预测

2025～2030 年后，第三代核电普遍进行稳定运行阶段，LCOE 显著降低。第四代核电进入大规模商业化阶段，虽然运行成本较高，但发电效率显著提升，因此千瓦时电成本 LCOE 并没有明显上升。长期来看，核电 LCOE 将因为技术的更新换代而先升高后降低，最终保持和目前相近的千瓦时电成本水平。

考虑安全措施造成成本上升的情景下，核电 LCOE 在 2015～2025 年期间将会出现显著上升，增速高于常规情景。随着核电安全技术的成熟，在保证相同的高安全标准情况下，相对常规情景的成本增加将会得到控制和减小。

考虑核废料处理成本的情景下，由于选址困难，地下处置库施工难度将有所增加，带来的成本增加未来预计将持续上升。第四代核电技术中快堆可以实现核燃料增殖，此外嬗变等高放射性废弃物处理技术逐步成熟，可以抵消一部分成本增加，但长期来看核废料处理成本依然较高。

核电产业发展和未来装机容量，受到政策和投资的影响较为明显，福岛核事故和内陆核电争议等因素也将对短期投资和建设产生影响。本书从技术发展角度分析核电未来长期发展情况，暂不讨论短期政策和投资影响。

中国核电累计装机容量及核电技术比例的长期预测如图 5 - 15 和图 5 - 16 所示，中国目前运行中的核电机组主要采用第二代和第二代改进型核电技术，占装机容量的 90%以上。新建的核电机组不再采用第二代核电技术，但由于核电机组寿命较长，预期第二代核电装机容量在 2025 年后逐步关停减少，逐渐退出历史舞台。

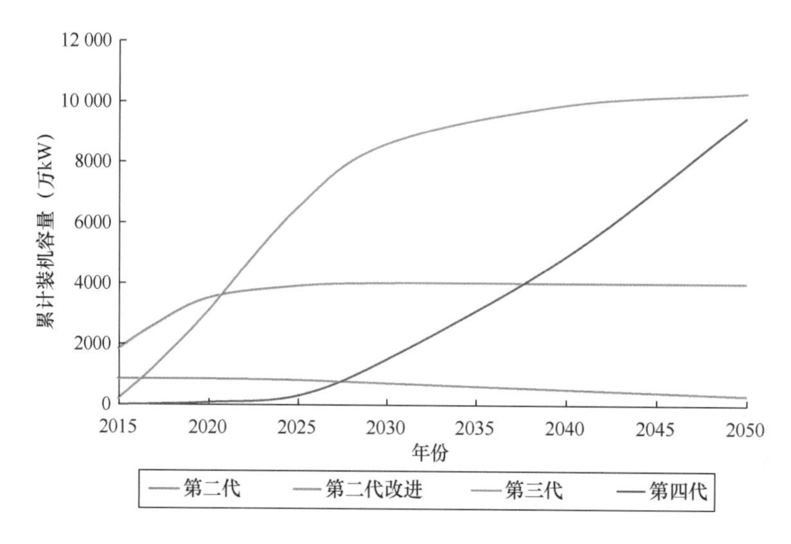

图 5 - 15　中国核电累计装机容量长期预测

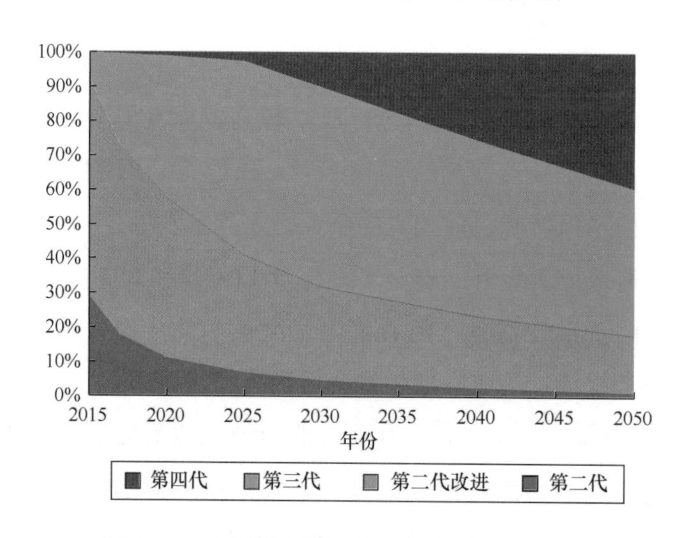

图 5 - 16　中国核电累计装机容量比例长期预测

随着中国在建的第二代改进型和第三代核电机组陆续投运，在2020年前后将会带来装机容量的快速增长，核电装机总量预计将在2020年达到7500万kW，基本实现目标。第二代改进型核电机组预计将在2020年前后新建放缓，现役机组装机容量保持稳定，预计在2050年后随着到达寿命开始下降。

第三代核电机组随着技术的成熟和商业化，预计将在“十三五”期间放量启动，在2020年前后占据新建核电机组的大部分，取代第二代改进型核电机组的地位。由于第三代核电厂建设周期缩短，累计装机容量快速增长阶段也将有所提前。2020～2040年期间，第三代核电技术的累计装机容量将保持稳定的增长速度，在2035年前后成为占据主导地位的核电技术。

第四代核电技术由于技术不成熟和成本较高，目前装机容量比例很小。在2020～2025年前后，随着技术进步，第四代核电装机容量开始有实质性的增长，第四代核电技术的优势也开始得到体现。2035年前后，第四代核电技术开始大规模商业化建设，在新建机组中预计将占据主导地位。

从图5-16核电机装机容量比例变化图中也可以看出核电机组建设规模大、建设周期长、机组寿命长，因此不同技术之间在新建、运行和关闭等环节的换代交替周期较长。核电总装机容量方面，预计将从2015年的2800万kW，增加至2030年的1.5亿kW，以及2050年的2.4亿kW。

而根据核电行业内较为乐观的估计，中国2030年核电装机容量可以达到2亿kW，2040年可以达到3亿kW，2050年可以达到4亿kW，占发电装机容量的16%。

四、 核电发展技术路线

根据资源国情和技术发展两方面因素，中国核能发展的整体路线图是“热堆—快堆—聚变堆”。中国核电在建规模世界第一，技术方面应当通过引进、消化、吸收来逐渐实现核电技术的自主化。中国核电自主化包括自主设计、自主设备制造、自主运营、自主安全管理等方面，也包括保持国际先进研究水平和人才队伍培养。

核电自主化阶段分为三个阶段，第一阶段是在“十一五”、“十二五”期间建设1000MW级的主流第二代改进型核电机组，并实现第二代改进型核电技术完全自主化，包括CPR1000、CNP1000等核电技术；第二阶段是在“十二五”末期，进行第三代核电机组的建设，并通过引进 AP1000 等国际主流的第三代核电技术，实现自主研发设计第三代核电技术能力，并开始建设基于“华龙一号”、CAP1400 等自主知识产权的第三代核电机组；第三阶段是在“十二五”、“十三五”期间，自主系统开展第四代核电技术研究设计，并建设山东石岛湾核电厂等第四代核电机组示范工程，占据第四代核电技术国际领先地位。

目前自主化阶段已经进入第二阶段和第三阶段之间。引进 AP1000 技术的浙江三门、山东海阳两个核电自主化依托工程中的四台 1000MW 核电机组，设备国产化率依次设定为 30%、50%、60%、70%。通过核电自主化依托工程，中国未来建设的第三代核电厂将实现设备全部国产化。

综上所述，中国核电的技术路线更多是核能利用系统向着高效、安全、环保、经济的方向发展，在发电技术基本原理相近的情况下不断改进，实现核电技术的更新换代。

第四代核电技术发展的路线方面，钠冷快堆主要围绕模块化和小型化展开，并逐步实现商业化和建立示范工程，相应的非能动安全技术也需要进行调整。高温气冷堆的技术路线主要是逐步提升出口温度，从而提升发电效率和机组经济性。此外，高温气冷堆还可以提供高温工艺热，用于煤气化和制氢等用途。熔盐堆方面，中国计划发展 2MW 钍基熔盐实验堆，推进相关技术发展。

中国核电发展计划的第三步是聚变堆研究。目前聚变技术研究路线主要是参与国际热核聚变实验堆（ITER）设计建造，同时自行发展 EAST 等聚变试验装置。中国还将设计建造聚变工程技术试验平台（FETP），最终长期目标是建设 1000MW 量级聚变原型电厂并推动商业化。

参考文献

[1] 国务院．能源发展战略行动计划（2014—2020 年）[M]．北京：人民出版社，2014.

[2] 中国电机工程学会．“十三五”电力科技重大技术方向研究报告 [M]．北京：中国电力出版社，2015.

[3] 中国科学院能源领域战略研究组．中国至 2050 年能源科技发展路线图 [M]．北京：科学出版社，2009.

[4] 核电管理条例 [Z]．国务院，国家能源局，2016.

[5] 国家发展改革委，国家能源局．能源技术革命创新行动计划（2016—2030年）[Z]．国家发展改革委，国家能源局，2016.

[6] 国家发展改革委，国家能源局．能源技术革命重点创新行动路线图 [Z]．国家发展改革委，国家能源局，2016.

[7] 能源发展“十二五”规划 [Z]．国务院，2013.

[8] 核电安全规划（2011—2020）[Z]．国务院，2012.

[9] 核电中长期发展规划（2011—2020）[Z]．国务院，2012.

[10] 核安全与放射性污染防治“十二五”规划及2020年远景目标 [Z]．国务院，2012.

[11] Nuclear Power Reactors in the World [R]．IAEA，2016.

[12] 我国核电发展技术路线研究报告 [R]．清华大学核能与新能源技术研究院，2011.

[13] 周励谦．核电行业系列报告之二：更安全、更高效、更经济，核电技术继续大步向前 [R]．光大证券，2012.

[14] 徐超．坚定二代加与三代并行路线 [R]．中信建投证券，2012.

[15] Mycle Schneider，Antony Froggatt，et al. World Nuclear Industry Status Report 2013 [R]．Mycle Schneider Consulting，2013.

[16] 关于优化高温气冷堆经济性加快商业化推广的建议 [R]．中国华能集团公司，2015.

[17] 国家高技术研究发展计划“十一五”863计划先进能源技术领域专家组．中国先进能源技术发展概论 [M]．北京：中国石化出版社，2010.

[18] McCormick N J. Reliability and risk analysis：methods and nuclear power applications [M]．San Diego，CA. Academic Press，1981.

[19] Cowan R. Nuclear power reactors：a study in technological lock-in [J]．The journal of economic history，1990，50（03）：541-567.

[20] 闫宏伟，谷文，郑宝峰．第四代核电技术与产业发展 [J]．一重技术，2011，4：44-46.

[21] Lake J A. The fourth generation of nuclear power [J]．Progress in Nuclear Energy，2002，40（3-4）：301-307.

[22] Deutch J，Moniz E，Ansolabehere S，et al. The future of nuclear power [R]．MIT Interdisciplinary Study，2003.

[23] BP Statistical Review of World Energy 2015 [R]．British Petroleum，2015.

[24] 刘江华，丁晓明．核电经济性分析有关问题探讨 [J]．电力技术经济，2008，20（1）：47-51.

[25] Sovacool B K，Valentine S V. The national politics of nuclear power：economics，security，and governance [M]．Routledge，2012.

[26] Zeng M，Wang S，Duan J，et al. Review of nuclear power development in China：Environment anal-

ysis，historical stages，development status，problems and countermeasures［J］. Renewable and Sustainable Energy Reviews，2016，59：1369-1383.

［27］叶奇蓁．后福岛时期我国核电的发展［J］．中国电机工程学报，2012，32（11）：1-8.

［28］Tang D L，Kester D R，Wang Z，et al. AVHRR satellite remote sensing and shipboard measurements of the thermal plume from the Daya Bay，nuclear power station，China［J］. Remote Sensing of Environment，2003，84（4）：506-515.

［29］中国核能行业协会．中国核能年鉴2014年卷［M］．北京：中国原子能出版社，2014.

［30］阙为民，王海峰，牛玉清，等．中国铀矿采冶技术发展与展望［J］．中国工程科学，2008，10（3）：44-53.

［31］Dahlkamp F J. Uranium ore deposits［M］. Springer Science & Business Media，2013.

［32］顾忠茂．核能与先进核燃料循环技术发展动向［J］．现代电力，2006，23（5）：89-94.

［33］胡平，赵福宇，严舟，等．快堆核燃料循环模式的经济性评价［J］．核动力工程，2012，33（1）：134-137.

［34］中国广东核电集团有限公司．中国改进型压水堆核电站CPR1000简介［J］．现代电力，2006，23（5）：36-38.

［35］Wang M，Zhao H，Zhang Y，et al. Research on the designed emergency passive residual heat removal system during the station blackout scenario for CPR1000［J］. Annals of Nuclear Energy，2012，45：86-93.

［36］王志，严锦泉，张富源．CNP1000总体设计概要［J］．中国核工业，2005（4）：22-24.

［37］李明．AP1000核电站主要电气系统设计特征［J］．吉林电力，2014，42（3）：15-17.

［38］Smith R I，Polentz L M. Technology，safety and costs of decommissioning a reference pressurized water reactor power station［R］. Battelle Pacific Northwest Labs.，Richland，WA（USA），1979.

［39］王洲．新一代钠冷快堆及特高温堆的研发［J］．核科学与工程，2008，28（3）：193-198.

［40］徐銤．中国实验快堆的安全特性［J］．核科学与工程，2011，31（2）：116-126.

［41］Gauthier J C，Brinkmann G，Copsey B，et al. Antares：The HTR/VHTR project at framatome anp［J］. Nuclear Engineering and Design，2006，236（5）：526-533.

［42］Kunitomi K，Yan X，Nishihara T，et al. JAEA's VHTR for hydrogen and electricity cogeneration：GTHTR300C［J］. Nuclear Engineering and Technology，2007，39（1）：9-20.

［43］欧怀谷，李富，张良驹，等．核反应堆功率控制系统的数字化实现［J］．原子能科学技术，2004，38（1）：1-5.

［44］周贤玉．核燃料后处理工程［M］．哈尔滨：哈尔滨工程大学出版社，2009.

［45］夏祖讽，王明弹，黄小林，等．百万千瓦级核电厂安全壳结构设计与试验研究［J］．核动力工程，

2002，23（1）：123 - 129.

[46] 叶成，郑明光，韩旭，等.AP1000 核电站非能动安全系统的比较优势［J］. 原子能科学技术，2012，46（10）：1221 - 1225.

[47] 徐志新，奚树人，曲静原.核事故应急决策的多属性效用分析方法［J］. 清华大学学报：自然科学版，2008，48（3）：445 - 448.

[48] Yasunari T J，Stohl A，Hayano R S，et al. Cesium - 137 deposition and contamination of Japanese soils due to the Fukushima nuclear accident［J］. Proceedings of the National Academy of Sciences，2011，108（49）：19530 - 19534.

[49] Handford H A，Mayes S D，Mattison R E，et al. Child and parent reaction to the Three Mile Island nuclear accident［J］. Journal of the American Academy of Child Psychiatry，1986，25（3）：346 - 356.

[50] 王捷，周惠忠，汤全法.HTR—10 主氦风机性能试验研究［J］. 高技术通讯，2002，12（11）：96 - 100.

[51] 邹德宝.高温气冷堆核电站示范工程主氦风机技术概述［J］. 防爆电机，2011，46（4）：5 - 7.

[52] 张平，于波，徐景明.核能制氢技术的发展［J］. 核化学与放射化学，2011，33（4）：193 - 203.

[53] Chang J H，Kim Y W，Lee K Y，et al. A study of a nuclear hydrogen production demonstration plant［J］. Nuclear Engineering and Technology，2007，39（2）：111 - 122.

[54] Yildiz B，Kazimi M S. Nuclear energy options for hydrogen and hydrogen - based liquid fuels production［R］. Massachusetts Institute of Technology. Center for Advanced Nuclear Energy Systems. Nuclear Energy and Sustainability Program，2003.

[55] Current status，technical feasibility and economics of small nuclear reactors［R］. OECD Nuclear Energy Agency，2011.

[56] Kuznetsov V. IAEA activities for innovative small and medium sized reactors (SMRs)［J］. Progress in Nuclear Energy，2005，47（1）：61 - 73.

[57] 刘晓壮.国内外部分小型压水堆安全特性比较分析［J］. 核安全，2015，14（1）：56 - 59.

[58] 曲静原，张琳，黄挺.小型堆研发及核应急准备进展［J］. 科技导报，2013，31（35）：71 - 75.

[59] TerraPower，TerraPower and the traveling wave reactor［R］. IANS Meeting，Idaho Falls，Idaho，2013.

[60] 张一鸣，曾丽萍，沈欣媛，等.ITER 计划与聚变能发展战略［J］. 核聚变与等离子体物理，2013（4）：359 - 365.

[61] Aymar R，Barabaschi P，Shimomura Y. The ITER design［J］. Plasma Physics and Controlled Fusion，2002，44（5）：519.

[62] Rice J E，Ince - Cushman A，Eriksson L G，et al. Inter - machine comparison of intrinsic toroidal rotation in tokamaks［J］. Nuclear Fusion，2007，47（11）：1618.

[63] Wagner F, Becker G, Behringer K, et al. Regime of improved confinement and high beta in neutral-beam-heated divertor discharges of the ASDEX tokamak [J]. Physical Review Letters, 1982, 49 (19): 1408.

[64] 董家齐，严龙文，段旭如．中国环流器二号 A（HL-2A）实验进展 [J]．科技导报，2007，25 (16)：61-67.

[65] 毕延芳．EAST 装置 15kA 高温超导电流引线研发 [J]．低温物理学报，2005，27 (1)：1074-1079.

第 6 章

风力发电技术现状与发展趋势

风力发电是近年来世界范围内发展迅速的新型能源发电形式，目前在中国风力发电装机容量仅次于火力发电和水力发电，是近十余年发展而来的中国第三大发电形式。风力发电属于清洁可再生能源发电，与水力发电类似，也明显依赖于自然资源。

作为新型能源发电，风电技术目前仍然处于高速发展和不断更新的阶段，高空风电和漂浮式风电等一些新形式的风电也在不断涌现。本章首先对风能资源和风电产业进行了介绍，随后详细分析了风电的资源评价、风机设计、风机系统、海上风电等方面的技术现状。本章对于功率预测、超大型风机、微型风机、高空风电、漂浮式风电等前沿技术进行了归纳分析，提出了风力发电未来的产业预测和技术路线。

第1节　风力发电产业概况

一、风能利用历史与资源特点

风能（wind energy）是由于太阳辐射造成地球各部分受热不均匀，引起大气层中温度和压力分布差异，导致空气运动而产生的能量，属于可再生能源。

风能资源储量巨大，根据气象研究，世界可利用的风能功率约为20TW，约为水能功率的十倍，年可利用能量可以达到约53 000TWh。风能是可再生能源，分布广泛但能量密度较低，约为水能能量密度的1/800。

风能作为一种天然存在的能源，在人类历史早期就已经通过风车、帆船等方式得到利用。古代的埃及、中国、巴比伦、波斯在公元前，就开始利用风车灌溉农作物和加工食物，风帆也开始用于船只航行。

13世纪风车传入欧洲，成为重要的动力来源。荷兰将风车应用于莱茵河流域的汲水，随后又应用于榨油、锯木等多种用途。随着18世纪工业革命和蒸汽机的出现，欧洲风车急剧减少，风能利用技术发展缓慢。

1970年代石油危机后，风能作为清洁可再生能源，又开始受到人们关注。随着能源技术的不断发展，风能作为重要的可再生能源，逐步得到了更先进、更高效、更多用途的开发利用。风能的利用技术，已经发展成为综合性的工程技术类别，风能可以通过各种途径转化为机械能、热能、电能等。

风能资源受到地区、季风、地形等多重因素影响，风能发电领域侧重关注风能资源的风能密度和可利用小时数。风能密度是单位迎风面积可以获得的风功率，与风速的三次方和空气密度成正比。在风能资源普查中，根据风能密度不同将风能资源分为贫乏区（小于50W/m^2）、一般区（50～100W/m^2）、较丰富区（100～150W/m^2）和丰富区（大于150W/m^2）。

国际上对于风能资源的划分主要有IEC（International Electrotechnical Commission）、GL、DIBt三大标准，如表6-1所示。由于空气密度的变化幅度和影响程度，都显著小于风速的变化幅度和影响程度，所以三大标准主要根据风速划分一～四类风区。

表 6 - 1　　　　国际三大标准的风区分类

标准风区	平均风速（m/s）			年最大风速（m/s）			年最大阵风（m/s）			50 年最大风速（m/s）			50 年最大阵风（m/s）		
IEC 一类	10.00			37.50			52.50			50.00			70.00		
IEC 二类	8.50			31.90			44.60			42.50			59.50		
IEC 三类	7.50			28.10			39.40			37.50			52.50		
IEC 四类	6.00			22.50			31.50			30.00			42.00		
GL 一类	10.00			40.00			56.00			46.50			65.10		
GL 二类	8.50			34.00			47.00			39.53			55.34		
GL 三类	7.50			30.00			42.00			34.88			48.83		
GL 四类	6.00			24.00			33.60			27.90			39.10		
	40m	50m	60m	40m	50m	60m	40m	50m	60m	40m	50m	60m	40m	50m	60m
DIBt 一类	4.43	4.59	4.72	24.27	25.15	25.89	33.08	33.90	34.59	30.33	31.44	32.37	41.35	42.38	43.23
DIBt 二类	5.53	5.73	5.90	27.56	28.57	29.41	36.90	37.82	38.58	34.45	35.71	36.76	46.12	47.27	48.23
DIBt 三类	7.74	8.03	8.26	31.96	33.12	34.10	42.68	43.74	44.62	39.95	41.40	42.62	53.34	54.67	55.78
DIBt 四类	8.85	9.17	9.44	36.75	38.09	39.21	47.71	48.89	49.88	45.94	47.61	49.02	59.63	61.12	62.35

在三大标准中，中国风电产业更多采用 IEC 标准，其中一类风区的风能资源最优，四类风区的风能资源最差。根据 IEC 61400 标准，湍流强度方面还可以根据强弱分为 A、B、C 三级，风速 15m/s 相应的参考湍流强度依次为 0.16、0.14、0.12。在风能资源的开发历程中，通常一类和二类风区的风能资源得到优先开发。目前中国二类以上的陆上风能资源已经达到较高的开发比例。

二、 中国风能资源概况

国内外多个机构，包括中国气象局、中国气候中心、中国风能协会、中国科学院、联合国环境署等，都对中国风能资源进行过多次调研、计算和评估。不同风能资源评价中，对于中国风能资源的地区分布的分析较为一致，但对总量的判断差别较大，主要原因是评价方法、数据来源、选取高度等存在着较大差异。

综合各方面研究，一般认为中国陆地上离地面 10m 高度处，平均风功率密度约为 $100W/m^2$，风能资源理论储量超过 4000GW，技术可开发量超过 300GW，风能资源丰富区（风能密度大于 150W/m^2）的陆地面积超过 20 万 km^2。

中国海上风能资源方面，在不考虑海域其他用途的情况下，技术可开发量约为 600～2000GW。综合陆地和海上的风能资源，总技术可开发量处于 1000～2000GW 范围，即 10 亿～20 亿 kW。2016 年中国发电总装机容量为 16.46 亿 kW，风电装机容量为 1.49 亿 kW。风电的技术可开发量与总装机容量相近，而 2016 年风电已开发利用比例约为 10%。

中国风能资源的地域和季节特点包括：北方地区风力较强，南方地区风力较弱；平原地区风力较强，丘陵山地风力较弱；冬季春季风力较强，夏季秋季风力较弱；沿海地区电力负荷高，而陆上风能资源较少；西北地区风能资源丰富，而电力负荷较低，大规模开发对电网建设要求较高。

中国风能资源丰富的地区如下：

（1）东南沿海及岛屿，是中国最大的风能资源区，有效风能密度为 200～500W/m^2，年可利用小时数为 7000～8000h。但东南沿海的风能从海岸向陆地延伸时，风能密度快速下降，50km 处减少一半，100km 处下降至 50W/m^2，反而成为中国风能最弱的地区。这一风能资源区的代表性地区包括福建台山、平潭和浙江南麂、大陈、嵊泗等沿海及岛屿。

（2）内蒙古与甘肃北部，处于西风带控制，风能密度为 200～300W/m^2，年可利用小时数为 5000～7000h。这一区域的风能密度从北向南逐渐减小，但减小梯度小于东南沿海。代表地区包括阿拉山口、达坂城、辉腾锡勒等。

（3）东北地区和辽东半岛沿海，风能密度也在 200W/m^2 以上，大于或等于 3m/s 和 6m/s 风速的全年累积时数分别为 5000～7000h 和 3000h。

风能资源较丰富区和一般区中，青藏高原的风速较高，但高海拔造成空气密度较小，因此相同风速下风能密度小三分之一左右。中国风能资源较丰富区和一般区，可以作为风能季节利用区，在冬春季或夏秋季开展风能利用。该类地区风能密度为 50～100W/m^2，可利用风力约为 30%～40%，大于或等于 3m/s 和 6m/s 的风速全年累积时数分别为 2000～4000h 和 1000h。

风能资源贫乏区，包括云贵川、甘南陕南、广东广西内陆、中部地区、塔里木盆地等，有效风能密度小于 50W/m^2，可利用风力仅有 20%左右。四川盆地和西双版纳的全年静风频率高于 60%，无风能开发价值。

三、 世界风电产业概况

世界风电产业近年来整体发展迅速，根据全球风能理事会（GWEC）统计，2016 年世界风电新增装机容量为 54.6GW，累计装机容量达到 486.7GW，如图 6-1 所示。中国风电新增装机容量和累计装机容量由中国风能协会（CWEA）统计，装机容量均为吊装容量，与中国电力企业联合会统计的并网容量存在一定差异。

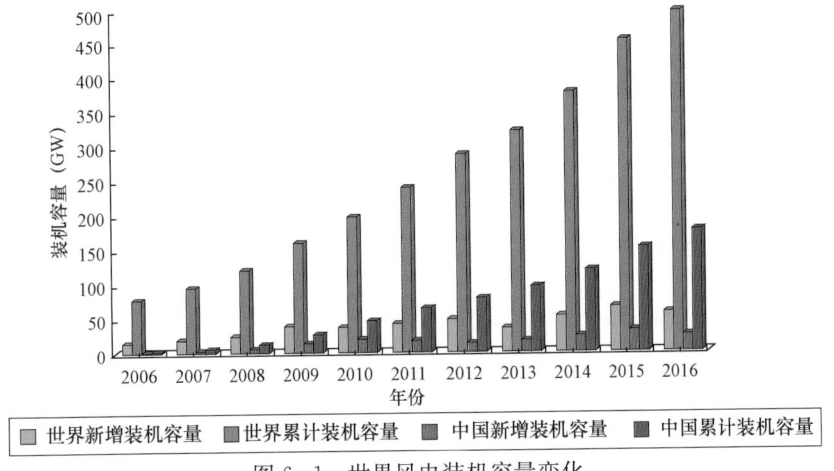

图 6-1　世界风电装机容量变化

数据来源：全球风能理事会（GWEC）、中国风能协会（CWEA）。

如图 6-2 和图 6-3 所示，2016 年中国新增装机容量占世界新增装机容量约 40%，而累计装机容量已于 2015 年超过欧盟，2016 年占世界总量的三分之一，成为世界上最大的风电国家。

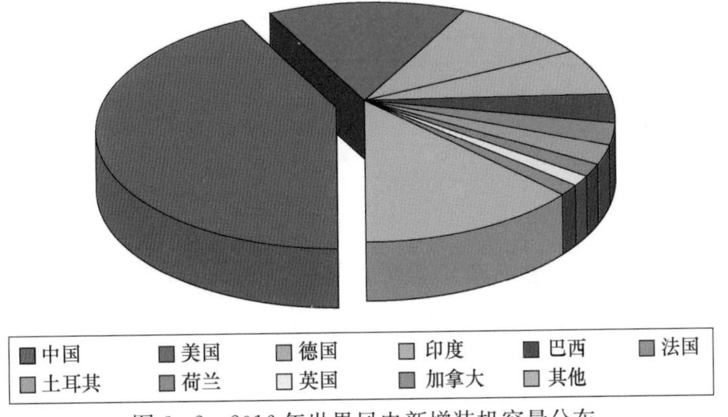

图 6-2　2016 年世界风电新增装机容量分布

数据来源：全球风能理事会（GWEC）。

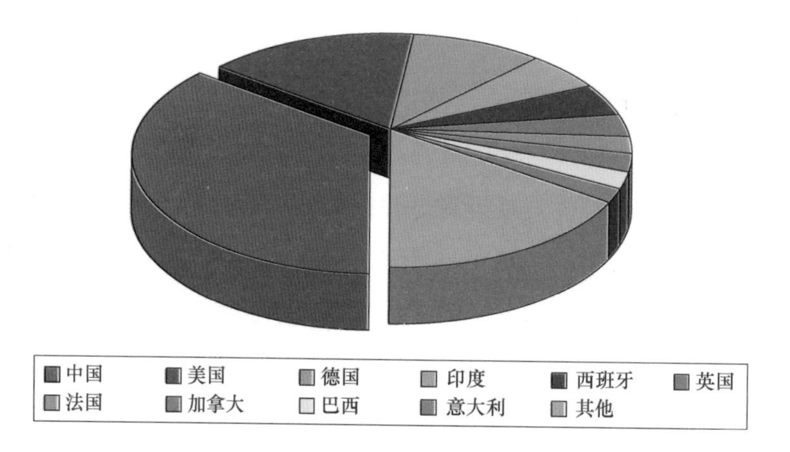

图 6－3　2016 年世界风电累计装机容量分布

数据来源：全球风能理事会（GWEC）。

陆上风电和海上风电的装机容量比例方面，2015 年世界陆上风电新增装机容量比例为 95％，累计装机容量比例为 97％；海上风电新增装机容量比例为 5％，累计装机容量比例为 3％。2015 年世界海上风电新增装机容量达 3.4GW，增速显著高于陆上风电。其中欧洲海上风电新增装机容量为 3.1GW，占世界海上风电新增装机容量的 91％；德国海上风电新增装机容量为 2.3GW，占世界海上风电新增装机容量的 67％，占欧洲海上风电新增装机容量的 75％。

近两年来，德国、英国等欧洲国家的海上风电新增装机容量非常可观，占据了海上风电的领先地位，中国、韩国等亚洲国家的海上风电装机容量也在逐步增长。预计到 2020 年，世界海上风电累计装机容量将达到 25～35GW，相比 2015 年增加 1～2 倍。其中，到 2020 年预计欧洲海上风电累计装机容量将达到 25～30GW，亚洲海上风电累计装机容量将达到 5～10GW。

四、 中国风电产业概况

2016 年中国风电开发企业的累计装机容量如图 6－4 所示。2016 年中国新增装机容量排名前十的风电开发企业的新增装机容量之和，占比达到 58.8％；累计装机容量排名前十的风电开发企业的累计装机容量之和，占比达到 69.4％。“十三五”期间，风电产业集中度将进一步提升，一批规模较小、技术落后、效益较差的中小型风电制造和开发企业将面临淘汰，一批规模较大、竞争力强、创新驱动的行业龙头企业将逐步涌现。

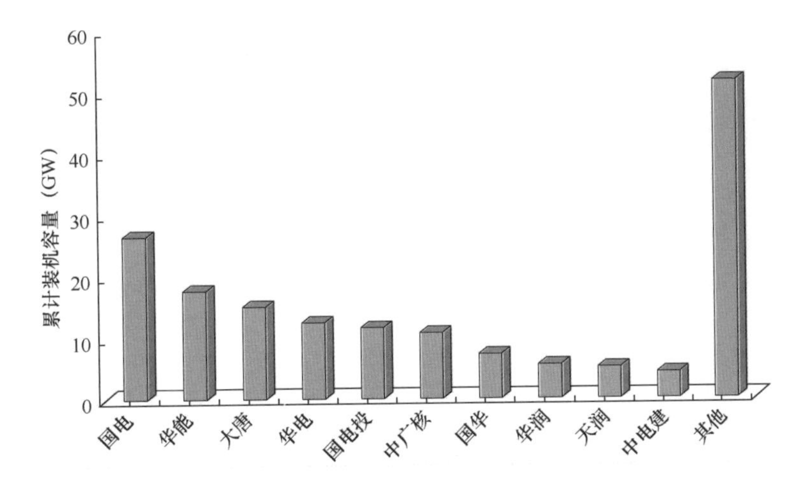

图6-4 2016年中国风电开发企业累计装机容量

数据来源：中国风能协会（CWEA）。

由图6-5可知，2016年中国风电累计并网装机容量的地区分布，与风能资源丰富的地区基本一致，内蒙古与甘肃北部是中国风电累计装机容量最高的地区，辽东半岛、山东半岛、新疆、河北等地区风电装机容量也处于较高水平，而东南沿海及岛屿具有丰富的风能资源，但目前开发程度相对有限。

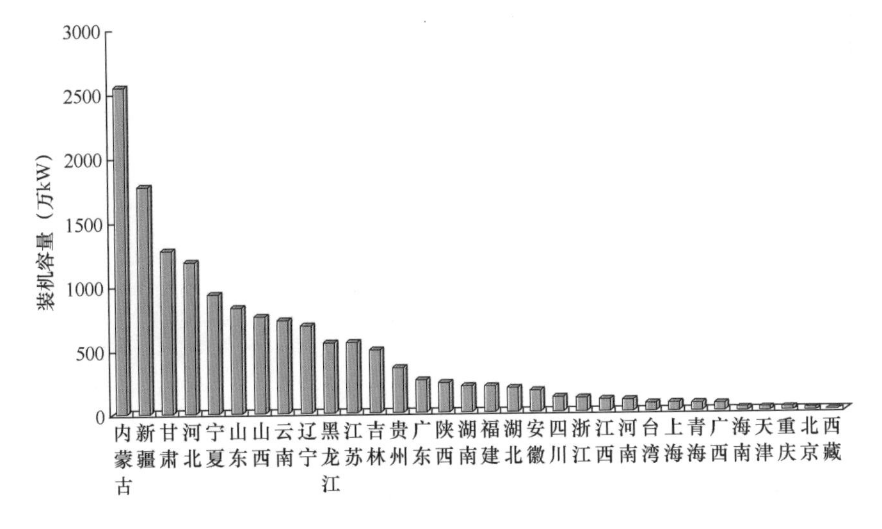

图6-5 2016年中国风电装机容量地区分布

数据来源：国家统计局、中国电力企业联合会。

海上风电产业方面，2016年中国海上风电累计装机容量占世界海上风电总装机容量的11.3%，落后于英国（35.8%）和德国（28.6%）。2016年海上风电累计装机容量仅占中国风电总装机容量的约1%，滞后于中国风电产业整体规模水平。中国海上风电产业在近两年发展迅速，装机容量如图6-6所示。随着新增装机容量的快速增长，中国海上风电产业规模有望在“十三五”期间赶超欧洲，海上风电累计装机容量占风电总装机容量的比例，有望在2020年达到3%～5%水平，与世界平均水平接近。

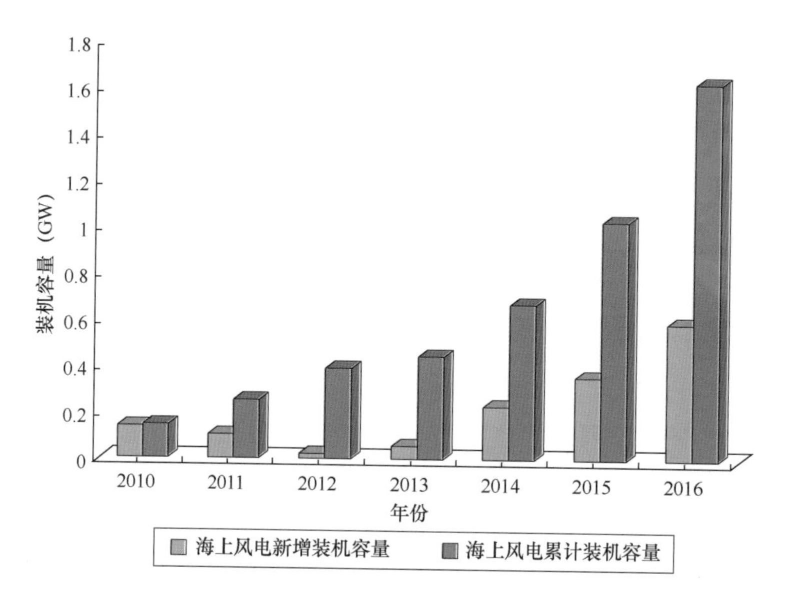

图6-6 中国海上风电装机容量

数据来源：中国风能协会（CWEA）。

第2节 风力发电技术现状

一、风能资源评价

风能资源受到地区、气候、季风、地形、天气等多重因素影响，风能资源本身也包含风力、风速、风向、风能密度、湍流强度、可利用小时等多个评价指标，因此风能资源的评价方法较为多样。

气象学中的风力概念，是指风吹到物体上所表现出的力量的大小。根据风吹到地面或水面的物体上所产生的各种现象，风力分为13个等级，最小为0级，最大为12级，如表6-2所示。蒲福（Beaufort）风力等级F与风速v的关系为$v=0.835F^{1.5}$。

表6-2　　风力等级

风级	名称	风速（m/s）	风级	名称	风速（m/s）	风级	名称	风速（m/s）
0	无风	0.0～0.2	6	强风	10.8～13.8	12	飓风	32.7～36.9
1	软风	0.3～1.5	7	疾风	13.9～17.1	13	—	37.0～41.4
2	轻风	1.6～3.3	8	大风	17.2～20.7	14	—	41.5～46.1
3	微风	3.4～5.4	9	烈风	20.8～24.4	15	—	46.2～50.9
4	和风	5.5～7.9	10	狂风	24.5～28.4	16	—	51.0～56.0
5	劲风	8.0～10.7	11	暴风	28.5～32.6	17	—	56.1～61.2

根据中国气象局2001年发布的《台风业务和服务规定》和2012年发布的《风力等级》国家标准，根据标准气象观测场10m高度处的风速大小、风力等级进一步划分为18个等级。

风能资源划分的IEC、GL、DIBt三大国际标准，主要根据风速划分一～四类风区。以IEC平均风速为例，一、二类风区的平均风速相当于5级风力，而三、四类风区的平均风速相当于4级风力。

风电开发中，一、二类风能资源通常优先开发，中国一、二类风能资源的开发也已经基本完成。对于三、四类风能资源，前沿技术重点关注开发低风速风机技术，充分利用广泛存在的三、四类风能资源。

风能湍流强度定义为标准风速偏差与平均风速的比率，采用同一组测量数据和规定的周期进行计算。根据2005年版IEC 61400-1标准，风能的湍流强度分为A、B、C三级，风速15m/s相应的参考湍流强度I_{15}依次为0.16、0.14、0.12。

湍流强度指标是风能资源的重要评价指标，是影响风电机组安全等级和设计标准的重要参数。根据湍流强度的不同，风机的型号、塔架、位置、间距、尾流都会有所不同，还可能需要进行风电机组疲劳载荷计算，避免湍流强度过高造成疲劳载荷过大和机组寿命减少。

风能密度是单位迎风面积可以获得的风功率，与风速的三次方和空气密度成正比。在风能资源普查中，根据风能密度不同将风能资源分为贫乏区（小于50W/m²）、一般区（50～100W/m²）、较丰富区（100～150W/m²）和丰富区（大于150W/m²）。风能密度可以较好地综合评价风能资源，对于开发风能资源和推进风电产业具有指导作用。

可利用小时数方面，欧美等风电技术发达国家，风电可利用小时数可以达到4000h左右。根据中国气象科学研究院的中国风能资源区划，风能丰富区在风速不低于3m/s时，年可利用小时数为5000～6000h；风能较丰富区在风速不低于3m/s时，年可利用小时数为4000～5000h；风能一般区在风速不低于3m/s时，年可利用小时数为2000～4000h；风能贫乏区的年可利用小时数低于2000h。

从风能资源角度看，中国可利用小时数与国外持平，但由于风机技术的差距，以及政策导向和弃风限电等多重因素影响，目前仍有相当多的风电机组的年可利用小时数仅为1000～2000h，没有充分地利用风能资源。

总体来看，风能资源总量的评价指标分为理论蕴藏量、技术可开发量和经济可开发量。通常技术可开发量为理论蕴藏量的1%～10%，而经济可开发量为技术可开发量的10%左右。

陆上风能资源方面，1984～1987年中国第二次风能资源普查得出，陆上风能资源的理论蕴藏量为32.3亿kW，技术可开发量为2.53亿kW。2004～2005年中国第三次风能资源普查得出，陆上风能资源的理论蕴藏量为43.5亿kW，技术可开发量为2.97亿kW。

综合其他各方研究结果，目前可以大致认为中国陆上风能资源的理论蕴藏量超过40亿kW（4000GW），技术可开发量超过3亿kW（300GW）。综合考虑50、70m高度风机位置的风能情况，目前技术可开发量约为6亿～10亿kW（600～1000GW）。

海上风能资源方面，中国气象局、中国科学院地理研究所等机构通过数值模拟、卫星遥感等方法，估算了中国海上风能资源的技术可开发量约为6亿～20亿kW（600～2000GW）。但考虑到大量沿海海域用于航运、渔业、养殖、旅游、工程、国防、海洋能发电等用途，可以用于海上风电的面积根据国务院批准的《全国海洋功能区划》约为20%，目前较为合理、实际的技术可开发量约为1.5亿～4亿kW（150～400GW）。

综合中国的陆地和海上风能资源，技术可开发量之和处于10亿～20亿kW（1000～2000GW）范围。再根据经济可开发量约为技术可开发量10%的水平估算，中国风能资源的经济可开发量约为1亿～2亿kW。“十三五”期间中国风电装机容量处于1亿～2亿kW范围，与经济可开发量相当。

结合实际情况，中国陆上一、二类风能资源的开发已基本完成，三、四类风能资源在技术不完善的情况下，开发尚不经济。海上风能资源开发正在快速推进，但占风电总装机容量的比例仍然较低。因此，针对当前的技术水平和风电上网电价，经济可开发量处于1亿～2亿kW范围的判断基本准确。

当然，随着低风速风机技术的发展、三四类风能资源利用效率的提高、海上风电技术的成熟、风机建设成本和运行成本的下降、国家清洁可再生能源政策的调整等影响因素的变化，风能资源的技术可开发量和经济可开发量都将逐步上升，并相应带动风电装机容量的增长。

二、 风场参数测量

根据风能资源情况，确定了风电机组的大致位置和总体规模后，还需要对风场的具体参数进行实地测量和详细分析，从而制定风场的风电机组建设方案。

针对风场测量，国家发布了GB/T 18709—2002《风电场风能资源测量方法》，其中规定了风速、平均风速、极大风速、轮毂高度等定义，并规定了测量位置的条件和数量。

标准中风速方面的测量参数，包括10min平均风速、小时平均风速、极大风速；风向方面的测量参数，包括风向采集、风向区域；其他测量参数还包括风速标准偏差、气温、大气压等。测量仪器方面，标准规定的测量仪器包括测风仪、大气温度计、大气压力计等。其中测风仪又包括风速传感器、风向传感器和数据采集器等。

随着测量技术的发展，新型测量技术或其他领域的测量技术也开始用于风场测量，包括多普勒声雷达、微波雷达和激光雷达等。多普勒声雷达可以测量低空的地风廓线，并通过折射率测量湍流参数量廓线，具有质量轻、精度高、可移动、易维护等优点。微波雷达通过发射微波脉冲探测大气风廓线，也是目前主要的风速测量系统之一。测风激光雷达通过发射激光脉冲进行测量，具有较高的测量精度，并分为相干探测激光雷达和非相干探测激光雷达。

风场测量开始前，首先要获得和分析风场的地形、气候、风速、风向等基本情况，指导测量工作开展。随后按照标准规定的方法和流程，开展风场测量工作。测量完成后，按照标准给出的报告格式，完成数据整理报告。

获得风场测量数据后，还需要对风场的风能资源进行下一步的评估分析。相应的国家标准为GB/T 18710—2002《风电场风能资源评估方法》，标准规定了风能密度、风功率密度、风速分布、威布尔分布、瑞利分布、风切变、风切弯幂律、风切变指数、湍流强度等定义。

GB/T 18710—2002规定，首先需要对测量数据进行检验，包括完整性检验和合理性检验，随后进行数据订正和数据处理。数据处理中，重点关注平均风速和风功率密度、风速和风能频率分布、风向频率和风能密度方向分布、风切变指数和湍流强度等参数。

其中，风功率密度是风场的重要综合指标，中国将风功率密度分为7个等级，3级及以上可以用于风电开发，7级为最优风能资源，如表6-3所示。风速和风能频率分布方面，较好的情况是两者的日变化、年变化等，与电网的负荷曲线变化趋势基本保持一致，这样可以最大程度地消纳风电。

表6-3　　风功率密度等级

风功率密度等级	10m高度		30m高度		50m高度	
	风功率密度（W/m^2）	年平均风速参考值（m/s）	风功率密度（W/m^2）	年平均风速参考值（m/s）	风功率密度（W/m^2）	年平均风速参考值（m/s）
1	<100	4.4	<160	5.1	<200	5.6
2	100～150	5.1	160～240	5.9	200～300	6.4
3	150～200	5.6	240～320	6.5	300～400	7.0
4	200～250	6.0	320～400	7.0	400～500	7.5
5	250～300	6.4	400～480	7.4	500～600	8.0
6	300～400	7.0	480～640	8.2	600～800	8.8
7	400～1000	9.4	640～1600	11.0	800～2000	11.9

风向频率及风能密度方向分布方面，在绘制的风能玫瑰图上最好有一个明显的主导风向，或两个方向相反的主风向。地形上，在山区的主风向与山脊走向垂直为最好。方向分布和地形，将共同影响风电场的机组位置排列。

湍流强度I_T在0.10及以下时，湍流相对较小；湍流强度I_T在0.10～0.25时，湍流强度中等；湍流强度I_T大于0.25时，湍流强度较大，将对风机带来不利影响。湍流强度高于风机的对应等级时，会产生超限载荷，将降低输出功率并缩短机组寿命。

此外，风能资源评估中还需要考虑极端天气对于风机的影响。对于一些极端天气条件需要进行详细评估，如最大风速超过40m/s或极大风速超过60m/s，气温低于−20℃，积雪、积冰、雷暴、盐雾或沙尘多发等情况。

三、风机设计技术

风机是风力发电中可以独立运行的最小单元，风机技术是风电技术的主体内容。风电与水电、太阳能发电等，在时间、空间上都明显依赖于客观自然条件，但风能不像水能一样可以通过水坝调节和蓄水，又不像太阳能一样变化规律基本固定、计算相对简单。风能不易储存、间歇性强、规律不明显，而且受到地形、天气、高度等影响明显，客观自然条件复杂而且无法调节。因此，风电技术的进步更多依赖于风机技术的进步。

风机整体设计的主要目标，是实现高效率、低成本、高可靠性、维护简单、生态友好的风力发电。风机首先需要根据用途、技术、材料、加工、经济、运输、维护、报废等约束条件，选定基本参数，完成概念设计。

概念设计阶段，首先需要确定风机的规格和结构。规格方面主要涉及风机额定功率和几何外形的设计，包括叶片、塔架、机舱等部分。结构方面包括土建设计、机械系统、传动系统、电气系统、控制系统等部分设计。

完成概念设计后，需要对风机的外形、质量、效率、成本、可靠性、部件供应、施工难度、运行维护等方面进行全方位评估。同时需要建立数学模型，进行多项数值模拟，分析流场、尾流、受力、载荷、振动、疲劳、寿命等方面情况，并反馈意见建议，对概念设计进行修改完善，再进入详细设计阶段。

详细设计阶段，需要通过大量计算分析、数值模拟、试验室测试和现场试验，完成风机的细节设计。详细设计阶段完成后，风机进入加工制造、安装测试阶段，并根据运行维护情况不断调整更新设计，最终满足风机设计的主要目标。

四、风机功率与参数选型

风机额定功率方面，主要考虑技术和经济两方面因素，在满足设计目标和市场定位的范围内选择最优性价比的单机容量。总体来看，2000 年前后 1MW 单机容量风机是风力发电主流，而 2008 年前后世界上风机的主流单机容量为 1.5MW。到 2015 年 2MW 单机容量风机已经成为国际主流，并逐步向着 3MW 单机容量方向发展。随着海上风电对于大容量风机的需求增长，近年来 6MW 及以上的风电机组也开始投入运行。

风机功率的参数选择方面，首先需要进行风能功率计算。风能功率的表达式为

$$E = \rho S v^3/2$$

式中：ρ 为空气密度；S 为通流截面积；v 为风速。

1926 年，德国学者贝兹建立了风机气动理论，认为在气流均匀、完全轴向、无限叶片、零流动阻力等完全理想的情况下，风机的理论最高效率为 0.593。因此，风机只能获取风能功率中的一部分，其余能量通过尾流旋转动能等形式不可避免地损失。

因此，风机输出功率表达式为

$$P = C_p \rho S v^3/2$$

式中：C_p为输出功率系数，小于 0.593。

C_p随着风速、转速和叶片参数如攻角、桨距等的变化而变化。可以看出，自然条件、塔高和叶轮直径不变时，提升风机功率和效率的关键点在于提升 C_p。

周速比也称叶尖速比，是指叶尖速度与风速的比值，是影响 C_p的重要参数。周速比通常用 λ 或 K_{TSR}表示，表达式为

$$\lambda = 2\pi rn/v = \omega r/v$$

式中：r 为风轮半径；n 为风轮转速；ω 为风轮角速度。

通常情况下，r 处于 5～100m 范围，n 处于 5～50r/min 范围，v 处于 1～30m/s 范围，周速比 λ 一般处于 0～20 范围，而输出功率系数 C_p目前可以达到 0.45 或更高水平。输出功率系数 C_p和周速比 λ 的变化关系可以绘制成曲线，当 C_p达到最高值时的 λ 称为最佳周速比 λ_{opt}。

理论上 C_p与 λ 的关系曲线呈现为渐开线，λ 接近 6 时 C_p达到极值为 0.593，而随后 C_p趋于稳定。实际中 C_p与 λ 的关系曲线呈现为抛物线，最佳周速比 λ_{opt}两侧的 C_p都逐步降低。典型的最佳参数如两叶片 $\lambda_{opt}=11$、$C_{pmax}=0.45$，三叶片 $\lambda_{opt}=5.5$、$C_{pmax}=0.47$，荷兰四叶片 $\lambda_{opt}=2.5$、$C_{pmax}=0.16$，美国多叶片 $\lambda_{opt}=0.6$、$C_{pmax}=0.26$ 等。

除了周速比的影响外，叶片参数中的桨距也对输出功率系数 C_p 具有较为明显的影响。变桨距技术的主要内容是通过主动控制和调节桨距角 β，实现功率调节和效率提升，并克服早期定桨距、被动失速调节等技术的不足。

输出功率对桨距角的变化较为敏感，不同风速下，存在最佳桨距角使得效率最高，输出功率系数 C_p 最大。风速低于额定风速时，可以通过风速仪或功率输出信号的反馈来缓慢调节桨距角，实现最大输出功率系数，这也属于最大功率跟踪技术（MPPT）的一部分。风速高于额定风速时，变桨距技术可以有效调节吸收功率和叶轮载荷的关系，使得载荷不超过限定值，从而较好地保护风机。

桨距角的调节范围，通常接近并小于 90°。当风机启动时，可以采用较大桨距角，获得较大启动力矩。风机停机时，还可以采用“顺桨”的桨距角，减少风机载荷。

此外，大型风电场的单机功率较大、机组台数较多，机组排列时还需要考虑前方风机的尾流对于下游风机造成的扰流损失，从而更准确地计算输出功率和转换效率。

五、 风机叶片、 风轮、 塔架和机舱技术

额定功率确定后，几何外形设计的范围也大致确定。叶片是风机的主要运动部件，也是几何设计的重点。一般额定功率越大的风机，叶片长度也越长，目前叶片长度已经可以达到 100m 水平。叶片长度越长，扫风面积就越大，可以更充分地挖掘风能资源潜力，而相应的气动载荷也会上升，对于叶型、厚度、材料的要求也更高。

叶片开发是一项相当复杂、耗时和高成本的工作，目前风机企业更倾向于从专业叶片供应商采购成熟的叶片设计或叶片产品。叶片供应商之间随着高风险的激烈竞争，厂家数量也在不断下降。目前主要叶片厂家包括 LM、Vestas、Gamesa、Suzlon、Nordex、Siemens 等。

总体来看，叶片的研究发展方向是长度更长、质量更轻、强度更高、疲劳问题更少。叶片从早期的阻力型，逐渐过渡到目前的升力型。叶片材料也在不断进步中，从早期的普通碳钢、合金钢，发展为环氧树脂、玻璃纤维、碳纤维等，使得新型叶片的制造成为可能。碳纤维是目前最先进的叶片材料，但全部采用碳纤维成本过高，研

究和应用方面，更倾向于走碳纤维和玻璃纤维混合的技术路线。

叶片生产工艺方面，目前主要有预浸料和真空辅助灌注等工艺。预浸料工艺，是将树脂基体在严格控制的条件下浸渍连续纤维或织物，制成树脂基体与增强体的组合物，也是制造复合材料的中间材料。

预浸料的制备方法包括干法和湿法两种。干法预浸料外观较好，树脂含量控制精度高、力学性能好、质量稳定性高，但高温加热对模具要求较高，存在运输和储存成本；而湿法预浸料存在环境污染问题。真空辅助灌注也是较为常用的生产方式，技术关键在于优化流道设计、增强材料浸润的有效树脂分布。

桨叶方面的前沿技术，包括空心桨叶、后掠桨叶、厚翼桨叶、长寿命桨叶、分段叶片等技术。空心桨叶是通过叶片的中空结构来减少叶片质量，从而减少了自重带来的载荷，并使叶片可以承受相同等级的强风。后掠桨叶在强风时可以向后方倾斜，实现调节保护。

厚翼桨叶可以更好地提升风机性能，而长寿桨叶采用木材、环氧树脂、碳纤维等复合材料，使得风机寿命延长，厚翼桨叶和长寿桨叶都可以提升风机的经济性。分段叶片是针对风机大型化后叶片长度增加的情况而设计，从而减少叶片的制造、运输难度。分段叶片之间通过胶接、螺栓、法兰、锯齿、焊接、嵌套等方式连接。

风轮结构形式方面，主要分为水平轴和垂直轴两类，也称卧轴和立轴。人类很早就开始了风能利用，因此水平轴和垂直轴分别有多种形式。荷兰风车磨坊采用的四叶片水平轴风轮结构称为荷兰型。水平轴风轮还包括现代风机常用的螺旋桨型，以及具有数十个叶片的多翼型等。垂直轴风轮包括半圆筒型、灯笼型、陀螺仪型等。

目前风力发电机组基本采用螺旋桨型水平轴风轮结构，但也有部分风机采用垂直轴风轮结构。相比水平轴而言，垂直轴在高度和容量上可以更大，可以适应各种风向，但在占地面积、建设成本、发电效率、运行维护等方面存在不足，也使得垂直轴并没有成为风电机组的主流选择。

风轮上的叶片个数方面，目前主流风电机组大多采用三叶片，有少量风机采用两叶片。三叶片适用于较低的周速比（$\lambda=6$），效率较高，缺点是叶片造价相对其他部件较高，因此三叶片风机叶片成本的比例更高。两叶片适用于较高的周速比（$\lambda=11$），叶片成本比例较低，但运行中存在着惯性矩变化，带来的附加动态载荷需要采用辅助结构，因此应用相对较少。

安全风速方面，考虑到台风等极端情况，风机在概念设计阶段需要明确安全风速等级，用于指导风轮和叶片设计。IEC规定，风机的耐风速标准分为五个等级，分别为70m/s（50m/s）、59.5m/s（42.5m/s）、52.5m/s（37.5m/s）、42m/s（30m/s）和其他，括号内为10min平均风速。安全风速等级选取过低，会造成风机损坏；而安全风速选取过高，则会造成材料浪费和成本增加。

塔架是风机的支撑结构，主要对机械部件、发电系统起到支撑作用，并且具有较高的疲劳强度，可以承受和吸收风轮引起的振动载荷。塔架塔顶承受的载荷包括：水平推力 $F_y=4\rho\pi r^2 v^2/9$，竖向压力 $F_z=mg$，风轮和机舱重心与塔架轴线偏心所产生的俯仰力矩 $M_{x1}=F_z e$，以及风速分布不均匀所产生的俯仰力矩 $M_{x2}=8\rho\pi r^3(v_1^2-v_2^2)/81$。

塔架结构组成，包含塔架本体和塔架内饰件。塔架本体的形式包括拉线式、桁架式钢塔架、格构式钢塔架、圆筒式/锥筒式钢塔架/混凝土塔架等，目前较为主流的形式是圆筒式/锥筒式钢塔架。

塔架本体的内部一般为空心，而塔架内饰件设置在塔架本体内部。塔架内饰件包括：巡视检修辅助设施如爬梯、平台等设施，用于电力输送和信号传输的电缆、电缆梯等装置，以及机械和电气辅助设备等。

随着风机单机容量的不断增大，塔架的高度也在不断增加，使得风机可以更充分地利用高空中风速更大的优质风能资源。目前塔架质量约为风机总质量的50%，塔架成本约为风机总成本的15%～20%。塔架自振频率高于运行频率时称为刚塔，低于运行频率时称为柔塔。

风电机组的机舱外形几何设计，主要内容是机舱罩设计。机舱罩中包含发电机、变速箱、变流器、动定轴、控制柜、冷却设备等核心系统和部件，在复杂的环境条件下起到安全防护作用。机舱罩的设计制造工作，包括材料选型、模具制作、结构设计和成型过程等。

机舱罩材料方面，目前常见的兆瓦级风机的机舱罩长7～12m、宽3～4m、高4m，通常为方形机舱，也有蛋形机舱设计。由于机舱罩尺寸较大，难以整体成型制造，需要制作壳体后组装，目前质量轻、强度高的复合材料是主流选择。

考虑机舱功能和成本控制，目前玻璃钢是较为典型的机舱罩复合材料。玻璃钢密度小于碳钢的四分之一，但强度相当或更高。玻璃钢抗疲劳性好，在交变载荷作用下，微观裂缝形成扩展和低应力破坏少。玻璃钢耐腐蚀性好，是优良的绝缘材料和绝热材料，适合机舱罩的功能要求。玻璃钢可设计性好，工艺性能优良，成型简单。

目前玻璃钢材料的缺点，主要是弹性一般、容易磨损、长期耐热性差、容易老化等，但基本可以满足机舱罩材料成本较低和强度不高的要求。机舱罩成型工艺包括手糊、真空袋、LRTM、喷射等工艺。通常情况下，机舱罩要求尺寸大、成本低，适合选用手糊成型工艺。

机舱安装在机舱底盘，机舱底盘的主要作用是将载荷传递至塔架，保障动力系统的稳定运行。机舱底盘根据结构不同，可以分为厚壁平板结构、装配式结构和铸造结构。厚壁平板结构具有简单、稳定、成本低等优点，缺点是质量大，而且需要为齿轮箱、轴承箱等设计上层结构。装配式结构的质量轻，建设效率高，但缺点是焊缝存在疲劳强度问题。铸造结构综合了以上两种结构的优点，可以根据载荷分布优化结构、减轻自重、控制成本，不存在焊缝，稳定性较好，目前缺点主要是铸造生产设备的价格较高。

六、风机机械、传动、电气系统技术

风机的叶片、风轮、塔架和机舱的几何设计完成后，土建设计和机械系统方面相应地基本定型，余下的技术重点主要是叶片与转轴连接、机舱平台与塔架连接等问题。目前叶片与转轴连接方面，逐步采用类似于直升机螺旋桨的柔性结构连接，可以在强风时调整叶片减少载荷。

叶尖制动系统，也称叶尖刹车装置，是由翼尖桨叶、翼尖电磁制动器、辅助叶片制动器组成的系统，可以在强风时进行制动。采用叶尖制动系统的失速控制技术，具有控制程序简单等优点，但动态载荷较大，常用于定桨距风机，也称恒速恒频风机。

变桨距系统，是通过沿着桨叶的纵轴旋转叶片，改变入流角，从而控制风轮能量吸收的系统。变桨距系统的优点是启动性能好，功率输出稳定，停机安全简单；缺点是变桨距系统的机械装置部件复杂，造成故障率上升，控制程序也相对复杂。随着技术进步和市场发展，目前变桨距系统已经成为主流，应用于变速恒频双馈风机。变桨距系统根据三个叶片是否共同变化，分为共同变桨距系统和独立变桨距系统，根据驱动方式分为液压驱动和电动驱动两种。

风机的传动系统与电气系统紧密相关，按照形式不同分为非直驱风机和直驱风机。非直驱风机目前主要为变速恒频（VSCF）双馈风机，转速提升采用齿轮箱实现，转速可以从叶片常见转速（10～30r/min），上升至电动机的数千上万转速。

非直驱风机的齿轮箱通常采用多级齿轮箱，兆瓦级风机一般需要三级齿轮增速。一些厂家采用多级行星正齿传动，也有部分厂家采用行星齿轮配合螺旋齿轮传动。齿轮箱的自重较大，兆瓦级风机的齿轮箱质量约为10～20t。齿轮箱传动的缺点较为明显，包括摩擦和碰撞带来的效率损失、机械磨损、噪声问题、润滑问题，造成系统故障率高，维护复杂。优点是技术成熟简单，价格相对较低，而且配套的非直驱发电机的技术成熟、成本较低、自重较轻（5t左右）。

直驱风机也称无齿轮风机或低速发电机风机。直驱发电机采用多极发电机与叶轮直接连接，具有低风速下效率高、噪声小、寿命长、体积小、故障率低、运行维护简单低廉、电网接入性能优异等优点。

直驱风机的缺点在于直驱发电机的质量可达50t，约为非直驱发电机的十倍，约为非直驱发电机与齿轮箱质量之和的两倍。此外，直驱风机的低速风轮与发电机直接相连，冲击载荷也由发电机承受，对发电机和电气系统的要求较高。

直驱发电机转速较低，在输出电压频率不变时，转速与发电机绕组的极数成反比，因此直驱发电机一般极数较多（100极左右）、质量和体积较大。直驱发电机维护时，需要整机吊装维护，而且永磁材料和稀土元素使用较多，成本相对较高。

历史上双馈和直驱两种技术同时出现，但双馈技术由于技术成熟稳定，占据了传统风机市场的主要份额。根据GE、Vestas、Siemens、金风等厂家情况和市场反馈来看，陆上风电更倾向于采用非直驱的双馈技术，海上风电目前也部分采用带齿轮箱的非直驱风机。

当然直驱技术也在不断成熟之中，近年来随着功率变化技术取得突破，直驱风机比例由早期的10%～15%，上升至目前的接近50%。学者认为未来直驱风机比例有望达到90%，从而取代非直驱风机成为风电市场的主流。海上风电方面，齿轮箱的后期维护工作开展困难，磨损部件也容易出现腐蚀问题，因此更倾向于采用直驱技术。近年来世界和中国的海上风电装机容量比例都在不断上升，可以预见未来直驱风机的比例也有望进一步上升。

七、 风电自动化控制算法与技术

风电自动化控制的算法方面，目前最大功率跟踪技术（MPPT）属于风电和光伏领域的研究热点，并且可以应用于风光互补发电系统。最大功率跟踪技术（MPPT）的原理，是根据输出功率系数 C_p 随着叶尖速比 λ 和桨距角 β 的变化曲线，寻找 C_p 的最大值 C_{pmax}。通常 C_p 随着 λ 增大将先增大后减小，随着 β 增大而减小。

风机运行于最佳工况点 λ_{opt}、C_{pmax} 时，风速与转速关系为 $v=\omega r/\lambda_{opt}$，风机功率达到相对应的转速（风速）下的最大值。将不同转速（风速）下的最大功率点 P_{opt} 相连，可以得到最大功率曲线 $P_{opt}(\omega)$ 或 $P_{opt}(v)$。相应的表达式为：$P_{opt}=C_{pmax}\rho Sv^3/2$ 和 $P_{opt}=C_{pmax}\rho\pi r^2\omega^3 r^3/2\lambda_{opt}^3=C_{pmax}\rho\pi r^5\omega^3/2\lambda_{opt}^3=4C_{pmax}\rho\pi^4 r^5 n^3/\lambda_{opt}^3$。可以看出，最大功率值与转速、角速度、风速的三次方，均呈正比关系。

最大功率跟踪技术，就是在外界风速变化时系统自动控制和调整风机转速，使得功率点保持在最大功率曲线上，从而充分利用风能。控制算法中，常见的算法包括最优叶尖速比法、功率信号反馈法、爬山搜索法、三点比较法、占空比扰动法、模糊控制法、极值法等。

最优叶尖速比法将监测的风速和转速输入，计算得到实时 λ 并与 λ_{opt} 对比，差值被反馈至控制器，并通过调整转速获得最大功率。这种算法的优点是原理简单、实现容易、反馈控制速度快，缺点是需要预先获得风机的 λ_{opt}，并且效果依赖于风速、转速的测量精度。

功率信号反馈法是利用测得的转速，并根据最大功率曲线 $P_{opt}(\omega)$，与实时功率进行对比来寻找最大功率转速。功率信号反馈法的优点是只需要测量转速，容易实现而且精度较高。缺点是需要预先获得风机的最大功率曲线，并且随着机组老化，精度将难以保证。在风速频繁变化时，仅依靠转速寻找最大功率还存在滞后和波动问题，将带来能量损失。

爬山搜索法的特点是无需测量风速，也无需预先获得特定风机的特性曲线，因此通用性和适应性较好，目前在风电领域应用广泛。该方法通过检测角速度（转速）的扰动 $\Delta\omega$ 造成的功率 P 的前后变化，来逐步判断最大功率点的相对位置，并通过逐渐变步长地调整转速，最终在最大功率点 P_{opt} 达到平衡。爬山搜索法不依赖于系统参数，自适应性好，对于惯性较小的小型风电机组，可以在很短时间内反馈调整。

传统爬山搜索法，对于惯性较大的大型风电机组，受到风机功率和风轮惯性的波动影响，追踪效果不够理想。三点比较法、占空比扰动法、模糊控制法、极值法等方法的信号输入和反馈控制各不相同，在不同情况下具有各自的优势，一些情况下还可以混合使用。此外，自动控制领域的无源控制法、最优转矩法、神经网络法等，都可以应用于最大功率跟踪技术（MPPT），也是这一技术的未来发展方向。

风电自动化控制的实现方面，核心设备是现场风机控制单元（WPCU），可以实现每台风机的监测、控制、保护等功能；配套的高速环型冗余光纤以太网可以将风机的实时数据传送至上位机操作员站；上位机操作员站中，操作员可以实现风电厂所有风机的状态监视、参数报警、数据记录等功能。此外，每台风机还配备就地HMI人机接口，可以实现就地操作、调试和维护功能。

风机控制单元作为控制核心，在较为恶劣的风电场环境下，对于可靠性要求较高，通常具有较好的环境适用性和抗电磁干扰能力。风机控制单元的位置一般在各个风机的塔筒和机舱。现场控制站的具体组成包括塔座主控制器机柜、机舱控制站机柜、变桨距系统、变流器系统、现场触摸屏站、以太网交换机、现场总线通信网络、UPS电源、紧急停机后备系统等，结构如图6-7所示。

（1）塔座主控制器机柜作为控制核心，包含了处理器、操作系统、主控逻辑、实时通信、I/O模块等。组态软件一般包括功能图（FBD）、指令表（LD）、顺序功能块（SFC）、梯形图、结构化文本等组态方式。

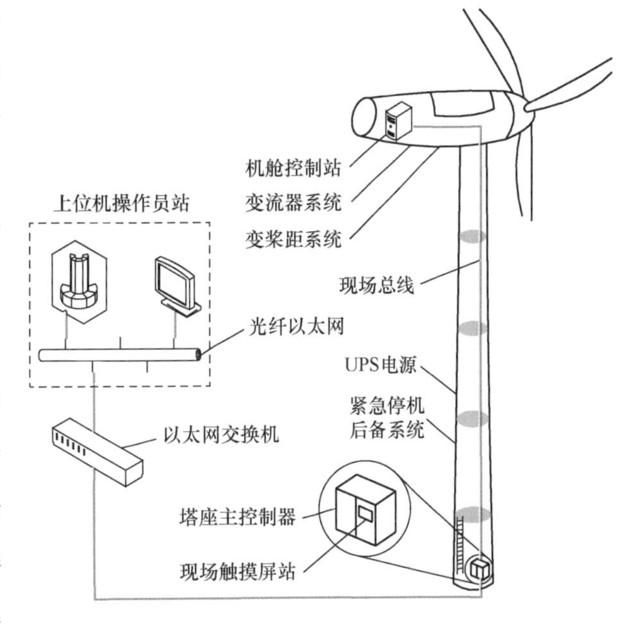

图6-7　风电自动化控制系统示意图

（2）机舱控制站机柜负责采集传感器测量的温度、压力、转速、环境参数等信号，通过现场总线与主控制站通信，主控制器通过机舱控制机架实现偏航、解缆等功能，并实现机舱内辅助电动机、油泵、风扇等设备的最优化控制。

（3）变桨距系统通常为液压变桨系统或电动变桨系统。变桨系统中，前端控制器接收主控制器执行命令，对桨距驱动装置进行控制。变桨系统一般还配有后备电源系统和安全链保护，保证在危急工况下紧急停机。

（4）变流器系统通过现场总线与主控制器通信，实现转速、有功功率和无功功率调节。

（5）现场触摸屏站可以实现风机的参数设置、机组调试、维护等功能。

所有风机的现场控制站，将通过光纤以太网连接至主控室的上位机操作员站，从而显示各台机组的当前参数、运转状态和存在故障等，实现风电场的远程监控。风电自动化控制系统整体来看，功能包括：①数据采集，包括采集电网、气象、机组参数，并进行控制、记录、报警等。②机组控制，包括机组启动、并网控制、转速控制、功率控制、无功补偿控制、自动对风控制、解缆控制、自动脱网、安全停机控制等。③远程监控，包括监控机组参数、设备状态、累计运行状况等，绘制历史曲线和实时曲线。

八、 海上风电技术

海上风电的大部分技术与陆上风电相似，但由于应用环境的差异，也存在不同的技术特点。海上风电不占用土地，景观影响和噪音污染的限制相对宽松，可以采用较高的叶尖速比 λ。海上风电产业的发展初期，还大量采用了两叶片风机。

两叶片风机的叶片间空隙大，捕风效率低于三叶片风机，通常采用高转速来弥补不足，但也带来了噪声影响和景观影响的增大。早期的海上风机采用两叶片，可以减少叶片制造、运输、吊装、维护成本。但随着海上风机的单机容量逐渐增大，两叶片风机的动态载荷相比三叶片风机更大，造成两叶片风机的叶片、传动轴、机舱、塔架的强度和成本也高于三叶片风机。

海上风电相比于陆上风电，对于桩基的施工成本更为敏感，在相同的风场总功率的情况下，更倾向于采用数量少而单机功率大的大容量风机。目前超过 6MW 的大型海上风机，使用了更大的单桩基础。未来海上风机仍然将以单桩基础为主，但导管架基础将逐步走向应用。新型的浮动式基础目前仍然处于研究阶段，预计到 2020

年将会有部分采用浮动式基础的海上风电示范项目，但大规模普及仍然需要很长时间。

海上风电的运行维护方面，由于海风、海浪的侵蚀，腐蚀问题较为突出。目前相关技术主要借鉴了海上钻井平台和船舶的防锈抗腐蚀经验。海上风电的维护难度较大，因此从设计阶段开始，前沿技术也在向着免维护的方向努力。

海上风机的功率不断增大，相应的阵列电缆也逐步从33kV过渡至66kV，预计到2020年前后，66kV阵列电缆的市场份额有望接近20%。海上风电的千瓦时电成本高于陆上风电，但已经开始降低。预计到2025～2030年，海上风电的千瓦时电成本将接近主流发电形式的千瓦时电成本水平，有望实现平价上网。

九、 风电全生命周期环境影响评价

从技术、经济和环保等角度来看，风力发电是新型能源发电中技术成熟度较高、经济性较好的发电形式。目前对于风电的综合评价方面，更多地关注风电的环境影响，也出现了全生命周期评价（life cycle assessment，LCA）和碳足迹（carbon footprint，CFP）评价等评价方法。

风力发电属于清洁可再生能源发电，对于环境影响相对较小，运行中直接的环境影响主要有景观破坏、鸟类影响、噪声污染、气流影响等方面。

环境影响方面，从全生命周期角度而言，风力发电的风机制造首先需要经过钢铁、铜、铝、硅、玻璃、树脂、水泥和稀土等材料的开采、运输、加工等环节。传统风机的钢铁使用量约为数百吨，而炼钢过程中采用了大量的铁矿石、焦炭、电能等不可再生的资源、能源，并且排放了大量的与燃煤发电相近的粉尘、SO_2、NO_x、CO_2等污染物和温室气体。

风力发电全生命周期过程中，也存在施工过程中的环境影响和报废环节的环境影响。综合来看，以1.5MW风机为例，全生命周期消耗钢铁约400t、铜约10t、铝约13t、硅约0.2t、玻璃纤维约20t、树脂约1t、水泥约130t。此外，对于1.5MW的永磁直驱发电机，还需要消耗约1t钕铁硼永磁材料，对于稀土价格较为敏感。

能耗方面，1.5MW风机制造阶段的能耗约为700t标准煤，运输阶段能耗约为7t标准煤，运行维护阶段（20年寿命）能耗约为110t标准煤，报废处置阶段能耗约为

70t 标准煤。1.5MW 风机全生命周期的总能耗约为 900t 标准煤。

考虑到标准煤和电能之间的能量品质差异，按照现有燃煤发电 40%的效率估算，则 1.5MW 风机全生命周期的总能耗相当于消耗了 2.9GWh 电能。如果按照略低一些的 30%～35%能源转化效率来折算，1.5MW 风机全生命周期付出的代价约为 2～2.5GWh 电能。

1.5MW 风机年可利用小时数按照 1500h 计算的情况下，年发电量约为 2.25GWh。可以看出，风机一年的发电量，就可以基本抵消全生命周期的能耗代价，按 20 年寿命计算，余下的 19 年风机可以净生产电能约为 42.75GWh。

风力发电的全生命周期污染物排放方面，也主要集中在制造阶段。1.5MW 风机制造阶段排放 CO_2 约 1400t，排放 SO_2 约 4t，排放 NO_x 约 1.7t，排放 CO 约 0.2t。运输阶段排放 CO_2 约 1.4t，排放 SO_2 约 27kg，排放 NO_x 约 9kg，排放 CO 约 14kg。全球变暖潜力（GWP）和酸化潜力（AP）方面，风电全生命周期 GWP 约为 40kg/MWh，AP 约为 0.1kg/MWh。

以上全生命周期评价，对于部分隐形成本和潜在代价考虑仍然不充分，学者也针对 LCA 方法提出了改进，代表性的模型是全生命周期投入产出模型（IO - LCA）。IO - LCA 模型更深入地考察了风力发电等新型能源发电对于社会、行业、部门、环境等方面的影响程度。

根据大部分的全生命周期评价和碳足迹评价的结论，全生命周期内风力发电的单位发电量的排放强度，约为燃煤发电的 5%～30%，风力发电更为清洁。当然，风力发电的各种评价方法的进步，也有助于减少风电在各个环节中不必要的资源消耗、能源消耗和污染物排放，进一步提高风电的技术、经济和环境指标。

十、 风电与煤电完全千瓦时电成本对比

在对风力发电的全生命周期环境影响评价的基础上，进一步将风力发电与燃煤发电的全生命周期的完全千瓦时电成本进行对比，分析现在和未来风力发电在以完全千瓦时电成本为指标的经济性竞争力。

首先对比分析风力发电和燃煤发电的技术指标和全生命周期指标，如表 6 - 4 和表 6 - 5 所示。燃煤发电由于年利用小时数和机组寿命两方面的优势，单位装机容量

的全生命周期发电量，约为风力发电的 4～5 倍。

表 6-4 风力发电与燃煤发电技术指标典型值

技术指标	陆上风电	海上风电	超超临界燃煤机组	超低排放超超临界燃煤机组
效率（%）	35	36	45	45
年利用小时（h）	1800	2000	4300	4300
机组寿命（年）	20	25	40	40
运行粉尘排放绩效（g/kWh）	0	0	0.10	0.005
运行 SO_2 排放绩效（g/kWh）	0	0	0.50	0.10
运行 NO_x 排放绩效（g/kWh）	0	0	0.40	0.10
运行 CO_2 排放绩效（g/kWh）	0	0	780	780

表 6-5 风力发电与燃煤发电全生命周期指标典型值

全生命周期指标	陆上风电	海上风电	超超临界燃煤机组	超低排放超超临界燃煤机组
钢铁消耗量（t/MW）	250	350	100	110
水泥消耗量（t/MW）	70	140	100	110
制造能耗（t/MW，标准煤当量）	450	700	550	600
运输能耗（t/MW，标准煤当量）	4.5	9.0	5.5	6.0
运行能耗（t/MW，标准煤当量）	0	0	49 880	51 600
维护能耗（t/MW，标准煤当量）	70	200	100	110
报废能耗（t/MW，标准煤当量）	45	100	200	200
总能耗（t/MW，标准煤当量）	570	1009	50 736	52 516
总生产电能（GWh/MW）	36	50	172	172
能耗强度（t/GWh，标准煤当量）	15.8	20.2	295.0	305.3
运行之外粉尘排放（t/MW）	0.2	0.4	0.2	0.2
运行之外 SO_2 排放（t/MW）	2.5	5.0	2.0	2.1
运行之外 NO_x 排放（t/MW）	1.1	2.0	1.0	1.1
总污染物排放（t/MW）	3.8	7.4	166.6	30.1
污染物排放强度（t/GWh）	0.1	0.1	1.0	0.2
运行之外 CO_2 排放（t/MW）	950	1700	700	800
总二氧化碳排放（t/MW）	950	1700	134 860	134 960
二氧化碳排放强度（t/GWh）	26	34	784	785

燃煤发电在全生命周期中的运行环节，能耗、污染物排放和温室气体排放显著高于风力发电，而风力发电在运行环节近似于零污染，也不消耗不可再生能源。运行之外的开采、运输、建造、维护、报废等环节中，燃煤发电与风力发电的能耗、污染物排放和温室气体排放基本处于同一数量级，燃煤发电略有优势。

总体来看，风力发电全生命周期的能耗强度、污染物排放强度和二氧化碳排放强度约为燃煤发电的5%～10%，环保优势非常明显。

对比风力发电与燃煤发电的直接千瓦时电成本的相关指标，如表6-6所示。燃煤发电和海上风电的直接千瓦时电成本，主要由建设成本（又分为设备、安装、建筑和其他四部分）、燃料成本、运维成本、其他成本等四部分组成。建设成本折算为千瓦时电成本时，折现率（IRR）按照3%计算。燃料成本方面，按照燃煤价格为700元/t水平计算。

表6-6　风力发电与燃煤发电经济指标典型值

经济指标	陆上风电	海上风电	超超临界燃煤机组	超低排放超超临界燃煤机组
设备部分建设成本（元/kW）	4000	5500	1700	1900
安装部分建设成本（元/kW）	1000	3000	800	800
建筑部分建设成本（元/kW）	2000	5000	1100	1100
其他部分建设成本（元/kW）	1000	1500	900	900
建设成本（元/kW）	8000	15000	4500	4700
建设折算千瓦时电成本（元/kWh）	0.401	0.628	0.085	0.089
运维折算千瓦时电成本（元/kWh）	0.140	0.190	0.020	0.022
燃料折算千瓦时电成本（元/kWh）	0.000	0.000	0.210	0.220
其他折算千瓦时电成本（元/kWh）	0.010	0.010	0.010	0.010
直接千瓦时电成本（元/kWh）	0.551	0.828	0.325	0.341

可以看出直接千瓦时电成本方面，虽然风力发电已经是新型能源发电中千瓦时电成本较低的发电形式，燃煤发电相比风力发电仍然具有明显成本优势。从全生命周期角度，对比分析风力发电和燃煤发电的完全千瓦时电成本，则直接千瓦时电成本外还包括资源开发治理成本、污染物治理成本、碳排放成本等间接成本。

资源开发治理成本，主要是煤炭、铁矿石等资源的开发、运输、利用后的生态治理成本。资源开发治理成本可以根据全生命周期的能耗强度（“完全煤耗”）估算，按照300元/t标准煤能耗来进行折算，同时兼顾铜、铝、硅、稀土等资源用量进行调整。

污染物治理成本方面，主要为粉尘、SO_2、NO_x等污染物的治理成本。环境污染与治理的涉及面广，成本组成较为复杂。目前相关研究中，粉尘治理成本约为4.3万元/t，SO_2治理成本为0.6万～4.4万元/t，NO_x治理成本为0.8万～1.2万元/t。参考全生命周期的污染物排放强度（“完全污染物排放”），治理成本统一按照2万元/t进行折算。

碳排放成本方面，600MW燃煤发电机组每年产生CO_2约260万t。参考华能石洞口电厂12万t/年CO_2捕集示范装置的情况，CO_2捕集、运输、埋存的成本约为510元/t，随着CCS技术成熟和逐步商业化，未来成本有望逐步降低。

目前国际碳交易市场上，CO_2的交易成本约为80～100元/t，国内七个试点碳市场的配额交易的成交价在25～45元/t。未来随着碳交易市场的进一步扩大及碳排放指标的进一步减少，国内的碳交易价格将逐步接近国际碳交易价格，而国际碳交易价格，将逐步接近自行建立CCS系统的成本。国家发改委指出，长期来看每吨CO_2当量的交易价格为300元/t时，才可以真正发挥低碳绿色引导作用。

综合二氧化碳捕集埋存（CCS）系统成本及碳交易形式成本，可以估算CO_2排放成本约为300元/t。结合风力发电和燃煤发电二氧化碳排放强度，可以折算得到碳排放成本。综合直接千瓦时电成本和间接千瓦时电成本，风力发电和燃煤发电的完全千瓦时电成本对比如表6-7所示。

表6-7　风力发电与燃煤发电完全千瓦时电成本

经济指标	陆上风电	海上风电	超超临界燃煤机组	超低排放超超临界燃煤机组
直接千瓦时电成本（元/kWh）	0.551	0.828	0.325	0.341
资源开发治理成本（元/kWh）	0.005	0.006	0.088	0.092
污染物治理成本（元/kWh）	0.002	0.003	0.019	0.003
二氧化碳排放成本（元/kWh）	0.008	0.010	0.235	0.235
完全千瓦时电成本（元/kWh）	0.566	0.847	0.668	0.672

可以看出，得益于陆上风电的显著环保优势，陆上风电的完全千瓦时电成本约为0.57元/kWh，低于燃煤发电的0.67元/kWh。这也说明，新型能源发电可以通过

在清洁环保方面的优势，获得较强的完全千瓦时电成本的竞争力。

海上风电由于建设成本较高，完全千瓦时电成本为 0.85 元/kWh，高于燃煤发电。预计未来随着海上风电技术逐步成熟、产业走向规模化，同时燃煤发电环保要求和成本提升，海上风电的完全千瓦时电成本有可能低于燃煤发电。

第3节　风力发电前沿技术

一、功率预测与并网技术

风力发电技术原理上较为简单，而规模上又明显受制于自然条件，与水力发电有相似之处，因此前沿技术更多是在现有风电技术的基础上进行改进，颠覆性创新相对较少。

风力发电具有波动性和间歇性特点，接入电网的风电对于电网的安全稳定运行存在较大挑战。风电输出功率预测（wind power forecasting，WPF）技术，是风电并网技术的关键技术，并且也可以运用到“水风光储”多能互补技术。风电功率预测可以用于指导日运行方式、调整调度计划、储能电站充放电计划等，从而保障电网安全并提高风力发电的效益。

风电输出功率预测的方法，按照原理可以分为物理方法和统计方法两大类，按照预测时间可以分为长期、中期、短期、超短期和特短期预测，按照预测范围可以分为单台风机功率预测、风场功率预测和风场群功率预测。

物理方法预测，主要是通过数值天气预报（numerical weather prediction，NWP）分析包含风电场在内的，不同空间尺度和不同分辨率的气象情况，并结合局部地形分析、尾流分析等，得到一定精度的风电功率预测。物理方法的相关气象数据包括风速、风向、温度、密度、降水等，结合风机功率曲线，可以预测风机、风场或风场群的功率。

物理方法较为适合 1～7 天的短期预测，预测时间与数值天气预报时间一致。采用物理方法的优点是不需要长期观测大量数据、适用于复杂地形；缺点是依赖于气象预测，分辨率不足时预测精度差。

统计学方法是根据历史数据来进行预测，通过历史风速风向序列和风机实际输出功率序列等两组序列为基础，使用不同的统计学模型得到预测时刻的功率，一般应用于1～12h的超短期功率预测。具体算法包括持续预测法、卡尔曼滤波法、随机时间序列法、模糊逻辑法、空间相关法和人工神经网络法等单一算法，也包括将以上方法进行组合的组合预测法。

统计学方法中，通常非线性方法优于线性方法，组合预测方法优于单独预测方法，目前应用较为广泛的是神经网络法。统计学方法的不足，是依赖于历史数据造成精度受限，预测时间难以延长。

实际风电功率预测中，通常采用预测软件将物理方法和统计学方法结合，从而可以实现不同时间尺度预测和更高精度预测。总体来看，风电功率预测技术发展迅速，但目前预测误差仍然较大，商业化的风电预测软件平均绝对百分比误差约为15%～20%水平，主要误差来源于数值天气预报（NWP）。风电功率预测的准确性，将影响到风电并网时的潮流分析、经济调度等问题，提升预测精度有助于提升风电和电网的整体效率和收益。

世界范围内，目前较为成熟的风电功率预测软件，主要来自于欧洲和美国等风电技术成熟的国家和地区。

丹麦开发的Prediktor软件采用物理方法预测，而开发的WPPT软件采用统计学方法预测。WPPT软件中功率采用非线性方法描述，利用自适应回归最小平方时间序列模型来预测短期风电功率。德国ISET开发的WPMS软件，可以利用数值天气预报（NWP）并结合风电功率历史数据训练神经网络方法，综合预测风速与功率的映射关系。英国Garrad Hassan公司开发的GH Forecaster系统，是采用自适应统计回归分析方法，预测风电发电量。美国True Wind开发的Ewind模型，使用物理方法进行预测，并结合自适应统计方法减小系统误差。

风电功率预测软件的前沿技术热点，主要是通过各种手段提升预测精度，方法包括使用多个数值天气预报（NWP）模型，对NWP输入输出进行处理分析，以及进行发电量预报等。欧盟开发的ANEMOS软件，可以用于预测陆上风电和海上风电的短期功率，并协助优化风电场的储能系统和备用容量。ANEMOS软件也综合了物理方法和统计方法，并利用了多个数值天气预报来提升预测精度，据称可以达到

10%的误差水平。

国内风电功率预测研究方面，代表性工作是中国电力科学研究院开发的风电功率预测系统。系统采用了国外提供的数值天气预报（NWP）数据，并结合神经网络方法，使预测误差可以控制在15%。中国风电产业发展迅速，对于电压等级、短路保护、无功就地平衡、热备用需求等方面的要求不断提高，对于电网也提出了更高的要求。利用风电功率预测技术和并网技术，可以有效降低电网运行成本。

现有技术的不足，主要是多步预测较少，预测时间较长的情况下精度较低，影响电网调度。此外，风力发电也会受到温度、密度、气压、地形等多重因素影响，但目前物理方法只注重风速、风向等直接因素，对于其他因素的建模精度较低，预测结果准确性仍有待于提升。

二、 超大型风机和微型风机技术

随着风电技术的发展，风机的最大单机容量也在不断提升，目前研究前沿热点是8MW或更大容量的风机成套技术。风机功率的增大，不只是将尺寸按比例放大，更涉及气动、材料、结构、发电机、控制等多方面技术的改进创新。

对于8MW风机甚至未来更大的10MW风机，100m级长度的叶片技术是关键点和难点。超长叶片的质量呈指数增长，将带来静态载荷、动态载荷、疲劳载荷、叶片形变等多重问题。材料方面，超长的风机叶片需要兼顾性能和成本，玻璃纤维叶片强度不足，而碳纤维叶片成本过高，目前主流技术路线是采用碳增强型玻璃纤维叶片。

一些公司如Blade Dynamics尝试了全碳纤维叶片的设计和制造，并采用了分段加工配合无缝拼接技术。碳纤维叶片被分为12～20段制造，随后采用焊接、铆接、嵌入等方式相连，目前技术难点主要集中在如何降低连接点的应力集中，从而提升叶片整体强度。

未来发展方面，碳纤维叶片由于质量轻、强度高的特点，可以设计制造更长的叶片，前景更为广阔。结合分段建造和无缝拼接技术，叶片的空气动力学结构还可以更加精确。叶片材料密度的下降，也使得低风速工况的效率提升，而且配套的驱动轴、发电机、塔基、桩基等部件都可以更轻、更节省成本。超长叶片配套的发电机方面，美国已经开始研究采用超导材料制作发电机，使得10MW风机发电机与当前5MW风机发电机的质量基本一致。

超大型风机的应用方面，海上风电相比陆上风电更为适合。海上风电机组的建设成本约为陆上风电机组的三倍左右，其中桩基等施工需要采用专用船舶，费用高昂，而且施工和维护受到海上天气的影响明显。因此在相同总装机容量的情况下，海上风电场更倾向于减少风机数量而增加单机容量，从而降低建设、运行和维护成本。

超大型风机的代表性产品方面，德国西门子公司已经研发了7MW风机，并在欧洲海上风电场投入使用。丹麦Vestas和日本三菱重工合作组建了MHI Vestas海上风电公司，研发的8MW风机于2016年9月完成首台装机，成为当今世界最大风机。

MHI Vestas公司的V164-8.0MW风机，叶片长度达到80m，叶片质量达到35t，在英国工厂进行制造。风机叶轮直径达到164m，采用永磁发电机。风机安装于英国BurboBank海上风电场，总装机容量为258MW，共有32台风机。

中国超大型风机的研究和应用水平，基本和国际水平保持一致，目前重点关注5.5、6MW和7MW风机的设计、制造和装机，代表厂家包括上海电气集团、东方汽轮机厂等。随着陆上风电开发的逐步完成，海上风电开发将成为新的增长点，大容量风机技术有助于充分利用海上风能资源，降低发电成本，促进中国发电产业的转型升级。

常规风电场和常规容量风机，对于地区地形、用电负荷、风能资源、经济指标等方面均有一定要求，而小型风机相比之下较为灵活。小型风机对于自然条件要求较低，可以用于分布式多能源互补发电，对于用电负荷较小的偏远地区和海岛用户较为适合。

目前常见的小型风电系统，装机容量多为千瓦级，离网型系统较多，并网型系统也在逐步增长。对于小型风电系统，相关的控制技术、最大功率跟踪技术(MPPT)、多能源互补技术都与集中式大型风电场存在一定差异。小型风电通常只有一台或几台风机，间歇性和波动性高于大型风电场。由于风机高度的限制，小型风电系统的效率一般较低，对于成本也更为敏感。

目前小型风电的前沿技术重点关注储能技术、并网技术和多能源互补技术。其中风光互补＋储能并用于建筑冷热电联供的技术，受到学者和产业界的重视，是分布式发电领域的前沿课题。

三、 高空风电技术

能源研究领域有学者指出，未来前景较好的能源包括核聚变、海洋能、深层地热、空间太阳能、微藻生物质燃料、高空风能等。高空风电与传统风电的区别，主要是高空风电可以借助浮空技术，在高空中采集风能资源并转换为电能。

高空的划分方法较为多样，航空领域中 6000m 以上属于高空，而风能利用领域中，陆上和海上的塔架式风机只能利用距离地面 300m 以内的风能资源，因此 300m 以上在风能利用领域都可以认为属于高空。

相比其他新型能源发电，高空风能目前尚未利用，具有储量大、分布广、风速高、稳定性好、能量密度高等优点。风能与风速的立方成正比，与密度成正比。随着高度增加，高空中空气密度下降缓慢，而风速增加迅速，因此风能密度相比地面高 10～100 倍，可以达到 2000～20 000W/m^2 水平。

对于各类可再生能源发电，能量密度低和间歇性是普遍存在的不足之处，而高空风电在这方面具有显著优势。高空风电的风能能量密度高、设备质量轻、占地面积小（传统风电的三分之一）、年利用小时数高（可达 6000～7000h），经济性预期将显著优于传统风电，可以提供清洁、高效、廉价、可再生的电能。

高空风能的地区分布方面，北美东海岸、中国东南沿海等地区的高空风能较为丰富。相比中国传统风电中心地区与经济中心地区距离较远的不足，高空风能资源集中在中国东部经济发达地区，发电用电的匹配程度高，有助于缓解传统风电消纳困难、弃风率高等问题。高空风电还可以在城市临近地区建设，从而减少长距离、大容量输电的需求。

高空风电产业方面，目前国内外涌现了一批相关的研发机构和产业公司。国内外代表性的研究机构和公司包括 Google X、加州 Makani Power、波士顿 Altaeros energies、意大利 KiteGen、广东高空风能等。目前实现高空风电的技术路线主要包括下列两条：

（1）氦气球空中涡轮。采用氦气球将风力涡轮和发电设备升至高空，产生的电能通过电缆传回地面。代表性方案包括 Altaeros energies 公司的空中浮动涡轮（BAT）、

Makani Power公司的空中风力涡轮等。

这种技术路线的特点是由于机组质量影响升空效果，机组功率受到限制；系统质量较大，难以利用氦气球升至数千米高空，高度多为300～500m；高空无法增压，大功率发电时需要采用大电流输电，电缆质量上升。

规模方面，目前Makani Power公司（已被Google X公司收购）的高空风电系统功率可以达到0.6MW，Altaeros energies公司空中浮动涡轮（BAT）功率为0.1MW。目前高空风电的规模，只适用于偏远地区和海岛的生活用电，暂不适合建设大规模集中式电厂。

（2）高空风筝。巨型风筝技术路线，是将发电机组固定在地面，而利用高空中巨型风筝的往复运动，拉动地面的发电机组产生电能。这一技术路线避免了发电机和电缆带来的质量问题。

KiteGen公司的MARS系统采用这一技术路线，并通过地面的感应器控制风筝的姿态和路径，来实现最大功率输出。目前技术难点集中在风筝的稳定性控制。为了提高空域的使用效率，风筝通常采用圆周运动或交叉往复运动。计算软件和控制系统，需要同时控制风筝的三维坐标和俯仰角、倾角等共五个参数，并纠正缆绳在高空中的伸缩、振动等带来的失真，难度很大。KiteGen公司在早期试验中由于控制难度大，通常系统数分钟后就无法正常运行。通过改进软件和控制技术，MARS系统的运行时间有所提升，但是技术难度依然很大。

国内的广东高空风能技术有限公司也在进行2.5MW高空风电试验项目，其中高空部分采用圆形降落伞结构，减少了控制难度。通过控制高空伞的张开与收缩，可以在300～3000m的高空中实现上下往复运动，产生电能。

高空风筝技术路线的另外一个优点是可以将多个风筝或伞串联，形成伞梯结构，从而增大总功率并降低单位功率成本。高空中多个做功伞、平衡伞相互串联，可以减少成本，增加控制稳定性。风力变化时，可以控制打开或者关闭部分做功伞，实现稳定高效发电。

综合来看两种技术路线，可以看出高空风电技术还不够成熟，但未来发展中优势将非常明显。根据学者估算，未来高空风电的千瓦时电成本预计可以降至0.1～0.3元/kWh水平。政策方面，目前鼓励高空风电发展的政策尚未出台，而阻碍高空风电发展的政策主要是各类空域管制。对于中国而言，未来1000m以上的空域有望逐步开放，制约高空风电发展的因素也将逐步消除。

高空风电的环境影响方面，目前研究领域对于高空中蕴含的风能资源总量还存在很大争议，高空风能功率的估算值处于5～1500TW这样一个宽泛的范围。如果高空风能资源总量较小，而又进行大规模高空风电开发的情况下，可能会对大气环流产生影响，并减小不同纬度的气压差别，造成气候变化。

四、 海上漂浮式风电技术

海上风电相比陆上风电，建设成本高出三倍左右，差别主要是由于海上桩基施工复杂，需要采用专用船舶施工、运行和维护。为了减少这部分成本，学者提出了海上漂浮式风电。在海上漂浮式风电的发展初期，成本预计将高于固定式的海上风电。但从原理角度来看，海上漂浮式风电的成本会逐步下降，有望低于海上固定式风电的成本，并且具有其他方面的优点。

受到海上固定式风电的施工技术限制，目前国内外固定式风机仅安装于0～30m水深的浅海，大部分采用单桩式和重力式基础。而海上漂浮式风电可以安装于30～60m水深的海域，还可以采用类似于海洋油气平台的结构形式，应用于深度可达1000m的海域。

30～60m水深海域的风能资源，与0～30m水深浅海的风能资源相近或略高，而60～1000m水深海域的风能资源相当于0～30m水深浅海的5倍。另外，0～30m水深浅海由于港口、养殖、景观、军事等其他用途，可以用于海上风电的海域较为有限，而水深更深的海域则限制较少。因此，海上漂浮式风电的技术可开发量理论上可以达到海上固定式风电的十倍以上。

海上漂浮式风电机组产生的电能，需要通过海底电缆与陆地电网连接，或者在较近的海岛等地区消纳。当水深越深时，输电的难度和成本越高，附近存在有用电负荷的海岛的可能性也越小，因此目前海上漂浮式风电重点关注1000m水深以内的海域。

从浅海到深海，海上风电的基础逐步由固定式基础过渡到漂浮式基础。随着水深的逐步增大，基础的具体形式依次为单桩式、桁架式、张力腿式、半潜式、三浮体式等。

漂浮式基础的设计方面，主要考虑风机推力、偏航稳定性、波浪载荷及周期波动等。根据同一个基础上安装的风机台数不同，又可以分为多风机式和单风机式。多风机式是多个风机共用一个漂浮式基础，但由于系统稳定性较差和造价较高，目前仍处于探索阶段。单风机式的漂浮式基础，目前主要借鉴海上石油平台技术，成本较低、稳定性较好。代表性的基础包括荷兰三浮体结构、美国张力腿结构、日本Spar结构等。

对于漂浮式基础，稳定性是最为关键的决定性指标，只有保证一定程度的静稳性，才可以使风机安全可靠地运行发电。根据平台的静稳性原理，可以分为压载式平台、系泊缆式平台、浮箱式平台等三大类别。

压载式平台通过在平台重心以下压载重物来实现静稳性，一般吃水较深。代表性平台是日本Spar平台，多用于海上油气开采。系泊缆式平台通过系泊缆的张力获得静稳性，代表性平台是美国张力腿结构。张力腿由1～4根张力筋腱组成，上端固定在平台，下端连接海底基座或桩基顶端。浮箱式平台通过载重水线面的较大面积，来获得均匀分布的浮力而维持静稳性，多用于大型平底驳船。经济性方面，浮箱式平台的结构简单、技术成熟，经济性较好。

海上漂浮式风电的应用领域的代表性项目是挪威Hywind项目。Hywind项目计划采用2.3MW风机，风机被安装在100多m的浮标上，并通过三根锚索固定在120～700m深海底。挪威Hywind漂浮式风电机组从2009年开始在220m水深环境中试运行。

美国加州海洋创新技术公司2009年也开发了Windfloat平台，进行了概念设计、选型计算、水池试验和动力学计算。此外，德国Grossmann Ingenieur Consult公司也开发了的漂浮式风机安装平台，并于2012年完成模型水池。

漂浮式风电的软件方面，目前主要有德国GH. Bladed软件、美国NREL开发的NWTC. FAST与MSC. ADAMS软件、挪威SIMO/RIFLEX软件和3Dfloat软件等。

除了常见的水平轴漂浮式风电之外，垂直轴漂浮式风电也开始引起研究领域的关注。早在1980年代，美国FloWind公司与桑迪亚国家实验室就已经开发了垂直轴漂浮式风电，包括100kW和300kW两种功率型号，并在加州进行了大规模安装运行。共有500多台漂浮式垂直轴风机同时运行，总功率可以达到170MW。后续因为成本较高，而补贴减少，垂直轴漂浮式风电逐渐走向停滞。

垂直轴漂浮式风机具有独特的优点，在建设、维护方面较为简单，而且重心较低、自身稳定性好。垂直轴漂浮式风机无需根据风向调节，任意风向均可稳定发电。垂直轴漂浮式风机的叶尖速比低于水平轴风机，因此噪声更小，可以应用的海域有所增加。目前垂直轴漂浮式风机技术还有待成熟，成本有望进一步降低。

综上所述，海上漂浮式风电未来发展前景广阔，而且还可以实现多能互补和多联产。多能互补技术方面，海上漂浮式风电可以和海洋能发电组成联合装置，实现风能和海洋能的互补，并且降低系统的单位功率成本。多联产方面，海上漂浮式风电可以为偏远海岛、轮船潜艇等补充电能，可以为海上油气开采、海底矿产开发等提供动力和照明，还可以用于海水淡化，提供各类用水。

第4节　风力发电产业趋势与技术路线

一、风力发电经济性趋势

风力发电属于新型能源发电，随着技术不断走向成熟，单机功率不断提升，风机价格也在逐步下降。目前世界风机平均价格约为6500元/kW，中国生产的风机平均价格约为4500元/kW。其中常见的1.5～3MW风机，同一单机容量国内外的价格差别在500元/kW范围内。

风机的单机容量中存在着最优性价比容量，最优性价比容量随着技术进步不断增大，如图6-8所示。最优性价比单机容量最初为1MW左右，随后逐步增加至2016年的1.5MW和2MW，目前国产风机的最优性价比单机容量也处于1.5～2MW左右。预计到2020年，随着技术进步，所有单机容量的风机价格都会有所下降，而大容量风机的价格降幅更大，最优性价比区间也会移动至2～3MW区间。

2016年中国风电产业的新型装机容量和累计装机容量的单机容量组成如图6-9所示。可以看出，风电产业早期采用1.5MW单机容量风机较多，而目前新建风电场采用2MW单机容量风机已经成为主流。由此也可以看出风电建设对于风机成本较为敏感，最优性价比容量变化对于单机容量选择的影响明显。

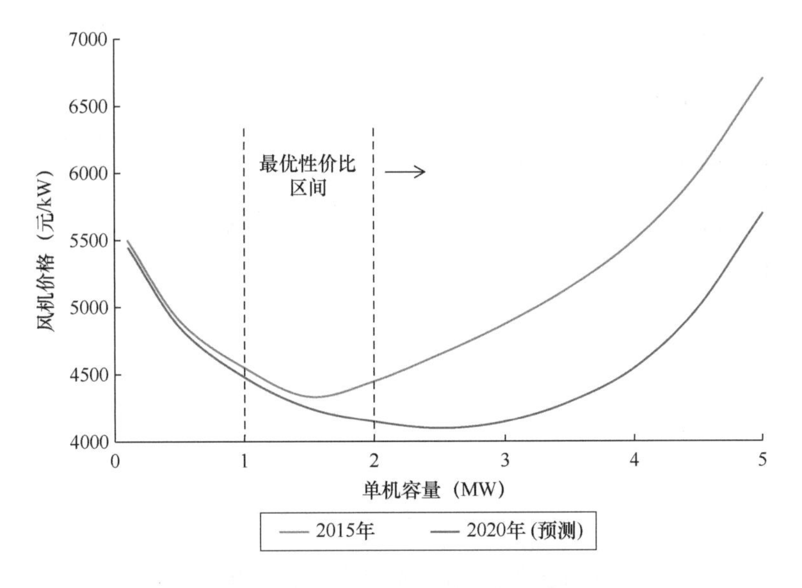

图 6-8 风机价格与单机容量关系

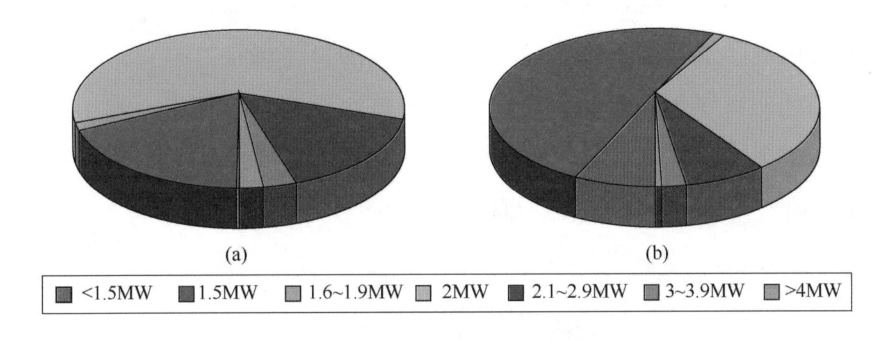

图 6-9 2016 年中国风电的单机容量组成

（a）风电新增装机容量的单机容量组成；（b）风电累计装机容量的单机容量组成

数据来源：中国风能协会（CWEA）。

建设成本方面，目前占据风力发电主要装机容量比例的陆上风电，建设成本处于 8000～10 000 元/kW 范围，而海上风电的建设成本处于 14 000～19 000 元/kW 范围。建设成本主要来自于风机成本和施工成本两大部分。相同总装机容量的情况下，风机单机容量越大，风机数量就越少，土方和桩基的施工量也相应下降。虽然大容量风机的施工难度和安装要求有所上升，但总体施工成本还是有所降低。因此，建设成本与单机容量的关系曲线中的最优性价比区间，相比风机价格－单机容量关系曲线，会向更大单机容量的方向偏移，如图 6-10 所示。

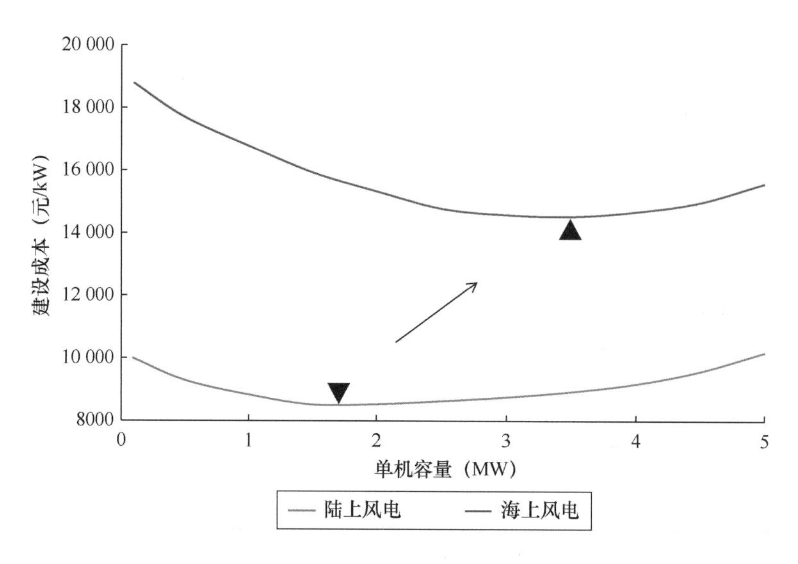

图 6-10 陆上风电与海上风电的最优性价比单机容量对比

海上风电相比陆上风电，风机成本略有增加，而施工成本显著增加。海上风电场每增加一台风机，都会带来施工量和施工成本的显著增加，也会造成后期运行维护难度和费用的明显增加。因此，从技术性和经济性两方面而言，海上风电相比陆上风电更倾向于大容量风机。2016 年中国海上风电的单机容量组成如图 6-11 所示。其中 4MW 单机容量风机是中国海上风电场的主流选择，也说明了海上风电更倾向于采用大容量风机的特点。

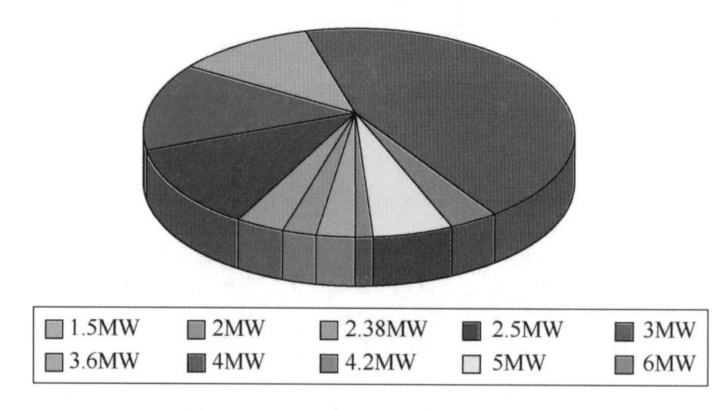

图 6-11 2016 年中国海上风电的单机容量组成

数据来源：中国风能协会（CWEA）。

风电的发电成本，除来自于建设成本外，运行维护成本也占据着重要比例。陆上风电的运行维护成本约为 0.1 元/kWh，而海上风电的运行维护成本约为 0.15 元/kWh。

根据国家发改委在 2016 年底发布的《关于调整光伏发电陆上风电标杆上网电价

的通知》(发改价格〔2016〕2729号),随着风电的技术进步和成本降低,2018年1月1日之后新核准建设的陆上风电标杆上网电价如表6-8所示。

表6-8　全国陆上风力发电标杆上网电价

资源区	2018年新建陆上风电标杆上网电价(元/kWh)	地区
一类	0.51	内蒙古(赤峰、通辽、兴安盟、呼伦贝尔以外);新疆乌鲁木齐、伊犁、克拉玛依、石河子
二类	0.54	河北张家口、承德;内蒙古赤峰、通辽、兴安盟、呼伦贝尔;甘肃嘉峪关、酒泉;云南
三类	0.58	吉林白城、松原;黑龙江鸡西、双鸭山、七台河、绥化、伊春、大兴安岭;甘肃(嘉峪关、酒泉以外);新疆(乌鲁木齐、伊犁、克拉玛依、石河子以外);宁夏
四类	0.61	其他地区

海上风电的标杆上网电价方面,近海风电项目标杆上网电价为0.85元/kWh,潮间带风电项目标杆上网电价为0.75元/kWh。从综合标杆上网电价来看,目前风电是新型能源发电中最具经济竞争力的发电形式。风电成本的主要影响因素包括风能资源、区位条件、机组技术、运行管理等方面。

二、技术和资源对风电前景的影响

风力发电属于新型能源发电中技术成熟度较高的发电形式。风力发电受到客观自然资源的影响明显,预测风电产业的未来发展趋势,需要充分考虑技术和资源两方面因素。

技术方面,除去高空风电和海上漂浮式风电等仍在探索中的风电形式,常规陆上风电和海上风电技术已经基本成熟。理论效率方面,风力发电的理论效率取决于叶片(45%)、发电机(95%)和变速逆变系统(90%)等三部分,理论上综合效率约为35%水平。目前发电机和变速逆变系统效率提升的空间有限,而叶片效率根据风机气动理论,完全理想情况下为59.3%。即使采用改进叶片设计、优化制造工艺等手段,叶片效率的提升空间仍然存在限制。

实际应用中,风力发电效率又受到气候、天气、地形,以及风能资源等级、电网消纳等多重因素影响。前沿技术目前重点关注低风速风机和最大功率跟踪技术

（MPPT）等课题，力图充分发掘风能资源的潜力。

风机的单机功率方面，研究人员预测到2020年世界平均单机功率相比2015年将增加约60%。风机的单机功率存在最优性价比区间，目前中国最优单机容量处于1.5MW左右，预计到2020年将增加至2.5MW左右。

资源因素方面，目前中国陆上风能资源的技术可开发量约为6亿～10亿kW，海上风能资源的技术可开发量约为1.5亿～4亿kW。根据经济可开发量约为技术可开发量的10%来估算，中国风能资源的经济可开发量约为1亿～2亿kW。实际上，陆上一、二类风能资源开发已经基本完成，三、四类风能资源在现有技术条件下开发尚不经济。海上风能资源的开发正在快速推进，但市场比例仍然较低。

随着技术发展、成本降低，未来风能资源的技术可开发量和经济可开发量都将逐步上升，如图6-12所示。预计经济可开发量到2020年将增加至1.5亿～2.5亿kW，到2050年将增加至2亿～4亿kW。

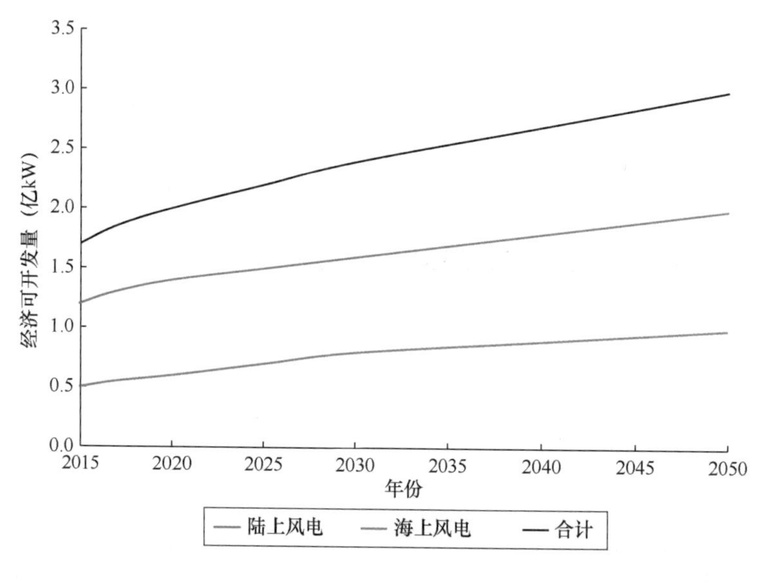

图6-12　经济可开发量预测

三、风力发电千瓦时电成本预测

风力发电的千瓦时电成本趋势方面，对于常规陆上风电、常规海上风电、高空风电和海上漂浮式风电等四种形式的千瓦时电成本趋势预测如图6-13所示。目前陆上风电的千瓦时电成本处于0.55元/kWh水平，海上风电的千瓦时电成本处于0.85元/kWh。未来陆上风电和海上风电的千瓦时电成本由于效率提升和建设成本下降，都将逐步降低。

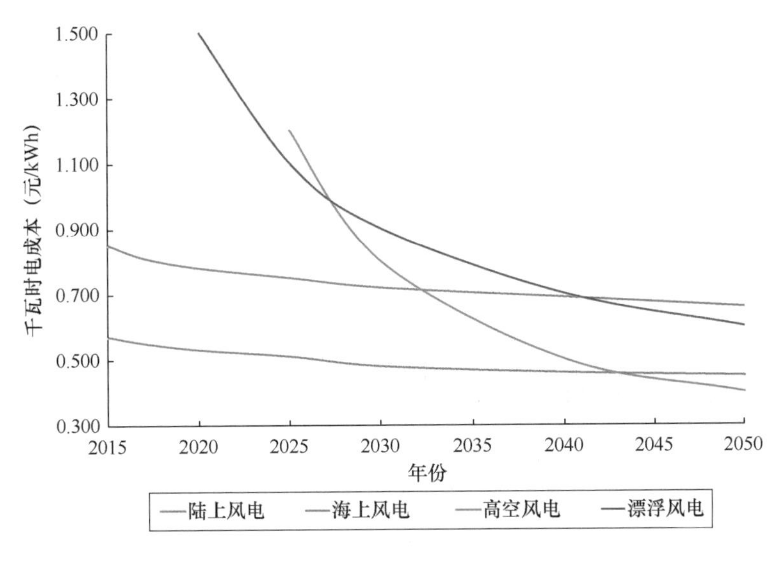

图6-13　风力发电千瓦时电成本预测

其中，陆上风电由于优质风能资源减少等客观原因，千瓦时电成本下降较为缓慢，预计到2050年千瓦时电成本约为0.45元/kWh水平。届时，燃煤发电的千瓦时电成本可能从0.25元/kWh上升至0.35元/kWh，两种发电形式的成本差距将显著缩小。在煤炭资源有限和环保成本增加的情景下，陆上风电的千瓦时电成本甚至有可能低于燃煤发电，即新型能源发电对传统能源发电形成一定替代。

海上风电相比陆上风电，千瓦时电成本的降低将更为迅速。主要原因是大容量风机技术逐步成熟，单位装机容量的建设成本下降，运行维护成本也在不断降低。预计到2030年前后，海上风电的千瓦时电成本将低于0.70元/kWh水平，基本实现平价发电。

高空风电属于风电领域的前沿探索技术，考虑到控制方面的技术难度和政策方面的空域管制，预计在2025年前后才能实现一定规模的商业化应用。从原理角度而言，高空风电的发电成本可以控制在很低的水平。因此随着高空风电的商业化和规模化，千瓦时电成本预计将逐步下降至合理水平。在较为理想的情况下，到2050年高空风电的千瓦时电成本可能接近或低于常规陆上风电。当然，高空风电在发展中还存在着很多不确定因素，高空风电有望成为常规风电的有机补充。

目前海上漂浮式风电已经有较为成熟的理论、设计、配套软件和示范工程，技术的成熟度和发展速度要高于高空风电技术，预计可以在2020年实现商业化应用。海上漂浮式风电在产业发展初期的千瓦时电成本较高。但从原理角度来看，在风能资源利用、施工难度、运行维护等方面，海上漂浮式风电相比常规海上风电更有优势，因此千瓦时电成本未来有望接近或者低于常规海上风电。此外，未来常规海上风电和漂浮式风电的技术也将进一步融合。海上的风电机组将随着水深增加，从固定式基础逐步过渡至漂浮式基础，未来大部分基础将是介于两者之间的半固定半漂浮基础。

四、 风力发电装机容量预测

中国是世界上最大的风力发电国家，对未来风电装机容量的长期预测如图6-14所示。到2050年，中国风力发电累计装机容量预计将达到2.5亿kW水平，与届时核电累计装机容量相近，并略高于太阳能发电累计装机容量。

增长速度方面，从2015年到2050年的风力发电累计装机容量增长约为75%，属于新型能源发电形式中增长相对缓慢的发电形式。2030年前仍将是风电产业快速发展的时期，而2030年后风电产业发展逐步趋缓，产业发展将更依赖于海上风电、高空风电、漂浮式风电等新增长点。

不同具体形式的风力发电的累计装机容量和新增装机容量，长期来看趋势各不相同，如图6-14和图6-15所示。随着陆上优质风能资源的开发完成，预计2020年后陆上风电的新增装机容量将逐渐减少。陆上风电的千瓦时电成本下降较为缓慢，累计装机容量将保持稳定状态，到2050年预计占风电总装机容量的70%左右。

海上风电方面，近年来欧洲海上风电发展迅速，亚洲各国的海上风电在未来5～10年也将迎来开发热潮。2020～2030年期间，预计中国海上风电的新增装机容量将处于较高水平，累计装机容量也将快速增加。2030年后，随着海上风能资源的开发深入，以及漂浮式风电对于常规海上风电的替代，海上风电的装机容量增长将逐步趋缓。到2050年，预计常规意义上的海上风电将占风电总装机容量的20%左右，成为风电产业的重要组成部分。

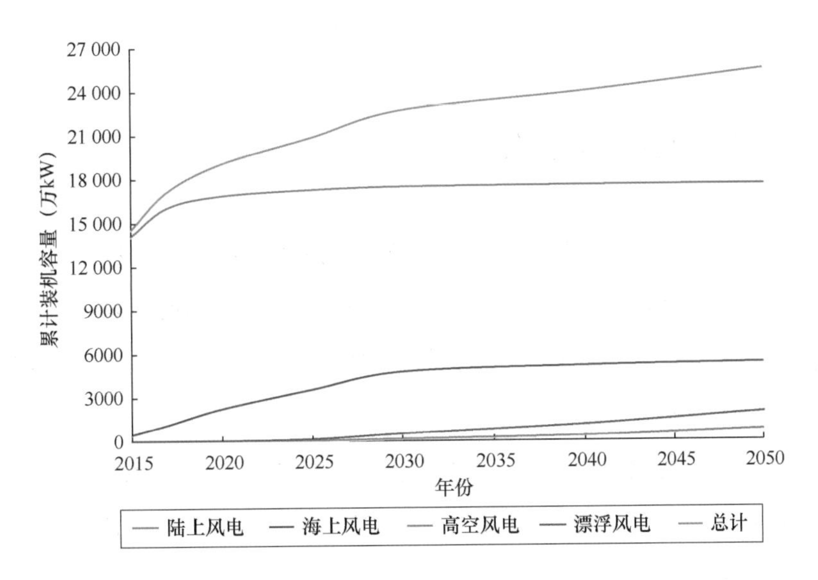

图 6-14 风力发电累计装机容量预测

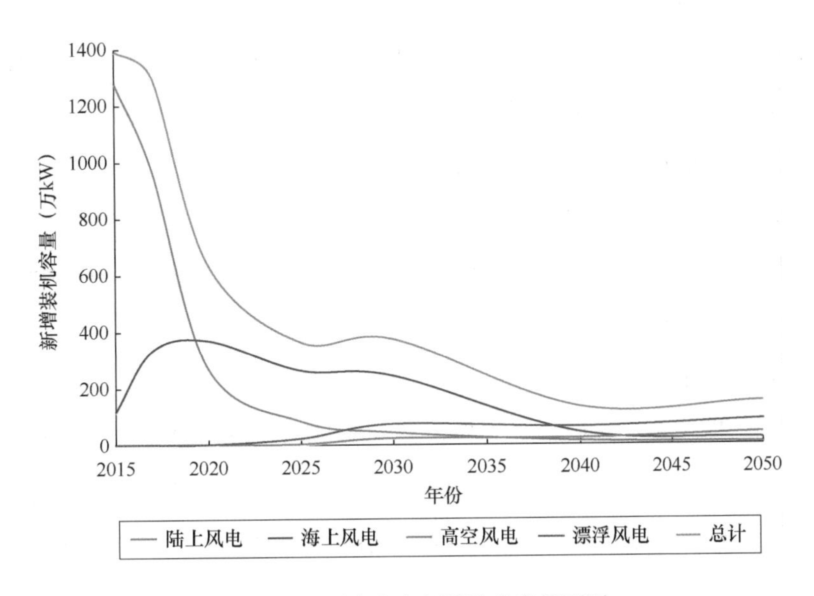

图 6-15 风力发电新增装机容量预测

海上漂浮式风电，预计将在 2025 年前后实现商业化应用，并随后保持较高的新增装机容量。到 2050 年海上漂浮式风电的累计装机容量有望达到 0.2 亿 kW，占风电总装机容量的 8%，成为重要的风电形式之一。

高空风电的商业化应用和规模化装机，预计比海上漂浮式风电晚 5～10 年。高空风电将在 2040 年前后具备一定规模。预计到 2050 年高空风电的累计装机容量将达到

0.07亿kW，占风电总装机容量的3%左右。

五、 风力发电技术路线建议

发展中国风电技术，应当重点关注先进的风机整体设计思想和CAD、CAE技术，提升风电自主创新能力，缩短研发应用周期，提高质量和经济性。风机前沿技术包括先进的气动设计、机械设计、控制系统，以及开发风机新材料、结构紧凑化、轻量化设计、新型变速技术等。

具体技术包括大型高性能叶片、大功率高可靠性齿轮箱、大功率双馈式异步发电机、大功率永磁同步发电机、先进变桨距系统、最大功率跟踪技术（MPPT）、大容量风机专用轴承等。

1. 陆上风电技术发展建议

陆上风电的建设、运行、维护技术是值得关注的技术发展方向。风电场选址方面，风能资源的精确分析、风机排布的优化配置、机组尾流和噪声的模拟计算等，都是前沿技术的热点方向。风电场的控制技术方面，主要涵盖了风功率预测技术、发电量预报技术、综合监控及保障系统等。陆上风电的电气系统和并网技术方面，谐波、电压波动和闪变的监测抑制，电网节能能力评估，相互作用规律和约束机理等，都是应当重视的技术方向。

2. 海上风电技术发展建议

海上风电技术的重点研发方向应当包括海上风电施工技术、风电功率输送技术、高压直流输电技术（HVDC）、分布电源组网技术等。具体到海上风电场选址方面，需要关注海上风能资源测量和评估，波浪、潮汐、冰凌、台风等气象条件分析，海域水文参数测量及研究等。

海上风电机组相比陆上风电机组，侧重的性能和参数有所不同，也更倾向于便于施工和维护的嵌入式和紧凑型设计。海上风电机组对于腐蚀带来的轴承、叶片、塔架、基础等部件的损坏、老化更为敏感，应当重视防腐和绝缘技术的发展。对于海上风电机组可能遭遇的破坏性大风，还应当开展叶片、塔架等部件的稳定性研究，提升刚性和抗疲劳强度。

早期海上风电的基础多为单桩结构，施工较为简单但刚性不足，不能适应未来风机的单机容量增大和海域水深增加的趋势。发展多桩固定平台结构，是海上风电基础技术的重要前进方向。

海上风电在运行中的电力输送面临着多重考验，需要重视并网技术的发展，从而保障海上风电的稳定高效运行，同时也应当进一步发展完善短期气象预报技术。海上风电的维护方面，需要做好数据采集、状态监测和故障分析，发展远程在线故障诊断与排除技术。

3. 分布式风电与多能互补技术的发展建议

风电可以与其他发电形式组成多能互补系统，配合储能技术来满足多样化用能需求。以小型风电机组为核心的多能互补系统，对于偏远地区和三北地区等风能资源丰富而电网设施薄弱的地区，具有较好的应用前景和积极的社会效益。研究方面应当重视发展风光互补、风水互补等新型能源发电互补技术，也应当关注风能与天然气互补的小型能源系统技术。

从风机的单机容量范围来看，风机较为适用于分布式发电，分布式风电在欧洲已经有较好的市场化应用。结合中国国情，内陆部分地区的风能资源条件一般，土地资源紧缺，适合开发分布式小型风电场，用于满足局部电力负荷。分布式风电可以与储能技术结合，进一步提高分布式风电的整体利用效率，并减少发电的间歇和波动。分布式风电还可以用于一些能耗较高，而对电力质量要求较低的产业，如海水淡化、金属冶炼等，能够有效节约高质量电力和用电成本。

参考文献

[1] 国家高技术研究发展计划“十一五”863计划先进能源技术领域专家组．中国先进能源技术发展概论［M］．北京：中国石化出版社，2010.

[2] 国网能源研究院．2013中国新能源发电分析报告［M］．北京：中国电力出版社，2013.

[3] 中国电力企业联合会．中国电力行业年度发展报告2015［M］．北京：中国市场出版社，2015.

[4] 中国可再生能源展望［R］．International Renewable Energy Agency（IRENA），中国国家可再生能源中心CNREC，2014.

[5] 全球新能源发展报告2016［R］．汉能，2016.

[6] 2014年可再生能源发电成本［R］．International Renewable Energy Agency，2015.

[7] Renewable capacity statistics 2017［R］．International Renewable Energy Agency，2017.

[8] 2016年新能源展望［R］．Bloomberg New Energy Finance，2016.

[9] 2015年全球海上风电［R］. MAKE，2016.

[10] 2016年中国风电市场展望报告［R］. MAKE，2016.

[11] Manwell J F，McGowan J G，Rogers A L. Wind energy explained：theory，design and application［M］. John Wiley & Sons，2010.

[12] Kaldellis J K，Zafirakis D. The wind energy (r) evolution：A short review of a long history［J］. Renewable Energy，2011，36 (7)：1887 - 1901.

[13] 朱瑞兆. 我国太阳能风能资源评价［J］. 气象，1984 (10)：19 - 23.

[14] 魏子杰，段宇平. 风电场风能资源评估［J］. 发电设备，2009，23 (5)：376 - 378.

[15] Global Wind Energy Outlook 2016［R］. Global Wind Energy Council (GWEC)，2016.

[16] 2014 China Wind Power Review and Outlook［R］. Global Wind Energy Council (GWEC)，2014.

[17] 李剑楠，乔颖，鲁宗相，等. 多时空尺度风电统计特性评价指标体系及其应用［J］. 中国电机工程学报，2013，33 (13)：53 - 61.

[18] 吴丰林，方创琳. 中国风能资源价值评估与开发阶段划分研究［J］. 自然资源学报，2009，24 (8)：1412 - 1421.

[19] 中国气象局. 台风业务和服务规定［M］. 北京：气象出版社，2012.

[20] 中华人民共和国标准 GB/T 28591—2012　风力等级［S］. 中华人民共和国国家质量监督检验检疫总局，2012.

[21] 国家海洋局. 全国海洋功能区划 (2011—2020年)［Z］. 国家海洋局，2012.

[22] 中华人民共和国标准 GB/T 18709—2002　风电场能资源测量方法［S］. 中华人民共和国国家质量监督检验检疫总局，2002.

[23] 中华人民共和国标准 GB/T 18710—2002　风电场能资源评估方法［S］. 中华人民共和国国家质量监督检验检疫总局，2002.

[24] 邓英，刘旭，姜翌，等. FD48 - 750型风电机组设计特点［J］. 沈阳工业大学学报，2002，24 (4)：296 - 298.

[25] Lanzafame R，Messina M. Fluid dynamics wind turbine design：Critical analysis，optimization and application of BEM theory［J］. Renewable energy，2007，32 (14)：2291 - 2305.

[26] David Quarton. Key requirements of wind turbine design［R］. Garrad Hassan，2014.

[27] Henk. Polinder，吴键，蔡罗强. 用于风力发电的直驱型和齿轮增速型发电机概念的比较［J］. 电气牵引，2007，2：26 - 32.

[28] 马祎炜，俞俊杰，吴国祥，等. 双馈风力发电系统最大功率点跟踪控制策略［J］. 电工技术学报，2009，24 (4)：202 - 208.

[29] Koutroulis E，Kalaitzakis K. Design of a maximum power tracking system for wind - energy - conver-

sion applications [J]. IEEE transactions on industrial electronics，2006，53 (2)：486-494.

[30] Abo-Khalil A G，Lee D C. MPPT control of wind generation systems based on estimated wind speed using SVR [J]. IEEE transactions on Industrial Electronics，2008，55 (3)：1489-1490.

[31] 夏安俊，胡书举，许洪华. 风电机组 MPPT 动态功率曲线控制策略的研究 [J]. 电气传动，2011，41 (12)：61-65.

[32] 王晓天. 基于全生命周期评价方法的风电环境效益测算——以内蒙古某风电场为例 [J]. 科技管理研究，2012，32 (18)：259-262.

[33] Perry S，Klemeš J，Bulatov I. Integrating waste and renewable energy to reduce the carbon footprint of locally integrated energy sectors [J]. Energy，2008，33 (10)：1489-1497.

[34] 王悦，郭森，郭权，等. 基于 IO-LCA 方法的我国风电产业全生命周期碳排放核算 [J]. 可再生能源，2016，34 (7)：1032-1039.

[35] Martínez E，Jiménez E，Blanco J，et al. LCA sensitivity analysis of a multi-megawatt wind turbine [J]. Applied Energy，2010，87 (7)：2293-2303.

[36] Martínez E，Sanz F，Pellegrini S，et al. Life cycle assessment of a multi-megawatt wind turbine [J]. Renewable Energy，2009，34 (3)：667-673.

[37] 丁华杰，宋永华，胡泽春，等. 基于风电场功率特性的日前风电预测误差概率分布研究 [J]. 中国电机工程学报，2013，33 (34)：136-144.

[38] 陈宁，谢杨，汤奕，等. 考虑预测功率变化趋势的风电有功分群控制策略 [J]. 电网技术，2014，38 (10)：2752-2758.

[39] 黎孟岩，刘兴杰，米增强. 风力发电机组功率曲线建模方法研究 [J]. 云南电力技术，2012，40 (3)：1-5.

[40] 吕兆华. 10MW 风机叶片钢结构试验台设计与有限元分析 [J]. 特种结构，2014，31 (3)：18-21.

[41] 甄立军，刘建勇，张昊伟，等. 5.5MW 风机前机架的铸造研究 [J]. 东方汽轮机，2014，1：48-54.

[42] Snitchler G，Gamble B，King C，et al. 10MW class superconductor wind turbine generators [J]. IEEE Transactions on Applied Superconductivity，2011，21 (3)：1089-1092.

[43] Veers P S，Ashwill T D，Sutherland H J，et al. Trends in the design，manufacture and evaluation of wind turbine blades [J]. Wind Energy，2003，6 (3)：245-259.

[44] 北京市科委. 国内首个超百米风电叶片设计技术研制成功 [J]. 纤维复合材料，2014，1：6-6.

[45] Milne K. Could the Isle of Man gain from recent innovations in offshore wind? [J]. Renewable Energy Focus，2016，17 (4)：134-135.

[46] Bahaj A S，Myers L，James P A B. Urban energy generation：influence of micro-wind turbine output on electricity consumption in buildings [J]. Energy and Buildings，2007，39 (2)：154-165.

[47] Peacock A D，Jenkins D，Ahadzi M，et al. Micro wind turbines in the UK domestic sector [J]. Energy and Buildings，2008，40 (7)：1324 - 1333.

[48] 杨云飞. 微型风力发电机组无数字控制 MPPT 充电器研究 [J]. 太阳能学报，2015，36 (9)：2307 - 2313.

[49] 王锋，黄云华. 微型风力发电取暖系统的设计与应用 [J]. 泉州师范学院学报，2011，29 (4)：20 - 23.

[50] 茆美琴，徐斌，张邵波，等. 基于小型风电系统电流源型逆变器的控制研究 [J]. 电力电子技术，2011，45 (8)：78 - 80.

[51] Archer C L，Caldeira K. Global assessment of high - altitude wind power [J]. Energies，2009，2 (2)：307 - 319.

[52] Canale M，Fagiano L，Milanese M. High altitude wind energy generation using controlled power kites [J]. IEEE Transactions on Control Systems Technology，2010，18 (2)：279 - 293.

[53] Fagiano L，Milanese M，Piga D. High - altitude wind power generation [J]. IEEE Transactions on Energy Conversion，2010，25 (1)：168 - 180.

[54] Lansdorp B，Ockels W J. Comparison of concepts for high - altitude wind energy generation with ground based generator [C] //Proceedings of the NRE 2005 Conference，Beijing，China. 2005：409 - 417.

[55] Vermillion C，Grunnagle T，Kolmanovsky I. Modeling and control design for a prototype lighter - than - air wind energy system [C] //2012 American Control Conference (ACC). IEEE，2012：5813 - 5818.

[56] 段金辉，李峰，王景全，等. 漂浮式风电场的基础形式和发展趋势 [J]. 中国工程科学，2010，12 (11)：66 - 70.

[57] 高伟，李春，叶舟. 深海漂浮式风力机研究及最新进展 [J]. 中国工程科学，2014，16 (2)：79 - 87.

[58] Butterfield S，Musial W，Jonkman J，et al. Engineering challenges for floating offshore wind turbines [C] //Copenhagen Offshore Wind Conference，Copenhagen，Denmark. 2005：377 - 382.

[59] Weinzettel J，Reenaas M，Solli C，et al. Life cycle assessment of a floating offshore wind turbine [J]. Renewable Energy，2009，34 (3)：742 - 747.

[60] 黄宇同，蔡继峰，符鹏程，等. 漂浮式海上风电机组基础竖直向水动力载荷研究 [J]. 风能，2013，8：94 - 100.

第 7 章

太阳能发电技术现状与发展趋势

太阳能，是由太阳中的氢原子核在超高温时聚变释放的巨大能量产生，来自于太阳的辐射能量。人类所需能量的绝大部分都直接或间接地来自太阳。煤炭、石油、天然气等化石燃料，作为现代人类社会的能源支柱，都是通过植物光合作用将太阳能转变为化学能储存在植物体内，再埋在地下经过漫长的地质年代演变形成的。除核能发电和地热能发电外，火电、水电、风电、生物质发电、海洋能发电等大部分能源发电形式，也都是基于太阳能转换而来的。

太阳能是清洁环保的可再生能源，在世界各国均被视为未来的重要能源支柱。我国“十三五”期间也将从国家能源战略层面，重点发展太阳能发电产业。太阳能发电主要包括光伏发电和光热发电，近年来都处于高速发展阶段，并且在集中式和分布式两种应用形式方面都具有广阔前景。本章将详细分析光伏发电和光热发电的技术现状和发展趋势，并提出相应的产业预测和技术路线。

第 1 节　太阳能发电技术现状

一、光伏发电产业概况

1. 装机容量概况

世界光伏发电产业，根据国际能源署光伏电力系统项目（IEA - PVPS）和国际可再生能源署（IRENA）统计，2016 年世界新增装机容量约为 71GW，世界累计装机容量达到 291GW，如图 7 - 1 所示。2016 年，光伏发电新增装机容量排名前五位的国家和地区依次是中国、美国、日本、欧洲、印度。

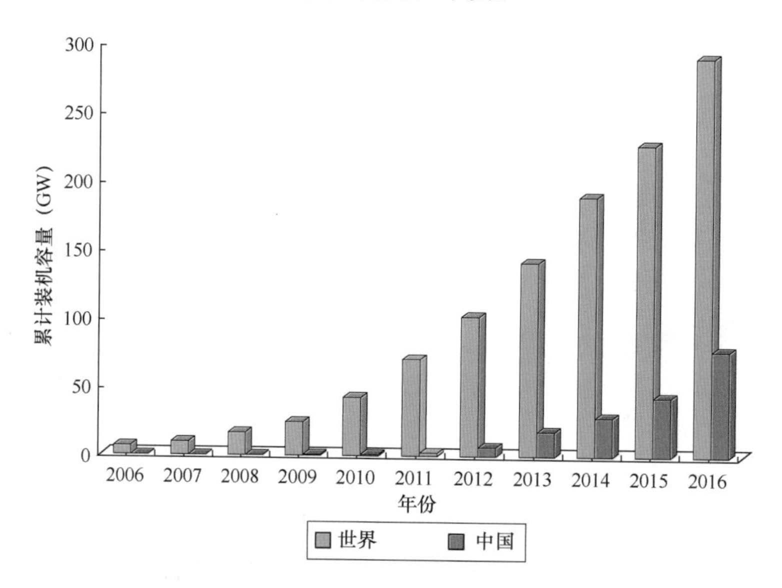

图 7 - 1　世界与中国光伏发电累计装机容量

数据来源：国际可再生能源署（IRENA）、国际能源署光伏电力系统项目（IEA - PVPS）、国家能源局。

2016 年中国光伏发电新增装机容量为 34.5GW，累计装机容量达到 77.4GW，均位列世界第一，累计装机容量占世界总装机容量约 26.6%。

根据 2015 年底国家发改委发布的《关于完善陆上风电光伏发电上网标杆电价政策的通知》，2016 年以前获批的光伏项目在 2016 年 6 月 30 日之前投产，仍享受较高电价补贴，之后投产的一类、二类、三类资源区的光伏上网电价分别降低 0.10、0.07 元和 0.02 元。光伏企业也因此在上半年加速了建设进度，在抢装刺激下 2016 年新增装机容量出现 34.5GW 新高。

2016 年中国太阳能发电装机容量中，光热发电装机容量约为 30MW，占比小于 0.1%，光伏发电装机容量占太阳能发电装机容量的绝大部分，光伏发电装机容量地区分布也与太阳能发电装机容量地区分布近似相同。

如图 7-2 所示，根据 2016 年中国光伏发电累计装机容量的地区分布来看，西北地区太阳能资源丰富，光伏发电装机容量较高，华北地区和华东地区也有一定规模的光伏发电装机容量。从新增装机容量角度来看，光伏发电在逐步向中东部转移，西北地区新增装机容量占比为 28%，而其他地区新增装机容量占比达到 72%。

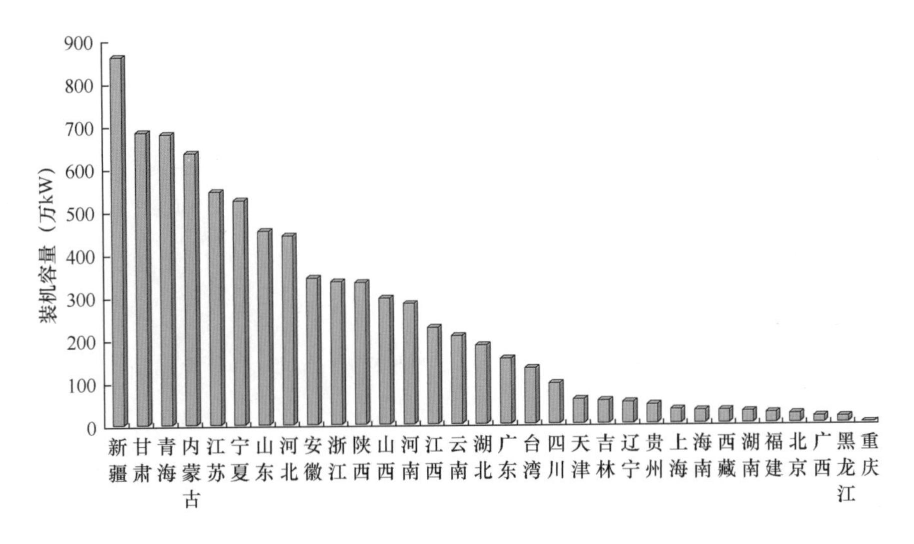

图 7-2　2016 年中国光伏发电装机容量地区分布

数据来源：国家统计局、中国电力企业联合会。

2. 应用类型概况

世界范围内，早期光伏发电以建筑分布式为主，地面集中式电厂为辅。在 2013 年后，随着世界光伏发电规模快速增长和中国开始大量建设集中式地面电厂，集中式地面电厂装机容量比例逐步上升，目前比例已经接近 60%，如图 7-3 所示。根据彭博新能源财经（BNEF）统计，世界分布式光伏比例较高的国家主要有澳大利亚（81%）、日本（64%）等，比例高于世界平均水平（约 40%）。中国也出台了一系列支持分布式光伏发展的政策，未来有望提升分布式光伏的比例。

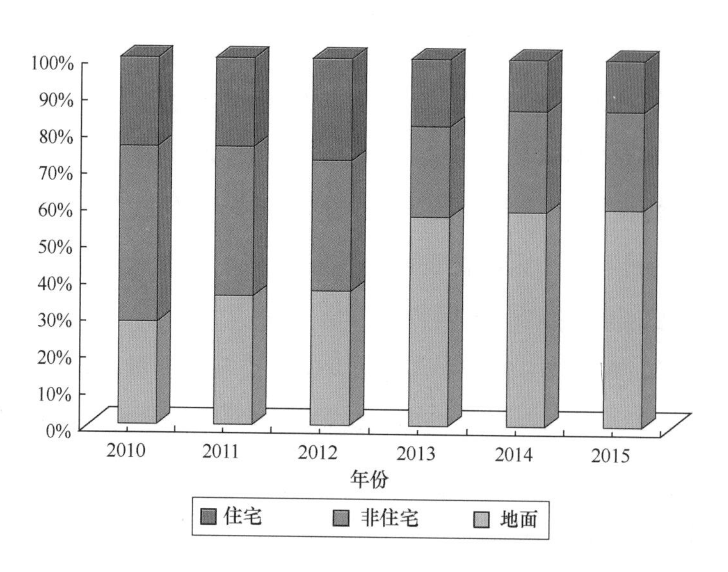

图 7-3　世界光伏发电不同形式的装机容量比例

数据来源：彭博新能源财经（BNEF）。

光伏发电在建筑应用中，按照应用对象又分为住宅和非住宅分布式发电。其中非住宅建筑由于管理统一、用电需求较为规律等优势，光伏装机容量比例近年来高于住宅建筑。应用形式方面，建筑光伏发电又分为建筑附着光伏系统（BAPV）和建筑一体化光伏系统（BIPV）。

中国 2016 年光伏发电累计装机容量中，地面集中式电厂为 6710 万 kW，占比 86.7%；建筑分布式光伏为 1032 万 kW，占比 13.3%。分布式光伏新增装机容量达到 424 万 kW，带动了分布式光伏装机容量比例的上升。中国住宅建筑以多层住宅、中高层住宅和高层住宅为主，相比部分国家的别墅、一户建等低层住宅，分布式光伏在住宅应用存在较大难度。中国建筑分布式光伏应用的绝大部分对象为商场、医院、图书馆等非住宅建筑。

如图 7-4 所示，根据分布式光伏装机容量分布图可以看出，东部地区分布式光伏发电发展较好，多个省份累计装机容量已经超过百万千瓦；而中部地区和西部地区的分布式光伏发电有待发展，其中西北地区分布式光伏所占比例仍然很低。

光伏发电的利用小时数方面，2014、2015 年和 2016 年中国光伏发电平均利用小时数约为 1255、1200h 和 1150h，下降的主要原因是近三年电力需求放缓。地区分布方面，西北地区和光伏装机容量较小的地区，包括内蒙古、青海、吉林、西藏、宁夏、四川、黑龙江、陕西等，利用小时数相对较高，可以达到 1300～1600h。

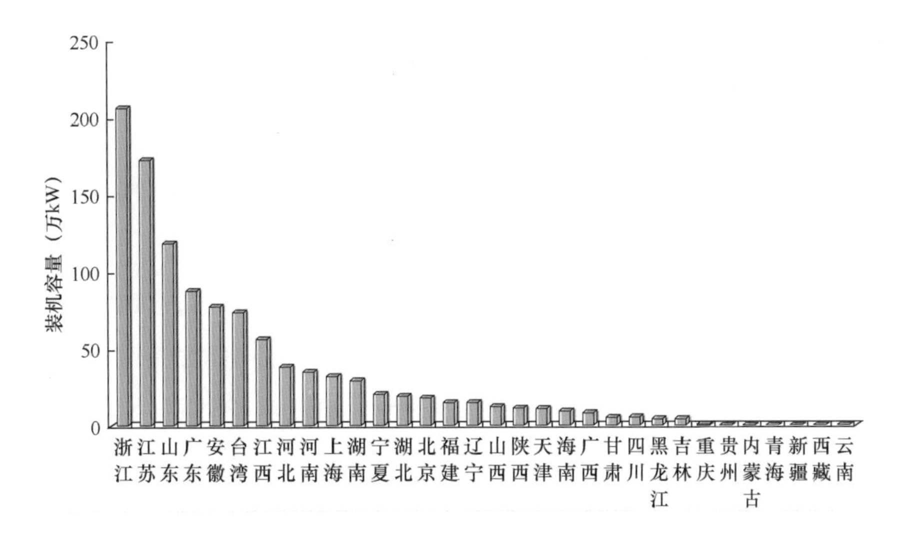

图7-4　2016年中国分布式光伏发电装机容量地区分布

数据能源：国家统计局、中国电力企业联合会。

2016年中国光伏总发电量约为662亿kWh，弃光率约为11%～12%，弃光电量约为73～79亿kWh。弃光现象主要发生在集中式电厂较多，而电力需求较弱的西北地区。根据国家能源局统计，西北地区2016年光伏发电利用小时数为1151h，弃光电量为70.4亿kWh，弃光率达到19.8%。西北地区中新疆和甘肃的光伏发电运行困难，弃光率分别高达32.2%和30.5%。

在并网型光伏发电之外，离网型光伏发电也在中国西部偏远地区得到应用。光伏发电和小型风力发电还可以设计成独立的风光互补系统，推进偏远农村的电气化。光伏发电的其他应用形式还包括太阳能路灯、太阳能充电设施等产品。

3. 中国光伏发电前景

总体而言，光伏发电技术进步较为迅速，效率不断提高、成本持续下降，并且相比水电和风电，对于客观自然条件的要求更为宽松。光伏发电也存在发电成本高、发电间歇性、远距离输电等问题，目前面临的补贴减少、弃光限电等困局有待突破。

“十三五”期间，中国光伏新增装机容量预计将为“十二五”期间装机容量三倍以上，光伏发电行业将进入装机规模化时代。光伏发电技术的快速进步，将推动光伏发电市场的细分化程度提高，除地面集中式电厂、建筑分布式电厂（非住宅建筑和住宅建筑）等常规应用外，光伏技术和跨行业产品的结合，也开始呈现快速增长趋势。光伏发电产业的高速增长，也将带动整个产业链的快速发展。

二、 光伏发电技术现状

太阳能光伏（PV）利用了光生伏特效应（Photovoltaic），光伏效应是指在光照时不均匀半导体或半导体与金属组合的部位，产生电位差的现象。

从能量转化角度，光伏效应可以定义为射线能量到电能的直接转换，因此理论上转换效率高。实际应用中，光伏效应主要用于太阳能向电能的转换，即太阳能光伏。太阳能光伏发电的实现方式，主要是通过利用硅等半导体材料制成的太阳能电池，在太阳光照射下产生直流电。太阳能电池经过串联后进行封装保护，形成大面积太阳电池组件，配合功率控制器等部件构成光伏发电装置。

光伏发电技术的固有优势包括来源丰富、选址灵活、建设周期短、无机械运转部件、设备故障率低、发电过程清洁环保、可以就地发电供电等，应用领域广泛，包括发电、卫星、空间站、路灯、汽车、飞机、电子设备等。光伏发电技术目前的缺点也较为明显，包括发电成本高、发电存在间歇性、发电效率低、可能需要远距离输电、占地面积大、太阳电池和蓄电池生产过程的污染严重等问题。

1. 世界光伏发展历史

1839 年，法国科学家 E. Becquerel 意外发现了液体的光生伏特效应。从此开始，人类研究光伏发电已经有 170 多年的历史，其中基础研究和工程技术交替推进着光伏发电的前进。

1877 年 W. G. Adams 和 R. E. Day 研究了硒（Se）的光伏效应，并制作第一片硒太阳能电池。1883 年美国发明家 Charles Fritts 描述了第一块硒太阳能电池的原理。1904 年 Hallwachs 发现铜与氧化亚铜结合在一起具有光敏特性。1904 年爱因斯坦发表关于光电效应的论文，并因此于 1921 年获诺贝尔物理学奖。1932 年 Audobert 和 Stora 发现硫化镉（CdS）的光伏现象。1941 年奥尔在硅上发现光伏效应。

1954 年，贝尔实验室研究人员 D. M. Chapin、C. S. Fuller 和 G. L. Pearson 成功研制了单晶硅太阳能电池，效率达到 4.5%，并在几个月后将效率提升至 6%，成为太阳能电池发展史上的里程碑。1955 年 Hoffman 电子推出效率为 2%的商业太阳能电池产品，功率为 14MW/片，价格为 25 美元/片，单位功率的价格达 1785 美元/W。

随后几年间，单晶硅电池的效率提升至 10%～14%，网栅电极的引入显著减少了光伏电池的串联电阻。1958年第一个由光伏电池供电的卫星“先锋1号”发射，光伏电池功率可达0.1W。1959年“探险者6号”卫星发射，太阳能电池列阵的总功率达到20W。

1963年日本夏普（Sharp）公司成功生产了光伏电池组件。日本在灯塔安装了功率为242W的光伏电池阵列，光伏电池开始逐渐由空间技术领域转入民用领域。1973年美国特拉华大学建成了世界上第一个光伏住宅。

1977年，D.E.Carlson和C.R.Wronski制成世界上第一个非晶硅（a-Si）太阳能电池。1980年，三洋电气公司利用非晶硅电池制成了手持式计算器，并完成了非晶硅组件的批量生产和户外测试。1981年Solar Challenger光伏动力飞机飞行成功。

1985年单晶硅太阳能电池的效率已经达到20%，而价格已经低于10美元/W。1986年6月，ARCOSolar发布世界首例商用薄膜电池。1991年瑞士Gratzel研制了纳米TiO_2染料敏化太阳能电池，效率达到7%。2004年世界太阳能电池年产量超过1.2GW，太阳能发电的产业链也基本成形。

2. 中国光伏发展历史

中国太阳能电池的研发始于1958年，同年成功制造了首块硅单晶。1968～1969年，中国科学院半导体所承担了“实践1号”卫星配套的研发生产硅太阳能电池板的任务。由于发现在空间中的电子辐射会造成硅单片太阳电池衰减，硅太阳能电池研发停止。1971年，中国电子科技集团公司第十八研究所（天津电源研究所）首次成功地将自主研发的太阳电池应用于东方红二号卫星。随后的东方红三号、四号系列地球同步轨道卫星也采用了自主研制生产的太阳电池阵。

1973年，中国太阳能电池开始应用于地面电厂。1975年宁波、开封成立太阳电池厂，参照空间电池工艺开始规模化制造太阳电池。1981年，中国将太阳能电池列入国家科技攻关计划。2000年前后，国家科技部启动了“863”计划和“973”计划，对光伏发电的基础研究和产业化技术予以支持。天威英利、无锡尚德等企业也开始建立太阳电池生产线，并在2003～2005年欧洲市场的拉动下，持续扩张并带动了国内相关产业的快速发展。2005年，国内第一个300t多晶硅项目建成投产，多晶硅产业进入快速发展时期。中国在2007年太阳电池产量超过1GW，随后一直保持世界光伏制造业第一的位置。

3. 光伏机理研究现状

太阳能电池的原理，是建立在半导体物理PN结的基础之上。基于能带理论，半导体的能带中存在导带和价带，在导带和价带之间有带隙。当光入射到太阳能电池上时，大于带隙的光会被电池吸收，将电子从价带激发到导带上，成为可以自由移动的电子，同时在价带留下空穴。这一现象称为半导体的本征吸收或带间吸收，是太阳能电池中最重要的吸收形式，也是光伏发电的基础。

能量小于带隙的光子不能发生带间吸收，但有可能发生自由载流子吸收、缺陷吸收等，取决于光伏材料的掺杂程度和材料质量。这些吸收对于太阳电池光伏转换没有贡献，自由载流子吸收发热还会使电池性能下降。

为实现太阳能电池对能量小于带隙的光子的吸收和光伏转换，学者提出了双光子或多光子吸收机制。需要解决的主要问题是设计和实现带间能级的合理分布，并在增大光利用率的同时保证开路电压。

研究人员还提出了上转换机制，利用上转换材料吸收能量小于带隙的光子，然后发出能量大于带隙的光子，从而提升效率。上转换材料研究目前集中在掺稀土发光材料方面。

为减小载流子热弛豫造成能量损失，学者提出了多激子产生（MEG）机制和下转换机制，用于提升转换效率。下转换材料吸收能量远大于带隙的光子，然后发出能量略大于带隙的光子，提升吸收效率，但目前技术难度较高。

降低载流子输运过程中的复合（recombination），包括陷阱（缺陷）复合、辐射（带间）复合、俄歇复合，也可以提高转换效率。常见影响太阳能电池性能的是陷阱复合，因此提高光伏材料质量，减少体内缺陷和表面缺陷，可以有效减少陷阱复合。

被PN结分离的光生载流子，还需要良好的电极取出机制，才能保证光伏转换效率。研究主要关注电极材料与电池间接触势垒对载流子输运的影响，以及电极栅线电阻、遮光比等造成的能量损失。载流子取出方面，学者还提出了热载流子电池概念，也可以减少载流子热弛豫损失。

4. 太阳能电池类型

目前光伏产业中主流的太阳能电池包括两大类，分别是晶硅电池（第一代）和薄膜电池（第二代）。晶硅电池中，又分为单晶硅、多晶硅类别。薄膜电池（thin film，TF）又分为硅基（a-Si）、碲化镉（CdTe）、铜铟镓硒（CIGS）等类别。

晶硅电池产业主要包括晶硅生产、晶硅电池制造和晶硅组件制造三部分。2015年中国晶硅电池产量达到41GW，约为世界总产量的三分之二；晶硅组件产量达到

43GW，约为世界总产量的72%。2016年中国晶硅电池和晶硅组件的产量进一步增长至49GW和53GW，同比增长均超过15%，在世界总产量中的比例也延续了小幅上升趋势。

多晶硅太阳能电池技术由于显著的成本优势，已经成为国内外光伏发电应用的主流。2015年中国多晶硅产能为19.0万t，产量为16.9万t，均占世界总量近一半左右，位居世界第一，如图7-5所示。由于近年来多晶硅的落后产能淘汰和产量增加，2015年多晶硅产能利用率增加至89%左右。

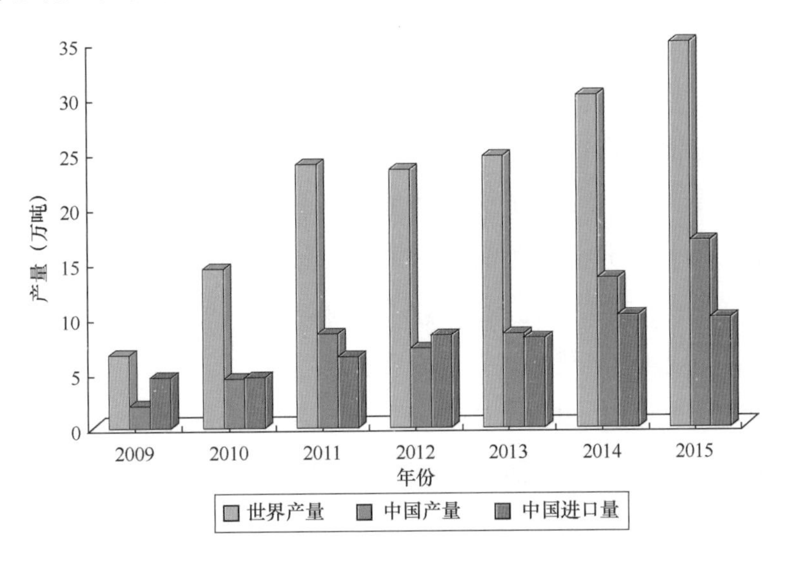

图7-5　世界与中国多晶硅产量与中国进口量

数据来源：国际能源署光伏电力系统项目（IEA-PVPS）。

除多晶硅生产外，中国多晶硅进口量近两年也维持在10万t水平，占世界总产量的近三分之一。可以看出，中国在世界多晶硅电池产业占据主导地位，随着近期光伏企业的兼并重组和落后产能的淘汰，预期未来产业集中程度、技术研发能力、成本竞争力等都将持续增强。

多晶硅的未来发展方面，产业主要围绕生产原料改进展开，而近年来技术进展主要包括高效硅片制造技术和高方阻银浆制造技术。目前大批量生产的高效多晶硅电池的平均转换效率约为18%，接近于实验室的20%水平。多晶硅电池效率提升受到材料晶体缺陷的限制，而电池结构对于效率提升的影响有限。因此，多晶硅电池目前已经接近20%的效率极限，提升空间较小。

从技术角度来看，单晶硅电池有诸多优点，其中包括：晶体结构单一、晶硅缺陷更少；材料纯度高、机械强度高、碎皮率更低；内阻小、光电转换效率高；工作温度低于多晶硅组件；更适用于分布式应用等。同样标称功率的单晶硅组件，相比多晶硅组件的发电量更高，转化率衰减速度更慢，发电稳定性更高。

然而从晶硅电池产业角度来看，目前多晶硅占据近八成市场份额。批量化生产的单晶硅电池的光电转换效率相比多晶硅电池高2%左右，而单晶硅组件价格相比多晶硅组件价格要高20%左右，这也是目前多晶硅占据市场主导地位的原因。

展望未来，单晶硅电池效率的提升空间明显大于多晶硅电池，特别是新型单晶硅电池如HIT电池、IBC电池等，效率可以达到23%～24%，有助于与多晶硅电池的效率拉开差距。未来单晶硅和多晶硅的竞争仍然激烈，根据相关报道，2016年中国单晶硅的市场份额已提升至27%，2017年有望延续上升趋势。市场对于高效单晶硅的需求也将保持增长，单晶硅产业整体呈现触底反弹趋势。

薄膜电池（TF）由于理论效率高、材料消耗少、制备能耗低等优点，被称为第二代太阳能电池技术。在柔性衬底上制备的薄膜电池，还具有可卷曲折叠、不怕摔碰、质量轻、弱光性能好等优势，未来应用前景广阔。

2015年世界薄膜太阳能电池的产能约为9.3GW，产量约为4.4GW，产量约为晶硅电池产量的7%左右，规模仍然较小。薄膜电池产能中，硅基薄膜电池的产能比例约为38%，碲化镉薄膜电池的产能比例约为35%，铜铟镓硒薄膜电池的产能比例约为27%，近似各占三分之一。

硅基薄膜电池的发电效率约为6%～8%，碲化镉薄膜电池的发电效率约为9%～11%，这两种电池的技术相对成熟，但存在效率偏低、重金属污染等问题。

铜铟镓硒（CIGS）薄膜太阳能电池，容易形成良好的背电极和高质量的PN结，而且较容易制成柔性组件。目前CIGS薄膜太阳能电池的实验室转换效率已达21.7%，组件全面积转换效率已接近16%，产业化也在逐步推进，是薄膜太阳能电池的未来发展方向。CIGS薄膜太阳能电池主要面临的问题，是使用稀有元素造成成本偏高。CIGS薄膜太阳能电池未来大规模生产后，有望提升质量、降低成本，相对传统太阳能电池具备更强竞争力。

5. 高聚光太阳能电池

高聚光太阳能电池（HCPV）被称为第三代太阳能电池，原理是利用光学元件将太阳光汇聚在一个狭小的区域，太阳能电池面积大幅度减小，发电效率和经济性显著提升。

高聚光太阳能电池（HCPV）目前主要采用砷化镓（GaAs）电池，经过近年来的技术发展和批量生产，砷化镓电池成本已经明显下降。砷化镓属于Ⅲ－Ⅴ族化合物半导体材料，其能隙与太阳光谱的匹配较好，而且能耐高温。

砷化镓电池的发展始于1950年代，1954年研究人员首次发现砷化镓材料具有光伏效应。1956年学者发现禁带宽度（*Eg*）在1.2～1.6eV范围内的光伏材料转换效率最高，而砷化镓材料*Eg*为1.43eV，属于这一范围。1960年代，第一个掺锌的砷化镓电池制成，当时转化效率仅为9%～10%。

1970年代，IBM等公司采用液相外延LPE技术，降低了砷化镓表面复合速率，使效率提升至16%。随后砷化镓电池效率提升至18%并初步实现量产。后来出现的MOCVD、异质外延、多结叠层结构等技术，进一步将砷化镓电池效率提升。根据IBM公司数据，砷化镓电池的实验室最高效率已达50%左右，而目前产品效率普遍达到30%左右。

与晶硅相比，砷化镓的禁带比硅更宽，使得砷化镓的光谱响应性和太阳光谱匹配能力比硅好。硅电池的理论转化效率约为23%，实验室转化效率极限约为20%，而单PN结砷化镓电池理论效率达到27%，多PN结砷化镓电池理论效率超过50%。

根据近年来的相关报道，国电光伏的柔性薄膜砷化镓电池的转换效率达到34.5%。汉能的砷化镓薄膜太阳能电池，经过美国国家可再生能源实验室（NREL）认证，最高转化率达31.6%。日芯光伏也宣布可以实现1000倍聚光和40%以上的光电转换效率。

Spire Semiconductor的三结砷化镓太阳能电池，经过美国国家可再生能源实验室（NREL）认证，在406倍太阳辐射聚光、大气光学质量1.5（AM1.5）、25℃的测试条件下，面积为0.97cm^2的电池的效率可达42.3%。

此外，砷化镓电池的耐温性好于硅电池，在250℃也可以正常工作，而硅电池在200℃已经无法工作。砷化镓相比硅更脆，加工时容易碎裂，通常制成薄膜并采用衬底（通常为锗Ge）进行改善，技术更为复杂。

技术发展方面，砷化镓电池的技术难点包括砷化镓生产、电池散热、凹面镜、太阳追踪器等。砷化镓与硅晶圆的生产差异较大，需要采用磊晶技术，磊晶圆直径为4～6in，明显小于12in的硅晶圆，需要特殊机台。砷化镓中砷为剧毒物质，生产过程中排放的砷存在健康危害和污染风险，而镓较为稀缺，成本较高。

高聚光条件下，电池散热也成为有待解决的问题，主要方向是提升风冷的散热效率或者降低水冷的散热成本。薄膜工艺的太阳能电池颜色较深，散热不良会造成发电效率下降和热衰减。砷化镓薄膜电池的工艺，造成封装面板只能使用双层普通玻璃，损坏率较高，而且加重了散热问题。

此外，凹面镜的光学精度要求较高，而且需要精确对准太阳直射，因此对于太阳追踪系统的精度要求也很高，目前面临着技术和成本两方面问题。

市场应用方面，高聚光太阳能电池 HCPV 在 100kW 以上发电系统中具有明显的优势，在千瓦时电成本和碳足迹分析中较为优秀。预期 HCPV 将在高辐射（DNI，Direct Normal Irradiation）地区，主要是 DNI 高于 6kWh/（m^2 • d）的地区占据一定装机容量比例。与 HCPV 技术原理相似的低倍聚光光伏（LCPV）预计也将具有较好的市场应用前景。

砷化镓太阳能电池目前的成本约为 20 元/W，由于成本偏高，一定程度上影响了砷化镓太阳能电池的大规模应用。HCPV 在解决技术和市场两方面问题后，预期将成为未来光伏发电产业的主流技术。

6. 太阳能电池经济与市场现状

光伏产业中已经规模化和市场化的太阳能电池主要是晶硅电池（第一代）和薄膜电池（第二代）。晶硅电池中，目前主流的多晶硅太阳能电池的经济性，主要取决于产业链中多晶硅生产、晶硅电池制造和晶硅组件制造三个环节的经济性。

多晶硅材料价格近两年来处于 100 元/kg 水平，随着市场供需关系变化，有一定的波动。晶硅电池制造部分的经济性，主要指标是硅片和电池片的价格。以典型的 6in（156mm×156mm）硅片为例，单晶硅片价格约为 1.4 元/W，多晶硅片价格约为 1.3 元/W。硅片制造成为电池片后，单晶硅电池片价格约为 2.8 元/W，多晶硅电池片价格约为 2.1 元/W。晶硅组件方面，作为产业下游受到市场影响较为明显。单晶硅组件价格约为 5.2 元/W，多晶硅组件价格约为 4.5 元/W，但短期的涨跌幅度可能超过 10%。

对于大型光伏发电系统，除了组件成本外，还包含逆变器（并网、储能）、辅助设备（防雷、配电）、EPC 和其他设备等投资。目前组件在大型（大于或等于 20MWp）定轴光伏发电系统成本中的比例，已经由 2010 年的 60%左右下降至 2015

年的50%左右，到2020年预计将下降至40%左右。这一变化的主要原因是组件价格随着技术进步快速下降，而其他部分价格降低相对缓慢。对于规模较大的光伏电厂，多晶硅组件成本已经下降至4元/W水平，约为5年前的三分之一。光伏电厂目前整体成本约为6.5元/W水平，相比燃煤发电高出约45%，属于成本较高的发电形式。

光伏产业与市场方面，光伏组件制造是重要环节之一。世界主要的光伏组件制造企业基本集中在中国。2016年光伏组件出货量超过2GW的中国企业包括晶科能源（6.7GW）、天合光能（6.5GW）、阿特斯（5.1GW）、晶澳太阳能（5.0GW）、英利绿色能源等。国外光伏组件出货量较高的企业主要有美国First Solar（2.9GW）、日本夏普、美国SunPower、日本京瓷Kyocera等。

光伏电厂逆变器产业方面，2016年世界市场集中度进一步提升，前十大制造商的出货量占比达到80%，前五大制造商的出货量占比达到50%。根据2016年出货量，华为技术、阳光电源、特变电工西安电气、无锡上能等企业占据主要市场份额。其中阳光电源和华为技术的出货量均达到10GW量级，市场比例优势明显，也说明逆变器制造产业集中程度高于组件制造产业。

光伏电厂支架产业的市场集中度较低，2016年前十大企业的出货量在1～3GW范围，差异并不明显，主要企业包括中信博、江苏爱康、深圳安泰等。

光伏电厂投资方面，中国企业主要包括中电投、顺风国际、协鑫新能源、中节能、浙江正泰等国有企业和民营企业。光伏电厂投资企业还包括组件制造企业（天合光能、晶科能源、英利绿色能源）、逆变器制造企业（特变电工、浙江正泰）、发电集团（中电投、华电、大唐）、核电集团（中广核）、水电集团（三峡新能源）等。这也说明了光伏电厂行业的技术和投资门槛较低，能源发电企业进入光伏行业相对容易。

三、 光热发电产业概况

光热技术近年来发展迅速，根据温度和用途的差异，光热技术可以分为低温应用（小于200℃）、中温应用（200～800℃）和高温应用（大于800℃）。在利用光热发电之外，低温和中温应用还包括太阳能热水器、太阳能干燥器、太阳能蒸馏器、太阳能空调热泵、太阳能海水淡化、太阳能采暖（太阳房）等，高温应用还包括太阳能灶、太阳能炉、太阳能冶金等。

本部分重点讨论的光热发电，在西班牙、美国等国家的技术研究和产业应用都迎来了高速发展时期。大量技术先进、规模较大、包含储能的光热发电项目投运或在建，光热发电领域的多项前沿技术也逐步成熟和商业化。

近年来中国在光热发电领域，也开展了大量的前沿技术研究，但产业应用水平距离世界先进水平还存在较大差距。“十三五”期间，光热发电的技术研究和产业应用，都将迎来大发展。

1. 光热发电定义与形式

太阳能光热发电，是利用太阳能集热器吸收的热能产生蒸汽，驱动汽轮机并带动发电机发电。光热发电相比光伏发电，具有原理简单、规模较大、储能容易、波动较小、寿命较长、制造过程能耗污染较少等优点，在太阳能发电领域逐步引起重视。

光热发电系统可以分为槽式、塔式、碟式和菲涅尔式。槽式发电系统采用线性抛物面反射聚焦太阳光到集热管上，加热工质发电，其镜面采用自动跟踪系统跟踪太阳光。塔式发电系统采用安装了自动跟踪系统的反射器阵列，将太阳光反射到塔顶的接收器，驱动工质发电。碟式发电系统采用碟式反射镜面，反射太阳光并聚焦到聚焦面上产生高温，热量通过吸热器传递给工质发电。菲涅尔式发电系统原理与槽式类似，区别在于采用了平面反射镜和固定式集热管，因此结构简单、成本更低、工质更灵活。

光热发电的选址与太阳能资源的分布密切相关。太阳法向直射辐射（Direct Normal Insolation，DNI）数值，是太阳能光热发电厂选址布局的首要依据。从 DNI 角度评价，中国太阳能光热发电潜力较大的地区包括西藏、新疆、青海、内蒙古和甘肃。其中，西藏高品质太阳能光热发电资源非常丰富，DNI 大于 7kW/（m^2 • d）[2555kW（m^2 • 年）]，区域的总功率达 1100GW，占全国的 78.5%。

2. 光热发电发展历史

1950 年，苏联设计了世界上第一座太阳能塔式光热电厂，并建造了小型试验装置。1970 年代石油危机时期，光伏发电技术尚不成熟，效率较低、成本较高。相比之下光热发电技术较为成熟，效率较高、成本较低，在世界各国成为受到重点关注的太阳能发电形式。

1980～1990 年，光热发电产业迎来了第一次快速发展时期。世界各国建设了 20

多座光热电厂，主要采用塔式系统和槽式系统，装机容量从千瓦级到兆瓦级，最大达到80MW。美国加利福尼亚SEGS电厂，是第一批商业化光热电厂的代表。

1990年世界光热发电累计装机容量达到340MW，但随后化石能源危机趋缓，同时光热发电技术缺少突破、经济性较差，各国普遍放缓了光热电厂建设。光热发电产业由此进入停滞时期，如图7-6所示，直到2006年世界光热发电累计装机容量仅增长至367MW。

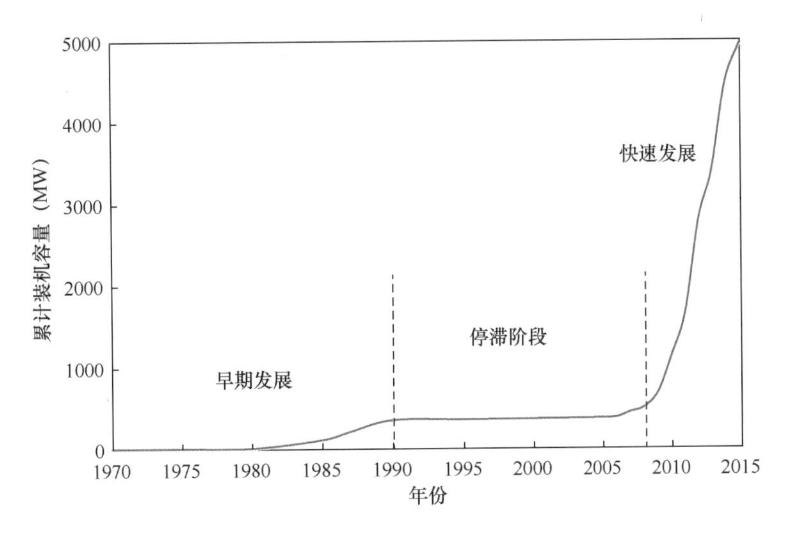

图7-6　光热发电累计装机容量变化历史

数据来源：彭博新能源财经（BNEF）。

2008年前后，各国又重新认识到光热发电的潜在优势。而且随着技术进步，光热发电的建设成本从40 000元/kW水平下降至15000元/kW水平，千瓦时电成本也从3～5元/kWh水平下降至1.5元/kWh水平，显著刺激了光热发电产业增长。近年来各国也相继出台了扶持光热发电产业的多项政策，代表性政策包括FIT（价格补贴）、PPA（购电协议）、RPS（配额机制）、ITC（投资税抵减免）等，加速了光热发电产业的规模化和商业化。

中国光热发电产业始于1980年代，曾经建立了一套功率为1kW的太阳能塔式发电模拟装置和一套功率为1kW的平板式太阳能发电模拟装置，并与美国合作制造了5kW碟式太阳能发电样机。但一直到2010年以前，光热发电的产业应用都基本停滞。

3. 世界光热发电市场现状

2008～2015年，世界光热发电产业进入大发展时期，累计装机容量已经接近

5000MW。如图 7-7 所示，截至 2015 年底，西班牙和美国是光热发电产业规模最大的两个国家，累计装机容量分别占世界总量的 50.3%和 37.4%。

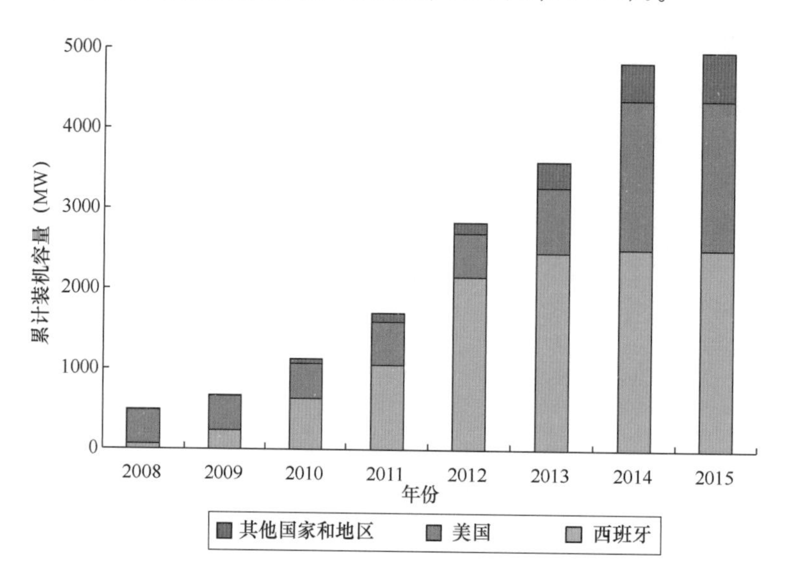

图 7-7 光热发电累计装机容量

数据业源：彭博新能源财经（BNEF）。

光热发电产业受政策影响明显。西班牙率先采用了 FIT 激励机制，2007 年光热发电上网电价补贴达到 0.27 欧元/kWh（2 元/kWh）。因此在 2007～2012 年间，西班牙光热发电可以实现大幅盈利，也使得西班牙成为世界上最大的光热发电市场。

伴随着 2012 年西班牙优惠政策的结束，欧洲光热发电市场逐渐萎缩。西班牙由于补贴政策停止和光热发电征税等因素，近三年来新增装机容量很少，也说明了光热发电产业受政策的影响明显。2016 年西班牙光热发电的领军企业 Abengoa 申请破产，也说明了西班牙光热发电产业开始走向衰落。

美国作为世界第二大光热发电市场，在 RPS、ITC 等政策激励下，2011 年起光热发电产业开始高速发展。其中 2014 年美国光热发电产业表现出强劲增长态势，新增装机容量达到 922MW，占 2014 年世界新增装机容量的 85.6%。由于 ITC 政策原计划于 2016 年到期，所以 2015 年美国光热发电产业保持观望状态，当年没有新增装机容量。但 2015 年 12 月，美国国会通过了 ITC 政策延长五年的修正案，预计将推动美国光热发电产业持续高速发展。

美国近五年的光热发电新增装机容量，主要来自于大型光热发电项目的投运，其中很多项目采用了大量前沿技术。2013～2014年期间，内华达州110MW装机容量的新月沙丘光热电厂开始试运行，成为世界上最大的塔式熔盐光热电厂。加利福尼亚州392MW装机容量的Ivanpah塔式光热电厂投运，成为世界最大的水工质光热电厂。此外，美国280MW装机容量的Solana槽式光热电厂（6h储热）和280MW装机容量的Mojave槽式光热电厂也相继投运。

得益于2010年起实施的尼赫鲁国家太阳能计划，印度2015年光热发电的累计装机容量达到了209MW，并于2014年投运了装机容量为100MW的世界上最大的菲涅尔式光热电厂。中东和非洲的南非、阿联酋、埃及、摩洛哥等国家，由于丰富的光热资源，近年来也成为世界光热发电的新兴市场。这些地区的光热电厂选址的DNI普遍高于2600kW/（m^2·年）[7.1kW（m^2·d)]。依靠丰富的优质太阳能资源，在不考虑政策补贴的情况下，光热发电的千瓦时电成本也可以控制在1～1.5元/kWh水平，经济性优势明显。

4. 中国光热发电市场现状

中国光热发电产业正在逐步兴起，2015年累计装机容量约为35MW。近三年在建和投运的代表性项目包括：中控德令哈10MW塔式熔盐电厂；首航光热敦煌10MW塔式熔盐电厂；中广核德令哈50MW槽式光热项目；新疆新华能1.5MW槽式示范项目；深圳华强兆阳张家口20MW改良菲涅尔示范项目；兰州大成敦煌10MW菲涅尔熔盐电厂等。

2015年《国家能源局关于组织太阳能热发电示范项目建设的通知》等重大利好政策出台，中国拟建成约1GW规模的光热发电示范项目。光热发电领域相关国企、民企和外企均积极申报了示范项目，有望推进中国光热发电产业的爆发式增长。考虑到“十三五”规划对于光热发电的激励作用，以及光热发电上网电价逐步落实等利好因素，到2020年中国光热发电累计装机容量将有望达到1000～2000MW，约为届时光伏发电累计装机容量的1%～2%。

四、 光热发电技术现状

光热发电系统可以分为四个子系统，包括集热系统、热传输系统、蓄热与热交换系统和发电系统。

1. 集热系统技术

由于太阳能的分散性，需要采用集热系统技术，提高能量密度进行光热发电。在太阳能利用领域常见的集热器类型，主要包括平板型集热器、真空管集热器、陶瓷集热器和聚光集热器等四大类。

前三类非聚光集热器属于简单低价的常温集热装置，主要用于热水、采暖和常温动力系统等。而聚光集热器（包含槽式、塔式、碟式和菲涅尔式）可以使太阳能聚集在一个较小的集热面上，从而降低集热损失、提高利用效率，多用于光热发电。

光热发电的聚光集热器形式多样，但原理和组成类似，主要包括聚光器、吸收器、跟踪系统等三大部件。聚光器即聚光镜或定日镜，技术指标中的反射率、焦点偏差等指标可以显著影响发电效率。目前国内外生产的聚光镜，效率可以达到94%～96%。太阳光通过聚光器聚焦到吸收器上，热量传递至吸收器内部工质，通过热力循环发电。

跟踪系统，是集热系统中技术发展较为迅速的领域。由于太阳位置随时间变化，跟踪系统需要随时调整聚光器位置与入射太阳光保持垂直，从而提升集热效果。跟踪系统的关键技术涵盖太阳轨迹、GPS定位、传感器、控制、发电机、保护等方面，涉及学科众多。跟踪系统精度对于集热效果的影响显著，0.05°的偏差就有可能造成5%～10%的能量损失。

2. 热传输系统技术

热传输系统主要功能是传输集热系统收集的热能，利用传热介质将热能输送至蓄热系统。目前传热介质主要是导热油和熔盐。通常熔盐比导热油的工作温度和发电效率更高，安全性也较好。

热传输系统由预热器、蒸汽发生器、过热器和再热器等部件组成。在热传输过程中，传热管道越短，热损耗越小。热传输系统的技术发展，主要围绕减小传热管道损耗、降低泵功耗等方向展开，从而提升热传输系统的效率和经济性。

3. 蓄热系统技术

蓄热系统属于光热发电相对于光伏发电的一个重要优势。蓄热系统可以低成本储存太阳能，减少发电间歇性，并用于夜间发电，从而提升光热发电的技术经济性。

蓄热系统的关键技术主要是蓄热介质。蓄热介质一般应具有来源丰富、性能稳定、无腐蚀性、储能密度大、传热性能好、成本低廉等特点。相关技术发展主要朝着提高蓄热密度和减小蓄热成本两个方向发展。

4. 发电系统技术

光热发电的发电系统形式较为多样，除发电机外，根据温度、压力、规模和应用领域的差异，可能采用汽轮机、燃气轮机、低沸点工质膨胀机、斯特林外热机等。对于装机容量较大的光热发电机组，温度、压力与燃煤发电相近时，发电系统可以采用常规汽轮机；当温度在800℃以上时，还可以配合燃气轮机发电。对于装机容量较小的分布式光热发电或中低温光热发电，发电系统还可以选用低沸点工质膨胀机或斯特林机等。

光热发电机组目前的发电系统以汽轮机系统为主，冷却方式以空冷为主。考虑到光热发电的特点，汽轮机需要在频繁启停、快速启动、部分负荷运行和发电效率等方面具备较好性能。

5. 塔式系统技术

塔式发电系统是点式聚焦系统，是利用大规模的定日镜形成定日镜场阵列，将太阳光反射到高塔顶部的吸热器上，加热传热介质，直接产生蒸汽或者换热后产生蒸汽，驱动汽轮机发电。

塔式系统的优点包括热传递路程短、热损耗小、聚光比和温度较高，但通常规模较大、占地较多、投资较高。此外，采用双轴跟踪系统时，镜场的控制系统较为复杂。

6. 槽式系统与菲涅尔式系统技术

槽式系统，以及类似的菲涅尔式系统，都属于线性聚焦系统。槽式系统利用槽型抛物面反射镜将太阳光聚焦到线性集热器上，而菲涅尔式系统通过太阳运动跟踪装置，利用主反射镜列将太阳光反射聚集到具有二次曲面的二级反射镜和线性集热器上。

槽式系统和菲涅尔式系统的结构简单，便于标准化批量生产安装。槽式系统和菲涅尔式系统的太阳跟踪系统通常采取单轴跟踪系统，结构较为简化。槽式系统和菲涅尔式系统的缺点是聚光比小，传热介质一般只能加热至400～500℃，发电效率低，此外系统的抗风性能较差。

7. 碟式系统技术

碟式系统属于点式聚焦系统，出现时间较早，单机功率较小，一般为5～50kW。

碟式系统也称抛物面反射镜斯特林系统，采用多个反射镜组成抛物面，接收器在抛物面的焦点上，传热介质加热后驱动斯特林发动机发电。

碟式系统的聚光比很高，可达数百上千，聚焦温度可达1000℃以上，效率较高，对于地面坡度的要求较为灵活。碟式系统可以单独分布式发电，也可以组成集中式的发电系统。

碟式系统目前成本较高，技术也有待成熟。在空间应用方面，碟式系统相比光伏发电，具有气动阻力低、发射质量小和运行费用低等优点，这也是光热发电前沿技术的热点之一。

8. 光热发电系统对比

目前光热发电的累计装机容量中，槽式系统约占70%～80%，塔式系统约占20%，碟式系统和菲涅尔式系统之和占5%～10%。

槽式系统的技术成熟、结构简单，应用较为广泛，发电效率在20%左右，建设成本在14 000元/kW左右。塔式系统的综合效率高，发电效率可以达到30%，建设成本在15 000元/kW左右，适用于大规模商业化应用。塔式系统在目前规划和在建的光热项目中的比例已经超过槽式系统，将成为未来光热发电的主要形式。

碟式系统目前效率在28%左右，建设成本在17 000元/kW左右。碟式系统聚焦温度可以超过1000℃，配合高效斯特林机，未来预计将成为效率最高的光热系统。菲涅尔式系统目前效率在22%左右，建设成本在17 000元/kW左右。菲涅尔式系统采用平面反射镜和固定式集热管，相比槽式系统结构更简单、成本更低、工质更灵活，因此预计未来菲涅尔式系统发电效率更高，而且建设成本更低，千瓦时电成本竞争力更强。

光热发电的效率略高于光伏发电，但建设成本和千瓦时电成本明显高于光伏发电。过高的成本制约了光热发电的商业化发展，也是目前光热发电累计装机容量仅占太阳能发电总量0.1%的主要原因。

千瓦时电成本方面，目前塔式系统和碟式系统在包含储能的情况下，千瓦时电成本一般为1.45元/kWh左右。通常增加储能容量，可以有效减少集热损失，一定程度上降低千瓦时电成本。

槽式系统包含储能的情况下千瓦时电成本约为1.71～1.84元/kWh，菲涅尔式系统千瓦时电成本一般也处于同一范围，高于塔式和碟式系统。带储能的槽式光热电厂相比带储能的塔式光热电厂，由于出力季节性变化大、热损失大、热效率低，所以千瓦时电成本高25%左右。

第2节　太阳能发电发展趋势

一、 光伏发电前沿技术趋势

1. 光伏发电机理前沿技术

从光伏电池的机理角度来看，提高转换效率的主要途径包括增加电池太阳光谱吸收率、减少光生载流子复合、提高光生载流子取出效率等。

太阳光吸收材料方面，利用带隙小的材料，可以获得大短路电流，但转换效率难以提升。解决这一问题主要有两种途径：一种是采用分光谱技术，发展叠层电池结构；另一种是首先将太阳光谱分光，随后将不同波段的光照射到不同带隙的电池上，这一前沿技术更多涉及分光器件与光伏器件的系统集成。

此外，目前电池吸收区的厚度通常不能实现光的充分吸收，前沿技术开始关注陷光结构。陷光结构主要包括两方面，一方面是光伏器件迎光面的减反射结构，另一方面是背光面的反射器。减反射结构包括光栅织绒、亚波长结构织绒、纳米线、纳米棒等，其中亚波长结构可以获得很低的反射率。近年来采用光子晶体结构作为反射器，也受到学者的关注。光子晶体的反射率和衍射率很高，可以获得很好的陷光效果。

减少光生载流子复合方面，单晶硅电池主要是提高硅片纯度，多晶硅电池除了提高纯度外，还需要对晶界缺陷进行钝化，减小表面复合速率。目前常见的钝化工艺包括表面氧化物钝化、氮化物钝化、氢钝化等。结构方面，金属接触区是复合速率极高的区域，为了减小金属接触区在表面的比例，相关改进结构包括细栅结构、选择性发射极结构、局域背接触结构等。细栅结构、选择性发射极结构还可以增加光吸收区的光线透射。

载流子取出效率方面，主要途径是减小串联电阻，提高取出效率。先进的电极材料可以较好地减小电极与电池间的接触势垒。刻槽埋栅结构等结构方面的前沿技术，也可以减小电极栅线电阻，提升电池效率。

2. 晶硅电池前沿技术

晶硅电池目前占据太阳能电池产量的90%以上，在前沿技术研发方面也较为活跃，美欧中日韩等光伏产业大国的相关专利数量也在快速增加。与太阳能电池发展方向一致，晶硅电池也在朝着提高效率和降低成本两个方向发展。

晶硅电池制造的第一个环节是晶硅材料的制备。一般首先由硅石（SiO_2）和焦炭通过高温加热反应，制成95%～99%的粗硅，再经过酸处理去除杂质制得99.9%的工业粗硅。

制取高纯硅方法，主要包括三氯氢硅氢还原法、硅烷热解法和四氯化硅氢还原法。目前主流方法是三氯氢硅还原法，也称西门子法，应用较为广泛。三氯氢硅还原法的工艺流程中，硅与氯化氢反应生成三氯氢硅，随后采用氢气还原得到9N（9Nine，99.9999999%）高纯硅。三氯氢硅还原法的主要不足是能耗较高，而且9N高纯硅超出了光伏材料要求。硅烷热解法方面，由于SiH_4具有容易提纯的特点，硅烷热分解法也是前景较好的制备高纯硅的方法。挪威REC公司开发的热分解硅烷技术，相比三氯氢硅氢还原法的能耗有所降低。

目前，高纯硅制造前沿技术重点关注采用较低成本，制取满足光伏材料要求的6N纯度硅的改进工艺。化学途径改进方面，德国Waker公司开发的流化床法，采用硅颗粒代替硅棒，提高了氢气的利用率，降低了能耗。日本德山Tokuyama公司开发了液态硅表面淀积技术，也取得了节能效果。

物理途径方面，挪威Elkem公司采用多次精炼酸洗的方法，提高工业粗硅纯度，将能耗降低至25～30kWh/kg。日本川崎Kawasaki公司采用了区熔定向凝固、电子束熔融去硼、二次区熔定向凝固、等离子体熔融去磷碳的工艺流程。但以上物理方法制取的硅目前纯度只能达到5N，容易造成电池光致衰退。目前主要技术瓶颈是如何低成本去除磷硼，使纯度进一步提升至6N。

高纯硅制成后，制备硅片的方法有两种：一种是采用直拉或区熔工艺制成单晶硅棒，随后处理切片；另一种是采用铸锭工艺制成多晶硅锭，随后处理切片。目前铸锭工艺相对简单、能耗较少，制成的多晶硅转化效率仅略低于单晶硅，但成本明显降低，因此成为目前太阳能电池市场的主流产品。

制备硅片的前沿技术方面，目前主要关注防止铸锭过程的杂质污染、控制多晶硅晶粒的垂直定向生长等问题。切片工艺也主要围绕减少硅料损失、薄硅片切割、减少表面损伤等问题展开研究。早期硅片的厚度一般大于200μm，目前已经下降至150μm水平，随着工艺进步厚度将进一步下降，更节省成本。

电池制作方面目前工艺较为成熟，单晶硅电池一般采用表面织构化、发射区钝化、分区掺杂等技术，主要产品类型包括平面单晶硅电池和刻槽埋栅电极单晶硅电池。

目前提高电池转化效率的前沿技术，主要是依靠单晶硅表面微结构处理和分区掺杂工艺。德国Franhofer研究所采用光刻照相技术将电池表面织构化，制成倒金字塔结构，并通过改进电镀过程增加栅极的宽高比，电池转化效率超过24%。中国尚德公司采用激光掺杂技术，制备的选择性掺杂单晶硅电池，转换效率也接近20%。

在晶硅电池的基础上，学者还在研究单晶硅和多晶硅之外其他形式的晶硅电池，包括全背结（IBC）电池、非晶硅/晶体硅异质结（HIT）电池、MIS电池、球状电池等。这些技术的主要思路是通过调整电极位置来提升效率，或者采用PECVD沉积工艺在单晶硅表面沉积非晶硅材料，形成PN结而提升效率。

3. 硅系列薄膜电池前沿技术

薄膜太阳能电池由于原料丰富、节省晶硅材料、能耗低、可以大面积连续生产等优点，成为较为理想的晶硅电池替代产品。硅基薄膜电池的发电效率约为6%～8%，代表性的产品包括多晶硅薄膜太阳能电池、非晶硅（a-Si）薄膜太阳能电池、非晶硅/微晶硅叠层电池等。

从1970年代开始，为了节省晶硅材料，研究人员开始在廉价衬底上沉积多晶硅薄膜，但晶粒尺寸较小无法发电。后续研究形成的成熟方法，主要是化学气相沉积法（CVD），具体包括低压化学气相沉积（LPCVD）和等离子增强化学气相沉积（PECVD）工艺。液相外延法（LPPE）和溅射沉积法，也可以用于制备多晶硅薄膜电池。目前在晶硅薄膜电池产业中，射频-PECVD（RF-PECVD）工艺已经成为主流，前沿技术如甚高频-PECVD（VHF-PECVD）工艺又进一步提升了晶硅制备速率和电池性能。

化学气相沉积（CVD）主要是采用SiH_2Cl_2、$SiHCl_3$、$SiCl_4$、SiH_4等作为反应气体，在保护气氛下反应生成硅原子，并沉积在加热的衬底上。由于非硅衬底上很难形成较大的晶粒，并且晶粒间容易形成空隙，目前衬底材料一般选用 Si、SiO_2、Si_3N_4等。

为了获得较大晶粒，相关技术采用在衬底上沉积一层较薄的非晶硅（a-Si）层，再将非晶硅层退火得到较大的晶粒，随后再在这层晶粒之上沉积较厚的多晶硅。这一前沿技术称为再结晶技术，目前主要工艺包括固相结晶法和中区熔再结晶法。

材料前沿技术方面，多晶硅薄膜太阳能电池通常采用厚度为 350～450μm 的高质量硅片作为衬底，硅片一般由提拉或浇铸的硅锭上切割得到，因此硅材料消耗更多，如何节约衬底材料受到关注。硅基薄膜材料引入的界面缺陷也会限制转换效率的提高，这也是前沿技术重点关注的问题。

硅薄膜电池最开始采用的非晶硅（a-Si）材料转换效率较低，而且其亚稳态属性造成了光致不稳定性即 SW 效应。后续发展的纳晶硅（nc-Si）、微晶硅（μc-Si）、多晶硅（poly-Si）及多叠层电池等技术，重点关注如何高速生成均匀稳定的晶硅薄膜。此外，为了实现带隙调节，材料中还可以引入碳组分或者锗（Ge）组分。目前，a-Si/a-SiGe/a-SiGe 三叠层电池就是一种转换效率达到 15%以上的高效硅系列薄膜电池。

4. 多元化合物薄膜电池前沿技术

除了多晶硅、非晶硅等硅系列薄膜太阳能电池外，多元化合物薄膜电池也是薄膜电池中一类重要技术。多元化合物薄膜电池，主要包括碲化镉（CdTe）、铜铟镓硒（CIGS）、砷化镓（GaAs）、硫化镉（CdS）等薄膜电池。

其中碲化镉、硫化镉薄膜电池相对硅系列薄膜电池的效率较高（9%～11%）、成本较低（6 元/W）、易于大规模生产（单条生产线产量可达 50MW/年），而且电池面积可以达到 120cm×60cm。但由于镉有剧毒，会对环境造成严重污染，所以并不是最理想的电池类型。

铜铟镓硒（CIGS）薄膜电池，容易形成良好的背电极和高质量的 PN 结，效率高、成本低、不衰退、光谱响应范围宽，而且较容易制成柔性组件。目前 CIGS 薄膜太阳能电池的实验室转换效率已达 21.7%，组件全面积转换效率已接近 16%。

CIGS 薄膜太阳能电池技术，来源于铜铟硒（CIS）电池。1976 年，第一个铜铟硒（CIS）薄膜电池制成，其中 CIS 材料的能降为 1.1eV，适用于太阳光的光电转换。后续技术通过合金化合物如铜铟镓硒（CIGS）等扩展材料，进一步提升了 CIS 材料的禁带宽度，更接近1.4eV的最佳值。

CIS单晶的主要制备方法有水平布里奇曼法、移动加热法、硒化液相Cu-In合金法、溶液法和水平梯度区冷却法等。CIS薄膜主要制备技术包括真空蒸镀、硒化法、电沉积、反应溅射、化学浸泡、快速凝固、化学气相沉积、分子束外延、喷射热解等。

CIS薄膜最主要的制备方法是真空蒸镀法，是采用各自的蒸发源蒸镀铜、铟和硒。CIS薄膜电池工艺复杂、重复性差、成品率低，因此经过漫长的试验过程才得以产业化。此外，铟和硒属于稀有的贵金属元素，保障原料供应和降低成本的压力较大。中国在铟资源方面，储量较为丰富。

铜铟镓硒CIGS电池是CIS电池的改进技术。CIGS组成可以表示为$Cu(In_{1-x}Ga_x)Se_2$的形式，即$CuInSe_2$和$CuGaSe_2$的混晶半导体。其中部分In采用Ga替代而且比例可调，从而实现了CIGS的禁带宽度在1.04～1.65eV范围内可调，是CIGS电池的重要优势之一。

CIGS电池产品典型的层次结构，从下到上依次是玻璃基板（Glass）/Mo/CIGS/ZnS/ZnO/ZAO/MgF_2，其中CIGS可以在玻璃基板上形成缺陷很少、晶粒巨大的高品质结晶，也是相比其他薄膜电池的重要优势。

CIGS是一种直接带隙的半导体材料，适合薄膜化，而且光吸收系数极高，吸收层厚度可以相应降低，从而节省原材料。CIGS没有光致衰退效应（SWE），工作寿命较长。此外，钠等碱金属会显著影响硅材料性能，但却可以提升CIGS材料的转换效率和成品率。因此，CIGS薄膜电池通常采用钠钙玻璃作为基板，既可以利用Na掺杂提升性能，又可以较好降低成本。

CIGS薄膜材料的制备方法主要包括溅射方法、真空蒸发方法和化学浴方法，主要目标是获得均匀的大面积（120cm×60cm）的薄膜，又可以较好地控制成本。目前主流的工艺路线，是将Cu、In、Ga溅射成膜，再进行硒化而成。

真空蒸发方法真空设备的投资很高，而溅射法沉积的金属合金，通常要在H_2Se和H_2的气氛中进行硒化。目前前沿技术为了降低成本，通常在较低温度（400℃）下沉积得到含Se先驱体，再在高温下进行硒化或热处理。这一技术配套的非真空沉积设备较为简单，处理周期较短。低温沉积技术对于原材料纯度要求较高，而产品有一定杂质相，但在后续硒化或热处理过程中可以消除。

低温沉积技术中，电沉积法是具有较好前景的低成本制造 CIGS 先驱薄膜的方法。与气相沉积、等离子喷涂和自蔓延高温合成等技术相比，电沉积所需温度低，甚至可以常温进行，薄膜中残余热应力小，可以加强基片与薄膜的结合力。

在形状复杂和表面多孔的基底制备均匀薄膜材料时，电沉积可以通过控制电流、电压、溶液组分、pH 值、温度和浓度等参数，精确地控制薄膜的厚度、组成、结构和孔隙率等。电沉积不需要真空，具有投资少、原材料利用率高、工艺简单等优点。

CIGS 窗口层与吸收层的匹配程度，也是影响效率的重要因素。窗口层通常采用 CBD 法（chemical bath deposition）或溅射法制备。传统的硫化镉窗口层，由于对人体有害和带隙偏窄（2.42eV），逐步被 ZnO 取代。ZnO 禁带宽度为 3.2eV，短波透过率高，可使吸收层增加光生载流子数目。但 ZnO 与 CIGS 构成异质结晶格，禁带宽度相差太大，匹配不好，缺陷态较多，制约了光电转化率提升。目前前沿技术是在 ZnO 与 CIGS 之间增加一层很薄的（约 50nm）硫化镉薄膜作为缓冲层，可以解决这一问题。

目前 CIGS 薄膜电池价格约为 6～12 元/W。CIGS 薄膜电池寿命较长，以 30 年寿命计算，发电成本约为 0.3～0.6 元/kWh，而且可以产生积极的社会和生态效益，因此具有较好的发展前景。

5. 砷化镓电池前沿技术

砷化镓（GaAs）电池由于具有较高的转换效率，受到了光伏发电领域的高度重视，也成为第三代高聚光太阳能电池（HCPV）的主要形式。经过近年来的技术发展和批量生产，砷化镓电池的成本已经明显下降。砷化镓属于Ⅲ－Ⅴ族化合物半导体材料，能隙为 1.4eV，为太阳光吸收率最佳值，而且能耐高温。

砷化镓等Ⅲ－Ⅴ族化合物制备薄膜电池的方法，主要包括金属有机物化学气相淀积（MOCVD/MOVPE）和液相外延（LPE）方法。其中通过 MOVPE 方法制备砷化镓薄膜电池的工艺中，需要考虑衬底位错、反应压力、Ⅲ－Ⅴ比率、总流量等参数的影响，工艺较为复杂，成本较高。前沿技术主要围绕不同组分层之间的晶格匹配及热力学匹配等展开。目前，小面积的多结砷化镓电池的效率已经超过 40%，发展前景良好。

除砷化镓外的Ⅲ－Ⅴ化合物，如锑化镓 GaSb、镓铟磷 GaInP 等材料也受到研究人员关注。德国费莱堡太阳能系统研究所首次制备的 GaInP 电池转换效率为 14.7%。

该研究所采用堆叠结构制备的GaAs/GaSb电池，由两个独立的电池堆叠而成，GaAs为上电池，GaSb为下电池，效率达到31.1%。

GaInP/GaAs/Ge三结太阳能电池（Triple Junction Solar Cells，TJSCs），近年来也是备受关注的前沿技术。三结太阳能电池由三个不同禁带宽度的子电池，彼此通过隧穿结串联，从上至下分段吸收太阳光谱中350～1800nm波长的光能发电，因此转换效率较高。三结太阳能电池由于很高的功率比重和抗辐射性，已经在空间飞行器等领域成功取代了硅电池。

聚光三结砷化镓电池的前沿技术，主要是根据空间光谱（AM0）和地面光谱（AM1.5，Air Mass，1.5个大气层）的差异，调整厚度、掺杂、结构等实现匹配。三结电池通常用于高倍聚光条件下，隧穿结应具有高透光性、高峰值隧穿电流和低电阻。三结材料用于HCPV电池时，工作电流较大，需要减小串联电阻，降低功率损耗。

近年来，三结太阳能电池的转换效率不断提高，NREL、Fraunhofer IES、Spectrolab、Spire、Solar Junction、Sharp均报道了转换效率高于40%的高聚光三结电池，其中较高者已经超过43.5%。国外三结电池制造企业包括Spectrolab、Emcore、Azur space，量产的三结电池转换效率在40%左右。国内三结电池制造企业包括厦门乾照光电、三安光电、天津蓝天科技等，聚光型三结太阳能电池效率也在40%左右，与国外技术同步。

6. 染料敏化电池前沿技术

1991年，瑞士洛桑高等工业学院Gratzel教授在《Nature》杂志发表论文，首次将纳米晶多孔TiO_2膜作为半导体电极引入染料敏化电极中，形成染料敏化太阳能电池（DSC），在AM1.5条件下的光电转换率达7.1%。

染料敏化太阳能电池模仿了光合作用原理，具有工艺简单、成本低廉、原料丰富、生产能耗小、生产无污染、寿命长达15年、部件可回收等优点，受到研究界和企业的高度关注。

染料敏化太阳能电池（DSC）利用能有效吸收太阳光的染料，对宽带隙氧化物半导体进行敏化，从而解决窄带半导体在电解液中稳定性差的问题。DSC主要由纳米多孔半导体薄膜、染料敏化剂、氧化还原电解质、对电极和导电基底等部分组成。

纳米多孔半导体薄膜，通常采用TiO_2、SnO_2、ZnO等金属氧化物，聚集在有透明导电膜的玻璃板上作为负极。对电极作为还原催化剂，通常是在有透明导电膜的玻璃上镀铂。敏化染料（过渡金属 Ru、Os 等的有机化合物）吸附在纳米多孔 TiO_2 膜面上。正负极间填充的是含有氧化还原电对的电解质，通常为 KCl。

DSC 的主要发电过程，是染料分子受太阳光照射后由基态跃迁至激发态，将电子注入半导体导带中。随后电子扩散至导电基底，流入外电路。处于氧化态的染料，被还原态的电解质还原再生。而氧化态的电解质，在对电极接受电子后被还原，从而形成循环。

研究发现，只有非常靠近 TiO_2 表面的染料分子（敏化剂），才能顺利地将电子注入 TiO_2 导带中，多层敏化剂的吸附反而会阻碍电子运输。同时激发态寿命很短，也必须与电极紧密结合，最好能化学吸附到电极上。染料分子的光谱响应范围和量子产率是影响光子俘获量的关键因素。

目前染料敏化太阳能电池在染料、电极、电解质等技术方面进展迅速，产业化难点主要集中在提高电池效率、稳定性等方面。染料敏化太阳能电池用途广泛，可以较好地实现轻量化、薄膜化、形状和颜色多样化等，应用前景广阔。

2001 年澳大利亚 STA 公司建成了世界上第一条 DSC 中试线，2003 年建设完成了 $200m^2$ 的染料敏化太阳能电池屋顶。2007 年，英国 G24i 公司开始规模化生产柔性衬底电池。2014 年，Michael Grätzel 课题组刷新了染料敏化太阳能电池的效率，效率达到 13%。

染料敏化太阳能电池的研发方面，中科院等离子体物理研究所建成了 500W 染料敏化太阳能电池示范系统。中科院长春应用化学研究所 2009 年研制的染料敏化太阳能电池效率达到 9.8%，并且在新型染料研究和离子液态电解质方面也取得突破。

目前，染料敏化太阳能电池的光电转化效率已经能稳定在 10%以上，寿命达到 15～20 年，制造成本仅为硅太阳能电池的 10%～20%。国内染料敏化太阳能电池产业在光电材料、单元封装、组件封装等技术方面保持领先，已经可以制造大面积的染料敏化太阳能电池。染料敏化太阳能电池产业主要原料是低成本的纳米晶 TiO_2、N3 染料、KCl 电解质等，材料和工艺无污染。

7. 有机基电池前沿技术

有机基电池，是采用光敏性质有机物作为半导体材料，利用光伏效应发电的电池。有机基太阳能电池研究开始较早，第一个有机光电转化器件由 Kearns 和 Calvin

于1958年制备，主要材料为镁酞菁（MgPc）染料。

有机基电池原理是有机半导体内的电子在光照下，从HOMO能级激发到LUMO能级，产生一对电子和空穴。电子被低功函数的电极提取，空穴被高功函数电极的电子填充，从而形成光电流。主要的光敏性质有机材料，均具有共轭结构和导电性，如酞菁化合物、卟啉、菁（cyanine）等。有机电池按照半导体材料不同，主要分为单质结结构、P-N异质结结构、染料敏化纳米晶（NPC）结构等。

有机半导体膜与两个不同功函数的电极接触时，会形成不同的肖特基势垒，这是光致电荷可以定向传递的基础。采用这一结构的有机基电池通常称为肖特基型电池。后续的有机基电池也采用了双层膜结构产生类似异质结效果，也是目前重点研究的方向之一。

目前有机基太阳能电池整体处于实验室阶段，发电效率已经超过6%。有机基太阳能电池生产成本极低、工艺简单、材料广泛。有机基太阳能电池具有柔性，可以显著拓宽太阳能电池的应用范围。

有机基太阳能电池的前沿技术研究，主要围绕改善有机材料对太阳光谱的吸收、调节吸收材料的带隙、提高载流子迁移率等研究方向。通过开发高性能材料和改进电池结构来提高效率和稳定性，是有机基太阳能电池未来的研究重点。

8. 光伏逆变器

逆变器又称为电源调整器，可以实现将直流电变换为交流电的逆变过程。逆变器的核心是逆变开关电路，通过电子开关的导通与关断，实现逆变功能。

在光伏发电系统中，逆变器根据用途分为并网逆变器和离网逆变器。根据波形调制方式，又可分为方波逆变器、阶梯波逆变器、正弦波逆变器和组合式三相逆变器。对于用于并网系统的逆变器，还可以进一步分为变压器型逆变器和无变压器型逆变器。

在光伏发电系统中，逆变器的效率和可靠性，直接影响着电池容量、发电效率和蓄电池容量，决定了光伏系统的性能。并网逆变器技术开发较早、原理简单，目前较为成熟，占据了光伏发电系统逆变器的主要市场份额。近年来中国光伏发电迅速发展，大规模光伏电厂并网发电需求快速增加，对于并网逆变器的要求日益提高。

逆变器除了具有直交流变换功能，还应具有充分发挥电池性能、提供故障保护等功能。目前较为先进的逆变器具备了自动运行和停机功能、最大功率跟踪控制功能等。对于占据主要市场比例的并网逆变器，还需要具备防止孤岛效应功能、自动电压调整功能、直流检测功能、直流接地检测功能等。

并网逆变器技术，重点关注光伏输入和电网输出两方面，目标是安全、可靠、高效地转换电能。电压、频率、故障控制等并网逆变器参数，都形成了较为完善的指标体系：逆变器输出电量和电网电量需要保持同步，相位、频率上严格一致，逆变器的功率因数接近于1；满足电网电能质量的要求，逆变器应当输出失真度小的正弦波，满足电网对电能质量的要求；逆变器应当具有孤岛检测功能，防止孤岛效应发生，从而避免对用电设备和人身造成伤害；电网和逆变器之间的有效隔离及接地技术也非常重要，保障安全稳定运行。

自动运行和停机功能，是逆变器提升系统效率的重要功能。在早晨日出后，辐射强度逐步上升，太阳能电池输出功率增大至逆变器工作所需功率时，逆变器开始自动运行，并随时监视电池组件输出。日落后，电池组件输出功率减小并逐渐接近零输出，逆变器自动停机进入待机状态。

最大功率跟踪控制功能，也是提升发电效率的重要功能。太阳能电池组件输出功率受到辐射强度和自身温度影响，而且电流增大时电压下降，存在着最大功率的最优工况。根据以上因素变化，采用最大功率跟踪（MPPT）控制技术，可以保持电池组件处于最大功率点。

逆变器的跟踪控制算法应用了人工神经网络、自适应、滑模变结构、模糊控制等现代控制理论中的先进算法。未来技术趋势是实现光伏并网系统的综合控制，包括基于瞬时无功理论的无功与谐波电流补偿控制。未来光伏并网系统既可以提供有功功率，又可以实现电网无功与谐波电流补偿。上述技术对于逆变器跟踪电网控制的实时动态特性要求也更高。

孤岛效应的检测与控制方面，检测技术可以分为被动式与主动式。主动检测技术包括脉冲电流注入法、输出功率变化检测法、主动频率偏移法和滑模频率偏移法等。前沿技术还关注在多个逆变器同时并网时，通过并网通信和协同控制技术，实现孤岛检测与控制。

离网逆变器与负荷连接，主要应用于不具备并网条件的偏远地区，或者有自身用电需求的情况。离网逆变器的研发与应用相比并网逆变器偏少，但功能与技术更为复杂，其中太阳电池与储能电池的配合、系统控制与管理是技术难点。

离网逆变器也是双向逆变器的技术基础，双向逆变器综合了并网逆变器和离网逆变器的技术特点，可以应用于发电系统和电网并联使用的场合，是未来分布式发电和微电网发展的前提技术。

目前微网系统中，通常新能源发电以自用优先，不足部分由电网补充，这对于双向逆变器提出了更高的控制和管理需求。局部微电网和大电网形成互补关系，微电网更多以独立方式运行，即孤岛方式运行。只有在电力过剩或电力不足情况下，才采用并网模式。

微网逆变器涵盖了双向逆变器的主要技术，并且逐步具备了电网管理功能，向着逆变、控制和管理一体化的方向发展。微网逆变器包含局部能量管理、负荷控制，电池管理，逆变，保护等功能，与微电网能源管理系统（MGEMS）协同完成微电网管理。

逆变器效率方面，根据工信部《光伏逆变器制造行业规范条件》（2015年版本），含变压器型的光伏逆变器中国加权效率不得低于96%，不含变压器型的光伏逆变器中国加权效率不得低于98%，对于微型逆变器相关指标分别不低于94%和95%。

目前常见的国内和国外逆变器产品，都可以达到相应的效率要求。研究人员还在探索进一步提升逆变器效率的方法，从而提升光伏发电系统的整体效率。

目前主要的提升方法包括两方面。一方面是减小半导体热损失。将直流电流转换为交流正弦波时，需要通过功率半导体电路对直流电流作开关处理，功率半导体的发热会产生损失。通过改进开关电路的设计，可以减少这一部分损失。

另一方面，逆变器控制改进，以及与光伏面板的匹配优化，也可以进一步提高效率。逆变器控制特性存在差异，部分逆变器高功率输出时效率较高，而低功率输出时效率偏低。而部分逆变器在低功率输出到高功率输出的范围内，一直保持较为平均的效率。根据光伏面板的输出特性，开展逆变器的匹配技术研究，也有助于提升整体效率。

9. 光伏建筑一体化（BIPV）

光伏建筑一体化（building integrated photovoltaic，BIPV），是将太阳能发电产品集成到建筑应用的技术。光伏建筑一体化（BIPV）不同于简单地将光伏系统附着在建筑上（building attached photovoltaic，BAPV）的形式。

随着人类对于建筑环境和人体舒适度要求的逐渐提高，建筑制冷和供暖的能耗日益增长。对于欧美发达国家，建筑能耗已经普遍占到总能耗的30%～40%，建筑节能潜力巨大。

BIPV建筑的光伏发电形式多样，可以适应大部分类型的建筑，在平屋顶、斜屋顶、幕墙、天棚等位置均可以安装使用。平屋顶光伏发电的经济性最好，可以按照最佳角度安装，从而获得最高发电效率。平屋顶还可以采用标准光伏组件，并且与建筑物功能不发生冲突。斜屋顶方面，南向的斜屋顶具有较好的经济性，可以按照最佳角度或接近最佳角度安装，效率较高，同时也可以采用标准光伏组件，与建筑物功能不发生冲突。

光伏幕墙需要在满足BIPV的发电要求外，还需要满足透明度、力学、美学、安全、维护等方面要求，因此光伏组件成本较高。光伏幕墙的光伏阵列偏离最佳安装角度，发电效率较低，经济性一般。光伏幕墙需要与建筑物同时设计、施工和安装，光伏系统的工程进度受建筑总体进度制约。光伏天棚需要采用透明组件，因此效率也较低。光伏天棚还需要满足一定的力学、美学、结构等建筑方面的要求，组件成本较高，因此发电成本较高，经济性一般。

BIPV建筑考虑到外观效果，一般会通过隐藏设计，将接线盒、旁路二极管、连接线等隐藏在结构中。隐藏设计既可以防止辅助设备受到阳光直射和雨水侵蚀，又避免了对外观效果的影响。BIPV建筑对于采光有相关标准和要求，通常采用光面超白钢化玻璃制作双面玻璃组件，并通过调整电池片排布，或采用穿孔硅电池片来达到规定的透光率。一般光伏组件透光率越大，电池片排布就越稀疏，功率也会相应减小。

BIPV组件还需要满足力学性能和结构要求。目前主流技术是采用双层玻璃制作光伏组件，中间采用PVB胶片复合电池片组成复合层，电池片之间通过导线串并联汇集到引线端，形成整体构件。钢化玻璃的厚度按照国家建筑和幕墙规范通过力学计算确定。组件中间的PVB胶片具有良好的黏性、韧性和弹性，可以吸收冲击减少破损。破碎时碎片黏附在PVB胶片上，可以显著减少人身伤害，提高建筑安全性能。

BIPV幕墙施工方面，构件式幕墙施工灵活、工艺成熟，应用最多。单元式幕墙在工厂制造，工业化生产的人工费用低，质量控制严格，可以缩短施工周期，经济性较好。双层通风幕墙具有通风换气、隔热隔声、节能环保等优点，并且可以强化BIPV组件散热，降低电池片温度，提升组件效率。

封装方面，普通光伏组件封装一般采用EVA胶，寿命不足50年，难以与建筑物保持相近寿命，老化后会影响建筑外观和发电效率。PVB膜具有透明、耐冷热湿、强度高、寿命长等优点，开始逐步成为BIPV封装的成熟材料，也已经纳入玻璃幕墙规范。

综合来看，BIPV建筑物可以节约空间、节省光伏系统支架，发电过程噪声小、无污染。BIPV建筑发电可以自身使用，从而减少电力输送费用和损耗。而且日照较强时段与公共建筑用电高峰期较为重合，BIPV的发电和用电的匹配较好。BIPV系统的多余电力还可以向电网输送，产生积极的经济和社会效益。

10. 互补型光伏微网

光伏微网发电系统通常位于用户侧，可以独立于公共电网向用户负荷供电，也可以接入公共电网。光伏微网中，光伏发电通常与水电、风电和其他发电形式互补。光伏微网在国外的偏远海岛有部分应用案例，包括日本宫古岛（Miyakojima）、希腊Kythnos（10kW）、意大利Carloforte等。中国西部偏远地区的光伏微网的应用前景良好，特别是与小型水电互补的水光互补微网，已经为西藏、青海等一些偏远地区提供10MW级的供电能力。

光伏微网的前沿技术，主要围绕光伏微网的容量小、波动大等目前存在的问题展开，其中电力电子变换设备和储能装置是学者关注的热点。相关的技术和设备包括光伏逆变技术、储能装置、双向变流器等。在技术和设备基础上，先进的管理系统和自动化装置也将进一步优化光伏微网的性能，其中代表性的系统包括美国微网能力管理系统（MGEMS）和欧洲Work Package H。日本提出的光伏-燃料电池微网，采用燃料电池平滑抑制光伏波动，并结合优化管理策略，可以有效提升光伏微网效率。

11. 光伏自动化与智能化技术

光伏自动化控制系统，是将采集的光伏逆变器和无功补偿装置的实时数据，通过升压站综合自动化系统的通信装置上传至调度主站，同时接收调度主站发出的有功控制指令（AGC）和电压控制指令（AVC），通过对逆变器、无功补偿装置、有载调压变压器分接头等调节手段的协调控制，实现有功功率和电压的闭环控制和电厂优化运行。

自动发电量控制（automatic generation control，AGC）是能量管理系统（EMS）

的重要功能。AGC 控制调频机组出力来满足不断变化的电力需求，并使电力系统处于高效经济的运行状态。AGC 的基本功能包括：负荷频率控制（LFC）、经济调度控制（EDC）、备用容量监视（RM）、AGC 性能监视（AGC PM）、联络线偏差控制（TBC）等。AGC 已经在中国大部分省级电网中应用，显著提高了电网运行的安全性和可靠性。

自动电压控制（automatic voltage control，AVC）是采用自动化和通信技术，对电网中无功资源以及调压设备进行自动控制，从而实现电网的安全、优质和经济运行。AVC 的主要功能是电压控制实现手段，可以针对负荷波动和偶然事故造成的电压变化，通过迅速动作调节发电机励磁，实现电厂侧的电压控制，保证向电网输送合格的电压和满足系统需求的无功。AVC 同时接受来自调度通信中心的上级电压控制命令和电压整定值，通过电压无功优化算法计算整定点，实现远程调度控制。

对于光伏电厂而言，AGC 和 AVC 除基本功能外，还应当具备远方控制和就地控制两种模式，以及开环运行和闭环运行两种运行方式，从而满足不同类型和工况的光伏电厂要求。

智能化方面，目前市场上的光伏电厂智能通信管理终端可以智能地完成数据采集、数据通信、AGC 和 AVC 功能。而维护工作站可以通过局域网，与智能通信管理终端连接，实现监控和维护。

具体而言，智能通信管理终端可以与监控系统通信，采集每台逆变器的实时运行数据，如输出有功功率、无功功率、电压、电流等；可以与无功补偿装置通信，采集无功补偿装置的投切状态、输出无功功率、无功功率可调范围等；可以与升压站综自系统通信，采集升压站并网点的电压、电流、有功功率、无功功率、功率因数、主变分接头位置，以及断路器、隔离开关的状态。智能通信管理终端可以根据下发的目标值，结合电网和设备的约束条件，通过智能优化计算，确定目标值并下发指令至逆变单元、无功补偿装置、变压器有载分接开关。

二、 光热发电前沿技术趋势

光热发电的未来整体趋势是朝着规模增大、参数提高、效率提升、成本降低和间歇性减少等方向发展。光热发电的规模提高，有助于降低单位装机容量的投资与千瓦时电成本；光热发电的参数提高，主要是提升运行温度压力，以及各个环节的转换效率；减少光热发电的间歇性，即提升发电的连续性，目前主要手段是提升系统储热能力和效果，采用新型储热技术和材料，降低光热发电的昼夜差异，从而提高整体效率和稳定性。

此外，一些新型方式的光热发电也在研究之中，包括抽风式光热电厂、太阳能磁流体热发电、太阳能热离子发电。

1. 光热发电的规模趋势

根据现有光热发电项目的投资，估算建设成本和千瓦时电成本 LCOE 随着容量规模的变化如图 7-8 所示，横坐标采用对数坐标。可以看出，光热发电的建设成本和千瓦时电成本整体较高。当装机容量高于 50MW 时，建设成本和千瓦时电成本对于规模扩大并不敏感。这也说明当前 100～200MW 装机容量的光热发电，经济性方面已经具备一定优势，因此在新建项目中大量采用。未来随着光热发电技术的商业化和标准化，500MW 或 1000MW 甚至更大容量的光热电厂将会出现，经济性将进一步提升，千瓦时电成本有望降低至 1 元/kWh 以下。

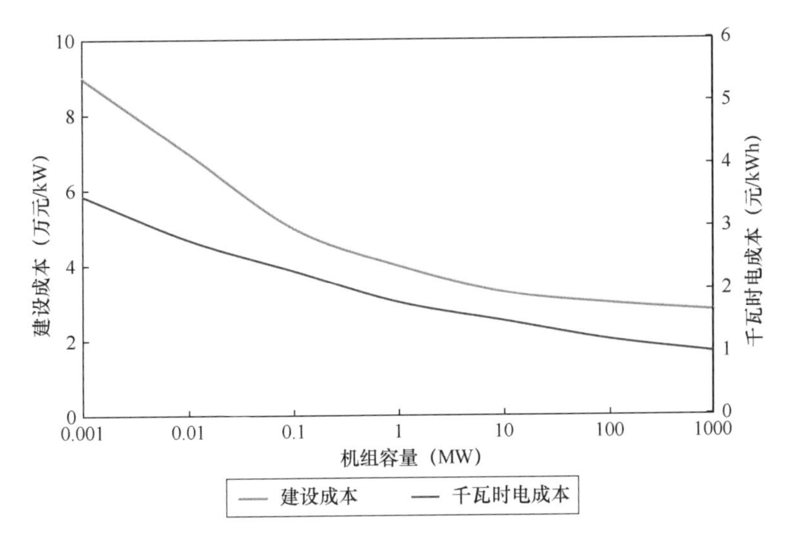

图 7-8　光热发电经济性与规模关系

2. 光热发电的参数趋势

光热发电的参数提高，将带来发电效率的显著提高，与火力发电的规律相似。光热发电系统参数低于 300～350℃时，一般采用斯特林循环或有机朗肯循环

（ORC）；超过时一般根据参数的温度和压力，选取亚临界、超临界朗肯循环，或者新型的 S-CO_2 布雷顿循环。

槽式系统和菲涅尔式系统的聚光比较低，温度只能达到 400～500℃，蒸汽状态实现难以实现超临界循环；碟式系统一般不采用水做工质，并且单机容量过小，通常采用斯特林机；光热发电的超临界循环发电主要依赖于塔式系统技术。

目前，塔式集热系统可以产生 550℃左右的过热蒸汽，装机容量也可以达到 250MW，可以基本实现或者在燃气辅助下实现超临界朗肯循环发电。在燃气或者燃油价格较低的情况下，还可以采用燃气或燃油加热蒸汽至 620℃，实现超超临界循环发电。另外一种途径是采用熔盐介质，可以达到 700℃高温，从而实现超临界和超超临界发电。

在光热发电参数提高的同时，单机规模也有待提高。目前火力发电超临界和超超临界机组以 600MW 和 1000MW 机组为主，而光热发电单机容量普遍为 50～250MW，相应容量规模的汽轮机发电机组技术还不够成熟。解决方法主要包括提升光热发电自身的装机容量，采用 S-CO_2 布雷顿循环等新型循环，或采用与燃煤机组互补的运行方式等。

3. 光热发电的稳定性趋势

在提升光热发电的容量和参数的同时，作为依赖太阳能的新型可再生能源发电，如何改善光热发电的间歇性和波动性也是前沿技术的关注热点。

在提高光热发电的稳定性方面，目前重点在于发展光热发电的配套蓄热技术，关键技术包括先进储热技术、新型储热材料、智能储热管理等。通过发展蓄热技术，可以实现提升机组效率和延长蓄热时长的效果。

光热发电蓄热时长的逐步提升，可以使光热发电的利用小时数明显增加，并可以实现昼夜连续运行。例如 2014 年 Abengoa 公司在智利开工建设的 110MW 的 Cerro Dominador 塔式熔盐电厂，由于配备了 17.5h 的超长蓄热系统，可以实现电厂 24h 不间断稳定运行。

4. 光热发电的多能互补

光热发电与其他发电形式互补的多能融合路线，主要包括：光热发电与燃煤发电互补；光热发电与燃气发电互补；光热发电与光伏发电互补；光热发电与风力发电互补；光热发电与水力发电互补等，如图 7-9 所示。

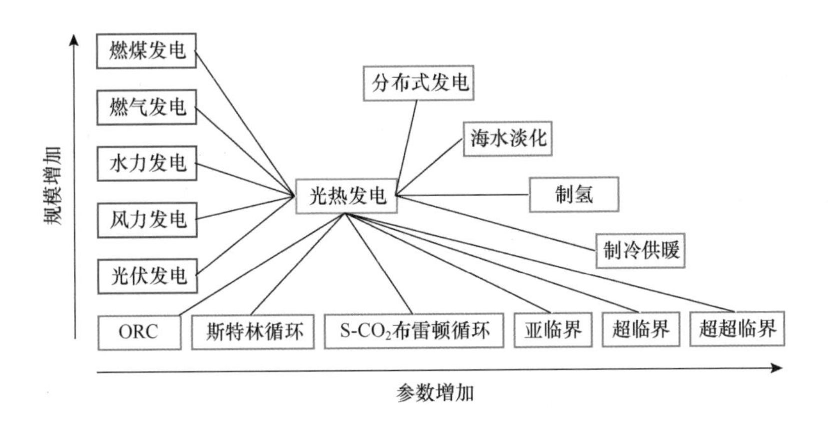

图7-9　光热发电的循环形式、多能融合与多联产

光热发电与燃煤发电互补方面，主要是包含储热系统的较大规模的塔式光热系统，与燃煤机组进行互补发电，从而降低成本、提高稳定性。前沿技术可以使得光热系统与燃煤锅炉系统共用汽轮机和发电机等设备，从而进一步降低投资。此外，还可以利用光热系统作为辅助热源，加热燃煤机组的高压加热器等，提升整体的发电效率和经济性。

光热发电与燃气发电互补方面，选址一般考虑天然气价格低廉、DNI值较高、场地充足（荒漠等）、电力需求旺盛的地区。世界范围内较好的选址包括中东、北非等地区。中国西北地区的天然气和太阳能资源较为丰富，荒漠等大面积场地充足，但本地电力需求不足，电网消纳压力较大。随着光热发电的上网电价相关政策进一步明确，有望推进如宁夏哈纳斯92.5MW槽式ISCC项目等光热发电与燃气发电互补项目的建设。

光热发电与燃气发电互补的主要形式为热互补，具体形式包括：以光热系统为主，燃气辅助加热提升蒸汽参数；以燃气发电为主，光热系统作为辅助热源；汽轮机和燃气轮机兼顾，利用燃气发电平滑光热发电的间歇和波动。太阳能-天然气联合循环发电（ISCC）是这一领域代表性的前沿技术。2010年美国投运了世界最大的1125MW装机容量的ISCC电厂。

中国在2012年投运了华能三亚太阳能天然气联合循环ISCC示范电厂，装机容量为1.5MW。电厂利用太阳能产出的3.5MPa、400～450℃的过热蒸汽，为燃气-蒸汽联合循环提供部分蒸汽，从而减少了天然气用量。

此外，900～1200℃的高温太阳能还可以与天然气重整、煤气化、石油裂解、水热解等对接，实现热化学互补。

光热发电与光伏发电、风力发电和水力发电的互补技术，则是结合在选址、用途、容量等方面的相似性，以及在昼夜、季节、天气等方面的互补性，实现可再生能源发电之间互相平滑间歇和波动，提高整体发电效率和经济性。

光热发电与光伏发电互补，是一个有意义的探索方向。带有储热系统的光热电厂，可以弥补光伏电厂的间歇性，此外两者在选址方面也具有高度相似性。美国SolarReserve公司目前规划在智利建设专为采矿区全天候供电的光热与光伏联合电厂。

5. 光热发电多联产

光热发电还可以配合分布式发电技术和多联供技术，包括碟式光热系统分布式发电、光热电站汽轮机蒸馏淡化海水，光热发电制氢，光热系统制冷和采暖等。其中，碟式系统的发电功率较小，适用于边远地区的小型化分布式发电。碟式系统目前技术还有待成熟，槽式系统也可以用于分布式发电。

光热发电制取淡水和制取氢气，也是基于分布式光热发电的间歇性特点设计，可以充分发挥光热发电的优势，提升系统稳定性和太阳能资源的利用率。

6. 光热发电的环境影响

光热发电带来的环境影响，近年来也开始引起学者关注。目前发现的主要问题包括对于鸟类飞行的影响和伤害、塔式光热电厂的眩光问题、对于航空安全的负面影响等。

生物学家和有关报道指出，美国2014年投运的392MW装机容量的Ivanpah塔式光热电厂，在半年时间内已经造成大量飞鸟死亡。官方估计约有321只鸟或蝙蝠死亡，但有关报道指出可能有28000只飞鸟死亡，甚至每2min就有一只飞鸟死亡。

美国110MW装机容量的塔式熔盐光热电厂新月沙丘电厂，在2015年1月的一次6h的试运行中，生物学家监测到130次疑似飞鸟被灼伤后坠亡，甚至直接在空中气化，即每3min就有一只飞鸟死亡。

对于这一生态环境问题，目前相关措施还在研究中。部分学者提出光热电厂可以借鉴机场的驱鸟方式，并应在选址时考虑避开鸟类的迁移路线。另外一些学者也指出，其他发电形式也可能造成鸟类死亡，如燃煤发电带来的大气污染造成的鸟类慢性死亡，风机叶片造成的鸟类撞击伤亡等。

各类发电形式单位发电量对于鸟类的影响程度如图7-10所示，其中光热发电的估计范围较为保守。如果按照每2min就有一只飞鸟死亡的报道，则影响程度范围将是图中范围的10～30倍。结合图7-10中的估计范围，可以看出光热发电影响仅次于燃煤发电，而且光热发电的影响较为快速、直接和致命，应当引起足够重视。目前，加州500MW装机容量的Palen光热电厂已经在前期对于鸟类和蝙蝠进行了风险评估，并提出了相应的保护措施。

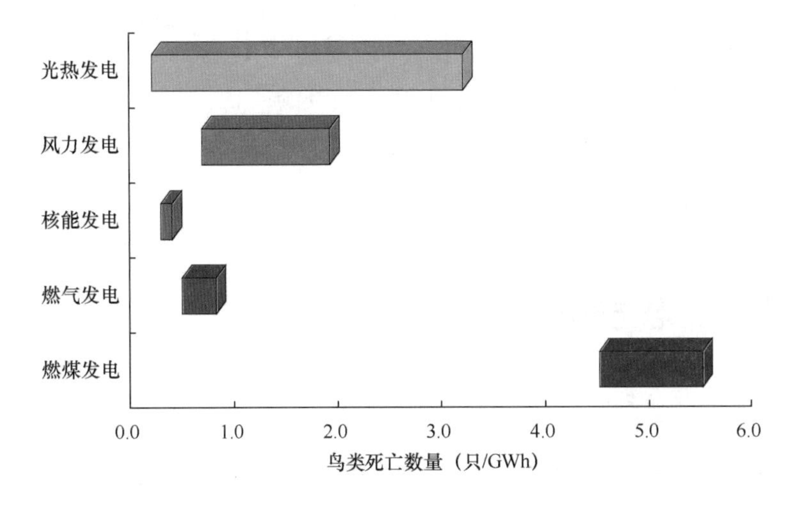

图7-10　各种发电形式单位发电造成鸟类死亡数量

塔式光热电厂的眩光问题，以及对航空安全的影响方面，目前光热电厂已普遍通过改进定日镜定位和监控计划，减小眩光造成的负面影响。

7. 中国光热发电发展路线

整体来看，目前中国光热发电技术研究相比国外先进水平存在一定差距，而产业发展方面更是存在着很大的增长空间。“十三五”时期，中国光热发电的技术研究和产业应用都将迎来快速发展。从集中式、分布式等应用角度，提出未来技术研究和产业应用的路线，有助于更好地引导光热发电的战略方向。“十三五”期间光热发电技术研究路线的重点工作包括以下方面：

（1）掌握塔式系统和碟式系统的整体设计、建造和运行技术，掌握关键技术的自主知识产权。

（2）发展跟踪系统和蓄热系统等子系统技术，缩小与国外追踪系统的精度差距，开发先进的蓄热介质和蓄热管理技术。

（3）发展大容量、高参数、高稳定性的集中式光热发电技术，力争“十三五”期间技术水平达到2015年国外先进水平。

（4）开展分布式光热发电技术研究，“十三五”期间在斯特林发动机等关键技术上取得突破。

“十三五”期间光热发电的产业应用路线的重点工作包括：①建设大容量、高参数、包含蓄热系统的塔式光热电厂示范工程，主要指标达到2015年国外同类电厂水平，促进集中式光热发电的规模化和商业化。②拓展分布式光热发电市场，研制成熟可靠的碟式光热发电的国产成套产品，在细分市场上占据先发优势。③在华能三亚ISCC示范电厂等项目的基础上，推进光热发电的多能互补与多联产等产业应用。探索符合国情的燃煤发电与光热发电互补的工程应用，开拓光热发电在制冷供暖、制取淡水、制取氢气等新兴产业领域的应用。

三、 光伏发电与光热发电产业趋势

1. 太阳能发电产业整体趋势

光伏行业在2012～2014年期间经过深度调整，近两年步入良性发展轨道。多样化新技术的规模化应用，以及生产与发电成本的持续降低，使得光伏产品的市场细分化程度逐渐提高。光伏产业短期趋势受到政策影响较为明显，但长期趋势取决于技术进步和成本降低。随着光伏高效平价时代的到来，光伏产业可以不依赖政策补贴而实现完全市场化。

中国光热发电相关技术和产业逐步完善，预计未来3～5年将呈现快速发展趋势。随着中广核德令哈50MW槽式光热项目等大型商业化光热电厂的投运，2020年中国光热发电累计装机容量有望达到1000～2000MW，相当于届时光伏累计装机容量的1%～2%。

光伏发电装机容量的技术组成方面如图7-11所示，目前第一代光伏发电技术仍然占据主导地位，累计装机容量比例超过90%。第二代光伏发电技术中，硅基薄膜电池、碲化镉薄膜电池、铜铟镓硒薄膜电池的装机容量依次递减。第三代光伏发电技术包括高聚光砷化镓电池和其他技术，目前在市场的应用仍然非常有限。

光热发电装机容量方面，目前中国总装机容量较小，槽式、塔式、碟式、菲涅尔式等技术形式均只有1～2个项目投运，装机容量差别不大。根据国外情况来看，预计未来塔式和菲涅尔式两种技术形式的装机容量将迅速增长。

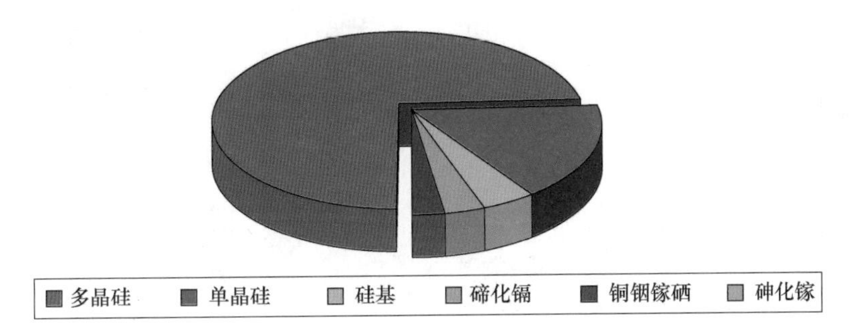

图 7-11　光伏发电装机容量技术类别组成

发电效率是评价发电形式的重要指标，由图 7-12 可以看出，目前光伏发电效率接近或者低于光热发电效率，说明光热发电在效率方面存在一定优势，因此近年来受到关注。未来随着第三代、第四代光伏发电技术的规模化和商业化，预期效率将会超过现有的光热发电技术。光热发电技术除了采用传统的蒸汽朗肯循环外，也在探索超超临界、有机朗肯循环、斯特林循环等与火电领域相关的前沿技术。光伏发电和光热发电之间的效率竞争，未来胜负仍然难以定论，将更多地取决于关键技术的成熟度。

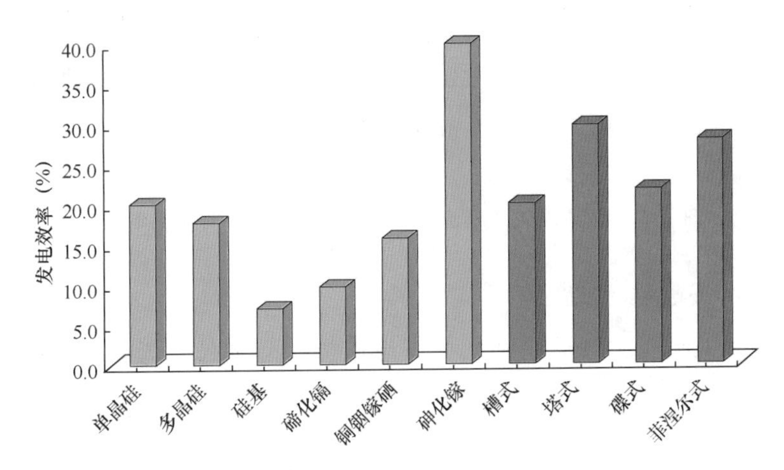

图 7-12　光伏发电与光热发电的技术类别效率对比

建设成本和千瓦时电成本方面，由图 7-13 和图 7-14 可知，目前光热发电明显高于光伏发电，因此在太阳能发电市场中，光伏发电占据绝对比例。但两者随着技术进步和产业化的发展，都有比较大的下降空间；也存在随着材料工艺要求的提高，带来的成本上升的压力，因此未来两者成本高低还难以判断。

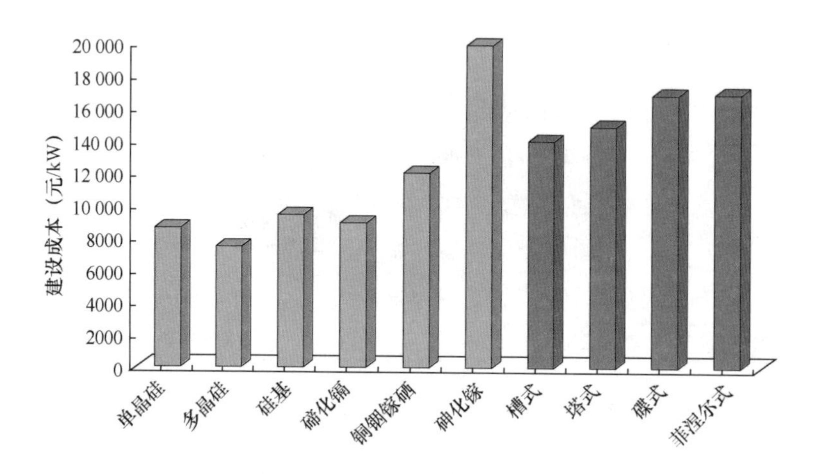

图 7-13　光伏发电与光热发电的技术类别建设成本对比

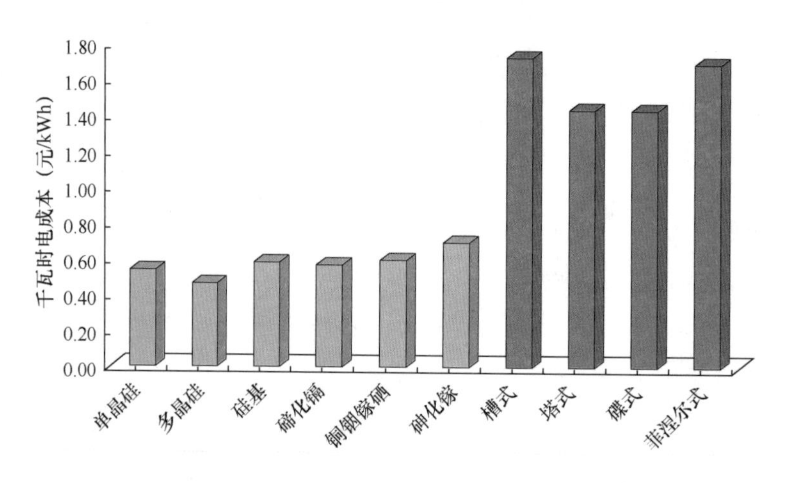

图 7-14　光伏发电与光热发电的技术类别千瓦时电成本对比

2. 单晶硅与多晶硅产业趋势

总体来看，太阳能发电产业中光伏发电占据主导地位，光伏发电中第一代晶硅电池占据主导地位，而晶硅电池中目前多晶硅电池占据主导地位。根据产业研究人员分析，未来单晶硅和多晶硅的竞争仍然激烈，而且单晶硅产业有可能出现“V”字形触底反弹趋势，恢复到早年单晶硅占据主导地位的情况。

单晶硅组件的优势包括：晶体结构单一、晶硅缺陷更少；材料纯度高、机械强度高、碎皮率更低；内阻小、光电转换效率高；工作温度低于多晶硅组件；更适合于分布式应用。相同外部条件下，同样标称功率的单晶硅组件相比多晶硅组件发电量更高（5%～6%），转化率衰减速度更慢（慢3%以上），发电稳定性更高，投资回报率

（IRR）高3%左右。

多晶硅的温度系数影响显著，工作温度每提高1℃，功率输出减少0.4%～0.5%，造成发电量相应减少。而未能转换为电能的太阳能变为热能，进一步使光伏组件的工作温度上升。

目前大规模工业化生产的单晶硅电池的光电转换效率为19%～20%，多晶硅电池的光电转换效率在17%～18%，两者效率差异较小。而单晶硅组件价格约为5.7元/W，多晶硅组件价格约为4.5元/W，价格差异达到20%。这也是目前多晶硅占据市场主导地位的原因。然而，单晶硅电池效率提升空间明显大于多晶硅电池，特别是新型高效单晶硅电池如HIT电池、IBC电池等的出现，效率可以达到23%～24%，相对多晶硅电池形成明显的差异优势。

国际太阳能光伏技术路线图（ITRPV）预测，未来IBC、HIT及PERC（钝化发射极背面接触）单晶电池转换效率的提升空间较大，提升速度较快。而多晶、类单晶电池转换效率提升则遇到瓶颈，空间有限。到2025年，单晶电池最高转换效率有望比多晶电池效率的绝对值高6%，可变成本下降30%～40%。

目前多晶铸锭主流炉型投料量约为0.8t，规模接近经济性上限，而单晶投料量已达0.5t，差异逐步缩小。前沿技术包括CCZ连续加料技术，可以实现单晶的拉晶和加料同时进行，提高投料量和单炉产量，降低拉晶成本。单晶炉自动化、智能化技术，也可以提高成晶率并降低人工成本。因此，近年来单晶方棒与多晶方锭的成本差异逐年缩小，铸锭相对于拉晶的成本优势正在快速缩小。

切片方面，多晶硅由于晶界和硬质点，目前厂家通常采用反应离子刻蚀（RIE）或湿法黑硅技术来解决多晶金刚线切割硅片的制绒问题，但也显著增加了切片成本。而且多晶硅的晶界和硬质点阻碍了切割速率的提升和薄片化切割。单晶切片采用金刚线切片，可以较好地提高切割效率，降低切片成本。近年来，金刚线母线线径和硅片厚度均在快速下降，未来HIT（异质结）和IBC（交叉背接触）电池的片厚预计将由目前的150μm水平，下降至110μm和130μm水平，从而进一步节省材料降低成本。

衰减方面，以往单晶电池衰减高于多晶电池，目前随着低氧P型单晶的推广应用，单晶电池衰减普遍低于多晶电池。单晶降氧工艺使得氧含量大幅降低，低氧单晶组件光衰退，低于普通多晶组件约40%，低于普通单晶组件约60%。

未来5～10年，由于单晶硅电池在技术、成本和分布式市场的优势，预期单晶硅电池的装机容量比例，将上升至晶硅电池总装机容量的30%～50%。美国First Solar公司通过收购增加了100MW单晶硅产能，而Solar City公司也通过收购，规划建设1GW单晶硅电池工厂。保利协鑫2015年宣布在宁夏投资建设10GW单晶硅项目。光伏主流企业在单晶硅领域的扩张与投资，将显著促进未来5年单晶硅产业的成长。

2015年世界光伏产业方面，单晶硅片比例上升至18%，多晶硅片比例降低至76%，国际变化趋势领先于国内市场。作为光伏产业制造大国，中国也已经出现单晶硅电池价格与多晶硅电池价格逐步接近的趋势。

3. 千瓦时电成本长期预测

光伏发电与光热发电，在2013～2015年的三年内，技术经济性取得了显著的进步。因此量变引起质变，光伏发电和光热发电开始被多个能源研究机构看好，与风电共同被认为是未来最有希望替代传统能源发电的新型能源发电，而且太阳能发电相比风电在长期（2035～2050年）阶段的前景更被看好。

千瓦时电成本方面，光伏发电的千瓦时电成本主要由建设成本和发电效率两大因素确定，其他的维护成本、使用寿命、弱光性能也会产生一定影响。第一代光伏发电中，单晶硅和多晶硅在未来长期仍然将保持较低的千瓦时电成本，单晶硅电池由于发电效率上升、建设成本下降，因此千瓦时电成本预期将在2020～2025年期间开始低于多晶硅电池，趋势如图7-15所示。

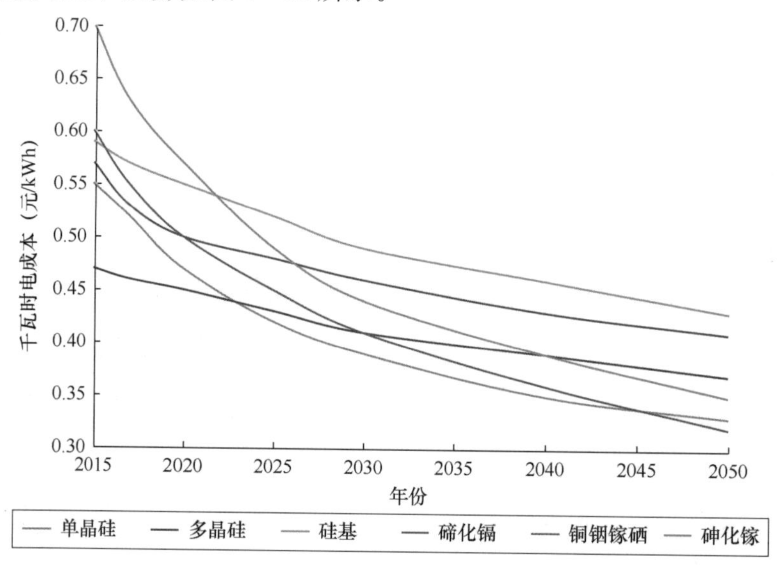

图7-15　光伏发电千瓦时电成本预测

第二代光伏发电方面，硅基薄膜电池和碲化镉薄膜电池由于发电效率的制约，千瓦时电成本下降潜力有限，长期来看将成为价格较高的光伏发电形式，更多用于建筑一体化、柔性表面等专有用途。铜铟镓硒（CIGS）薄膜电池虽然建设成本与其他薄膜电池相近，或者由于稀有元素而成本更高，但高出一倍以上的发电效率，使得其千瓦时电成本具有较强的竞争优势，长期来看这一优势将进一步显现。如果稀有元素等成本瓶颈能够得到突破，铜铟镓硒薄膜电池有望成为未来光伏发电的主流选择。

第三代光伏发电方面，未来批量生产的高聚光砷化镓电池的效率有望达到40%水平，单纯从将其他能源转换为电能的效率而言，已经与目前燃煤发电的效率持平。预计高聚光砷化镓电池的建设成本也将逐步降低。目前主要存在的问题是砷的污染问题和镓作为稀有元素的供应问题，以及光学系统和太阳追踪系统的成本问题等。如果高聚光电池的建设成本由目前的20 000元/kW水平下降至与其他电池接近的8000元/kW水平，则高聚光电池有望在2030～2050年成为高效率、低成本的光伏发电主流形式。

与光伏发电类似，光热发电的千瓦时电成本也主要由建设成本和发电效率决定。建设成本方面，槽式、塔式、碟式和菲涅尔式光热发电的建设成本普遍处于15 000元/kW水平，相比早期建设成本已经大幅下降，但仍属于高建设成本的发电形式。随着技术进步和产业发展，未来光伏发电和光热发电的建设成本都将持续降低，而光热发电建设成本的降低幅度和降低速度预计都将更高。

发电效率方面，从原理角度而言，光热发电效率提升所面临的问题与火力发电相似，效率提升难度相比光伏发电更高。而储热技术的进步和储热容量的增加，将使得光热发电从整体能源利用效率角度，相比光伏发电更具优势，并有望缩小千瓦时电成本差距。

各种光热发电形式的千瓦时电成本的未来趋势预测如图7-16所示。槽式光热发电系统的技术成熟、结构简单，占据现有光热发电装机容量的主导地位。槽式光热发电系统的建设成本较高，而且已经实现大规模工业化生产，未来建设成本大幅度下降的可能性较小。槽式系统的工质温度较低（400～500℃），因此发电效率提升有限，结合建设成本较高的情况，未来槽式系统千瓦时电成本预期将缓慢降低，成为光热发电形式中千瓦时电成本最高的形式。

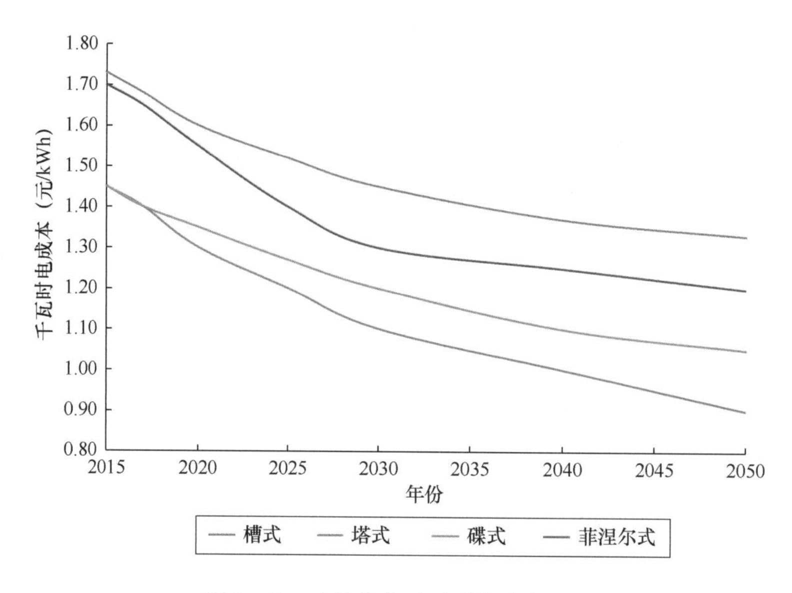

图 7-16　光热发电千瓦时电成本预测

菲涅尔式光热发电系统采用了平面反射镜和固定式集热管，相比槽式系统结构简单、成本更低、工质更灵活。菲涅尔式系统作为槽式系统的一种改进，建设成本略低、发电效率略高，综合来看千瓦时电成本更低，而且下降空间也将更大。

塔式系统发电效率较高，机组规模较大，部件适合大批量生产，适用于集中式大容量电厂。塔式系统由于在发电效率和建设成本方面的优势，千瓦时电成本可以低于槽式系统近 20%。塔式系统预计未来将逐步替代槽式系统，占据光热发电产业的主导地位。未来塔式系统的规模化建设，也有利于光热发电产业整体的千瓦时电成本降低，有助于缩小与光伏发电之间的成本差距。

碟式光热发电系统采用碟式反射镜面产生热量发电，更适用于分布式小规模发电。碟式系统的单机规模通常为数十千瓦，受规模制约，建设成本的下降幅度有限。碟式系统的聚焦温度可以超过 1000℃，随着配套的高效斯特林机等前沿技术的成熟，预期未来的发电效率将显著高于其他光热系统。综合来看，碟式系统的千瓦时电成本将仅高于塔式系统，而且将在分布式应用中成为主流形式。

4. 装机容量长期预测

结合千瓦时电成本趋势预测，分析光伏发电和光热发电的累计装机容量变化如图 7-17 和图 7-18 所示。光伏发电方面，第一代晶硅电池在累计装机容量方面仍将长期占据一定优势。光伏发电设备寿命相比其他发电形式偏短，而且建设周期较短（兆瓦级规模以上 4～6 个月，兆瓦级规模以下 1～3 月），更新换代速度快于其他发电形式。因此，多晶硅累计装机容量预计将在 2025～2030 年前后，开始出现一定程度的减少。

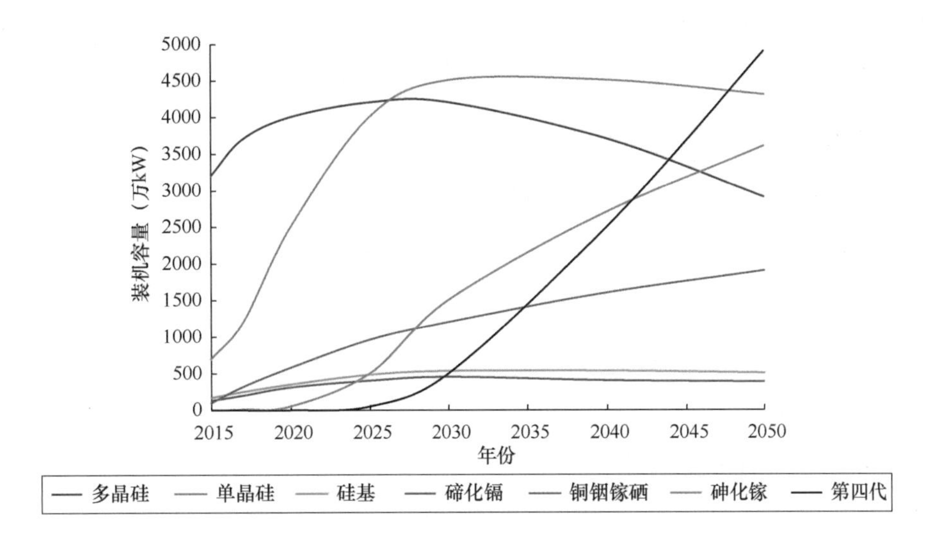

图 7－17　光伏发电累计装机容量预测

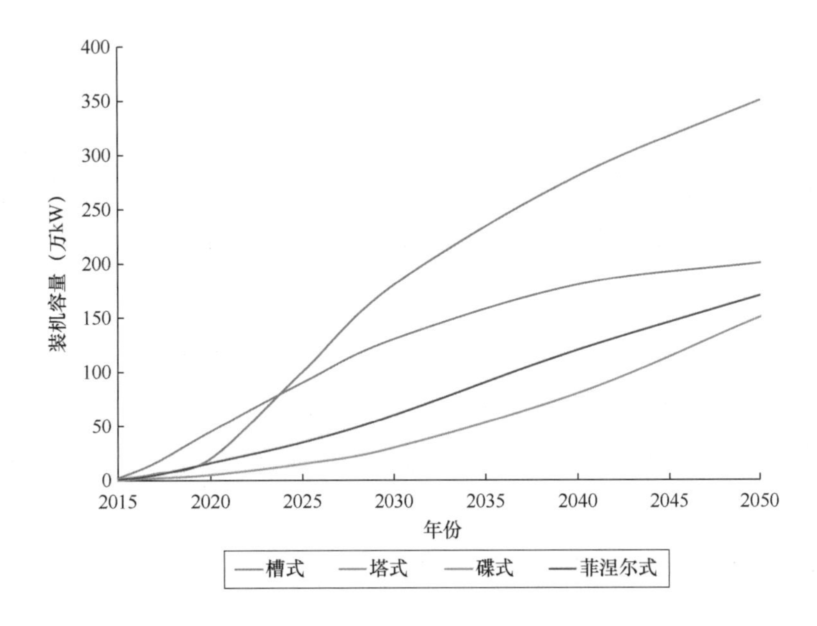

图 7－18　光热发电累计装机容量预测

根据之前的分析，单晶硅电池由于效率优势和成本降低，产量将会逐步接近或者超过多晶硅，对多晶硅电池市场形成蚕食，在 2025～2030 年前后替代多晶硅电池的市场份额。晶硅电池的整体装机容量，将随着 1990～2010 年期间早期晶硅电池的到期退役，在2030年后开始逐步降低，被第二代、第三代和未来的第四代太阳电池所取代。

第二代薄膜电池方面，硅基薄膜电池和碲化镉薄膜电池由于效率偏低，预计新增装机容量将逐渐减少，被第三代和第四代太阳电池替代而淘汰。铜铟镓硒薄膜电池是第二代薄膜电池中较有希望的技术路线，随着发电效率的提升和建设成本的下降，预计在未来15年中累计装机容量将保持稳步增长态势，随后保持稳定。

以砷化镓为代表的第三代高聚光电池，预计将在10年后开始大规模商业化生产投运。根据之前的千瓦时电成本分析，高聚光砷化镓电池的千瓦时电成本届时将接近或略高于铜铟镓硒薄膜电池。由于高发电效率带来的环保效益和社会效益，高聚光电池预计将成为2030～2045年期间的主流光伏发电形式。

光伏发电领域的新技术不断涌现，预计在2030年后，第四代光伏发电技术将逐步成熟，并在2035～2040年开始大规模商业化生产投运。2040年后，预计第三代和第四代光伏发电技术将占据累计装机容量的主要比例，对第一代和第二代光伏发电技术形成替代。

光热发电领域，塔式系统近年来在国外大规模集中式电厂得到广泛应用，装机容量快速增长。中国大容量光热电厂建设起步较晚，预计塔式系统将于2020～2030年出现装机容量的快速增长。塔式光热发电技术在2030年后，将凭借高发电效率和低千瓦时电成本，成为光热发电的主流形式，随后装机容量比例还将逐步扩大。

槽式光热发电技术成熟、结构简单，在未来5～10年内仍然将具备一定竞争力。2030年后，槽式光热发电由于效率较低和千瓦时电成本较高，将逐渐失去经济竞争力。但光热电厂相比光伏电厂的使用寿命更长，因此槽式光热发电累计装机容量将保持在稳定水平。

菲涅尔式光热发电相比槽式系统结构简单、成本更低、工质更灵活，未来千瓦时电成本将比槽式光热发电更低。菲涅尔式系统将逐步替代一部分原来属于槽式系统的市场，这一趋势在2030年后将更为明显。由于结构简单、热源温度低的光热发电未来仍然具有一定市场，因此槽式和菲涅尔式的装机容量之和仍然将保持稳步增长趋势，但在光热发电总装机容量中的比例明显下降。

碟式系统适用于分布式小规模发电，在这一细分市场中，竞争力明显强于槽式系统。分布式光热发电的市场需求在国内还未充分开发，但中国幅员辽阔，偏远高原、山地和海岛众多，分布式光热发电的应用前景广阔。随着技术成熟和市场发展，在2030年后碟式系统的装机容量预计将开始快速增长，在分布式光热发电领域占据主流，并与大规模集中式塔式系统形成互补。

综合光伏发电和光热发电的装机容量变化趋势可以得到太阳能发电的总装机容量趋势如图7-19所示。可以看出，中国太阳能发电的总装机容量到2020年有望达到0.75亿kW，到2035年有望增长至1.5亿kW，到2050年达到2亿kW左右。中国太阳能发电总装机容量中，光伏发电仍然将占据绝对比例，但光热发电比例有望从目前的0.1%，提升至2050年的4.5%，占据一席之地。

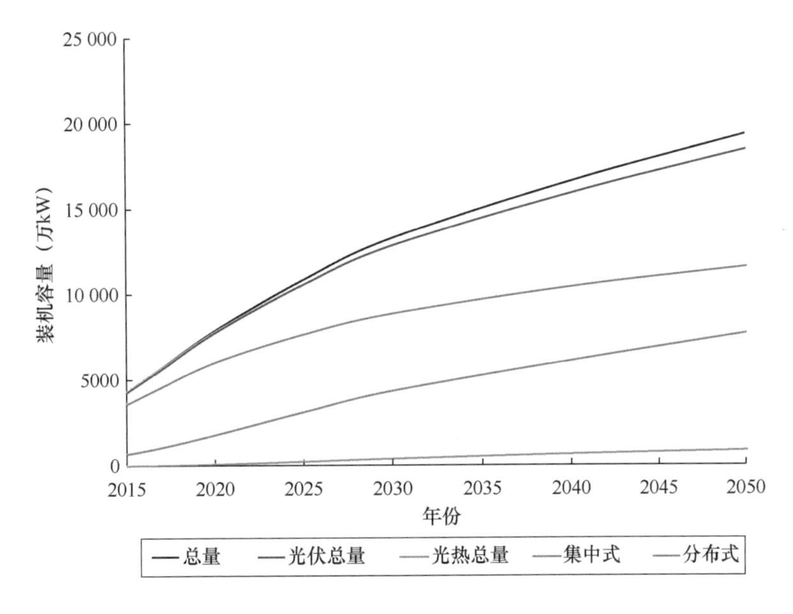

图7-19　太阳能总装机容量与形式预测

集中式和分布式的装机容量比例方面，中国目前分布式装机容量比例约为16%，相比国外明显偏低，但近年来呈现快速增长态势。到2025～2030年期间，随着光伏建筑一体化等分布式发电应用的增加，以及光伏发电技术向着更适合分布式应用的方向发展，预计分布式比例将提升一倍左右，达到30%以上。到2050年，预计太阳能发电的分布式应用将有望占据累计装机容量40%左右的比例，成为与集中式同样重要的应用形式。

综合第3章～第7章预测，预计到2050年，中国的发电总装机容量将达到23亿kW，为目前总装机容量13亿kW的近两倍。其中，2050年火力发电装机容量约为

10亿kW水平（其中燃煤发电约为7.7亿kW），水力发电装机容量约为5亿kW水平，核电装机容量约为2.5亿kW水平，风力发电装机容量约为2.5亿kW水平，太阳能发电装机容量约为2亿kW水平，五大发电形式合计约为22亿kW，占据总装机容量中的绝对比例。

第8章将要介绍的海洋能、地热能、燃料电池、氢能、储能等和本书未涉及的其他能源形式，可以用于发电的装机容量之和，到2050年乐观估计不超过1亿kW水平。总体来看，中国新型能源发电的装机容量比例在2050年将上升至35%左右，其中太阳能发电是发展最为迅速的新型能源发电形式，未来前景广阔。

此外，太阳能发电也是未来多种发电形式互补的技术路线中的重要组成部分。太阳能发电目前存在分散性、间歇性、效率低、成本高等问题，与火电、水电等传统能源发电互补，或者与风电、核电等新型能源发电互补，可以增强稳定性，提升综合效率并且提高经济效益。

参考文献

[1] 中国可再生能源展望［R］. International Renewable Energy Agency（IRENA），中国国家可再生能源中心CNREC，2014.

[2] 国网能源研究院. 2015中国新能源发电分析报告［M］. 北京：中国电力出版社，2015.

[3] REmap 2030［R］. International Renewable Energy Agency，2014.

[4] Renewable Capacity Statistics 2017［R］. International Renewable Energy Agency，2017.

[5] 全球新能源发展报告2016［R］. 汉能，2016.

[6] PVPSAnnual Report 2016［R］. International Energy Agency，2016.

[7] 2016年新能源展望［R］. Bloomberg New Energy Finance，2016.

[8] 2016中国电力行业年度发展报告［R］. 中国电力企业联合会，2016.

[9] 2014年可再生能源发电成本［R］. International Renewable Energy Agency，2015.

[10] Technology Roadmap：Solar Photovoltaic Energy 2014［R］. International Energy Agency，2014.

[11] Technology Roadmap：Solar Thermal Electricity 2014［R］. International Energy Agency，2014.

[12] 章激扬，李达，杨苹，等. 光伏发电发展趋势分析［J］. 可再生能源，2014，32（02）：127-132.

[13] Singh G K. Solar power generation by PV（photovoltaic）technology：a review［J］. Energy，2013，53：1-13.

[14] Tyagi V V，Rahim N A A，Rahim N A，et al. Progress in solar PV technology：research and achievement［J］. Renewable and Sustainable Energy Reviews，2013，20：443-461.

[15] Candelise C, Winskel M, Gross R J K. The dynamics of solar PV costs and prices as a challenge for technology forecasting [J]. Renewable and Sustainable Energy Reviews, 2013, 26: 96-107.

[16] 冯垛生. 太阳能发电原理与应用 [M]. 北京: 人民邮电出版社, 2007.

[17] Zweibel K. Thin film PV manufacturing: Materials costs and their optimization [J]. Solar energy materials and solar cells, 2000, 63 (4): 375-386.

[18] Chopra K L, Paulson P D, Dutta V. Thin-film solar cells: an overview [J]. Progress in Photovoltaics: Research and Applications, 2004, 12 (2-3): 69-92.

[19] Shah A, Torres P, Tscharner R, et al. Photovoltaic technology: the case for thin-film solar cells [J]. Science, 1999, 285 (5428): 692-698.

[20] 梁宗存, 沈辉, 许宁生. 晶体硅薄膜电池制备技术及研究现状 [J]. 材料科学与工程学报, 2003, 21 (04): 577-581.

[21] Kaelin M, Rudmann D, Tiwari A N. Low cost processing of CIGS thin film solar cells [J]. Solar Energy, 2004, 77 (6): 749-756.

[22] Kessler F, Herrmann D, Powalla M. Approaches to flexible CIGS thin-film solar cells [J]. Thin Solid Films, 2005, 480: 491-498.

[23] Caballero R, Kaufmann C A, Eisenbarth T, et al. The influence of Na on low temperature growth of CIGS thin film solar cells on polyimide substrates [J]. Thin Solid Films, 2009, 517 (7): 2187-2190.

[24] 孙云, 王俊清, 杜兆峰, 等. CIS 和 CIGS 薄膜太阳电池的研究 [J]. 太阳能学报, 2001, 22 (02): 192-195.

[25] 王子龙, 张华, 刘业风, 等. 三结砷化镓光伏电池电学特性的理论和实验分析 [J]. 中国电机工程学报, 2013, 33 (27): 168-174.

[26] 苏剑, 周莉梅, 李蕊. 分布式光伏发电并网的成本/效益分析 [J]. 中国电机工程学报, 2013, 33 (34): 50-56.

[27] 王光伟, 许书云, 韩蕾, 等. 太阳能光热利用主要技术及应用评述 [J]. 材料导报, 2014, 1: 193-196.

[28] M. Sengupta, A. Habte, S. Kurtz, et al. Best Practices Handbook for the Collection and Use of Solar Resource Data for Solar Energy Applications [R]. National Renewable Energy Laboratory (NREL), 2015.

[29] China Direct Normal Solar Radiation [R]. National Renewable Energy Laboratory (NREL), 2005.

[30] 崔大海. 槽式太阳能光热发电系统设计 [J]. 机械工程师, 2015, 5: 250-251.

[31] Vélez F, Segovia J J, Martín M C, et al. A technical, economical and market review of organic Rankine cycles for the conversion of low-grade heat for power generation [J]. Renewable and Sustain-

able Energy Reviews，2012，16（6）：4175－4189.

［32］应仁丽．塔式太阳能光热发电的熔盐换热器选型［J］．余热锅炉，2015，3：23－26.

［33］Zhu G，Wendelin T，Wagner M J，et al. History，current state，and future of linear Fresnel concentrating solar collectors［J］. Solar Energy，2014，103：639－652.

［34］Liu M，Belusko M，Tay N H S，et al. Impact of the heat transfer fluid in a flat plate phase change thermal storage unit for concentrated solar tower plants［J］. Solar Energy，2014，101（1）：220－231.

［35］侯彦青，谢刚，陶东平，等．太阳能级多晶硅生产工艺［J］．材料导报，2010，24（13）：31－34.

［36］温雅，胡仰栋，单廷亮．改良西门子法多晶硅生产中分离工艺的改进［J］．化学工业与工程，2008，25（02）：154－159.

［37］Basore P A. CSG－1：manufacturing a new polycrystalline silicon PV technology［C］//2006 IEEE 4th World Conference on Photovoltaic Energy Conference. IEEE，2006，2：2089－2093.

［38］Zweibel K. Issues in thin film PV manufacturing cost reduction［J］. Solar energy materials and Solar cells，1999，59（1）：1－18.

［39］吴志猛，雷青松，赵颖，等．VHF－PECVD法制备氢化硅薄膜及单结电池［J］．人工晶体学报，2005，34（06）：1122－1125.

［40］Fthenakis V M. Life cycle impact analysis of cadmium in CdTe PV production［J］. Renewable and Sustainable Energy Reviews，2004，8（4）：303－334.

［41］Birkmire R W，McCandless B E. CdTe thin film technology：Leading thin film PV into the future［J］. Current Opinion in Solid State and Materials Science，2010，14（6）：139－142.

［42］Matsunaga K，Komaru T，Nakayama Y，et al. Mass－production technology for CIGS modules［J］. Solar Energy Materials and Solar Cells，2009，93（6）：1134－1138.

［43］Karam N H，King R R，Haddad M，et al. Recent developments in high－efficiency Ga 0. 5 In 0. 5 P/GaAs/Ge dual－and triple－junction solar cells：steps to next－generation PV cells［J］. Solar energy materials and solar cells，2001，66（1）：453－466.

［44］戴松元．染料敏化太阳电池［M］．北京：科学出版社，2014.

［45］Peter L M. The Gratzel Cell：Where Next?［J］. Journal of Physical Chemistry Letters，2011，2（15）：1861－1867.

［46］张正华．有机太阳电池与塑料太阳电池［M］．北京：化学工业出版社，2006.

［47］陈维，沈辉，邓幼俊，等．光伏发电系统中逆变器技术应用及展望［J］．电力电子技术，2006，40（04）：130－133.

［48］Lu L，Yang H X. Environmental payback time analysis of a roof－mounted building－integrated photovoltaic（BIPV）system in Hong Kong［J］. Applied Energy，2010，87（12）：3625－3631.

[49] 余元波，谭洪卫，庄智，等．新型建筑光伏幕墙和外窗自然通风设计［J］．建筑节能，2014，10：28-31.

[50] 詹显光，蒋祥吉，詹茸茸，等．光伏组件用高性能 EVA 胶膜的研发［J］．阳光能源，2009，6：40-41.

[51] 陈国良．基于光伏建筑一体化及多种能源互补的微电网研究［J］．上海节能，2013，2：36-43.

[52] 吕光阳，钟福春．槽式太阳能光热发电经济性的主要因素分析［J］．机械工程师，2015，11：269-270.

[53] 吴佳梁．风光互补与储能系统［M］．北京：化学工业出版社，2012.

[54] Solar-hydrogen energy systems：an authoritative review of water-splitting systems by solar beam and solar heat：hydrogen production，storage and utilisation［M］．Elsevier，2013.

[55] Delgado-Torres A M，García-Rodríguez L. Design recommendations for solar organic Rankine cycle（ORC）-powered reverse osmosis（RO）desalination［J］．Renewable and Sustainable Energy Reviews，2012，16（1）：44-53.

[56] Jamel M S，Rahman A A，Shamsuddin A H. Advances in the integration of solar thermal energy with conventional and non-conventional power plants［J］．Renewable and Sustainable Energy Reviews，2013，20：71-81.

[57] 裴杰，赵苗苗，刘明义，等．太阳能与燃气-蒸汽联合循环发电系统优化［J］．热力发电，2016，45（01）：122-125.

[58] Ken Levenstein，Andrea Chatfield，Danny Riser-Espinoza，et al. Bird and Bat Conservation Strategy for the Palen Solar Electric Generating System［R］．Western EcoSystems Technology，Inc.，2013.

[59] 赵吴鹏．太阳能光伏发电项目投资风险因素及管理措施研究［J］．能源技术与管理，2016，41（2）：152-153.

[60] OFweek 太阳能光伏网．2016 最新单晶 VS 多晶对比分析［EB/OL］．太阳能光伏网，2016.

[61] 邵汉桥，张籍，张维．分布式光伏发电经济性及政策分析［J］．电力建设，2014，35（7）：51-57.

[62] 郑建涛，裴杰．我国聚光型太阳能热发电技术发展现状［J］．热力发电，2011，40（02）：8-9.

第 8 章

其他新型能源发电技术

在核能发电、风力发电和太阳能发电等三大新型能源发电之外，还有多种新型能源发电形式。本章将分析海洋能、地热能、燃料电池、氢能等新型能源发电的技术现状和发展趋势，并探讨储能技术、能源互联网等电力领域的前沿技术。

第1节　海洋能发电技术

海洋面积占地球总面积约71%，海洋蕴含着大量的各种形式的海洋能。海洋能是指依附在海水中的可再生能源，即海洋通过各种物理过程或化学过程，接收、储存和散发的能量。海洋能包括波浪能（动能/势能）、潮汐能（势能）、海流能（动能）、温差能（热能）、盐差能（化学能）等。

中国拥有约340万km^2的海域和1.8万km的海岸线，具有丰富的海洋能资源。海洋能发电，短期来看规模较小、成本较高，但适用于海岛居民用电和国防用电等特殊用途。长期来看，中国海洋能可开发利用量达到1000GW，技术进步也将推动海洋能发电的并网技术成熟、发电成本降低和可靠性增强。

海洋能与水能具有一定相似性，都是清洁可再生能源，全生命周期CO_2排放强度都很低。海洋能受自然条件的影响较大，中国海洋能资源分布不均匀，台湾、浙江、广东、福建、山东和辽宁等地区海洋能资源较为丰富。

一、 海洋能资源与海洋能发电概况

1. 波浪能

波浪能是指通过波浪作用引起物体的浮沉、摇摆运动产生机械能，或通过波浪爬升产生水的重力势能。目前波浪能的技术形式主要包括振荡水柱、振荡浮子、收缩波道、摆式技术、筏式技术、鸭式技术等。

波浪能的功率密度是波浪能开发中的重要指标。世界各地的波浪能功率密度一般在20～50kW/m范围，较高地区为50～70kW/m，最高可达70～100kW/m。

中国波浪能功率密度约为世界平均功率密度的十分之一，开发难度较高。其中，浙江中部、台湾、福建北部、渤海海峡的波浪能功率密度为5.1～7.7kW/m，西沙、广东东部、浙江北部和南部的波浪能功率密度为3.6～4.0kW/m，福建南部、山东南部的波浪能功率密度为2.3～2.8kW/m。中国波浪能发电成本较高，约为2～3元/kWh，但低于海岛柴油发电成本，具有一定应用市场。

波浪能功率密度具有季节性变化的特点，中国沿海地区大多属于季风气候区，波浪能功率密度秋冬季较高，春夏季较低。中国波浪能理论平均功率为12 852.2MW，其中台湾为4290MW，占比约为三分之一。

2. 潮汐能

潮汐能的能流密度很低，结合特殊地形后，聚集可以产生一定的潮差。潮汐能发电根据潮差选址建立水坝，利用水位差和水轮机发电。潮汐能发电涉及的水轮机形式主要分为半贯流式和全贯流式，常见形式为半贯流式的灯泡机组。灯泡机组的水轮机、发电机、增速器等均置于灯泡状密封体，效率较高。

潮差是潮汐能发电的重要指标，世界潮差较大的地区平均潮差为7～12m，最大可达15～17m。中国浙江、福建等地区，平均潮差为4～5m，最大可达7～8.5m。中国平均潮差约为世界水平的一半，因此存在开发技术难度较大、单位装机容量投资较高等问题。

中国潮汐能蕴藏量约为110GW，可开发利用量约为21GW，按年利用小时为2750h计算，年发电量约为578亿kWh。其中，浙江和福建分别占据我国潮汐能约40%的比例，浙江钱塘江口潮差可达8.9m，是较为理想的选址。

3. 海流能

风力和海水密度差异是海流产生的主要原因，相应的分别称为风海流和密度流。海流能是有规律的海水流动所产生的能量，海流能发电原理与风力发电相似。海水密度约为空气的800多倍，常见海流速度为2m/s，因此海流能的能流密度相当于18.8m/s风速（八级大风）的风能。海流能的储量可观，规律性比风能更好。海流能发电的技术形式包括水平轴、垂直轴、水平翼、收缩管、水下悬浮等技术。

世界海流能的理论估算值约为100GW，中国沿海地区的海流能平均功率约为14GW。中国属于世界上海流能的功率密度最大的地区之一，其中浙江、台湾、福建和辽宁的海流能资源较为丰富，能量密度为15～30kW/m²，开发条件较好。浙江的杭州湾、舟山群岛的海流速度普遍可达4m/s，平均功率密度为20kW/m²，是中国海流能资源最丰富的选址。

4. 温差能

温差能是指海洋表层和深层之间的海水温差所蕴含的热能，可以通过热力循环系统进行发电。温差能的热力循环形式包括开式循环、闭式循环和混合式循环。

1926年法国物理学家阿松瓦尔与学生克劳德，成功进行了海水温差发电试验，并于1930年在古巴建造了世界上第一座10kW装机容量的海水温差发电厂。

中国南海是北回归线以南的低纬度热带海洋。南海表层水温大于25℃，500～800m以下深层水温低于5℃，温差可达20～24℃，根据估算发电功率可达1400GW。

温差能发电的技术瓶颈在于温差较小、能量密度低，所以平均效率仅为3%左右。而温差能发电所需的换热设备的换热面积大，建设费用高。

5. 盐差能

盐差能是指海水与淡水之间，或两种盐浓度不同的海水之间的化学电位差能，是以化学能形式存在的海洋能。盐差能主要分布于河海交接处，是海洋能中能量密度最大的形式。

世界各河口区的盐差能约为30TW，可利用部分约为2.6TW。中国的盐差能约为110GW，主要集中在江河的出海处，青海等地区的内陆盐湖也可以利用。盐差能的利用和发电，目前还处于初步探索阶段，距离应用较远。

6. 海洋能发电产业概况

截至2015年底，全球海洋能发电累计装机容量为526.8MW，其中潮汐能发电装机容量占海洋能发电总装机容量的97%左右。韩国始华（254MW）和法国朗斯（240MW）两个大型潮汐能电厂的装机容量之和，就占海洋能发电总装机容量的94%，如图8-1所示。

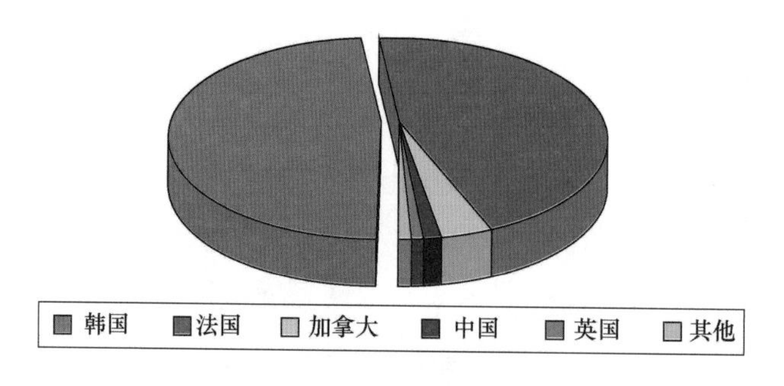

图8-1　海洋能发电累计装机容量国家组成

数据来源：彭博新能源财经（BNEF）。

海洋能发电目前千瓦时电成本很高，波浪能发电约为1.8～6.7元/kWh范围，平均为3.3元/kWh左右；潮汐能发电约为1.7～5.5元/kWh范围，平均为3.0元/

kWh 左右。海洋能发电与光热发电同属于成本较高的新型能源发电。虽然海洋能储量丰富，但发电成本过高，导致近年来海洋能发电产业发展缓慢。

海洋能发电产业的未来发展方向，是通过技术进步降低成本，结合政策扶持的上网电价，提升海洋能发电的竞争力。海洋能发电设备普遍面临着海水侵蚀、生物附着、台风侵害等影响，需要进一步完善相关技术。海洋能发电对于生态环境的影响，涉及影响洄游鱼类和沿岸生态环境等，也有待于改善。

二、 海洋能发电技术现状与趋势

1. 波浪能

波浪能属于海洋能发电技术的热点，近年来各种新型装置较多。1965 年日本益田善雄发明了导航灯浮标配套的波浪能发电装置，波浪能发电开始商业化。

1973 年石油危机后，英国、日本、挪威等波浪能资源丰富的国家，开始大力研发波浪能发电机组。英国发明了点头鸭装置、波面筏装置、振荡水柱装置、海蚌装置等。1978 年日本建造了波浪能发电船，并由日本、美国、英国、加拿大、爱尔兰五国合作进行了试验，但因发电成本高，没有商业化应用。

1985 年英国和中国分别研制了导航灯浮标配套的对称翼波浪能发电装置。挪威建成了装机容量 250kW 的收缩斜坡聚焦波道式波浪能发电厂，以及装机容量 500kW 的振荡水柱气动式波浪能发电厂，波浪能发电开始走向实用化和商业化。

波浪能发电形式，按能量转换环节可以分为机械式、气动式和液压式。机械式装置是通过传动机构，实现波浪能从往复运动到单向旋转运动的传递，驱动发电机发电。传动机构一般采用齿条、齿轮和棘轮机构，随着波浪的起伏，交替驱动左右两只齿轮往复旋转发电。机械式装置出现较早，结构笨重，可靠性差。

气动式装置是通过气室、气袋等泵气装置转换波浪能。常见的漂浮气动式装置中，浮体随波浪上升时，气室容积增大，经阀门吸入空气；浮体随波浪下降时，气室容积减小，受压空气驱动发电机发电，即仅在排气时发电。

振荡水柱气动式装置有两组吸气阀和两组排气阀相应开启和关闭，从而在吸、排气时均可发电。气动式装置将缓慢的波浪运动转换为气体的高速运动，机组尺寸小，部件不接触海水，可靠性高。对称翼气动式装置，又进一步省去了整流阀门，简化了系统。

液压式装置是通过泵液装置将波浪能转换为液体的压能或位能，驱动发电机发电。点头鸭液压式装置利用波浪运动使鸭嘴浮体绕回转轴往复旋转，驱动油压泵，再经油压系统输送，驱动发电机发电。点头鸭液压式装置转换效率较高，但结构复杂，可靠性差。

收缩斜坡聚焦波道式装置中，波浪进入宽度逐渐变窄、底部逐渐抬高的收缩波道后，海水翻过导波壁进入海水库，随后利用低水头水轮机发电。这种装置有水库储能作用，可以实现稳定、可调的功率输出，但对地形条件的依赖性较强，有一定的局限性。

波浪能发电成本较高，未来难以与传统能源发电竞争，但适用于海岛、导航灯浮标、灯桩、灯塔等特殊用途的小功率发电。在海岛发电方面，波浪能发电已具备对柴油发电机组的竞争优势。

波浪能发电的未来技术发展趋势包括：研发新型装置，提升转换效率；改进聚波技术，提高波浪能密度，缩小尺寸降低造价；利用波浪能分布式发电、就地生产能量密集型产品，如电解海水制氢、电解制铝、海水提铀等，提高波浪能发电经济性。

2013年，中科院广州能源研究所研制的“鹰式一号”漂浮式波浪能发电装置，在珠江口的珠海市万山群岛海域投放发电。装置为轻质波浪能吸波体与半潜船的结合，总装机容量为20kW，其中液压发电系统装机容量为10kW，直驱发电机系统装机容量为10kW。漂浮直驱式波浪能利用技术，采用直线发电方式，将常用的三级转换系统改为两级转换系统，提高了可靠性和转换效率，减少了复杂程度和造价。

2015年11月，中国科学院广州能源研究所在珠海市万山群岛海域顺利投放了鹰式波浪能发电装置“万山号”。“万山号”配备蓄电池、逆变器、数据采集与监控设备、卫星传输设备等，可以在小于0.5m浪高的波况下频繁蓄能和发电。“万山号”可以进行海岛供电，或者向海洋测量和通信设备等仪器、设备供电，并可以通过卫星天线进行海陆双向数据传输。

“万山号”前期装机容量为120kW，后续将扩大装机容量，并加装80kW太阳能发电板、50kW风力发电机，以及海水淡化装置，最终成为漂浮式的多能互补发电平台与制取淡水平台。多能互补和多联产，也是未来波浪能发电等新型能源发电的重要技术方向之一。

2. 潮汐能

在各种海洋能发电形式中，潮汐能发电技术最为成熟、规模最大，世界上已有多个商业化运行的潮汐能发电厂。1913年，德国在北海海岸建立了第一座潮汐发电厂。1966年建成的法国郎斯电厂是第一个商业化潮汐电厂，也是2010年以前世界上最大的潮汐发电厂。郎斯电厂位于法国圣马洛湾郎斯河口，最大潮差为13.4m，平均潮差为8m。电厂安装了24台10MW双向涡轮发电机，涨潮落潮均可发电，总装机容量为240MW，年发电量可达5.4亿kWh。

朗斯潮汐电厂创新采用了正反向发电的灯泡式贯流水轮机，从而提高了机组效率，降低了电厂造价。潮汐发电的波动和间歇明显，年利用小时数约为2250h，千瓦时电成本约为常规水电的2～10倍。

韩国始华湖于2011年投运了世界上装机容量和单机容量最大的潮汐式水电厂SI-HWA，单机容量为26MW，总装机容量为254MW。

潮汐电厂可以采用单水库或双水库。单水库潮汐电厂只有一道堤坝和一个水库，双水库潮汐电站则建有两个相邻的水库。

单库单向电厂是采用一个水库，只在涨潮（或落潮）时发电，也称单水库单程式潮汐电厂。单库双向电厂是采用一个水库，涨潮与落潮时均可发电，也称单水库双程式潮汐电厂，潮汐能利用率更高。

双库双向电厂采用相邻水库，一个水库（高水位库）涨潮时进水，另一个水库落潮时放水（低水位库）。两水库始终保持水位差，从而推动隔坝内的水轮机全天发电。

1980年中国第一座单库双向潮汐电厂——江厦潮汐试验电站正式发电，现有装机容量为3.9MW。电厂采用了类似法国朗斯电厂的灯泡贯流式水轮发电机组。2014年，瓯飞潮汐电厂项目计划在温州市三江河口海域建设，装机容量为450MW，年发电量可达9.27亿kWh，规模将居世界第一。

3. 海流能

海流能发电技术已经较为成熟，装机容量可以达到兆瓦级水平，海流能发电产业将逐步走向规模化和商业化。海流能发电的千瓦时电成本，未来有望下降至0.8～1元/kWh水平。

2008年，英国MCT公司的1.2MW装机容量SeaGen机型建成发电，成为世界首个商业化和规模化的海流能水轮发电机组。2016 年 1 月，世界首台 3.4MW 的 LHD 林东模块化大型海流能发电机组在舟山岱山安装下海，并于 2016 年 8 月并网发电，预计年发电量可达 600 万 kWh。

4. 温差能

相比其他海洋能形式，温差能存在较大的不确定性。由于温差较小、能量密度低，温差能发电的平均效率仅为 3%左右，而且换热设备大，建设费用高。现有温差能发电装置以实验装置为主，还没有实现规模化和商业化。

温差能发电可分为开式循环、闭式循环和混合式循环，其中较为实用化的循环方式是闭式循环。闭式循环采用一些低沸点的制冷剂（丙烷、异丁烷、氟利昂、氨等），在闭合回路中进行类似于有机朗肯循环（ORC）的循环。表层的温海水被送往蒸发器，蒸发器工质受热后推动膨胀机做功，排气进入凝汽器，被深层的冷海水冷却，从而实现往复循环。闭式循环的蒸发器和冷凝器采用表面式换热器，面积巨大、成本较高，而且制冷剂工质的用量较高。各种工质中，氨在经济性和热传导性等方面具有一定优势。

温差能发电的设备形式方面，可以分为陆上设备型和海上设备型两类。陆上设备型的发电机设置在海岸，采用长距离管道取水。海上设备型又分为浮体式（表面浮体式、半潜式、潜水式）、着底式和海上移动式。

目前，美国、日本、法国和荷兰等国的海洋温差发电厂规模大多在 10～100kW 范围，存在效率低、投资高等问题。中国在 2013 年曾计划与美国合作建设 10MW 的海洋温差发电厂。

5. 盐差能

目前利用盐差能的技术，主要分为三种方法：渗透压能法（PRO），利用淡水与盐水之间的渗透压力差为动力，推动水轮机发电；反电渗析法（RED），利用离子渗透膜将浓、淡盐水隔开，利用离子的定向渗透在溶液中产生电流；蒸汽压能法（VPD），利用淡水与盐水之间蒸汽压差为动力，推动风机发电。

渗透压能法和反电渗析法的核心技术是渗透膜技术。目前两种方法都存在发电成本高、设备投资大、能量密度小、转化效率低等问题，有待于通过渗透膜技术的发展而改善。蒸汽压能法装置巨大、造价过高，虽然不需要渗透膜，但发展前景依然不乐观。

经济性方面，目前盐差能发电的半渗透膜的发电功率约为 1.3W/m^2，距离可以实现盈利的 2～3W/m^{2}范围还有一定差距。规模化方面，盐差能发电要达到 1MW 装机容量，需要百万平方米数量级的渗透膜，距离规模化还较为遥远。

第2节 地热能发电技术

一、 地热能资源与地热能发电概况

1. 地热能简介

地热能来自于地球内部熔岩，是一种天然热能。地球内部的温度高达 6000～7000℃，通过熔岩和地下水的传热和流动，地热到达距离地面 1～5km 的地壳，并在部分位置传递到地面。

距离地球表面 5km 深，15℃以上的岩石和液体的总含热量约为 1.45×10^{17}GJ，其中绝大部分是目前无法商业化开采的干热岩资源和中深层地热能资源。

对于地热的利用速率，如果不超过地热自然补充的速率，则地热能可以视为可再生能源。目前全世界每年可开采地热储量约为 5×10^{11}GJ，主要为浅层地热能资源，仅占地热总资源的百万分之 3.4。而这已经接近世界每年一次能源消费总量（5.5×10^{11}GJ，2016 年），潜力巨大。

地热资源一般分布于地球构造板块边缘地带，多为地震和火山灾害多发区。地热存在分布不均匀、资源较为分散、能量密度低、开发利用难度高等一些可再生能源普遍存在的问题。地热相比其他可再生能源，存在间歇性小、发电技术成熟等优势，因此受到各国的重视。

2. 中国地热能资源与应用

中国地热资源较为丰富，主要集中分布于西藏—四川西部—云南西部地带、福建—台湾—广东—海南东南沿海地带。中国浅层地热能资源总量约为 95 亿 t 标准煤（2.78×10^{11}GJ），每年可利用量约为 3.5 亿 t 标准煤（1.03×10^{10}GJ）。

中国中深层地热能资源量约为 8530 亿 t 标准煤（2.50×10^{13}GJ），每年可利用量约为6.4亿t标准煤（1.88×10^{10}GJ）。干热岩资源量约为860万亿t标准煤（2.52×10^{16}GJ）。目前中深层地热能和干热岩的利用，还处于研发和试验阶段。

浅层地热能中的地热水资源方面，结合技术经济性分析，中国每年可开发利用地热水资源约为68.45亿m^3，包含地热能约为9.73×10^8GJ。根据传热方式，中国将地热水资源分为对流型和传导型。对流型多出现在山区，年可开发利用资源约为19亿m^3（占比28%），热能约为3.35×10^8GJ（占比35%）；传导型多出现在平原和盆地，年可开发利用资源约为49亿m^3（占比72%），热能约为6.28×10^8GJ（占比65%）。

根据地热温度，中国将地热水资源分为高温（大于150℃）、中温（90～150℃）、低温（小于90℃）。结合中国资源国情，地热温度和传热方式的组合主要分为以下三类：

（1）高温对流型地热水，较为适合地热发电，大多位于滇藏地区，发电潜力约为5818MW，其中西藏占52%，约为3040MW。目前西藏羊八井地热电厂装机容量约为25MW，仅占西藏地热发电潜力的不足1%。台湾地区位于环太平洋地热带，也有较好的高温对流型地热资源。

（2）中低温对流型地热水，较为适合温泉、医疗等分散直接利用，多分布于东南沿海地区，包括广东、广西、海南、江西、湖南、浙江等。

（3）中低温传导型地热水，较为适合供暖、温室等用途，主要分布于平原和盆地地区，包括华北、松辽、苏北、四川、鄂尔多斯等。北京、天津、西安等城市地热供暖已经具备一定规模。

3. 地热能发电概况

人类历史上很早就开始了地热能的利用，包括温泉、医疗、采暖、温室、养殖、干燥等用途。1904年意大利托斯卡纳的拉德瑞罗，首次利用地热驱动发电机运转，随后建成第一座500kW的小型地热电厂。

高温地热资源（大于150℃）较为合适的利用方式是地热发电。截至2015年底，世界上24个地热能主产国的地热发电装机容量之和约为13GW，前六位分别是美国、菲律宾、印尼、新西兰、墨西哥、意大利，如图8-2所示。

在2015～2020年期间，预计地热发电装机容量将保持快速增长，每年增加约0.3～1.0GW的新增装机容量，如图8-3所示。目前全球地热发电项目中，在建项目、准建项目和规划项目的装机容量分别约为1.3、1.1GW和1.9GW，地热发电产业具备较好的增长基础。

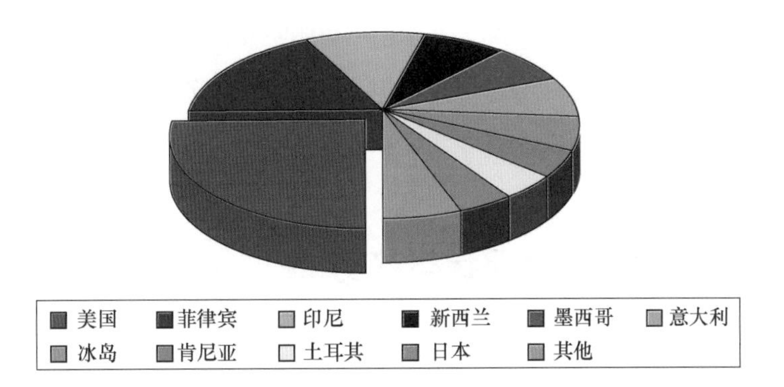

图8-2　地热发电累计装机容量国家组成

数据来源：彭博新能源财经（BNEF）。

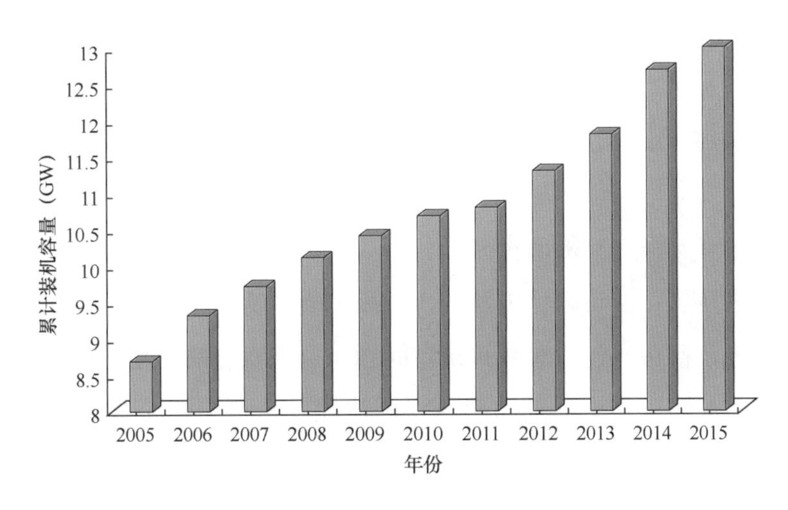

图8-3　世界地热发电累计装机容量变化

数据来源：彭博新能源财经（BNEF）。

美国代表性的地热电厂是盖瑟斯地热电厂，位于加州旧金山以北的盖瑟斯地热田（Geysers Geothermal Field），电厂装机容量约为2100MW，占美国地热发电装机容量的65%。

截至2015年底，中国地热发电装机容量约为28MW，其中西藏羊八井地热电厂占25MW。中国在建的规模较大的地热电厂主要是装机容量为25MW的西藏那曲电厂。

2012年国家发改委分布的《可再生能源发展“十二五”规划》中提出，2015年中国地热供热制冷面积达到5亿m^2，年利用量达到1500万t标准煤，地热发电装机容量目标为100MW。

国务院发布的《能源发展战略行动计划（2014—2020年）》中明确提出，2020年中国地热能利用规模达到5000万t标准煤的目标，约合1.47×10^{18}J。预期地热发电装机容量，也将达到200～300MW水平。

二、 地热能发电技术现状与趋势

1. 地热能发电技术

目前用于发电的地热资源，按照利用技术形式主要分为蒸汽型和热水型两类。蒸汽型地热发电中又包含一次蒸汽法（直接蒸汽法）和二次蒸汽法（扩容闪蒸法）。

一次蒸汽法是直接利用地下的干饱和蒸汽或过热蒸汽发电，或者利用一次汽水分离得到的蒸汽发电。二次蒸汽法是将从一次汽水分离得到的高温热水进行减压扩容（闪蒸系统），生产二次蒸汽，并与一次蒸汽分别进入汽轮机发电。

热水型地热发电中，较多采用中间介质法（双循环法、双工质法）和全流循环法。中间介质法一般采用有机朗肯循环（ORC），以低沸点有机物为工质。工质与地热水和地热蒸汽换热，推动汽轮机发电。常用工质包括氯乙烷、正丁烷、异丁烷、正戊烷、异戊烷等，存在一定的泄漏和易燃问题。全流循环法将地热中所有的热水、蒸汽和不凝气体全部输送至全流动力机械中膨胀做功，可以充分利用地热能，但技术细节方面仍有待改进。

2. 地热能发电主要项目与经济性特点

2014年美国主要新增的地热能发电项目是由ORMAT公司建设的Don Campbell项目，装机容量为16MW，采用双循环技术（ORC）。2015年美国主要的新增地热能发电项目仍然均由ORMAT公司建设，包括装机容量为19MW的Don Campbell二期项目和装机容量为42MW的McGinness Hill二期项目。

印尼拥有世界上最丰富的地热资源，目前地热发电装机容量已达1.5GW，并计划到2025年达到9GW。近年来的主要新建项目是装机容量达110MW的ULU Belu电厂。印尼计划建设的Sarulla地热电厂，装机容量将达到330MW，建成后将成为世界上最大的地热电厂。

常规地热发电的技术较为成熟，一次蒸汽法的千瓦时电成本约为0.25～1.00元/kWh，而双循环法的千瓦时电成本约为0.45～1.20元/kWh，低于部分新型能源发电的千瓦时电成本，相比火电、水电等传统能源发电也具备一定经济竞争力。

地热发电项目受到上网电价政策影响明显。土耳其、印尼、新西兰等国近年来地热发电快速发展，上网电价普遍处于0.7～1.0元/kWh水平，有效保证了地热发电具有较好的盈利能力。

3. 干热岩发电技术

除常规地热发电形式外，干热岩发电也是一种新型的地热发电方式，由美国莫顿和史密斯于1970年提出。1972年新墨西哥州的干热岩发电试验中，利用两口约4km深的斜井，从一口井中将冷水注入干热岩体，从另外一口井中取出岩体加热产生的蒸汽，发电功率可达2.3MW。

干热岩发电技术方面，部分学者研究了采用氨-水混合物工质的Kalina循环，可以更好地与干热岩发电的冷热源相匹配。

目前，欧美、日本、澳大利亚等少数国家和地区建设了试验性的干热岩发电装置，规模较小还无法商业化。干热岩发电厂的建设周期约为5年，使用寿命约为15～20年。目前建设成本约为2.4万元/kW，千瓦时电成本约为0.8～1.2元/kWh。

第3节　燃料电池技术

一、燃料电池技术现状与趋势

1. 燃料电池定义与发展历史

燃料电池（fuel cell），是一种将存在于燃料与氧化剂中的化学能直接转化为电能的发电装置。燃料电池虽然名称中带有电池，但一般不具备存储电能的功能。燃料电池具有正负极和电解质，外形和结构类似于蓄电池，但类别上更接近于内燃机发电机和汽轮发电机等发电设备。

燃料电池发明于1839年，经过近180年发展，已经成长为独立的科学领域和产业类别。1838年，德国化学家尚班提出了燃料电池原理，并刊登于科学杂志。1839年，英国物理学家格罗夫刊登了对于尚班的理论的证明，并随后发表了燃料电池设计草图。格罗夫发明的燃料电池，设计类似于目前的磷酸燃料电池（PAFC）。燃料电池中封装有铂电极的玻璃管被浸入稀硫酸，先通过水的电解反应，产生氢和氧；随后连接负荷，通过氢和氧的电池反应（逆反应），产生电流实现发电。

格罗夫对于燃料电池机理进行了清晰阐述，即反应只发生在反应气体、电解液和导电电极催化剂铂箔相互接触的三相反应区。他指出三相反应区是提升燃料电池性能的关键，也仍然是目前前沿技术的关注点。格罗夫采用铂黑作为电极催化剂的氢氧燃料电池，提供电力为伦敦讲演厅照明。格罗夫预言，氢气如果能被其他廉价易燃材料替代，燃料电池将成为商业化的能源发电形式。

1889年，Mood和Langer首先采用了“燃料电池”这一名称，并发明了电流密度达到200mA/m^2的燃料电池。1896年，W. W. Jacques提出了采用煤作为燃料的燃料电池（DCFD），但因为无法解决煤对于电解质的污染而最终放弃。1897年，能斯特（W. Nernst）发现了氧化钇稳定氧化锆（85%ZrO_2-15%Y_2O_3），称为“能斯特物质”，并于1900年采用这一物质作为电解质，制作了固体氧化物燃料电池（SOFC）。1937年，E. Baur和H. Preis制造了第一个实用的固体氧化物燃料电池，燃料电池采用氢氧作为反应物，工作温度为1050℃，可以获得10A/m^2的电流密度和650mV的电压。

1900年，德国E. Baur研究小组提出熔融碳酸盐型燃料电池（MCFC），并于1910年利用熔融的氢氧化钠（NaOH）作为电解质，加入多孔氧化镁（MgO）隔膜。随后熔融碳酸盐型燃料电池（MCFC）的电极和电解质材料不断发展，1980年代首个加压MCFC开始运行。

1902年J. H. Reid等学者，提出了碱质型燃料电池（AFC），采用碱性氢氧化钾（KOH）溶液作为电解质。1952年，F. T. Bacon研制出实用性的培根电池并获得专利，思路是避免采用贵金属并尽量提高输出功率。经过F. T. Bacon等学者的努力，AFC应用于阿波罗登月计划等空间应用开始走向实用。

1906年，F. Haber等学者采用两面覆盖铂或金的薄玻璃圆片作为电解质，与供应燃料和氧气的管道连接，成为固体聚合物燃料电池（SPFC）的原型。固体聚合物燃料电池在25～120℃工作，设计精致，适合于空间应用。SPFC的其他名称还包括离子交换膜电池（IEMFC）、聚合物电解质电池（SPEFC）和质子交换膜电池（PEMFC）。

综上所述，根据燃料电池的发展历史和电解质等技术差异，燃料电池目前可以分为五大类别，按照历史上出现顺序依次为：磷酸型燃料电池（PAFC）；固体氧化物燃料电池（SOFC）；熔融碳酸盐型燃料电池（MCFC）；碱质型燃料电池（AFC）；固体聚合物燃料电池（SPFC）。各类燃料电池的特点、电压电流范围、效率规模成本等情况如表 8-1、图 8-4 和图 8-5 所示。

表 8-1　　各类燃料电池特点

名称	PAFC	SOFC	MCFC	AFC	SPFC（PEMFC）
工作温度（℃）	180～210	600～1000	650～700	50～200	25～100
阳极	Pt/C	Ni/YSZ	Ni/Al	Pt/Ni	Pt/C
阴极	Pt/C	$LaMnO_3$	Li/NiO	Pt/Ag	Pt/C
电解质	磷酸	YSZ	碳酸盐	KOH	Dow，Nafion
导电离子	H^+	O^{2-}	$CO_3{}^{2-}$	OH^-	H^+
燃料	重整气	氢气 煤气 天然气	煤气 天然气 重整气	氢气	氢气
连接材料	有	有	有	有	无
腐蚀性	有	无	有	有	无
应用	电厂	电厂、交通	电厂	空间	交通、电源

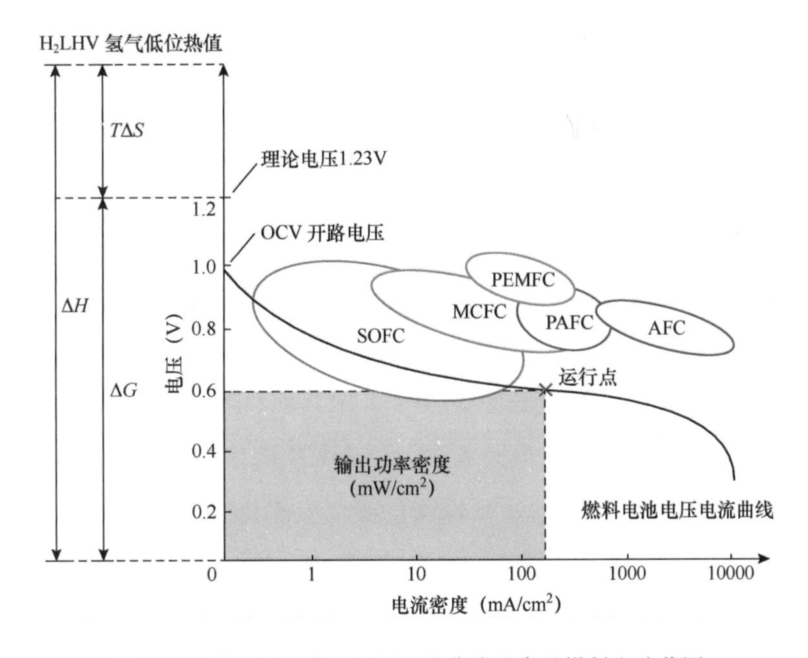

图 8-4　燃料电池典型电压电流曲线及常见燃料电池范围

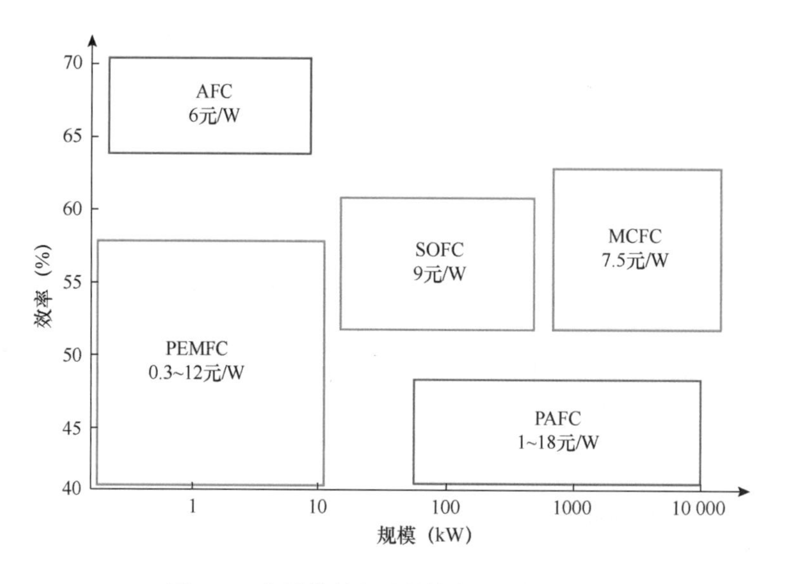

图 8-5　各类燃料电池的效率、规模和成本

2. PAFC 技术

磷酸型燃料电池（PAFC）工作温度为 180～210℃，可以用于发电和供热。PAFC 中电化学反应与 SPFC 基本一致。PAFC 中磷酸作为电解液，放置于碳化硅（SiC）制成的多孔基体中，SiC 基体采用聚四氟乙烯（PTFE）粘结 SiC 粉末制成。磷酸成分的凝固点为 42℃，如果外界温度小于这一温度，电解质将凝固带来体积变化而损坏电极和 SiC 基体。

磷酸作为电解质的优点包括：可以高温度、低气压运行；耐 CO_2；高深解氧性；高温下离子导电率高、腐蚀率低；与电极接触角大于 90°。

SiC 基体方面，为降低电池内阻基体厚度一般为 100～200μm。基体材料需要对磷酸吸附力高，机械强度高、绝缘性能好、高温稳定性好，还需要具有热导率高，能够隔绝反应气体等特点。

反应气体方面，考虑到发电的经济性，采用其他可燃气体替代氢气可以降低成本，但杂质也会影响电池性能。电极方面，通常采用疏水的聚四氟乙烯（PTFE）处理后的多孔碳基底作为支撑层，采用 PTFE 粘合铂催化层组成。电极孔隙较细，使得反应气体和铂催化剂可以充分接触。

总体来看，PAFC 特点包括可以在 CO_2 气体下工作，工作温度 200℃时还可以耐受 1%～2%的 CO。PAFC 可以有效利用电池余热，从而具有比 AFC 和 SPFC 更高的整体效率。

3. SOFC 技术

固体氧化物燃料电池（SOFC）的整个装置为固体，工作温度在 600～1000℃范围。SOFC 的化学反应发生于气固两相区，与其他类型燃料电池发生在气液固三相区有所不同，因此不存在电解质腐蚀问题。

SOFC 可以采用多种燃料气体（H_2、CO、CH_4），燃料适应性较好。SOFC 采用两个多孔陶瓷电极，采用致密陶瓷电解质。按照电解质是氧离子导体或质子（H^+）导体，SOFC 可以进一步分为两类。其中质子导体 SOFC 在阴极侧生成水，氧离子导体 SOFC 在阳极侧生成水。

目前 SOFC 主要采用氧离子导体作为电解质。SOFC 阴极材料需要具有较高的催化还原活性和高电子电导率。阴极材料需要在高温氧化环境下保持稳定，保证氧的传输，并与其他部件保持热匹配。

SOFC 阳极材料需要具有较高的催化氧化活性和高电导率。阳极材料需要在高温还原环境下保持稳定，保证燃料的传输，并与其他部件保持热匹配。此外，阳极材料还需要耐受氢气、一氧化碳气体和硫污染。铂 Pt 是最为适合的电极材料，在氧化或还原环境下稳定，热膨胀系数与 YSZ 电解质（氧化钇稳定氧化锆，85%ZrO_2-15%Y_2O_3）相近，不足主要是价格昂贵。

目前常用的阳极材料是 Ni-ZrO_2金属陶瓷，是通过在金属陶瓷中掺入 ZrO_2作为多孔支架，掺入 Ni 金属颗粒保障电子电导率和耐高温，还可以增加燃料气体的接触面积。Ni 含量方面，体积比例在 35%左右时，电子电导率较高同时热膨胀不匹配较小。

电解质材料方面，需要具有较高的氧离子电导和很小的电子电导，并在高温、氧化和还原条件下保持稳定。电解质材料需要与电极材料热匹配，材料需要致密防止燃料气体渗透至阳极。

从 SOFC 发明到现在，YSZ 材料的电解质由于高氧离子电导，以及高温、氧化和还原环境下的稳定性，得到广泛应用。YSZ 材料的烧结工艺可以实现很高的致密度，从而避免燃料气体渗透。YSZ 材料在低温下电导率下降，因此工作温度较高，对于其他部件的稳定性和热匹配也提出了较高要求。

4. MCFC 技术

熔融碳酸盐型燃料电池（MCFC）通常工作温度为 650℃，工作压力为 1～

10atm。电池材料方面，阳极材料通常采用多孔 Ni，阴极材料采用多孔 Li 掺杂的 NiO，电解质材料采用熔融的碳酸盐（62%Li_2CO_3-38%K_2CO_3），燃料气体采用 H_2 和 CO 混合气体，氧化剂采用 O_2 和 CO_2 混合气体。

由于采用了 H_2 和 CO_2，碳酸盐是唯一适合 MCFC 的电解质，而熔融的碳酸盐腐蚀性非常强。为了降低腐蚀性，通常将熔融碳酸盐利用毛细效应，吸附于 $LiAlO_2$ 陶瓷片基体中。工作温度下 MCFC 四周形成湿密封，阳极材料容易受到熔融碳酸盐腐蚀，但多孔 Ni 结构可以在气压减小情况下保持电化学稳定。

阴极材料中 NiO 在碳酸盐中有轻微溶解，溶解物可能扩散至阳极。其中溶解的 Ni 可能沉积于电解质基体，产生电子电导并可能引发短路，影响电池寿命。电解质的碱性和 CO_2 分压，都会影响 NiO 溶解程度。为解决这一问题，目前技术领域重点关注开发 NiO 阴极材料的替代材料，或者改进电解质成分。

MCFC 与 PAFC 的相似之处是除发电之外，还可以提供热量。MCFC 的余热温度显著高于 PAFC，充分利用余热可以使得 MCFC 获得很高的能量转换效率。

5. AFC 技术

碱质型燃料电池（AFC）工作温度为 65～100℃ 或 220℃。AFC 电解质采用 KOH 溶液，阳极材料采用双层孔径烧结镍，阴极材料采用掺杂的 NiO，与 MCFC 较为相似。燃料气体和氧化剂分别采用氢气和氧气。

AFC 在采用 30%KOH 溶液作电解质、200℃ 和 45atm 下，电流密度可以达到 $1A/cm^2$，电压可以达到 0.8V，与 1952 年发明的培根电池性能较为接近。AFC 在运行中，阳极产生的水分子将迁移至阴极，水分子进入电解液时产生稀释，造成电池性能退化。目前解决方法是通过循环电解液，蒸发水分保持浓度；或者循环氢气，带走水蒸气保持浓度。

提升 AFC 性能的前沿技术方面，技术热点是从电极材料气流中去除 CO_2。目前方法是将含有 CO_2 的燃料气体，通过可逆溶剂 RNH_2（有机胺），将 CO_2 替换为水而去除。采用这种方法，一次通过可以使 CO_2 浓度降低至 50×10^{-6}，两次通过就可以满足 AFC 要求。

6. SPFC 技术

固体聚合物燃料电池（SPFC）的电解质采用固体聚合物，其中 H^+（质子）在电解质中传导电子。电解质材料需要具有较高的抗氧化性、稳定性、机械强度、质子电导率，以及较低的密度。目前较好的电解质材料是高氟磺酸型质子交换膜，其中聚合物完全氟化，与聚四氟乙烯主干结构相似。

SPFC（PEMFC）在电动车领域的应用具有技术方面的优势，相比传统内燃机，目前主要不足在于价格问题。PEMFC 的制造成本主要来自质子膜、电催化剂和双极性集流板三部分，成本目前均为 30～60 元/kW 水平。

二、 燃料电池产业应用与展望

1. 燃料电池的空间应用

燃料电池的实用性问题取得突破后，输出功率不断提升，应用范围逐步扩大。1959 年，F. T. Bacon 研制了输出功率达 5kW 的实用燃料电池。同年，伊律格团队制造了 15kW 功率燃料电池，用于驱动牵引车。1960 年，普惠公司（Pratt & Whitney Group，现美国联合技术公司 UTC）获得培根专利许可，将 AFC 燃料电池作为太空计划中电和水的来源。1960 年代的阿波罗太空任务中，AFC 燃料电池被用于驱动登月探险车，并供应太空人饮用水，证明了燃料电池的实用性。

阿波罗计划中，采用了改进培根电池（PC3A - 2 型）和石棉膜型碱性燃料电池（PC17 - C 型）两种 AFC。改进培根电池的工作压力减小至 0. 35MPa，从而显著减轻了压力容器质量；工作温度为 200～250℃，电解质采用高浓度的 85%KOH 溶液避免沸腾；工作电压为 27～31V，输出功率为 563～1420W，工作寿命超过 400h。改进培根电池最大输出功率可以达到 2295W，平均输出功率为 600W，但考虑到三组电池中一组为备用，因此输出设定为 1420W。改进培根电池的单位功率比质量为 40kg/kW。改进培根电池还用于太空实验室电源，可靠性较好。

石棉膜碱性氢氧燃料电池（PC17 - C 型），主要用于航天飞机，电池隔膜采用含 32%KOH 溶液的石棉体。负载变化带来的电解液体积变化，主要通过多孔镍储液板调节。电极与隔膜之间采用 PTFE 制成稳定的三相反应区。PC17 - C 型电池采用氢气冷却，电压为 28～32V，工作温度为 83℃，工作压力为 0. 41MPa，平均功率为 7kW，峰值功率为 12kW，寿命可达到 2500h。PC17 - C 型电池的单位功率比质量较小，为 3. 6kg/kW，适用于航天飞机使用。

PC17 - C 型电池经过改进，预期寿命可高达 10 000h，功率可高达 1000kW，工作温度可以提升至150℃，压力提高至1.4MPa，电流密度提高至7000mA/cm²，比质量低于0.56kg/kW，最终成为航天飞机非常理想的电源。

GE、NASA和麦克唐纳飞行器公司发展了SPFC技术，并应用于双子星计划（Project Gemini）。当时的SPFC采用聚苯乙烯磺酸膜，材料不耐氧化，使用寿命仅500h。由于这一缺点，NASA最终在阿波罗计划中选用了碱性燃料电池（AFC），而没有选择固体聚合物燃料电池（SPFC）。早期SPFC发展一直受制于昂贵的结构材料和高铂覆盖量制约。

1980年代，全氟磺酸离子交换膜（Nafion膜和Dow膜）和膜电极工艺（Membrane Electrode Assembly）研制成功，SPFC性能得到大幅提升，使用寿命超过5000h，SPFC再一次引起空间技术领域的关注。

2. 燃料电池的电厂应用

燃料电池也可以用于集中式电厂或分布式发电。电厂应用方面，主要的燃料电池类型包括磷酸电池（PAFC）、熔融碳酸盐电池（MCFC）、固体氧化物电池（SOFC）。分布式小型电厂方面，应用较多还有固体聚合物燃料电池（SPFC），也称质子交换膜电池（PEMFC）。

PAFC电池的电厂应用方面，1976年由普惠公司（现为UTC）主导的TARGET项目，研制了针对家庭和小型工商业用户的PAFC。PAFC型号为PC11A-2型，采用天然气作为燃料，较为实用，发电功率达到12.5kW。

美国能源部与燃气研究所（GRI）和电力研究所（EPRI）也联合推出了GRI-DOE项目，研制了发电功率为40kW，具备热电联产功能的PAFC电厂，型号为PC-18型。早期48台装置的试运行取得成功，但价格昂贵，无法进一步商业化。后续设计的PC-25型的热电联产PAFC电厂，发电功率可以达到200kW，发电效率达到37%，热电联产综合效率达到80%。PAFC电厂的寿命已经可以达到37 000h，可靠性较高。

美国能源部还委托UTC等公司开展了FCG-1（第一代燃料电池电厂）计划，在通过了1MW机组试运行之后，于1980年代建设了两台功率为4.5MW的PAFC电厂。1984年，日本东芝与美国UTC组建了国际燃料电池公司（IFC）。IFC后续开发了功率达到11MW的PAFC电厂，型号为PC-23，于1990年代并网发电。

PAFC目前建设成本约为15 000～20 000元/kW水平，主要型号为PC-25A及改进型号PC-25C和PC-25D等。未来PAFC的建设成本有望下降至9000元/kW，可以在部分领域与燃气轮机、柴油发电机等展开竞争。PAFC对CO中的H_2S杂质较为敏感，未来这一技术难题解决后，在大型发电厂方面具有良好的应用前景。

熔融碳酸盐电池MCFC电厂通常工作温度为650℃，具有较高的余热利用价值。MCFC不需要铂等贵金属催化剂，燃料气体可以采用脱硫煤气等廉价燃料，因此被视为有希望商业化的第二代燃料电池电厂。

MCFC技术成熟较早，功率为100kW、电极面积为$1m^2$的加压外重整MCFC电厂技术已经成熟，可以采用天然气作为燃料气体，效率超过45%，寿命超过5000h。

1997年，Ballard公司与美国能源公司（ERC）共同建设了250kW功率的MCFC电站，随后研究人员开发了1MW级的商业化MCFC电厂。美国能源公司（ERC）在1990年代设计制造的功率为2MW的MCFC电厂，采用天然气作为燃料，预期寿命为40 000h，已于1994～1997年试运行。MCFC电厂还可以与煤气化、IGCC等技术联合开发使用。

固体氧化物电池SOFC电厂，工作温度为800～1000℃，余热利用价值高。SOFC无需贵金属催化剂，燃料气体可以采用CO、烃类等燃料，无需特殊燃料预处理装置。SOFC不含有强酸强碱等腐蚀性介质，被视为第三代燃料电池电厂。

1980年代，美国西屋公司将CVD技术用于SOFC的电解质和电极制备，将电解质厚度大幅度减小至微米量级，从而降低了电池内阻，明显提升了电池性能。1987年，西屋公司在日本安装了3 kW级列管式SOFC机组，连续运行达5000h，标志着SOFC开始走向商业化。西屋公司后续开发了功率为25kW的SOFC，试运行时长超过13 000h，但成本较为昂贵，无法商业化。SOFC电厂由于工作温度和燃料类型等特点，可以与燃气轮机等发电形式互补使用，以获得更高的综合效率。

固体聚合物燃料电池SPFC（PEMFC）适用于小型化分布式电厂。PEMFC工作温度低，余热难以利用，需要采用烃类等燃料，对燃料纯度要求较高。PEMFC常见效率为25%～38%，与柴油发电较为接近，但发电成本较高。

1980年代，新型高性能长寿命全氟质子交换膜研制成功，PEMFC的膜电极结构获得重大改进，技术更为成熟。膜电极上铂载量的减少，使得燃料电池制造成本显著降低，为PEMFC商业化创造了条件。

加拿大BPS公司开发了功率为100W的便携式PEMFC，采用空气作为冷却剂和氧化剂。这种PEMFC燃料灵活可变，可以采用氢化物、高压氢或液体燃料等，电池比能量最高可以达到1kWh/kg，约为目前先进的锂离子电池的5倍，适用于便携用途。1994年美国氢动力公司（Hydrogen Power）开发了用于数码产品的PEMFC，电压为12V，功率可以达到千瓦水平，比能量较高，可以显著提升数码设备的续航能力。

燃料电池的电厂应用领域，研究人员一直在寻找降低燃料成本的方法。部分燃料电池采用氢气或液氢为燃料，成本高昂，显著限制了燃料电池的广泛应用。一些燃料电池虽然可以采用CO、甲烷、甲醇等燃料，但供应和成本方面，相比燃气轮机等成熟的发电形式仍然缺乏竞争力。

在燃料电池发展的早期，学者就开始尝试采用最为普遍和廉价的煤炭作为燃料，希望通过燃料电池这一形式，在高效发电的同时减少燃煤带来的污染。然而采用煤炭的燃料电池的研发一直没有成功，主要原因是碳难以进行电化学反应，而且煤炭中的灰分难以清除，会污染电解质。此外煤炭作为固体燃料，用量较小的情况下，不能像液体或气体一样连续稳定地输送。

目前对于燃料电池电厂降低燃料成本的需求，前沿技术也在关注将煤炭、生物质等廉价固体燃料，通过气化等方式间接作为燃料电池的燃料。与IGCC技术类似，开发与燃料电池发电配套的煤气化联合系统，也是降低燃料电池发电成本，提升整体效率的重要发展方向。

3. 燃料电池的汽车应用

燃料电池电动汽车，相比蓄电池电动汽车的优势在于燃料加注更为简单快捷，而且续航里程更长。目前能够满足汽车应用的燃料电池，主要是AFC和PEMFC两大类。

AFC在汽车领域的应用方面，优势在于AFC在空间应用、潜艇系统等领域的共性技术积累较多。1959年Allis-Chalmers公司研制了燃料电池拖拉机。美国联碳公司（UCC）与通用汽车公司（GM）也合作开发了32kW的AFC，工作温度为338℃。早期的AFC的造价较高，无法大规模商业化。

AFC的主要技术挑战是耐CO_2性能差。空气中CO_2体积分数约为350×10^{-6}，足以使AFC电解质碳化并在电极沉积。为了保证AFC性能需要去除空气中的CO_2，另外铂电极价格较高，因此在汽车领域应用AFC难以实现商业化。

相比AFC，PEMFC无需去除空气中的CO_2，而且近年来性能大幅提升，功率密度和能量密度已经能较好地满足汽车应用的要求。1981年美国GE公司研发了适用于交通领域的PEMFC，开启了PEMFC的汽车应用技术研究。1993年加拿大BPS公司推出了PEMFC作为动力电源的大型客车。德国西门子公司同时也在研究PEMFC作为潜艇动力电源。

目前加拿大、美国、日本和德国均在进行PEMFC电动汽车研发，其中加拿大BPS公司（Ballard Power System）的技术较为领先，产品占据市场主要份额。加拿大BPS公司车用PEMFC共有三代产品，参数如表8-2所示。

表8-2　　BPS公司三代PEMFC产品参数

名称	型号	电压（V）	功率（kW）	功率密度（W/kg）
第一代	MKS	0.57	5	150
第二代	MKS12	0.58	13	300
第三代	MK7	0.68	32.3	700

1993年，加拿大制造了第一辆PEMFC公共汽车。汽车采用24个MKS电池，燃料为高压氢气，电池组占汽车体积约25%。车辆可以载客20人，平均时速为48km/h，最高时速为72km/h，续航里程为160km。

1995年，采用第二代PEMFC电池的公交车研制成功。车辆采用20个MKS13电池，总功率达到200kW。车辆可以载客60人，最高时速为95km/h，燃料为高压氢气，续航里程为400km。

加拿大BPS公司与德国奔驰合作，1994年制造了30kW功率的PEMFC小型汽车，1996年进一步制造了50kW功率可搭载6名乘客的NECARⅡ型汽车。1997年和1999年，BPS公司又分别研发了采用甲醇燃料和液氢燃料的PEMFC汽车。2000年，采用MK7的PEMFC小型汽车的电池效率达到65%，系统效率达到45%～50%（内燃机仅为23%），从液氢到车辆轴功率的效率达到35.5%。

总体来看，发展电动汽车是燃料电池走向商业化的重要途径，前沿技术主要围绕降低电池成本、提升电池能量密度、增强系统可靠性等方面展开。

第4节 氢 能 技 术

一、 氢能技术现状

氢，既是一种重要的化工原料，也是一种高效洁净的燃料。氢能是一种清洁、高效、理想的二次能源。以氢能为核心的未来理想能源体系如图 8-6 所示。

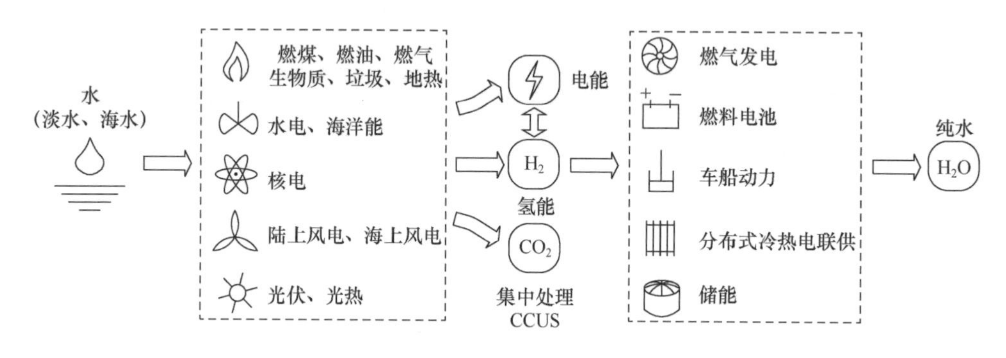

图 8-6　以氢能为核心的未来理想能源体系

氢能的优点包括：燃烧时仅产生水；可以从煤炭等化石燃料中制取；制取过程便于 CO_2 集中处理；可以利用火电、核电、水电集中制取；可以利用风电、光伏发电等分布式制取；可以通过燃料电池高效发电；可以作为与电能互补的未来重要终端能源。

氢能发展面临的问题主要包括：氢能的制备、运输、利用、储存等各环节技术尚不成熟；氢能制备、燃料电池等技术的规模化和商业化难度较高等。目前各国正在积极进行以氢能和燃料电池为基础的氢能系统的研发和试验。

国务院发布的《国家中长期科学和技术发展规划纲要（2006—2020）》和科技部发布实施的《国家“十二五”科学和技术发展规划》中，都明确了氢能和燃料电池在未来能源领域的重要地位，并将着力研究高效低成本化石燃料制氢、可再生能源制氢、规模化氢能利用、分布式氢能系统、氢能储存和输配、燃料电池和氢能汽车等技术。

二、 氢能技术趋势

1. 制氢

制氢技术是氢能领域各类技术的前提。现有制氢技术效率较低、成本较高，造成了整个氢能体系的规模化和商业化困难，是氢能技术中的关键问题。

制氢技术的未来发展方向，主要是集中式大规模制氢和分布式现场制氢两大方向，各类制氢工艺的规模和成本如图 8 - 7 所示。集中式大规模制氢，主要是通过天然气转化、煤气化等方式大规模生产，目前制氢成本已经下降到了较低水平。

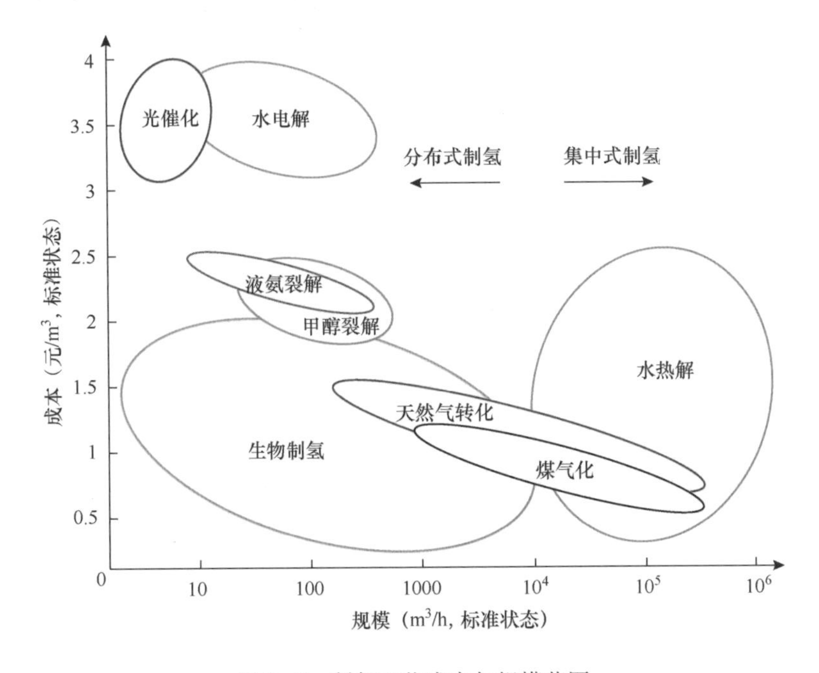

图 8 - 7　制氢工艺成本与规模范围

其中，天然气转化制氢成本约为 0.8～1.5 元/m^3，规模约为 200～2×10^5 m^3/h（标准状态）；煤气化制氢成本约为 0.6～1.2 元/m^3，规模约为 1000～2×10^5 m^3/h（标准状态）。煤气化制氢成本最低、规模最大、技术较为成熟，而且适合中国的资源国情和减排需求，是未来集中式大规模制氢的重点发展方向。

热解水制氢是配合核电制氢的一种新型制氢方式。热解水制氢使水在 800～1000℃下进行催化热分解，制取氢气和氧气。高温气冷堆作为第四代核电堆型，反应温度在 900℃左右，适合对接热分解制氢工艺。

热解水制氢涉及的热化学循环制氢过程分为氧化物体系、卤化物体系、含硫体系和杂化体系等。其中，碘-硫热化学循环流程和溴-钙-铁热化学循环流程具有较好的商业化前景。

大规模制氢需要配合大规模用户开展，对于中小规模用户和分散终端用户，大规模制氢面临着氢气储运的技术问题和成本问题。相关前沿技术包括低温液氢运输、金属氢化物储运等。

分布式现场制氢则多为中小规模制氢，避免了高难度和高成本的氢气储运。中小规模制氢方法多样，包括甲醇或氨裂解、水电解、生物制氢等。

甲醇裂解制氢存在三种化学反应途径，目前通常采用甲醇和水蒸气反应，转化成二氧化碳和氢气的途径，具有能耗低、收率高、控制简单等优点。甲醇分布广泛、储运方便，也是甲醇蒸汽转化制氢的优势。甲醇裂解制氢的成本约为1.8～2.5元/m^3，规模约为50～500m^3/h（标准状态），在分布式中小规模制氢中具有成本优势。

氨裂解制氢一般应用于规模较小、杂质控制严格的行业，特别是氢、氮不需要分离时更具优势。氨裂解制氢所需温度较高，目前采用电加热方式，成本较高。液氨裂解制氢成本约为2.0～2.5元/m^3，规模约为10～200m^3/h（标准状态）。液氨储运相比氢气更简单，但仍然属于易燃易爆品，储运必须采用压力容器。

水电解制氢历史较长，工艺简单，氢气纯度可达99.0%～99.9%，而且主要杂质为H_2O和O_2，在对CO需要严格控制的情况下，相比其他制氢方式具有优势。水电解制氢的成本主要来自于电能消耗，耗电量一般高于5kWh/m^3（标准状态），目前耗电量难以降低。水电解制氢成本约为3.0～4.0元/m^3（标准状态），规模约为10～200m^3/h（标准状态）。

生物制氢技术目前还在研发中，包括微藻及蓝细菌光解水制氢、光合细菌利用有机物光发酵制氢、异养型厌氧细菌利用有机物暗发酵制氢、光发酵和暗发酵耦合制氢等四种方式。生物制氢的成本低、能耗低、效率高，还能同时进行有机污染物处理，具有较好的经济和环境效益。

光催化制氢方面，1972年日本学者发现n-型半导体TiO_2电极，在光照条件下能够分解水产生氢气。光催化分解水制氢，也就是在催化剂和光照条件下分解水制氢。作为催化剂的半导体，受光线照射的能量大于或等于半导体禁带宽度时，电子受激发从价带跃迁到导带，产生电子空穴和自由电子。水分子在电子-空穴的作用下发生电离，生成氢气和氧气。TiO_2具有较好的催化活性、稳定性和较长的电子-空穴寿命，目前利用较多。光催化制氢的问题主要包括催化剂成本高，制氢效率低，规模很小。

2. 储氢

氢气储运技术是氢能体系中的技术瓶颈，除液氢储运外目前还没有成熟技术。氢气相比其他可燃气体更容易爆炸，氢气的储存和运输需要满足安全、高效、密度高、成本低等要求。

氢气储运方法可以分为物理方法和化学方法。物理方法包括液氢储存和运输、高压氢气储存和运输、吸附储存、地质储存等；化学方法包括金属氢化物储存、有机液态氢化物储存、无机物储存、铁磁性材料储存等。

现有液氢储运技术成熟，储氢密度大，质量储氢密度超过5.1%，体积储氢密度达36.6kg/m^3（标准状态）。液氢储运主要问题在于液氢冷却能耗很高、对于绝热容器要求较高、存在蒸发损失、成本较高等。

高压氢气储运技术方面，目前压力容器可以承受200～350个大气压的氢气，能量密度可以接近液氢，成本较低，但安全性和压力容器相关技术有待发展。高压氢气储运的质量储氢密度超过3%，体积储氢密度可以达到20kg/m^3（标准状态）。

部分过渡金属、合金和金属间化合物，由于特殊的晶体结构，可以使氢原子容易进入其晶格间隙中并形成金属氢化物，可储存自身体积1000～1300倍的氢气，体积储氢密度甚至可能高于液氢。氢与金属结合力较弱，加热或压力改变时，氢气可以快速吸收和释放，过程可逆。

金属氢化物储氢作为化学方法储氢，可以克服物理方法中气态和液态储氢的一些缺点，具有安全性高、储存时间长、损耗较小等优点，目前受到学者重视。目前金属氢化物储氢常见的质量储氢密度约为1%～2.6%，体积储氢密度约为25～40kg/m^3（标准状态）。金属氢化物储氢发展前景良好，但还存在合金质量大、质量储氢密度小、成本较高等有待解决的问题。

金属氢化物储氢的材料包括：镁镍系合金储氢量可达3.4%～6.0%，成本较低，但放氢时需要250～320℃高温；镧镍系合金储氢量为1.4%～1.5%，可在室温下活化，但成本高；钛铁系合金储氢量为1.8%～1.9%，目前室温可以吸氢，成本低适宜规模使用。

3. 氢能与电能互补

对于主要的发电形式，氢能均可以作为与电能互补的能源产品。其中火电、水电、风电、光伏等发电形式，可以在负荷低谷提供电能用于制氢；燃煤发电领域的IGCC技术可以通过煤气化制取氢气；核电、光热等发电形式，还可以利用热解水制氢的方式联合提供电能和氢能。

氢能制取后，可以通过燃料电池、燃氢透平、氢内燃机转化为电能或动力，补充负荷高峰，还可以大规模长周期储存。对于风电、光伏等分布式新型能源发电，制氢可以有效适应发电间歇性，并提供分布式冷热电联供和动力燃料供应。氢能的储存成本未来预计将逐步下降，在长期储能的经济性方面与抽水蓄能等大规模储能方式相当。

氢电互补与综合利用的前沿技术方面，西安热工院提出的2MW氢能试验系统，将开展煤气变换制氢、氢能发电和CO_2利用研究。其中，煤气化工艺采用两段式干煤粉加压气化技术，CO变换工艺采用中温耐硫变换工艺，脱碳工艺采用变压吸附工艺（PSA）。制取产品的氢气体积分数大于99%，可以用于高温燃料电池发电和氢燃气轮机的燃烧试验，而CO_2可以作为产品销售或利用。

第5节 储 能 技 术

一、储能产业概况与展望

风电、光伏发电等可再生能源发电近年来发展迅速，在未来能源发电领域将占据重要地位。风电、光伏发电等可再生能源发电的波动性和间歇性，会对电网产生冲击，需要配备储能系统进行调节。

随着分布式发电系统的快速发展，特别是基于风电、光伏等可再生能源的中小规模分布式发电，用户侧对于储能的需求也非常强烈，储能也是提升分布式系统的能源利用效率和经济性的重要途径。“十三五”期间，高效、环保的储能技术，将逐步引起能源发电行业重视，成为保障可再生能源发电和分布式发电发展的关键技术。

储能技术按照原理可以分为机械储能、相变储能、电化学储能和电磁储能等四类。机械储能（动能、势能、压能）包括抽水蓄能、压缩空气储能和飞轮储能等形式；相变储能（热能）包括蓄热、蓄冷等形式。机械储能和相变储能属于物理储能技术，原理和系统相对简单。

电磁储能包括超导储能、超级电容器等形式，电化学储能包括锂离子电池、钠硫电池、钠镍电池、铅酸电池和液流电池等二次电池体系。电磁储能和电化学储能的前沿技术主要围绕材料科学展开，两者也通常合称为化学储能。

1. 化学储能概况

目前国内外对于储能产业的分析大多围绕化学储能范围展开，抽水蓄能等机械储能形式和冰蓄冷、熔盐蓄热等相变储能形式，通常归入水力发电、暖通空调、光热发电等其他产业分析范畴。

化学储能近年来技术和规模发展迅速。为引导储能产业发展，国际能源署（IEA）在2014年发布了《储能技术路线图》，规划了未来40年世界储能产业的发展方向。2015年国际可再生能源署（IRENA）发布了《可再生能源与电力储能技术路线图》，分析了可再生能源储能的产业与技术方向。

国内政策方面，国务院发布的《能源发展战略行动计划（2014—2020年）》中对储能领域明确提出，要加强电源与电网统筹规划，科学安排调峰、调频、储能配套能力，切实解决弃风、弃水、弃光问题。为提高可再生能源利用水平，储能技术特别是大容量储能技术，将成为发电领域的重点创新方向。国务院发布的《关于积极推进“互联网+”行动的指导意见》中，也明确指出储能和智能电网将作为未来重点突破的关键技术，推进中国可再生能源和分布式发电产业发展。

截止到2015年底，世界范围内化学储能的累计装机容量达到1930MW，形式组成如图8-8所示。其中锂离子电池是最主要的化学储能形式，累计装机容量达到1060MW。

储能的产业用途方面，根据近年储能项目应用模式来看，除了满足传统的调频、输配电和备用电源等需求外，用户侧储能、可再生能源平滑、储能盈利是储能技术在发电领域的三种重要新型用途。

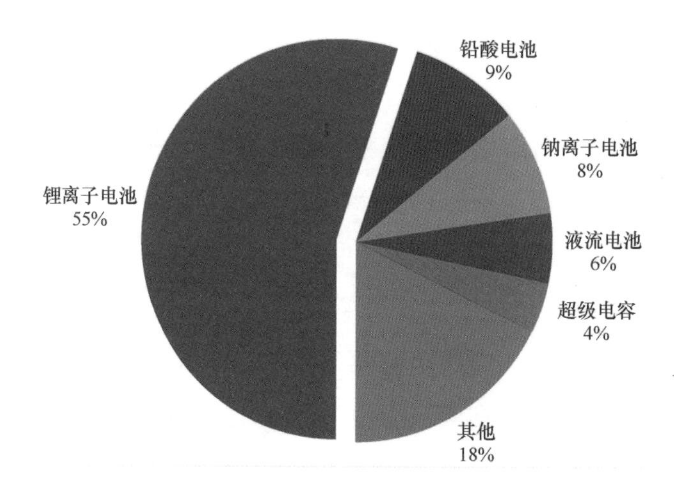

图 8-8　2015 年世界化学储能累计装机容量组成

数据来源：美国能源部（US DOE）。

其中，用户侧储能需求与分布式光伏发电的快速发展密切相关。随着分布式光伏发电用户越来越多地采用“自发自用”模式，用户侧化学储能的需求也随之逐步增长。

可再生能源平滑用途，也称可再生能源集成，主要是针对中小规模风电、光伏、光热等的配套化学储能。可再生能源平滑的目的是减少可再生能源发电的间歇性和波动性，使功率输出更为平滑，提升系统的综合效率和经济性。

储能盈利用途则是通过建立储能系统，综合服务于各类储能需求，并通过提升服务对象的效率和经济性，使自身获得盈利从而实现共赢。

2. 化学储能发展趋势

在“十三五”期间，世界范围内储能的技术研究和产业应用都将迎来飞速发展时期，化学储能的累计装机容量在“十三五”期间有望提高 5～10 倍，在 2020 年达到 10GW 水平，应用模式组成如图 8-9 所示。

储能的产业用途方面，“十三五”期间传统的调频、输配电和备用电源等用途将保持稳步增长。用于可再生能源平滑和储能盈利的储能项目，将伴随可再生能源发电产业增长而实现稳定增长。由于可再生能源发电和分布式发电的双重推动作用，用户侧储能将成为“十三五”期间增长较为迅速的应用形式，预计到 2020 年世界累计装机容量将达到 3～5GW 水平，成为重要的储能用途。

“十三五”期间各国储能产业的发展方面，根据各个国家和地区的技术研究和产

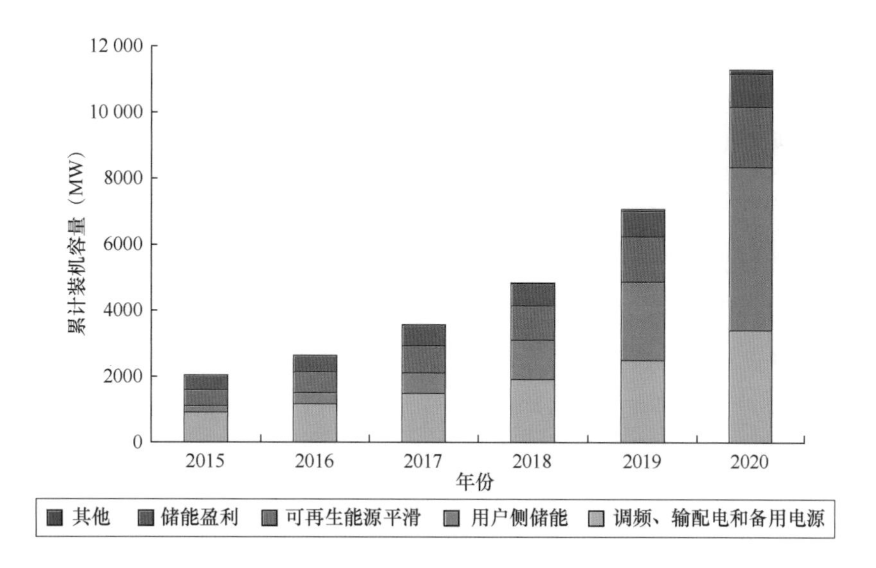

图 8-9　世界储能累计装机容量预测及用途组成

数据来源：彭博新能源财经（BNEF）。

业应用的现状和规划，预计到2020年，储能累计装机容量前五位的国家和地区依次为欧洲、美国、韩国、日本和中国，如图 8-10 所示。

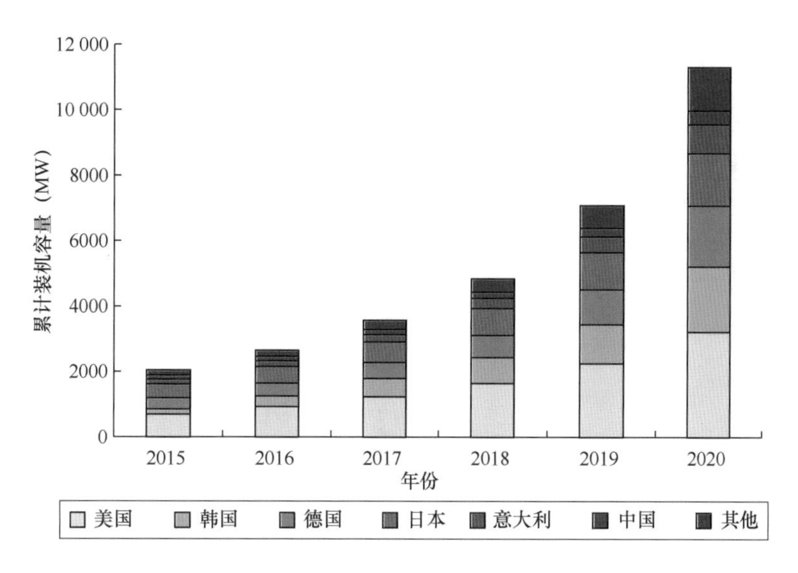

图 8-10　世界储能累计装机容量预测及国别组成

数据来源：彭博新能源财经（BNEF）。

3. 化学储能与新能源汽车

在发电领域外，交通领域的新能源汽车产业也是储能技术的重要应用领域，对于储能技术的发展创新具有重要推动作用。

世界范围内，新能源汽车（NEV）包含纯电动汽车（EV）和插电式混合动力汽车（PHEV）两大类别。2015年，全球新能源汽车销量达到54.9万辆，近三年销量增速均高达50%～60%。

伴随新能源汽车产业的快速发展，相配套的动力电池的技术和产业进步显著。动力电池技术的进步，使得动力电池组价格明显下降，又刺激了新能源汽车的生产销售，形成良性循环。

对于新能源汽车，近年来国务院办公厅出台的《关于加快新能源汽车推广应用的指导意见》、工信部和国家税务总局发布的《免征车辆购置税的新能源汽车车型目录》等一系列政策都提出了相关鼓励扶持措施，包括在2014～2017年对新能源汽车免征车辆购置税；鼓励私人投资建设电动汽车充电站，用电采用扶持性定价；对电动汽车充换电服务费实行政府指导价管理；电动汽车充换电设施配套电网改造成本，纳入电网企业输配电价等。上述措施不仅将刺激新能源汽车产业，也将对发电产业和储能产业产生长远影响。

“十三五”期间动力电池的技术水平和产业应用将进一步发展。如图8-11所示，到2020年动力电池产量有望达到35GWh水平，约为2015年的3倍；动力电池组价格有望下降至2200元/kWh水平，约为2015年的一半。

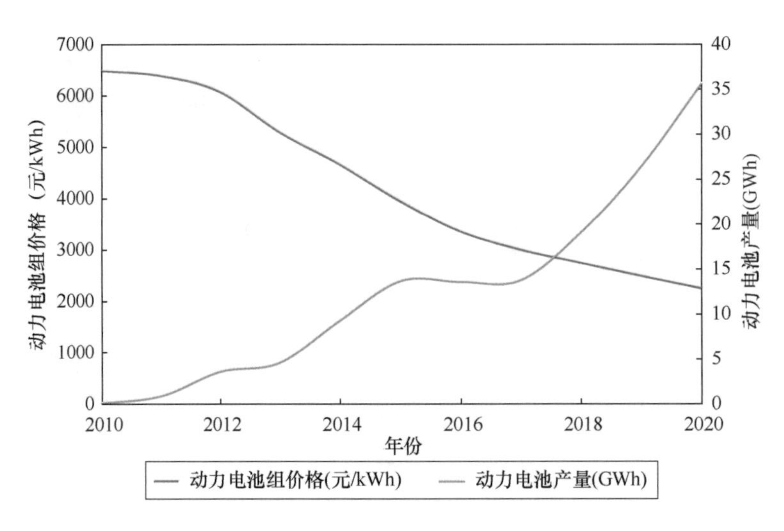

图8-11 世界动力电池价格与产量预测

数据来源：彭博新能源财经（BNEF）。

由于动力电池产业发展的推动作用，世界新能源汽车销量2020年有望达到100～300万辆，约为2015年的2～6倍。2015年，中国新能源汽车销量约为33万辆，2016年新能源汽车销量突破50万辆，增长迅速并占据世界新能源汽车市场的主要份额。受到购置补贴、免购置税、不限行不限号、充换电设施建设等一系列政策的大力支持，“十三五”期间新能源汽车产业将持续高速发展，相关的动力电池和储能技术的研发应用也将进一步加速。

二、 化学储能前沿技术趋势

1. 锂离子电池与动力电池组

锂离子电池是电化学储能的代表性形式，也是目前世界上的主要化学储能形式，累计装机容量占化学储能总量的一半以上。伴随新能源汽车产业发展和动力电池组技术进步，锂离子电池相关的前沿技术近年来不断涌现，成为电化学储能领域热点。

对于纯电动汽车（EV）而言，动力电池组容量一般为15～90kWh，续航里程为50～450km，质量为0.2～0.6t，价格为5～25万元。动力电池组通常占整车质量的20%～40%，占整车价格的30%～50%，高于普通汽油车的发动机质量比例（约15%）和价格比例（10%～30%）。

国家政策方面，国务院颁布的《节能与新能源汽车产业发展规划（2012—2020年）》中提出，2015年动力电池组的能量密度要达到150Wh/kg，2020年动力电池组的能量密度要达到300Wh/kg。

较高的定价和政策的约束，推动了动力电池组技术的进步和创新。常见的动力电池组技术，包括铅酸电池、磷酸铁锂电池、锰酸锂电池、钴酸锂电池和三元聚合物锂电池等。铅酸电池的优点是电压稳定、价格便宜，缺点是比能量小（35～50Wh/kg）、寿命短、维护频繁，目前主要应用于部分低速电动汽车。

锂离子电池是目前动力电池组的主流技术，常见能量密度在100～150Wh/kg范围，是铅酸电池的3～4倍，可以较好地满足电动汽车对于动力和自重两方面需求的平衡。

正极材料对于锂电池的能量密度、安全性、循环寿命等起决定性作用，占锂电池成本的40%。目前主流正极材料包括钴酸锂、锰酸锂、磷酸铁锂，以及镍钴锰酸锂三元材料等。

磷酸铁锂电池属于锂离子二次电池，能量密度为80～100Wh/kg，主要用于动力电池。磷酸铁锂电池充放电效率可达90%以上，而铅酸电池约为80%。磷酸铁锂电池安全性高、寿命长，缺点是价格较高、容量较小、续航里程短、无法回收等。

钴酸锂电池主要用于特斯拉电动车，车辆采用松下NCA系列18 650钴酸锂电池，单颗电池容量为3100mAh。特斯拉MODELS的85kWh动力电池组，由8142个18 650锂电池组成并置于车身底板，根据厂家宣传其动力电池组能量密度达到230～250Wh/kg。

钴酸锂电池结构稳定、性能突出，但安全性较差、成本较高。钴酸锂电池主要用于中小型号电芯，标称电压为3.7V。钴酸锂电池组合后使用，需要采用技术手段（独立熔丝等）严格保障安全性。

三元聚合物锂电池是指正极材料使用镍钴锰酸锂［$Li(NiCoMn)O_2$］三元正极材料的锂电池。三元复合正极材料以镍盐、钴盐、锰盐为原料，镍钴锰比例可以根据实际需求调整。

三元聚合物锂电池的能量密度可以达到150～200Wh/kg，在移动电子设备如笔记本电脑等领域，三元材料电芯逐步代替了钴酸锂电芯。三元锂材料的安全性存在一定不足，在200℃就发生分解，而磷酸铁锂材料在800℃才分解。三元锂材料的化学反应更为剧烈，高温作用下释放的氧分子引发电解液快速燃烧，更容易着火。

由于三元锂材料容易热解，所以前沿安全技术包括过充保护（OVP）、过放保护（UVP）、过温保护（OTP）、过流保护（OCP）等日益受到重视。三元锂电池的经济性方面，现有技术可以将成本控制在2750元/kWh左右，具备较好的竞争力。

锂电池前沿技术，还包括理论上比能量高达2600Wh/kg的锂硫电池等，近年来也成为锂电池领域的科研热点。硫具有储量丰富、价格低廉、环境友好等优点，也存在不导电、中间产物聚硫锂溶于电解质、体积膨胀严重等缺点，有待于进一步提升安全性、倍率性能和循环稳定性。目前改善方法主要从电解质和复合正极材料两方面入手，石墨烯/硫复合电极材料等相关研究的进展良好。

2. 超级电容

超级电容器（supercapacitors，ultracapacitor），是通过极化电解质来储能的一种电化学元件。超级电容器是一种介于常规电容器和化学电池之间的新型储能元件，近年来成为前沿技术热点。

超级电容器具备传统电容的放电功率，也具备化学电池的储电能力。与传统电容相比，超级电容的优点包括高放电功率、法拉级别的超大电容量（0.1～50 000F）、较高的比能量（0.5～10Wh/kg）、较宽的工作温度范围（−40～70℃）和极长的使用寿命，充放电循环次数可达10万次以上，无需维护。与化学电池相比，超级电容的优点包括较高的比功率（200～30 000W/kg）、全生命周期无环境污染、充放电时间短等。

超级电容根据储能机理不同分为两类：一类是基于高比表面积的碳材料与溶液间界面双电层原理的双电层电容器（Electric Double Layer Capacitor，EDLC）；另一类是在电极材料表面或体相的二维或准二维空间上，电活性物质进行欠电位沉积，发生高度可逆的化学吸附脱附或氧化还原反应，产生与电极充电电位有关的法拉第准电容（Faraday Pseudo-capacitor）。

实际中超级电容器一般同时包含双电层电容和法拉第准电容两个分量，只是依靠双电层和氧化还原假电容电荷来储存电能的比例有所不同。目前已经市场化的超级电容，主要为双电层电容器，其中美国、日本、俄罗斯的产品占据市场主要份额。

此外，还有采用不同正负电极材料的非对称型超级电容器，也称混合超级电容器或杂化超级电容器，其储能能力得到一定增强。

目前超级电容的电极材料可以分为碳材料、过渡金属氧化物、导电聚合物三类材料。超级电容常用的活性碳电极材料具有吸附面积大、静电储存多等优点，在新能源汽车等领域应用广泛。

过渡金属氧化物和导电聚合物作为电极材料，性能优于碳材料，但由于贵金属材料成本高昂、导电聚合物掺杂的性能不稳定，这两类超级电容目前仍然处于实验室研究阶段，短期内难以商业化应用。

前沿技术重点围绕改进超级电容，实现超级电容的规模化和商业化的生产应用。超级电容当前不足主要为质量能量密度偏低、体积能量密度偏小等。现有超级电容的工作电压较低，水系电解液的单体工作电压低于1.4V，而且电解液腐蚀性强。非水系电解液（有机电解液）的单体工作电压可以达到4.5V，实际常用为3.5V。但非水系电解液有纯度高、不含水等要求，而且价格较高、装配环境要求苛刻，有待于进一步改善。

3. 储能方式对比与化学储能优势

储能技术应用于能源发电、新能源汽车和其他领域时，需要综合对比各类储能形式，从而明确相应的产业应用方向。

对于各类储能技术，研究整理了十项主要指标和典型值，如表 8-3 和表 8-4 所示。相变储能以储存热能为主，不包含在对比之列。对于抽水蓄能、压缩空气储能等利用固定设施储能的技术，不涉及比能量、比功率这两项针对移动式储能技术的指标。

表 8-3　　储能方式的重要指标对比

储能方式	储能类别	比能量(Wh/kg)	比功率(W/kg)	循环寿命(万次)	单体容量(MW)	效率(%)
抽水蓄能	机械储能	—	—	1～50	100～3600	75
压缩空气	机械储能	—	—	0.8～3	10～300	50
飞轮储能	机械储能	40～230	5000～15 000	1～6	0.001～10	75
超导储能	电磁储能	1～10	10^7～10^{12}	1～10	0.005～20	95
超级电容	电磁储能	0.2～10	200～30 000	0.1～10	0.001～1.5	90
锂离子电池	电化学储能	150～200	200～315	0.1～1	0～0.08	90
钠硫电池	电化学储能	150～240	90～230	0.15～0.3	0.001～40	85
铅酸电池	电化学储能	35～50	75～300	0.02～0.5	0.001～50	70
液流电池	电化学储能	80～130	50～140	0～1.3	0～0.8	75

表 8-4　　储能方式的其他指标对比

储能方式	持续放电时间(h)	折合年成本(元/kW)	响应时间(s)	温度下限(℃)	温度上限(℃)
抽水蓄能	4～10	1300	10～240	1	40
压缩空气	1～20	1000	60～600	5	50
飞轮储能	0.005～0.25	390	0～1	−40	50
超导储能	0～0.25	1300	0～0.005	−270	−200
超级电容	0～0.016	550	0～1	−40	70
锂离子电池	0.016～10	780	0～10	−10	50
钠硫电池	0.016～10	550	0～10	290	320
铅酸电池	0.016～10	160	0～10	10	30
液流电池	0.016～10	390	0～10	10	35

由表 8-3 和表 8-4 可以看出，机械储能类别中的抽水蓄能具有容量大、寿命长等优点，也存在响应时间长等不足，适用于电网大规模储能和调峰。压缩空气储能

(CAES) 容量较大但效率很低，响应时间比抽水蓄能更长。压缩空气一般储存在矿井或洞穴，配合燃气轮机使用，可以减少压气机压缩空气的能耗。

飞轮储能的比能量较大、比功率很高、爆发力强，寿命、效率、成本和响应时间等方面均无明显不足，但持续放电时间较短，限制了其应用领域。飞轮储能属于可移动式的机械储能，在交通（车辆、航空）和不间断电源（UPS）等领域具有独特优势，应用前景良好。

电磁储能类别中，超导储能（SMES）优势是比功率极高，可以达到 10^{12} W/kg；响应时间极短，可以低于 5ms；电流衰减很小，储能效率很高。在需要瞬时大功率释放能量的应用领域，如大功率激光器、大规模电网调节等方面，应用前景良好。超导储能的主要缺点是必须在 70K 以下的温度中运行，因此储能成本较高，应用领域限制明显。

超级电容优点是比功率很高、寿命很长、效率高，可在常见温度范围运行，相比超导储能更适合于规模化、商业化应用。超级电容和锂离子电池也因此成为目前储能领域的两大前沿技术热点。

电化学储能类别中代表性的四类电池，各项指标范围的数量级较为接近，共同特点是比能量、寿命、容量、效率均较为适中，共同优势是连续放电时间长，成本较低，响应较快，大部分在室温运行等，因此在中小规模储能领域应用广泛。

其中，锂离子电池比能量高、成本较高，多用于交通、电子设备等领域。钠硫电池比能量高，但工作温度为 300℃左右，需要加热保温。真空绝热保温技术的进步，有助于扩展钠硫电池的应用领域。铅酸电池比能量低、效率低，但成本非常便宜，因此目前各个领域均有广泛应用。液流电池各方面相对均衡，由于寿命较长、成本较低的优势，近年来也受到关注。

4. 储能技术与产业路线

“十三五”时期，中国储能领域的技术研究和产业应用都将迎来快速发展。目前中国在锂离子电池、新能源汽车等技术和应用方面取得了一定突破，但储能领域的基础科学、关键技术和应用水平与国外先进国家仍然存在差距。

明确“十三五”期间储能的技术研究和产业应用的发展路线，有助于更好地引导储能的发展方向。储能领域“十三五”期间重点工作应当包括以下几个方面：

（1）掌握锂离子电池正极材料的核心技术，研发高能量密度的三元聚合物锂电池，并开发过充保护（OVP）、过放保护（UVP）、过温保护（OTP）、过流保护（OCP）等前沿安全技术。

（2）促进锂硫电池相关的技术研究，掌握先进的电解质和复合正极材料的核心技术，探索锂硫电池的应用和产品。

（3）研发超级电容的电极材料，掌握活性炭电极材料的自主知识产权并加速产业应用。开展过渡金属氧化物和导电聚合物等电极材料的基础研究，探索改善有机电解液性能的途径。

（4）促进储能产业与可再生能源发电和分布式发电的结合发展。加强储能在抑制可再生能源发电间歇波动方面的作用，减小中国在用户侧储能应用领域与国外的差距，从而提升可再生能源发电与分布式发电的综合效率和经济性。

第6节　能源互联网技术

一、 能源互联网技术现状

能源互联网属于能源发电领域的新兴概念，近年来受到发电产业高度关注。在经过多次筹备座谈会后，2015年6月国家能源局正式确定了《能源互联网行动计划大纲》和12个支撑课题。

1. 能源互联网概念

信息互联网已经成为当前人类社会不可或缺的重要组成部分。能源互联网的概念参照信息互联网，是构造一种互联互通的能源体系，符合规则的能源可以自由开放地接入、分享。能源互联网依赖于信息和能源的高度融合，是信息主导的能源体系。

早期能源发电的控制技术和通信技术较为落后，无法较好地配合信息互联网技术。近年来，随着新型能源发电技术、自动控制技术和实时通信技术的飞速发展，人类可以利用高速、实时、在线、双向的信息数据交互技术，构建以电网系统为核心，集中式和分布式能源发电为电源的能源互联网。

能源互联网的概念提出后不断发展，开始不局限于发电用电，而是成为广泛涉及多个行业的大数据互联网体系，涵盖煤炭、石油、天然气、水利、风能、核能、太阳能、电网、化工、供热、制冷、公路、铁路、航空、船运、计量、仪表、控制、电器等数十个行业。

相比传统能源发电体系中生产者将能源按需供应至消费者的模式，能源互联网中每个参与主体都可以既是生产者，也是消费者。能源互联网的结构方面，学者提出了“横向多能源体互补，纵向源-网-荷-储协调”的概念。多能源互补是基于能量和信息的双向流动，实现各种传统能源发电和新型能源发电形式的多能互补。源-网-荷-储协调方面，源是指能源和电源，网是指电网、管网、运输网，荷是指电、冷、热、动力等各类需求，储是指各类储能技术和调峰技术。

清华大学能源互联网创新研究院对于能源互联网的定义分为三部分：能源互联网是多能融合、多能协同的能源网络；能源互联网是信息主导的能源体系；能源互联网是创新模式的能源运营。能源互联网和智能电网的区别在于，能源互联网的出发点是能源互联互通产生的综合价值，而非单一技术或技术组合。能源互联网作为一种新型模式，将产生积极的技术价值、经济价值、产业价值、生态价值和社会价值。

2. 能源互联网意义

能源互联网通过互联互通和优化配置，可以最大限度地发挥各类能源发电形式的效率，最大程度地减少各类用能、储能过程中的损失。目前中国燃煤散烧、弃风限电、弃光限电等问题突出，而能源互联网可以最大比例地利用电能和可再生能源，实现产业和社会的高效清洁电气化转型升级。

中国正处于能源革命的关键时期，政府工作报告提出，能源生产与消费革命关系到发展与民生，将大力发展风电、光伏和生物质能等新型能源发电形式，推进“互联网+”概念。能源互联网将推动能源的生产、消费的体制变革，推动能源结构调整和转型升级。

目前中国的能源结构不够合理环保，能源严重依赖进口，能源安全形势严峻，能源利用效率仍然偏低。中国能源产业也处于结构调整和体制改革的关键时期。能源互联网的建设，将推进电力工业体制改革进程，提升能源行业的发展程度，促进相关的技术研究和政策制定，推进能源的高效化、清洁化和自主化。

3. 能源互联网技术

中国电力建设、能源发电和电力消费的产业规模大约为 5 万亿～10 万亿元。对于能源互联网而言，如果考虑相关的矿产、交通、供暖、化工、控制、仪表等产业的规模，能源互联网涉及产业的总体规模可以达到 20 万亿元水平。对于这样巨大的产业群规模，能源互联网的每一项新型技术都将有可能带来巨大影响和显著改变。

能源互联网是一个融合开放的新兴产业，目前发电设备制造企业、传统能源发电企业、新型能源发电企业、电网企业、新能源汽车企业、互联网企业都在积极布局能源互联网，能源互联网的技术发展也呈现出高度多样又高度融合的特点。

能源互联网的前提技术包括云计算、大数据分析、输变电技术、储能技术、微电网技术、智能电网技术等，能源互联网的成果技术目前包括分布式微网、智能充电桩等，未来还将涌现出更多面向市场的技术。

大数据分析方面，为了发挥能源互联网的优势，需要对海量的电力数据进行分析，从中发现规律并采用人工智能技术进行学习，提升信息控制系统的智能化程度。因此，大数据分析是未来能源互联网中必不可少的重要环节和技术支撑。云计算技术通过利用互联网统筹计算资源，支撑大数据分析，具有计算速度快、存储成本低、安全可靠性高等特点，可以服务于能源互联网中的数据交互。可以预见，在未来能源互联网中，每个设备不仅具有发电、用电、储电功能，还可能具有一定数据处理和计算分析能力。

输电技术方面，未来能源互联网既需要针对大规模集中式发电的远距离输送技术，又需要面向微电网的经济输送距离和网架结构的技术研究，因此先进输电技术是实现跨区域能源互联的重要前提之一。

储能与微电网技术方面，能源互联网将基于已有技术，进一步发展由分布式发电设备、储能设备和负荷设备集成，并由先进信息技术来分析和控制的微型能源互联网。在微型能源互联网中，设备具有电源、负荷、储能、计算等多种功能，层级和功能的差异将模糊化，更接近于对等互联互通。

为适应能源互联网要求，微电网技术方面还需要进一步实现“即插即发、即插即用、即插即储”功能，并且可以高速双向调整发电与负荷的变化与波动。在出现故障时，微电网还需要具有较强的“自愈性”，实现自动检测故障、智能隔离故障源、快速重构能源网络、孤岛与并网平滑切换等功能。微电网还需要实现相互间的信息互联，平抑分布式可再生能源发电的间歇性，在消纳清洁可再生电源的同时，提升整体的经济性、安全性。

微电网既是能源互联网的前提技术，也是能源互联网现阶段的重要产品。近年来，电源侧方面新型能源发电和分布式发电比重逐渐上升，负荷侧方面电动汽车等新型负荷开始出现，呈现双侧随机性的特点。能源互联网中的微电网技术不仅可以从电源方面调控波动，还可以从负荷方面调控波动，既可以共享电源，又可以共享负荷。

能源互联网还可以通过大数据和云计算分析不同负荷的电能消费习惯，在不同时间、功率情况下，在微电网中自动选择匹配的电源，或者在能源互联网中自动选择匹配的微电网。

上述能源互联网技术，还将推进电力销售企业的精细化管理水平。在能源互联网时代，负荷的用电量计算分析，电能根据时段、质量、效率和环保的区分计价，兼具电源、负荷、储能等功能的设备的评价与费用，都将成为精细化管理领域的重要课题。

同时用户侧也可以通过交互界面，清晰了解用电状态、实时电价等，根据电价和需求来调整用电行为，或者通过智能系统设置“启动电价”和“停止电价”，在满足需求的前提下，低价时段自动开启，高价时段自动停止。

电动汽车方面，电动汽车是未来交通运输产业电气化转型的重要途径。目前电动汽车的能源供应方式仍不完善，还没有形成类似于汽油、柴油和天然气的完善的供应网络。与此同时，电力的供应和消费已经形成完善庞大的网络，但对于电动汽车而言，仍然存在可行性、通用性和便捷性方面的不足。

能源互联网技术，将同时改造传统电力网络和电动汽车，使传统电力网络高效、科学地完善基础设施，也让电动汽车通用、灵活地适应电源。研究人员还提出，电动汽车的充电容量进一步提升后，还可以作为一种可移动的分布式储能设备。未来智能充电桩将根据大数据分析和用户需求，定制电动汽车充电和用电方案，而电动汽车储存的剩余电能还可以输出用于满足智能家电等设备用电，或者输送至局域微网、大电网。电动汽车、智能家电等设备在能源互联网时代，将同时具备电源、负荷和储能三种角色，可以自由、灵活、精确地切换模式，从而更好地满足人类需求并且更加清洁环保高效。

4. 能源互联网发展路线

能源互联网的发展预测方面，2020 年前能源互联网仍然处于初始阶段，可再生能源、分布式发电、电动汽车、智能家电等将开始规模化发展，能源互联网的前提技术如智能电网、用电大数据分析等技术开始涌现。能源互联网发展将循序渐进，首先开展试验验证和示范工程建设。通过相应的试点工程，对能源互联网的技术、政策进行综合、科学的论证，从而指导未来大规模的能源互联网的基础设施建设。

现阶段能源互联网技术的发展，也可以促进相关领域的技术进步，包括传统能源发电中的清洁高效发电技术、高耗能动力设备节能降耗和智能化、可再生能源和分布式发电的推广利用，以及新能源汽车和储能技术的发展。

2020 年后，预计能源互联网将逐步成熟，可再生能源、分布式发电、储能、电动汽车和电力需求侧管理等技术和应用将逐渐普遍化。随着能源发电的生产、分配、消费、存储等的新型体系建立，能源互联网将对现有体系产生替代作用，形成大电网和微电网相结合的布局。

5. 能源互联网发展政策

政策方面，能源互联网的政策需要具有较高的开放性，需要在较高的电力市场化程度下建立。政策要能够引导可再生能源、分布式电源的并网，提升需求侧管理水平，并提高发电用电综合效率。

能源互联网的标准化和通用化工作，也是能源互联网政策的重要组成部分。设备网络、能源网络、信息网络、控制网络之间，需要满足共同的电气标准和信息标准，并完善各个数据接口标准和信息传输协议，保证能源互联网中能源流与信息流的互联互通。

能源互联网既是机遇也是挑战，是实现能源电力产业结构调整的重要契机，也是技术创新、政策完善、模式转变的系统性挑战。国务院发布的《关于积极推进“互联网＋”行动的指导意见》中对于“互联网＋智慧能源”提出，要推进能源生产智能化，鼓励能源企业运用大数据技术对设备状态、电能负载等数据进行分析挖掘与预测，并开展精准调度、故障判断和预测性维护，提高能源利用效率和安全稳定运行水平。

世界范围内，学者提出了构建全球能源互联网的设想和框架，将研究跨洲特高压骨干网架、洲内跨国互联电网、国家智能电网建设、全球能源互联网合作机制等课题。人类社会可持续发展面临着严峻挑战，推进清洁替代和电能替代这“两个替代”至关重要。相关学者提出，要重点开发“一极一道”（北极、赤道）等大型能源基地，保障全球能源安全并保护生态环境，实现全球能源互联网的规模化和网络经济性。

二、 能源互联网前沿技术趋势

1. 能源大数据与云计算

大数据分析和云计算技术是能源互联网其他技术发展的基础，也是能源发电产业走向信息化的第一步。能源互联网的数据来源，是大数据分析的先决条件。2013 年中国电机工程学会信息化专委会发布了《中国电力大数据发展白皮书》，2013 年也被定为“中国大数据元年”。在电力产业向着能源互联网转型的过程中，大数据及云计算技术提供了重要的技术支撑。

电力大数据来自于发电、输电、变电、配电、用电和调度等环节，可以初步分为供给侧和需求侧两大来源。

供给侧方面，火电、水电、核电等集中式发电都有较为完善的数据记录，但数据的数字化、自动化记录技术还有待完善。以 600MW 燃煤机组为例，目前每秒各个测点可以产生 15000 个左右的实时数据，每秒的数据量达到 MB 量级，而每天的数据量达到 GB 量级甚至接近 TB（1024GB）量级。因此，数字化、自动化和智能化的记录、筛选和分析技术，对于处理这些大数据而言必不可少。风电、光电等可再生能源和分布式发电，在个体单元数据的数字化、自动化记录方面有先天优势，但整体统计方面仍需要进一步完善网络。

需求侧方面，变电站、各级调度和智能电表都可以提供较为详细的电力数据，已经形成较为完善的数据网络。新型的电动汽车和智能充电桩、未来的智能家电等，也可以详细记录用户的用电数据，但数据的整理、传输和统计的网络尚未完善。用户侧的用电大数据，对于未来能源互联网分析用户习惯，制定科学的用电、储能方案具有重要意义。

部分学者总结了电力大数据的特点，包括：①数据量大，调度自动化系统包含十万级至百万级的数据点，而电网数据中心包含千万级的数据点，每日数据量可以达到PB（1024TB）量级。②数据类型多，包含实时数据、历史数据、文本数据、多媒体数据，以及结构化、半结构化和非结构化数据。③价值密度低，大数据中绝大部分数据为正常平均水平，在数据波动和噪声中发现异常数据难度较高。④计算需求大，一方面是海量数据，另一方面又需要在s或ms时间量级内，通过计算做出分析和决策，对于超级计算机或云计算的计算能力要求很高。

根据Green Tech Media（GTM）研究，2020年世界电力大数据采集、计算、分析与管理的市场规模将达到38亿美元规模，电网的运行优化、负荷预测和故障诊断将更为先进，为未来的能源互联网打好基础。按照数据来源，电力大数据可以分为发电、电网、用户三部分，相应的软件系统产品也可以分为智能需求响应、智能电网平台和智能节能产品，市场前景广阔。

2. 智能终端

智能采集终端可以对能量数据进行自动采集，是未来能源互联网的基础设备。以智能电能表为代表的智能采集终端，可以全面采集各项能量信息，并具有统计分析、曲线报表、超限报警、远程控制、故障诊断等基本功能。目前技术发展趋势方面，智能电能表还将与智能手机一样，采用IPV6数据联网技术。用户可以个性化定制用电方案，而且可以根据温度、压力、湿度等传感器数据，智能化制定供电、采暖和制冷方案。

智能交互终端可以在企业与用户之间实现交互，企业可以向用户显示用电信息和实时电价，用户也可以向企业反馈用电情况和用电需求。智能交互终端还可以与手机、电脑等互联，为双方提供更为便捷的交流途径。用户和企业都可以根据智能交互终端，安排削峰填谷方案和经济最优化方案，降低对于调峰电源的需求，减少发电设备部分负荷时的低效率工况，从而最终实现供给侧与需求侧的双赢。

中国智能电能表和配套数据管理系统发展迅速，近年来市场年增长速度可以达到15%左右。智能电能表产品方面，德力西、安捷伦、西门子、Fluke、Mitutoyo、YOKOGAWA、海力士、三星、正泰、威胜等企业都在积极开发新型产品，相应的数据软件系统也在不断发展。

3. 智能微电网技术

与智能终端相似，智能微电网也可以监控微网的运行数据，并实现经济性优化的微电网内部调度或微网间调度。由于可再生能源和分布式发电技术尚未完全成熟，智能微电网还需要具备较高的故障诊断和智能处理能力，从而弥补风电、光电的不稳定性。

智能微电网与配套管理系统方面，国内外已经有GE、IBM、谷歌、西门子、东芝等公司推出了方案和产品。谷歌公司为大型数据中心设计了智能微电网管理系统，并通过收购Nest Labs公司，研发了Nest系列智能恒温器等智能家电产品。

IBM公司早在2006年就提出智慧电力概念，并加入GridWise联盟等智能电网行业国际组织。IBM公司对于微电网开发了微电网智能集成管理平台（SIMP），属于低压配网系统。其中，一次侧可以包含小型风机、光伏电池板、储能设备、可控负荷、电动汽车等，二次侧可以包含CT（电流互感器）、PT（电压互感器）、量测、继电保护等。SIMP还可以与主网进行信息和电能的交互。

西门子公司开发的风光分布式微网，其中包含较多先进硬件设备如蓄电池、逆变器、光伏发电设备和风电设备等。西门子公司联合Power Analytics软件公司开发了Spectrum Power Microgrid Management软件，其中SCADA平台系统可以根据天气和太阳光强度分析，自动切换储能、用电和并网等模式，在尖峰负荷下还配备了柴油发电机调峰。系统除了提供电能外，还可以供暖、制冷、制取饮用水等。

美国电力可靠性技术解决方案学会（CERTS）的微电网方案中，两个核心组件是静态开关和自制的分布式微型电源。CERTS在俄亥俄州首府哥伦布的Dolan技术中心建立了CERTS微电网示范平台。微电网包括三台60kW燃气轮机、三条馈线，负荷分为一般负荷、可控负荷和敏感负荷。

CERTS微电网研究主要集中在DERs（Distributed Energy Sources，分布式电源）设计和鲁棒控制，目标是实现并网和孤岛模式的自动无缝切换，不依赖高故障电流的微网保护，无高速通信的孤岛条件下的电压频率稳定。

美国能源部（DOE）与通用电气（GE）合作，计划开发微电网能量管理系统（MEM），主要关注点是微网的外部监控回路，目标是最优化效率和成本。

日本在2005年爱知世博会上采用了微电网系统，系统中还涉及了燃料电池技术。微电网由1台300kW的MCFC、1台270kW的MCFC、4台200kW的PAFC、1台25kW的SOFC和330kW的光伏电池组成，并采用了钠硫储能电池组。

日本东芝公司开发了未来家庭能源管理系统（HEMS），功能包括用电量可视化、电力需求高峰通知、主动节能措施、高峰期节电积分奖励、配套三井住宅LOOP优惠活动等。HEMS 是针对电网用户侧的基本单元智能化的一次积极尝试。HEMS 可以控制光伏电池、燃料电池、储能电池、智能家电、智能家具、电动汽车等，与微电网实现智能平衡。HEMS 已经于 2014 年应用于东京新宿的 179 户居民家庭，并将逐步推广。

4. 多能融合发电技术

多能融合是指多种能源形式通过能源互联网技术，在不同环境、工况、时段、需求等情况下进行互补，突出优势补充不足，提升能源整体利用效率和清洁环保程度。

根据现阶段技术水平，两种能源发电形式的互补技术已经开始成熟，也是实现多能融合发电的前提条件。目前能源发电的互补形式，主要包括风电与光电互补、水电与风电互补、水电与光电互补、光伏与光热互补等，总体来看是以新型能源发电形式之间的互补为主。

（1）新型能源发电互补。新型能源发电普遍具有不易预测、间歇性强、储能较难、成本较高等不足，也具备形式灵活、适应变负荷迅速等优点。

风电作为新型能源发电中技术较为成熟、成本较为低廉的发电形式，近年来发展迅速。风电具有不易预测、储存和调度等特点，其间歇性对于电力系统的稳定影响明显，造成实际中弃风限电等现象的发生。

风电与太阳能发电互补方面，两者在季节和昼夜方面较为互补：冬季风强光弱，夏季风弱光强；白天风弱光强，夜间风强光弱。但目前两者互补仅应用于小型系统，而且两者也均存在间歇性，无法完全互补。

水力发电虽然划分为传统能源发电，但具有快速启停和低成本等优势，与新型能源发电互补非常合适。水力发电可以弥补风电和太阳能发电的高成本、间歇性等不足，构建清洁可再生能源发电的联合电厂。

风水互补发电方面，中国四川、云南和内蒙古等地区的水电或者风电资源丰富，或者两者兼有，目前正逐步发展为风水互补的能源发电基地。中国北方地区的风能资源和小水电资源丰富，冬春季水电的出力不足，而风电由于风速较大可以承担较多负荷；夏秋季风速小造成风电出力不足，而雨量充沛，水电站能够承担的负荷较多。从季节性角度来看，风水互补的条件较好。

太阳能发电与风电类似，具有不易预测、储存和调度等间歇性造成的缺点，还存在着技术不成熟、效率较低、投资较高等问题，对于能源发电互补的需求更加明显。水光互补与风水互补的原理类似，目前也在快速发展之中。前沿技术主要关注太阳能发电、风电接入水电站后，通过利用AGC、AVC技术的软硬件，进行快速补偿和联合控制的技术。

中国龙羊峡水光互补水电站位于青海，原有的龙羊峡水电站的装机容量为1280MW，于1989年投运发电。2013年龙羊峡水光互补一期工程，以320MW的光伏发电装机容量，成为世界上最大的水光互补项目。龙羊峡水光互补水电厂的成功，主要得益于水电站所在地区的太阳能资源丰富，以及龙羊峡水电站247亿m^3的库容优势。

（2）传统能源发电与新型能源发电互补。火力发电方面，燃煤发电的启停和变负荷较为缓慢，与风电、光伏等互补时，难以完全平抑新型能源发电的波动，或者需要较高的提前预测功率技术，因此技术尚不成熟。柴油发电机虽然启停和变负荷较为快速，但成本较高、规模较小、效率较低、污染较重等一系列不足，抵消了新型能源发电的清洁、环保、可再生的优势，使得能源发电互补的意义和作用显著降低。燃气发电相比柴油发电机在规模、效率和环保等方面有所提升，但开展发电互补时类似问题依然存在。

核电在部分负荷情况下的运行技术目前还不够成熟，更适合作为大电网中的主导和稳定的电源，从技术角度不适宜与其他新型能源发电互补。从广义的提供能源的角度来看，核电与煤电可以通过冷热电联供、煤气化、高温热解制氢等方式，提供热能或燃料，形成与化石燃料能源的互补。

（3）三种及以上能源发电形式互补。基于风水互补、水光互补、风光互补等技术，研究人员也在探索水风光互补技术。水风光互补可以充分发挥三种能源发电形式，在季节、昼夜、成本等方面的优势互补。未来发展方面，在能源发电互补的基础上发展多能融合技术路线，具有广阔的应用前景。结合国内研究，中国陕甘青宁四省区具有较为丰富、综合的水电、风电、光电、火电等相关的能源资源和基础设施，适合开展多能融合技术的试验和示范。

（4）发电形式互补的自动化、网络化和智能化。综合之前章节对于各种发电形式的自动化控制技术的归纳和分析，可以看出传统能源发电和新型能源发电都呈现出逐步走向网络化和智能化的趋势。网络化和智能化趋势为多能融合技术走向成熟和应用奠定了坚实基础，也是多能融合技术发展的关键一步。先进的网络化和智能化技术，可以在发电形式互补技术的基础上起到更合理、更高效和更清洁的有机整合作用。

火力发电、水力发电和核能发电领域，均已有大量成熟的自动化控制系统投入应用，相关的部件、设备、算法、功能等也已经形成了完整的产业链和丰富的产品线。自动化控制系统在国内外多项标准的引导下，在不同设备和系统之间的通用性、兼容性大大提高。多个自动化控制系统，可以在先进通信技术和控制技术的基础上，实现多个电厂的网络化、智能化的协调控制和优化运行，从而为多能融合发电奠定基础。

结合第 6 章～第 8 章内容，风力发电、太阳能发电和其他新型能源发电，也已经有较为成熟的自动化控制系统。由于新型能源发电的自动化控制产业发展较晚、标准相对滞后，不同新型能源发电形式的自动化控制系统的功能要求、控制算法、设备组成等存在一定差异，未来如何将不同新型能源发电形式的自动化控制系统进行融合，将是新型能源发电互补走向网络化和智能化的重要课题。

参考文献

[1] 国网能源研究院．2015 中国新能源发电分析报告［M］．北京：中国电力出版社，2015.

[2] 全球新能源发展报告 2016［R］．汉能，2016.

[3] 肖钢．海洋能［M］．武汉：武汉大学出版社，2013.

[4] 游亚戈，李伟，刘伟民，等．海洋能发电技术的发展现状与前景［J］．电力系统自动化，2010，34 (14)：1-12.

[5] Pelc R，Fujita R M. Renewable energy from the ocean［J］. Marine Policy，2002，26 (6)：471-479.

[6] 刘美琴，郑源，赵振宙，等．波浪能利用的发展与前景［J］．海洋开发与管理，2010，27 (3)：80-82.

[7] Antonio F O. Wave energy utilization：A review of the technologies［J］. Renewable and sustainable energy reviews，2010，14 (3)：899-918.

[8] 郑崇伟，苏勤，刘铁军．1988—2010 年中国海域波浪能资源模拟及优势区域划分［J］．华东政法大学学报，2013，35 (3)：104-111.

[9] 谢秋菊，廖小青，卢冰，等．国内外潮汐能利用综述［J］．水利科技与经济，2009，15 (8)：670-671.

[10] 刘美琴，仲颖，郑源，等．海流能利用技术研究进展与展望［J］．可再生能源，2009，27 (5)：78-81.

[11] 李伟，赵镇南，王迅，等．海洋温差能发电技术的现状与前景［J］．海洋工程，2004，22 (2)：105-108.

[12] 苏佳纯，曾恒一，肖钢，等．海洋温差能发电技术研究现状及在我国的发展前景［J］．中国海上油气，2012，24（4）：84－98.

[13] 刘伯羽，李少红，王刚．盐差能发电技术的研究进展［J］．可再生能源，2010，28（2）：141－144.

[14] Esteban M，Leary D. Current developments and future prospects of offshore wind and ocean energy［J］. Applied Energy，2012，90（1）：128－136.

[15] 王坤林，盛松伟，游亚戈，等．“鹰式一号”漂浮式波浪能装置冗余监控技术研究［J］．海洋技术学报，2014，33（4）：62－67.

[16] 盛松伟，张亚群，王坤林，等．鹰式装置“万山号”总体设计概述［J］．船舶工程，2015，37（1）：10－14.

[17] 舒全英，卢晓燕，郑雄伟．潮汐电站动能计算及软件开发与应用［J］．水力发电学报，2015，34（6）：65－70.

[18] 王波．我国最大规模海洋潮流能发电机组下海安装［J］．能源研究与信息，2016，1：14－14.

[19] 王辉涛，王华．海洋温差发电有机朗肯循环工质选择［J］．海洋工程，2009，27（2）：119－123.

[20] 胡以怀，纪娟．海水盐差能发电技术的试验研究［J］．能源工程，2009，5：18－21.

[21] 朱家玲．地热能开发与应用技术［M］．北京：化学工业出版社，2006.

[22] 马立新，田舍．我国地热能开发利用现状与发展［J］．中国国土资源经济，2006，19（9）：19－21.

[23] Wan Z，Zhao Y，Kang J. Forecast and evaluation of hot dry rock geothermal resource in China［J］. Renewable Energy，2005，30（12）：1831－1846.

[24] Feng Z，Zhao Y，Zhou A，et al. Development program of hot dry rock geothermal resource in the Yangbajing Basin of China［J］. Renewable energy，2012，39（1）：490－495.

[25] 蔺文静，刘志明，王婉丽，等．中国地热资源及其潜力评估［J］．中国地质，2013，40（1）：312－321.

[26] 田廷山．中国地热资源及开发利用［M］．北京：中国环境科学出版社，2006.

[27] 王心义，李旭华，张百鸣．地热水资源开发的多目标优化管理［J］．水利学报，2005，36（11）：1353－1358.

[28] BNEF New energy outlook 2015［R］. Bloomberg New Energy Finance，2015.

[29] 国家发展和改革委员会．可再生能源发展“十二五”规划［Z］．国家发展和改革委员会，2012.

[30] 国务院．能源发展战略行动计划（2014—2020年）［M］．北京：人民出版社，2014.

[31] Bertani R. Geothermal power generation in the world 2010—2014 update report［J］. Geothermics，2016，60：31－43.

[32] 罗兰德洪恩，李克文．世界地热能发电新进展［J］．科技导报，2013，30（4）：11－17.

[33] Li K，Bian H，Liu C，et al. Comparison of geothermal with solar and wind power generation systems［J］. Renewable and Sustainable Energy Reviews，2015，42：1464－1474.

[34] Alhamid M I，Daud Y，Surachman A，et al. Potential of geothermal energy for electricity generation in Indonesia：A review [J]. Renewable and Sustainable Energy Reviews，2016，53：733-740.
[35] Wei G，Meng J，Du X，et al. Performance Analysis on a Hot Dry Rock Geothermal Resource Power Generation System Based on Kalina Cycle [J]. Energy Procedia，2015，75：937-945.
[36]（日）本间琢也，（日）上松宏吉．绿色的革命：漫话燃料电池 [M]．北京：科学出版社，2011.
[37] 刘向，张伟，孙毅，等．空间燃料电池技术发展 [J]．中国电子科学研究院学报，2012，7（5）：472-476.
[38] Steele B C H，Heinzel A. Materials for fuel—cell technologies [J]. Nature，2001，414（6861）：345-352.
[39] Singhal S C. Advances in solid oxide fuel cell technology [J]. Solid state ionics，2000，135（1）：305-313.
[40] Plomp L，Veldhuis J B J，Sitters E F，et al. Improvement of molten-carbonate fuel cell（MCFC）lifetime [J]. Journal of power sources，1992，39（3）：369-373.
[41] Ellis M W，Von Spakovsky M R，Nelson D J. Fuel cell systems：efficient，flexible energy conversion for the 21st century [J]. Proceedings of the IEEE，2001，89（12）：1808-1818.
[42] Mehta V，Cooper J S. Review and analysis of PEM fuel cell design and manufacturing [J]. Journal of Power Sources，2003，114（1）：32-53.
[43] 叶昌林．燃料电池发电技术综述 [J]．东方电气评论，2000，14（2）：98-100.
[44] von Helmolt R，Eberle U. Fuel cell vehicles：Status 2007 [J]. Journal of Power Sources，2007，165（2）：833-843.
[45] 陈全世，仇斌，谢起成．燃料电池电动汽车 [M]．北京：清华大学出版社，2005.
[46] Dunn S. Hydrogen futures：toward a sustainable energy system [J]. International journal of hydrogen energy，2002，27（3）：235-264.
[47] 毛宗强．氢能—21 世纪的绿色能源 [M]．北京：化学工业出版社，2005.
[48] 常乐．非化石能源制氢技术综述 [J]．能源研究与信息，2011，27（3）：130-137.
[49] 张平，于波，徐景明．核能制氢技术的发展 [J]．核化学与放射化学，2011，33（4）：193-203.
[50] Bak T，Nowotny J，Rekas M，et al. Photo-electrochemical hydrogen generation from water using solar energy. Materials-related aspects [J]. International journal of hydrogen energy，2002，27（10）：991-1022.
[51] 温福宇，杨金辉，宗旭，等．太阳能光催化制氢研究进展 [J]．化学进展，2009，21（11）：2285-2302.
[52] Barbir F. PEM electrolysis for production of hydrogen from renewable energy sources [J]. Solar energy，2005，78（5）：661-669.
[53] 王继华，赵爱萍．生物制氢技术的研究进展与应用前景 [J]．环境科学研究，2005，18（4）：129-135.

[54] Chalk S G, Miller J F. Key challenges and recent progress in batteries, fuel cells, and hydrogen storage for clean energy systems [J] . Journal of Power Sources, 2006, 159 (1): 73 - 80.

[55] 许世森，程健．煤气化制氢及氢能发电试验系统［J］．中国电力，2007，40（3）：9－13.

[56] 张军，戴炜轶．国际储能技术路线图研究综述［J］．储能科学与技术，2015，4（3）：260－266.

[57] Technology Roadmap: Energy storage Technology 2014 [R] . International Energy Agency, 2014.

[58] Dunn B, Kamath H, Tarascon J M. Electrical energy storage for the grid: a battery of choices [J] . Science, 2011, 334 (6058): 928 - 935.

[59] Department of Energy, Sandia National Laboratories. Energy Storage Database [R] . U. S. Department of Energy, 2015.

[60] 田军，朱永强，陈彩虹．储能技术在分布式发电中的应用［J］．电气技术，2010，8：28－32.

[61] Landry M, Gagnon Y. Energy Storage: Technology Applications and Policy Options [J] . Energy Procedia, 2015, 79: 315 - 320.

[62] Bhatnagar D, Currier A, Hernandez J, et al. Market and policy barriers to energy storage deployment [J] . Sandia National Laboratories. September, 2013.

[63] 刘胜永，张兴．新能源分布式发电系统储能电池综述［J］．电源技术，2012，36（4）：601－605.

[64] Brinsmead T S, Graham P, Hayward J, et al. Future energy storage trends: an assessment of the economic viability, potential uptake and impacts of electrical energy storage on the NEM 2015—2035 [R] . BNEF, 2015.

[65] Nykvist B, Nilsson M. Rapidly falling costs of battery packs for electric vehicles [J] . Nature Climate Change, 2015, 5 (4): 329 - 332.

[66] 国务院．节能与新能源汽车产业发展规划（2012—2020年）［Z］．国务院，2012.

[67] Nitta N, Wu F, Lee J T, et al. Li - ion battery materials: present and future [J] . Materials Today, 2015, 18 (5): 252 - 264.

[68] 谢小英，张辰，杨全红．超级电容器电极材料研究进展［J］．化学工业与工程，2014，31（1）：63－71.

[69] Schultz L I, Querques N P. Tracing the ultracapacitor commercialization pathway [J] . Renewable and Sustainable Energy Reviews, 2014, 39: 1119 - 1126.

[70] 董朝阳，赵俊华，福拴，等．从智能电网到能源互联网：基本概念与研究框架［J］．电力系统自动化，2014，38（15）：1－11.

[71] 刘振亚．全球能源互联网［M］．北京：中国电力出版社，2015.

[72] 田世明，栾文鹏，张东霞，等．能源互联网技术形态与关键技术［J］．中国电机工程学报，2015，35（14）：3482－3494.

[73] 马君华，张东霞，刘永东，等．能源互联网标准体系研究［J］．电网技术，2015，39 (11)：3035-3039.

[74] 陈启鑫，刘敦楠，林今，等．能源互联网的商业模式与市场机制（一）［J］．电网技术，2015，39 (11)：3057-3063.

[75] Brown R E. Impact of smart grid on distribution system design［C］//Power and Energy Society General Meeting-Conversion and Delivery of Electrical Energy in the 21st Century，2008 IEEE. IEEE，2008：1-4.

[76] 关于积极推进“互联网+”行动的指导意见［Z］．国务院，2015.

[77] 中国电力大数据发展白皮书［R］．中国电机工程学会信息化专委会，2013.

[78] Su W，Wang J. Energy management systems in microgrid operations［J］．The Electricity Journal，2012，25 (8)：45-60.

[79] Asare-Bediako B，Kling W L，Ribeiro P F. Home energy management systems：Evolution，trends and frameworks［C］//2012 47th International Universities Power Engineering Conference（UPEC）．IEEE，2012：1-5.

第 9 章

传统能源发电与新型能源发电对比分析

本章首先对于中国在未来中长期的人口、经济和社会等方面的发展趋势进行了展望，对于未来中国用电需求提出了分析预测。随后讨论了资源、环境和社会等因素对于发电产业的影响，开展了不同发电形式的资源、环境和社会评价分析。根据第3章~第8章中对于各类发电形式的技术现状和发展趋势分析，本章归纳了各类发电形式的技术经济性指标并开展了对比分析，探讨了发电形式之间的竞争趋势。

从技术成熟度和装机容量规模等方面，本章也分析了各种发电形式未来的供给曲线。综合需求曲线和供给曲线，本章探讨了两者的平衡点，以及相应的装机容量和上网电价范围。本章还探讨了新型能源发电对于传统能源发电的整体替代时间，并分析了具体发电形式之间在不同情景下的替代时间和影响替代的关键因素。

第 1 节　用电需求分析与资源环境社会评价

一、 用电需求分析

1. 人口增长与能源需求

根据第 2 章分析，中国人口规模预计将在 2025～2030 年前后达到 14.0～14.5 亿人口峰值，到 2050 年人口规模预计保持在 13.5 亿人口左右。同时中国人均 GDP 水平，预计将在 2030 年达到 2010 年水平的 2～4 倍，在 2050 年达到 2010 年水平的 3～6 倍，进入中等发达国家行列。

结合第 1 章分析，2015 年中国人均能耗水平约为 2.5×10^5 kJ/d，而完成工业化时人均能耗水平约为 3.0×10^5 kJ/d，中国已经进入工业化进程的后期，预计到 2020 年基本完成工业化。参考人均 GDP 水平，预计到 2030 年人均能耗水平达到 4.0×10^5～8.0×10^5 kJ/d 范围，到 2050 年人均能耗水平达到 6.0×10^5～1.2×10^6 kJ/d 范围，2050 年前后基本完成信息化。

结合人口总量变化，中国到 2030 年每年能耗总量将达到 2.0×10^{17}～4.0×10^{17} kJ 范围，相当于 67 亿～134 亿 t 标准煤；到 2050 年每年能耗总量将达到 3.0×10^{17}～6.0×10^{17} kJ 范围，相当于 100 亿～200 亿 t 标准煤。

考虑到用电侧节能技术的进步，达到同样的工业化和信息化水平所需要的能耗将逐步减少。中国经济社会发展进入新常态后，经济增长也将逐步放缓，因此上述估计范围中下限较有参考价值。综合来看，从人口增长和人均能耗角度，2030 年中国能耗总量约为 60 亿～70 亿 t 标准煤，2050 年中国能耗总量约为 100 亿 t 标准煤左右。

2. 经济发展与能源需求

从经济总量角度来看，中国 GDP 总量预计在 2020～2030 年超过美国，2050 年达到 25 万亿～105 万亿美元，成为世界第一大经济体。目前中国工业贡献 GDP 占 GDP 总量接近 50%，工业的能源消费占能源消费总量接近 70%。2016 年中国能源消费总量为43.6亿t标准煤，能源消费弹性系数为0.21，能源消费弹性系数呈现下降趋势。展望未来，中国经济增长对能源消耗的依赖将逐渐减弱，工业转型升级、第三产业快速发展，单位GDP能耗将逐步下降。

根据中国经济总量增长、单位GDP能耗水平变化，以及在全球GDP中所占比重，可以估算中国能源消费占世界能源消费比例将从2015年的21%上升至2035年的25%～30%，并在2050年达到30%～35%左右。

根据WEC《世界能源远景：2050年的能源构想》和BP《2035世界能源展望》分析，2035年全球能源消费总量预计为252亿t标准煤，2050年全球能源消费总量预计为300亿t标准煤。

结合中国经济发展和在世界所占比重，预计中国每年能源消费总量到2030年将达到60亿t标准煤左右，到2035年将达到65亿～75亿t标准煤，到2050年将达到90亿～105亿t标准煤左右。这一估算，与从人口增长和人均能耗角度的保守估计值较为接近。考虑到电气化水平提高和发电侧效率提升，能源消费总量预计将与估计范围的下限更为接近。

3. 能源需求与电能需求

根据能源研究机构分析，随着工业革命和信息革命，世界发电能源在一次能源中占比，预计将从2015年的40%左右提高至2035年的45%左右。同时电力消费占终端能源消费的比例，从1980年代的10%左右上升至目前的20%左右，并将在2035年达到23%左右，其中发达国家有望接近30%。

中国能源资源结构以煤炭为主，油气资源较少。采用电能替代煤炭直接消费，符合基本国情。中国1990年电煤比重为28.7%，2013年电煤比重为55.0%，2016年电煤比重约为58%，过去的二十多年间平均每年电煤比重增加1.3%，是世界整体增速的三倍。根据国家发改委、环保部和能源局印发的《煤电节能减排升级与改造行动计划（2014—2020年）》的规划目标，到2020年电煤比重计划超过60%，每年至少提高0.8%。

根据国家统计局数据，2016年中国发电装机总容量已达15.3亿kW，全口径发电量达5.7万亿kWh，均稳居世界第一。人均装机容量达到1.1kW，人均年用电量4332kWh，达到世界平均水平。

2016年中国发电量约相当于7亿t标准煤所包含的能量。按照发电效率折算，消耗发电能源总量约合 17 亿 t 标准煤，发电能源占一次能源比例约为 39%左右，与相关研究机构分析得出的比例较为接近。

综合考虑中国一次能源消费增长、电气化水平提高、整体发电效率提升等因素，中国 2030 年电力需求预计将达到 10 万亿 kWh 左右，2050 年电力需求将达到 15 万亿 kWh 左右，如图 9-1 所示。结合第 3 章分析，并考虑到目前发电设备利用小时处于历史最低水平，未来将逐步回升，从需求角度总装机容量到 2030 年将达到 21 亿 kW 左右，到 2050 年将达到 25 亿 kW 左右。

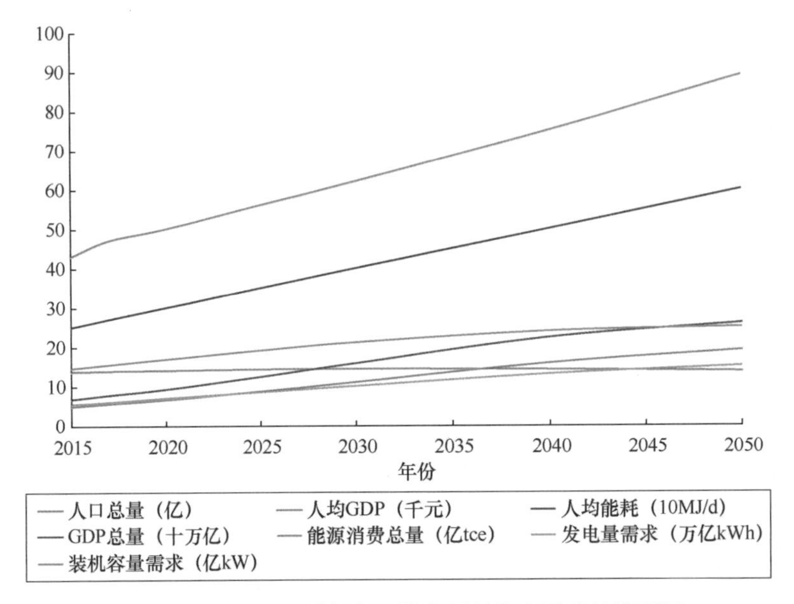

图 9-1　中国人口增长与经济发展的发电需求长期预测

从供给侧角度，结合第 3 章～第 7 章分析，中国累计发电装机容量到 2030 年预计将达到 20 亿 kW 左右，到 2050 年预计将达到 23 亿 kW 左右。对比需求侧分析和供给侧分析的结果，可以看出两者基本接近，供给侧装机容量略低。实际中未来装机容量的增长趋势，还与经济、政策等因素变化密切相关，但稳定增长的基本趋势较为清晰。

4. 各地区发展与用电需求

在整体分析中国人口增长和经济发展的同时，也要注意到各地区之间存在较为明显的资源、人口、经济、发电、用电等方面的不均衡。从图 9-2～图 9-4 可以看出，中国东南沿海和人口大省的经济情况较为活跃，而华北、西北、华东地区的发电量相对较高。综合来看，中国经济活跃地区和电力生产地区大体重合，但也存在一定的不平衡现象，因此存在跨区送电的需求。

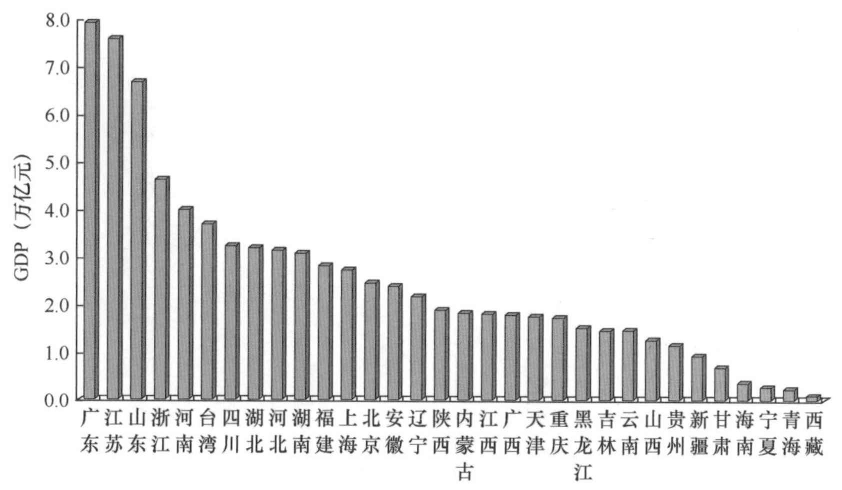

图9-2　2016年中国GDP地区分布

数据来源：国家统计局。

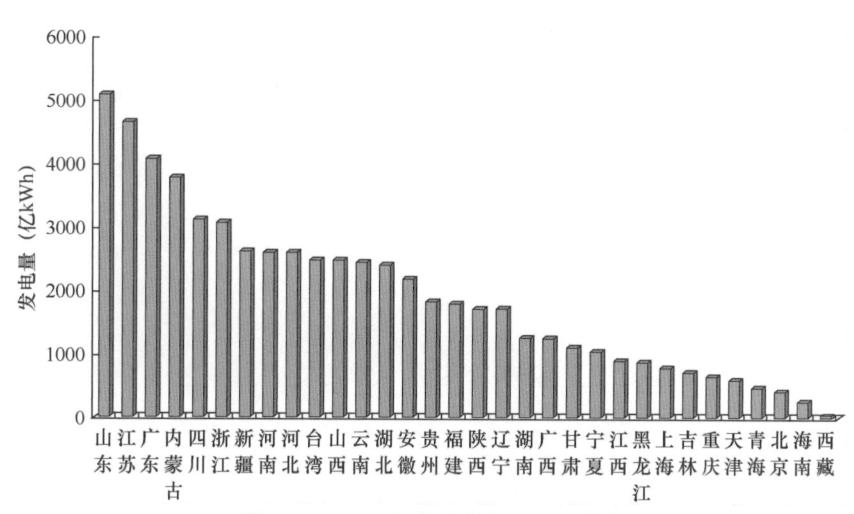

图9-3　2016年中国发电量地区分布

数据来源：国家统计局。

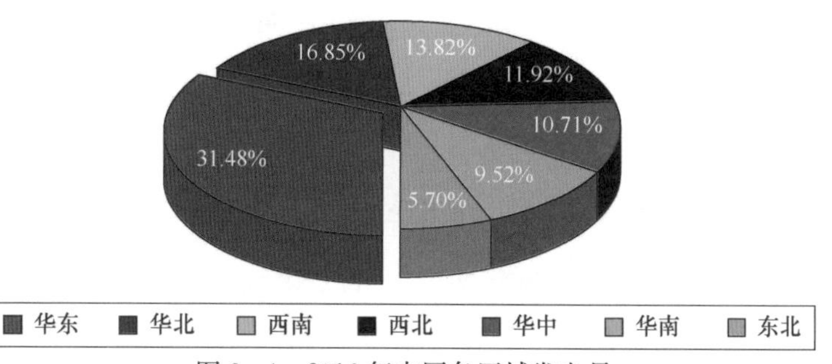

图9-4　2016年中国各区域发电量

数据来源：国家统计局。

不同地区之间，在产业结构和生活水平方面存在一定差异，而用电量又与这些因素存在密切关联。由图 9-5 可知，整体来看中国第一产业用电量比例约为 2%，第二产业用电量比例约为 70%，第三产业用电量比例约为 14%，城乡居民生活用电量比例约为 14%。用电量的增长方面，近年来中国第三产业用电量和居民生活用电量增长较为迅速，而第一产业用电量和第二产业用电量增长较为缓慢。

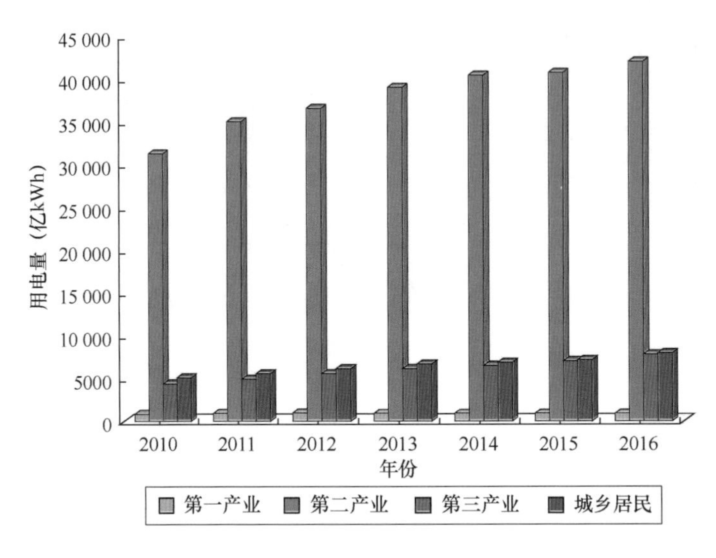

图 9-5　中国用电量组成

数据来源：中国电力企业联合会。

根据这一趋势，中国第三产业较为发达、居民生活水平较高的东南沿海地区和特大城市，普遍用电量增长较快。而第一产业和第二产业占主导的农业大省、资源基地和工业基地等，近年来用电量增速普遍有所放缓。

发电形式组成方面，根据第 3 章～第 7 章分析，不同地区的发电形式各有侧重，而近年来中国各类发电形式的增长速度也存在较大差异。截至 2016 年底，中国发电装机容量达到 16.5 亿 kW，其中火电 10.5 亿 kW、水电 3.3 亿 kW、核电 0.3 亿 kW、风电 1.5 亿 kW、太阳能发电 0.8 亿 kW。

火力发电目前保持平稳趋缓态势，发电设备利用小时数有所降低，发电量基本稳定。火力发电分布地区较为广泛，其中华北、华东、西北地区火电缓慢增长，而华南地区火电出现一定程度减少。近年来水电的发电设备利用小时数较高，发电量增长较为迅速，代表性地区有四川、云南、湖北等西南和华南地区，三省占据全国水电发电量的一半以上。

核电产业目前整体增长迅速，虽然利用小时数受整体环境影响有所降低，但装机容量和发电量都在快速增加。核电主要集中在中国沿海地区，代表性省份包括山东、浙江、广东等。风电是发展较为快速的新型能源发电，装机容量和发电量上升迅速，平均利用小时数基本稳定，主要分布地区是华北地区和西北地区。

综合以上情况，可以看出中国跨区送电的主要方向，是从西南、西北、东北和华北输送至华东、华南和华中。净送电量方面，排序依次为西南、西北、东北、华北、华中、华南、华东，与中国“西电东送”工程的方向基本一致。跨区送电的总体规模约为每年 3500 亿 kWh，净送电量约为每年 2500 亿 kWh。

跨省送电方面，送出电量较高的省份依次为内蒙古、四川、湖北、贵州、山西、云南、安徽、河北、新疆、陕西、宁夏等，主要为火电大省和水电大省。跨省送电的总体规模约为每年 9500 亿 kWh，内蒙古和四川分别作为代表性的火电基地和水电基地，送出电量分别可以达到每年 1500 亿 kWh 左右。

二、 资源、 环境和社会评价

中国是世界上最大的能源生产国和消费国。中国能源结构以煤炭为主，石油、天然气等化石燃料能源对外依存度高，能源发电产业也带来了日益严峻的资源紧张、环境污染、气候变化和社会影响等问题。同时，来自资源、环境和社会的压力也对能源发电产业提出了相应的评价与约束。一种发电形式的资源、环境和社会方面的评价，将与发电形式的技术经济性同等重要，共同决定着一种发电形式的产业现状和发展趋势。

1. 资源影响与制约

自然资源的承载能力，对于发电产业的未来可持续发展至关重要。对于不同的发电形式，存在不同的自然资源限制因素。火电、水电、核电、风电和太阳能发电等五种主要的发电形式中，火电和核电受到化石燃料和矿产资源的储量与产能的影响，而水电、风电、太阳能发电受到自然界资源的总量与变化的影响。

火力发电直接涉及的资源包括煤炭、石油、燃气、生物质、余热、垃圾等，间接涉及设备制造、运行维护和报废回收等环节中的钢铁、混凝土、水、药剂、橡胶、合金、塑料等资源。总体来看，火力发电可持续发展方面所面临的主要资源问题，仍然是煤、石油、天然气等化石燃料的波动、短缺与枯竭风险。

客观而言，化石燃料作为人类主要能源已经有200多年的历史，最终将逐步走向枯竭。化石燃料日益短缺、成本上升的大趋势不会变化。但短期的实际市场中，化石燃料作为能源和商品，既受到总体储量有限、开采难度增大、传统油田枯竭、需求不断增加的负面影响，也受到勘探技术进步、开采技术进步、新型油气资源发现的正面影响，以及政治、经济、军事等外部影响，产量、价格在波动中保持相对平衡。

煤炭资源预计还可以供人类使用200年左右，而煤炭资源可以满足中国50～100年的消费需求。近年来煤炭消费达到峰值后逐步减少，随着淘汰落后产能、产业转型升级、煤炭价格低迷等因素影响，预计未来长期中国煤炭消费量将逐年下降，从2015年的37亿t（约合27亿t标准煤）下降至2050年的19.2亿t（约合14亿t标准煤）左右。同时，煤炭用于发电的比例将不断上升，从目前水平最终提升至85%左右。发电燃煤消费在未来将呈现稳中缓降的趋势，因此燃煤发电受到煤炭资源的制约并不明显。

石油和天然气资源根据目前的储量和年产量，还可以供人类使用50年左右。虽然技术进步使得过去和未来较长时期内，油气资源储采比可以维持在50年左右，但相比煤炭，油气资源的短缺和枯竭风险明显更高。1960年代世界油气资源发现量达到峰值，随后油气资源的数量和质量不断下降。目前世界上最大的20个大型油田供应了世界四分之一的产量，很多大型油田已经到达50年开采寿命并开始出现减产。

中国面临着缺油少气的资源现状，2015年石油对外依存度已经超过60%。由于燃油发电装机容量较小，资源因素影响较为有限。作为重要调峰电源的燃气发电，占据火力发电总装机容量的6%和总发电量的3%左右，受到燃气供应量和价格变化的影响较为明显。

国家发改委提出，到2020年中国天然气供应能力将达到4000亿m^3。产量方面，国务院办公厅印发的《能源发展战略行动计划（2014—2020年）》提出，到2020年国产常规气达到1850亿m^3，页岩气产量力争超过300亿m^3，煤层气产量力争达到300亿m^3，并积极稳妥地实施煤制气示范工程。中国将形成国产常规气、非常规气、煤制气、进口LNG、进口管道气等多元化的供气来源和“西气东输、北气南下、海气登陆、就近供应”的供气格局。

中国目前每年燃气消费量约为2000亿m^3左右，主要用于居民商业用气（约40%）、工业燃料用气（约30%）、燃气发电用气（约15%）、化工产业用气（约15%）等。其中，2016年居民用气和发电用气的增长相对迅速，预计可以达到9%左右。

预计中国天然气对外依存度将从目前的33%左右，上升至2020年的38%左右。燃气供应量能否满足燃气消费量，在过去、现在和未来都是影响燃气发电产业的重要因素。结合第3章预测，燃气供应充足情况下，燃气发电装机容量将从2016年的0.70亿kW，上升至2050年的1.15亿kW。如果天然气供应量未能达到预期目标，燃气由于短缺而出现价格上涨，将会显著影响燃气发电的经济性，并进而降低燃气发电未来的装机容量和发电量预期。

核电方面，除了涉及常见资源外，主要受到铀资源、氦资源等的影响。世界陆地上铀矿资源并不丰富，适宜开采的储量约为572万t，分布很不均匀，澳大利亚占29%左右。中国铀矿可开采储量约为27.3万t，占世界总量的4.8%，不能适应核电快速发展的需要。中国的铀矿石以中低品位为主，矿床以中小型规模为主，埋深多在500m以内。

2020年中国核电装机容量计划达到60GW，每年需要天然铀约15 000t左右，按照现有储量和消耗速度只能维持几十年。为缓解资源压力，中国将发展铀资源成矿理论和勘查开发技术，探索深部铀资源、非常规铀资源的开采。近年来，中国开展了多个千吨级铀矿大基地的建设工作，并在世界上首次发现了天然金属铀。

由于海水总量巨大，海水中铀总量可达45亿t，可以保障世界数万年的能源供应。短期来看，核电发展受到核能资源的制约并不明显，中国铀矿资源可以通过加大勘探开发力度和进口铀矿资源来满足需求。

此外，第四代核电中的气冷堆需要采用氦气作为冷却剂，氦资源也是影响未来核电发展的重要资源。氦是用途广泛的稀缺不可再生资源，目前世界储量约为70亿m^3，年产量和消费量约为2亿m^3，只能维持20～30年。美国氦资源占世界总量比例超过50%，在这一资源领域占据垄断地位，是类似于稀土资源的战略资源。中国氦资源非常匮乏，科研、医疗、制造等领域氦气依赖进口，第四代核电发展必将加剧氦资源的短缺和价格上涨。目前粗氦价格约为20元/m^3，高纯氦气价格约为50元/m^3。以HTR-PM机组为例，氦气总体积约为20万m^3，总成本约为0.1亿元。可以预见，氦资源短缺对气冷堆的影响在未来将逐步受到关注。

水力发电受到自然资源的影响较大，欧美等发达国家由于水能资源基本开发完成，水电装机容量难以继续增长。中国水力资源理论蕴藏量约为6.1亿～7.0亿kW，技术可开发装机容量约为5.4亿～6.6亿kW，经济可开发装机容量约为4.0亿kW。截至2016年底，中国常规水电装机容量达到3.05亿kW，抽水蓄能电站装机容量达到0.27亿kW，合计达到3.32亿kW，水力发电产业仍然存在一定发展潜力。

预计中国常规水电装机容量到2020年将达到3.1亿kW，到2030年将达到3.3亿kW，到2050年将达到3.6亿kW，后期增长逐步趋缓，受到水力资源总量的制约将逐步凸显。中国自然水力资源的开发程度，也将从目前的40%左右上升至2050年的75%左右，水力资源开发基本完成。与常规水电相比，抽水蓄能电站受到自然水力资源的制约较少，因此发展潜力较大。预计中国抽水蓄能装机容量到2020年有望达到0.4亿～0.8亿kW。到2030年和2050年，抽水蓄能装机容量预计将分别达到1.3亿kW和1.5亿kW。

风力发电方面，中国陆上风能资源的技术可开发量约为6亿～10亿kW，海上风能资源的技术可开发量约为1.5亿～4亿kW（可以建设海上风电的海域），总体技术可开发量处于10亿～20亿kW范围。按照经济可开发量为技术可开发量的10%水平估算，中国风能资源的经济可开发量约为1亿～2亿kW。

2016年中国风电并网装机容量已经接近1.5亿kW，占据了经济可开发量的大部分比例。陆上一、二类风能资源已基本完成开发，三、四类风能资源在相关技术不完善的情况下开发尚不经济。陆上风电受到自然资源的制约已经非常明显。相比之下，中国海上风能资源开发尚不充分，目前正在快速推进，受到资源因素制约尚不明显，大量优质海上风能资源有待开发。

太阳能发电方面，2016年中国光伏发电累计装机容量达到77GW，而光热发电装机容量仅为数十兆瓦，光伏发电占据太阳能发电装机容量的绝大部分。与水电、风电等受自然资源制约明显的发电形式不同，太阳能发电主要来自于太阳能，而地球上太阳能约为人类能源总需求的近3000倍，占据了可再生能源的绝大部分比例。因此，太阳能发电制约更多来自于技术、效率、经济等因素，受到资源的影响较小。

当然，对于集中式大规模太阳能发电，选址也需要充分考虑优质太阳能资源所在地区。从太阳法向直射辐射DNI角度评价，中国拥有优质太阳能资源的地区包括西藏、新疆、青海、内蒙古和甘肃等，其中西藏DNI大于7kW/m²d地区的总功率达1100GW，占全国78.5%。

综上所述，对于各类发电形式设定“资源制约度”无量纲指标，资源因素完全决定产业发展时设为100%，资源因素对于产业发展没有影响时设为0。主要发电形式的资源制约度评价如表9-1所示。

根据制约发电形式的资源类型，还可以将发电形式分为矿产资源制约型和天然资源制约型。矿产资源制约的发电形式，一般制约程度较为中等；而天然资源制约的发电形式中，水电、风电和地热发电等制约影响较为明显，太阳能发电、海洋能发电等制约则相对较少。

表9-1　　发电形式资源制约度

发电形式	资源制约度			
火力发电	整体	50%	燃煤发电	50%
			燃气发电	80%
			燃油发电	20%
			生物质发电	30%
			垃圾发电	10%
			余热发电	25%
水力发电	整体	75%	常规水电	85%
			抽水蓄能	15%
核能发电	整体	55%	传统核电	55%
			第四代核电	65%
			核聚变发电	30%
风力发电	整体	80%	陆上风电	85%
			海上风电	35%
太阳能发电	整体	15%	光伏发电	15%
			光热发电	20%
海洋能发电	20%			
地热发电	70%			

2. 环境影响与制约

环境问题对于发电产业的影响较为明显，越来越严格的环保标准，也促进着能源发电产业向着高效、清洁的方向转型升级。参考资源对于发电形式影响的评价方法，提出环境影响度这一无量纲指标，来综合评价发电形式的污染排放、温室气体、臭氧层破坏、放射性危害、气候影响、地质影响、生物多样性影响等对于环境的影响程度。各类发电形式的环境影响度如表 9-2 所示。

表 9-2　　发电形式的环境影响度

发电形式	温室气体	污染物排放	放射性危害	气候变化	地质影响	生物多样性	综合影响
燃煤发电	100%	100%	20%	100%	40%	100%	100%
燃气发电	50%	35%	10%	40%	30%	30%	40%
燃油发电	80%	80%	20%	80%	30%	50%	75%
生物质发电	30%	90%	0	40%	0	50%	45%
燃料电池	30%	20%	0	30%	25%	10%	25%
常规水电	10%	10%	0	50%	100%	80%	55%
抽水蓄能	5%	15%	0	35%	50%	40%	30%
核能发电	20%	60%	100%	15%	0	20%	45%
陆上风电	5%	5%	0	30%	0	50%	20%
海上风电	5%	5%	0	25%	0	25%	15%
光伏发电	15%	40%	0	20%	0	20%	20%
光热发电	10%	10%	0	20%	0	60%	20%
海洋能发电	15%	10%	0	15%	0	40%	15%
地热发电	15%	15%	5%	25%	10%	10%	15%

整体来看，本书划分的传统能源发电和新型能源发电两大范围的环境影响度区别较为清晰。火电、水电和核电的环境影响度普遍超过 40%，而风电、太阳能发电、海洋能发电、地热能发电、燃料电池、抽水蓄能等的环境影响度普遍低于 40%。因此在清洁环保方面，新型能源发电普遍具有较为明显的优势。

3. 社会影响与效益

对于各类发电形式，还需要充分考虑社会因素带来的影响，包括公共安全、电网稳定、人员就业、产业拉动、回收回用、土地资源、景观影响等方面，社会影响程度评价如表 9-3 所示。与资源、环境的影响不同，社会与发电形式之间既有负面影响，也有正面影响，评价时需要综合两方面影响进行考虑。

表 9-3　发电形式的社会影响程度

发电形式	公共安全	电网稳定	人员就业	产业拉动	土地资源	景观影响	回收回用	综合评价
燃煤发电	−50%	90%	100%	60%	−60%	−50%	0	75%
燃气发电	−60%	90%	30%	50%	−20%	−10%	0	75%
燃油发电	−60%	60%	25%	20%	−20%	−20%	0	50%
生物质发电	−70%	50%	80%	45%	−60%	−40%	30%	60%
垃圾发电	−70%	50%	90%	80%	−70%	−60%	100%	85%
余热发电	−30%	40%	60%	70%	−30%	−30%	80%	100%
燃料电池	−20%	30%	35%	30%	−20%	−20%	0	60%
常规水电	−55%	70%	70%	50%	−100%	−80%	0	35%
抽水蓄能	−30%	100%	80%	60%	−100%	−90%	50%	70%
核能发电	−100%	90%	60%	100%	−70%	−50%	20%	65%
陆上风电	−20%	30%	30%	40%	−30%	−100%	0	30%
海上风电	−10%	25%	20%	50%	−20%	−90%	0	40%
光伏发电	−20%	20%	20%	50%	−80%	−50%	0	30%
光热发电	−30%	25%	25%	30%	−80%	−90%	0	10%
海洋能发电	−10%	15%	15%	40%	−30%	−50%	0	40%
地热发电	−30%	60%	60%	50%	−70%	−40%	0	60%

将各类发电形式的社会正面影响减去社会负面影响，即社会效益，并进行综合评价。可以看出占据中国发电装机容量较大比例的燃煤发电具有较为积极的社会影响，主要原因是燃煤发电具有稳定可靠、产业发展完善、就业体系健全等优势。大部分新型能源发电的社会积极影响有待显现，目前处于社会资源的前期投入阶段。垃圾发电、余热发电、抽水蓄能等发电形式，由于在废弃物回收利用、平抑电网波动等方面的积极作用，社会积极影响较为突出。

4. 资源、环境和社会评价

综合发电形式的资源、环境和社会评价如图 9-6 所示。从资源制约、环境影响和社会效益角度，新型能源发电相比传统能源发电具备一定优势，这也将对两者的竞争趋势产生影响。

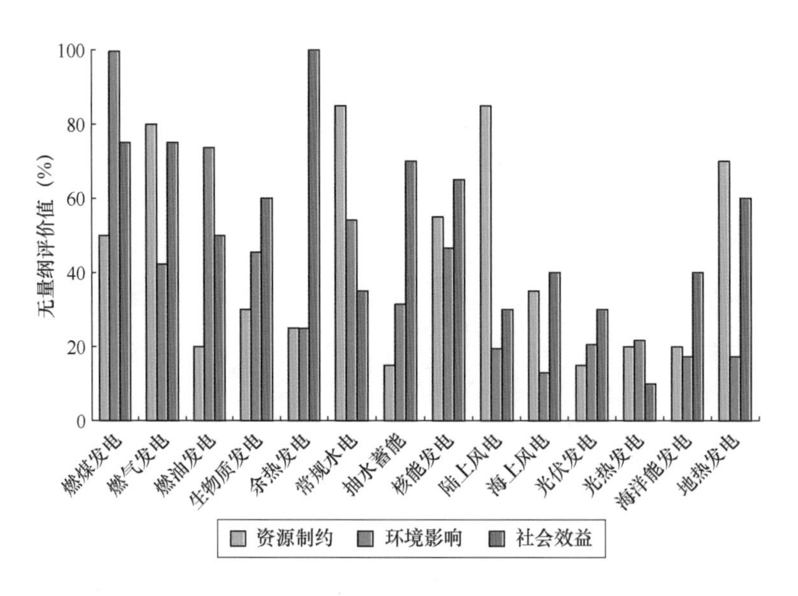

图 9-6　发电形式的资源、环境和社会评价

资源制约方面，主要受矿产资源制约的发电形式包括燃煤发电、燃气发电、核能发电等，目前制约程度中等；主要受天然资源制约的发电形式中，水电、风电、地热发电等制约程度相对较高，而太阳能发电、海洋能发电等制约程度相对较低。

环境影响方面，发电形式的环境影响主要包括污染物排放、温室气体、臭氧层破坏、放射性危害、气候地质变化、生物多样性减少等，这方面新型能源发电普遍优于传统能源发电。

社会效益方面，主要包括公共安全、电网稳定、人员就业、产业拉动、回收回用、土地资源、景观影响等方面。以燃煤发电为代表的传统能源发电普遍具有安全稳定、产业成熟、就业健全等优点，在社会效益方面具备一定优势。

新型能源发电中大部分发电形式的社会效益还有待显现；但垃圾发电、余热发电等发电形式，已经在回收利用、平抑电网波动等方面产生积极作用，社会效益较为明显。

综合发电形式的资源、环境和社会评价，未来发电产业的主流形式将是火电、水电、核电、风电和太阳能发电等五大形式。以火电、水电为主的传统能源发电的技术经济性指标优势明显，但是受制于资源环境压力，未来装机容量增幅有限。在水能资源有限、严控火电污染物排放的大背景下，大力发展新型能源发电进行替代和补充，将成为未来发电产业的主流趋势。

第2节　技术经济性对比

一、技术指标对比

不同发电形式的技术原理差别较大，可以对比的技术指标，包括能源转换效率、装机容量规模、年利用小时数、机组运行寿命、间歇波动情况、选址难易程度、技术成熟程度等。

在不考虑资源、环境和社会等影响因素的情况下，单独对于发电技术本身而言，传统能源发电在以上各技术指标方面占据较为明显的优势。新型能源发电在部分技术指标方面存在一定不足，但也在某些技术指标方面具有显著优势。

对于可以进行对比的技术指标，设置不同的权重进行综合评价。当设定技术角度最优的发电形式评价值为100%时，其他发电形式的技术竞争力如表9-4所示。传统能源发电中，燃煤发电和燃气发电、常规水电和抽水蓄能，是技术优势较为明显的发电形式，具有较强的技术竞争力，也是它们占据发电领域主导地位的重要原因。

新型能源发电中，陆上风电、海上风电、光伏发电等主流的新型能源发电具有相对较强的技术竞争力，而且在技术指标方面相对均衡。此外，风电和光伏的一些短板指标如效率、间歇性等得到改善后，预期将有更好的发展。核能发电、光热发电（储能），潮汐发电、地热发电、燃料电池等发电形式，从技术角度而言具有效率、规模、寿命、稳定、成熟等一个或多个方面的优势，也属于有一定竞争力的发电形式。

表9-4　　发电形式的典型技术指标和技术竞争力评价

发电形式	转换效率（%）	典型规模（MW）	年利用小时（h）	机组寿命（年）	间歇波动（%）	选址难易（%）	技术成熟度（%）	综合评价
燃煤发电	40	600	4300	40	15	35	95	83%
燃气发电	38	200	2500	20	10	25	80	69%
燃油发电	25	1	1000	15	20	20	95	56%
生物质发电	30	20	2000	30	40	60	75	53%
垃圾发电	15	25	5500	20	30	80	70	46%

续表

发电形式	转换效率（%）	典型规模（MW）	年利用小时（h）	机组寿命（年）	间歇波动（%）	选址难易（%）	技术成熟度（%）	综合评价
余热发电	20	0.5	2000	25	50	50	45	42%
燃料电池	55	0.1	6000	5	25	15	40	71%
常规水电	85	500	3600	50	50	80	100	98%
抽水蓄能	75	1000	1200	50	20	70	90	100%
核能发电	35	1000	7300	60	10	100	70	84%
陆上风电	35	2.5	1700	20	80	70	75	46%
海上风电	36	3.5	1800	20	75	80	50	42%
光伏发电	18	0.1	1200	20	70	60	65	36%
光热发电	25	50	2000	40	50	70	35	44%
光热发电（储能）	30	100	5000	40	25	70	25	55%
海洋能发电（波浪）	20	0.2	1500	30	100	65	10	28%
海洋能发电（潮汐）	70	250	2000	50	85	80	45	70%
地热发电	30	5	6200	40	30	90	55	56%

二、 经济指标对比

发电形式的经济指标，包括建设成本、千瓦时电成本（综合建设、燃料、运维、折旧、折现、税收等因素）、内部成本、外部成本、上网电价、投资回收期等。

发电形式没有出现重大技术突破的情况下，技术指标变化相对较小，而经济指标相比之下变化更迅速。经济指标受到资源、技术、环保、社会、政策、市场等多重因素的共同影响，短期存在明显的波动变化，而长期来看保持一定趋势。

各类发电形式的建设成本、千瓦时电成本、投资回收期等经济指标如表 9－5 所示，其中投资回收期参照较为理想的上网电价和政策补贴进行估算得到。因此，千瓦时电成本可以视为发电形式的直接经济竞争力，而投资回收期则更多体现考虑经济成本和政策补贴后的综合经济竞争力。

表 9-5　　发电形式的经济指标和综合评价

发电形式	建设成本（元/kW）	千瓦时电成本（元/kWh）	回收周期（年）	回收期/寿命（%）	综合评价（%）
燃煤发电	4600	0.26	9	22	81
燃气发电	8000	0.57	13	65	42
燃油发电	4500	0.75	—	—	20
生物质发电	7500	0.38	7	23	72
垃圾发电	16 000	0.80	15	75	33
余热发电	10 000	0.70	18	72	36
燃料电池	10 000	1.50	—	—	15
常规水电	4600	0.16	8	16	100
抽水蓄能	3500	0.19	16	32	84
核能发电	9000	0.28	10	17	82
陆上风电	8000	0.55	11	55	48
海上风电	17 000	0.85	15	75	32
光伏发电	8000	0.50	12	60	46
光热发电	14 000	1.60	28	70	32
光热发电（储能）	16 000	1.45	22	55	41
海洋能发电（波浪）	25 000	3.00	—	—	10
海洋能发电（潮汐）	20 000	2.80	15	30	54
地热发电	8500	0.60	14	34	60

千瓦时电成本的组成方面，各类发电形式的千瓦时电成本组成如图 9-7 所示。其中火力发电类中燃料成本占据相当比例，建设成本比例相对较低。具体来看，燃煤发电、燃气发电和燃油发电的燃料成本比例很高，而生物质发电、垃圾发电和余热发电的燃料成本比例较低。生物质发电的生物质燃料的收集、运输和处理成本较高，因此千瓦时电成本中其他部分比例较高。

核电的建设成本比例较高，而燃料在千瓦时电成本中所占比例较小。水力发电类的千瓦时电成本中，建设成本占据很高的比例，柴油发电机等备用电源也产生了一定的燃料成本。风力发电和太阳能发电等新型能源发电的建设成本和运维成本普遍比例较高，而燃料成本比例基本为零。

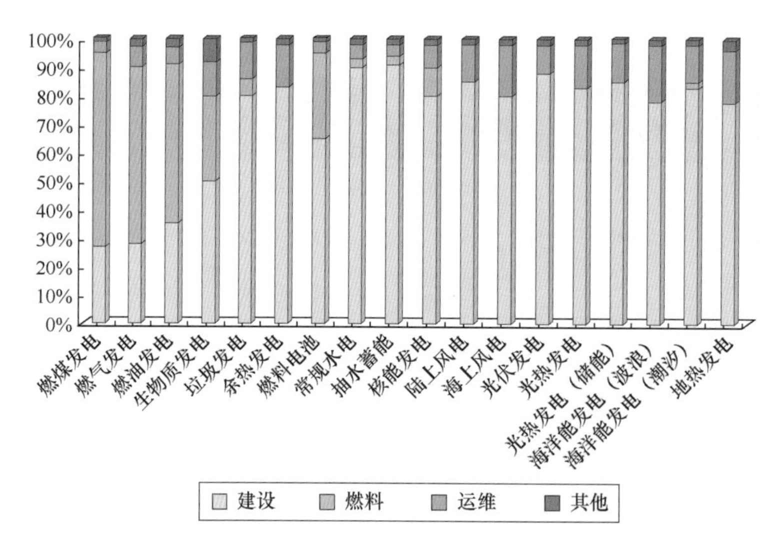

图 9-7　发电形式的千瓦时电成本组成

投资回收期方面，通常传统能源发电上网电价的政策补贴较少，但建设成本较低，因此千瓦时电利润相对较高，燃煤发电、常规水电的投资回收期较短。新型能源发电的投资回收期与政策补贴关系密切，上网电价扶持力度较大的核电、陆上风电、光伏发电和地热发电等，投资回收期普遍较短；而上网电价扶持尚不明确的余热发电、海上风电、波浪能发电等，投资回收期则普遍较长。

此外，新型能源发电的寿命周期普遍较短，当投资回收期较长时，容易接近或者超过寿命周期，造成经济性恶化。一般投资回收期接近或长于寿命周期的发电形式，普遍技术成熟度较低，或者用于调峰、应急等特殊用途，如燃油发电、燃料电池、波浪能发电等。

三、 技术经济性综合评价

本章讨论了从人口、经济、能源和地区等角度出发的用电需求，又探讨了资源、环保、社会等因素对发电产业的影响，并分析了各类发电形式的技术指标和经济指标。综合以上分析，可以将用电需求归纳为需求曲线，将影响制约归纳为制约曲线，将技术经济性归纳为供给曲线，从而建立数学模型。通过曲线图分析，探讨电力的需求与供给间的平衡点，从而对发电产业未来趋势进行更准确的预测。

整体趋势而言，电力价格越低，需求越高；价格越高，需求越低，在一定范围内近似成反比关系。中国在2015～2050年期间，设定的不同电力价格情景下，装机容量需求曲线如图9-8所示。结合之前章节对于各种发电形式的装机容量长期预测，在图9-8中画出供给曲线。到2050年，供给曲线对应的累计装机容量将达到23亿kW左右。

综合图9-8中的需求曲线和供给曲线，可以看出两者较为平衡时，电力价格处于0.50～0.53元/kWh范围。这一价格范围相比目前水平略有下降，而届时由于新型能源发电比例扩大，整体发电成本将略有上升，使得发电产业的利润空间收窄。当然，届时发电产业的信息化、自动化程度也将显著上升，利润用于支付人员薪酬等部分将逐步减少，产业保持稳定运转态势。

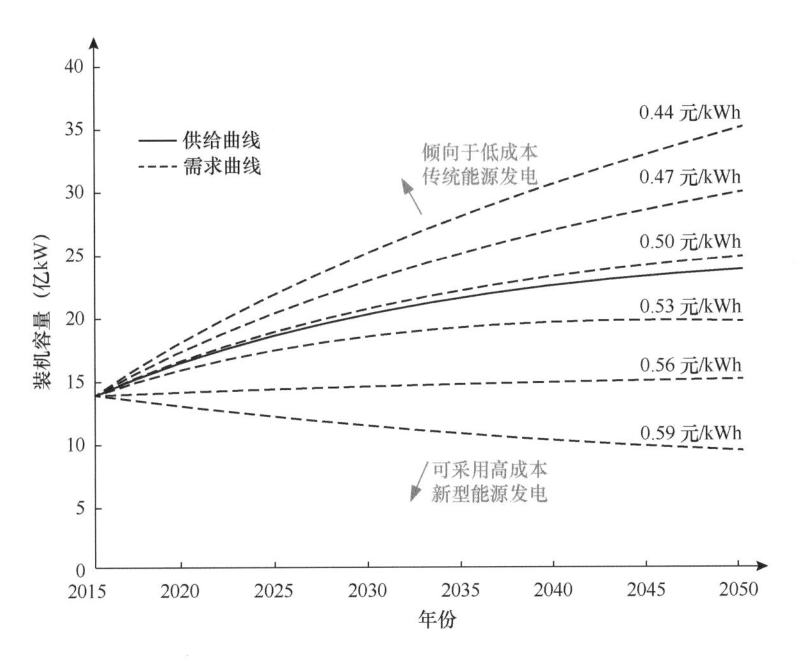

图9-8　2015～2050年装机容量需求与供给变化趋势

从电力需求和发电形式两方面，讨论电力价格下降和发电成本上升两方面趋势。电力需求方面，预计2015～2050年中国第一、二、三产业和城乡居民用电量和价格范围如图9-9所示，四部分综合构成了需求侧的电量和价格范围。

结合电力价格政策，第二产业和第三产业的电力价格普遍较高，而第一产业和城乡居民用电的电力价格相对较低。预计未来中国第三产业和城乡居民用电量增长较为迅速，第一产业用电量增加有限。第二产业用电量虽然目前较高，但预计未来增长幅度较低。从需求侧整体来看，用电量在逐步上升的同时，电力价格将略有降低，主要是由于工业高价格电力需求的放缓。在2015～2050年期间，需求侧的用电量和价格的关系曲线如图 9 - 10 所示，用电量较高的情景下电力价格将略低。

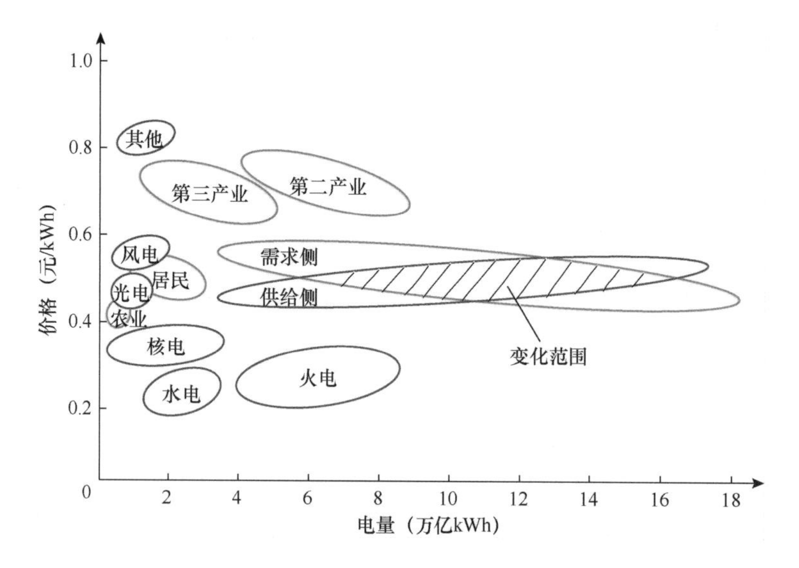

图 9 - 9　2015～2050 年期间的电量与价格范围分析

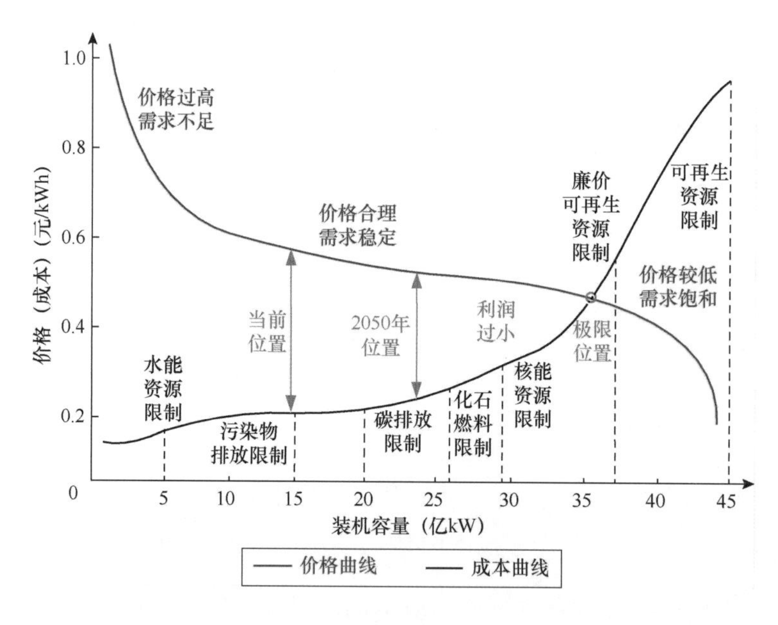

图 9 - 10　2015～2050 年期间的供需关系与成本价格分析

从供给侧角度来看，未来中国发电产业的主流形式是火电、水电、核电、风电和太阳能发电等五大形式。水电和火电作为传统能源发电，千瓦时电成本较低，而新型能源发电的千瓦时电成本较高。

受到资源、环境和社会等方面的压力，传统能源发电可以提供的发电量存在上限，需要采用新型能源发电进行替代和补充。而新型能源发电的发电量比例上升，将带来整体度电成本上升。供给侧的发电量和成本的关系曲线如图 9-10 所示，在 2015～2050 年期间随着发电量上升，供给侧期望的电力价格也会有所升高。综合图 9-10 中的价格曲线和成本曲线，2015～2050 年期间中国年用电量将处于 5 万亿～15 万亿 kWh 范围，价格将处于 0.46～0.56 元/kWh 范围。

分析发电产业的供需关系和经济性，可以看出供给侧方面如果单纯从经济角度选择发电形式，优先级依次为水电、火电、核电、太阳能发电和风电、其他新型能源发电。然而，水电的自然资源限制较为明显，装机容量上限较低；火电和核电受到矿产资源和环保限制，装机容量也不能无限制增加。

当需要进一步提升装机容量并兼顾经济性时，将优先开发优质、低价的可再生能源，如太阳能发电和风电等新型能源发电；仍然不能满足需求时，将不得不开发技术难度高、发电成本高的可再生能源，或采用技术成熟度较低的新型能源发电，相应的千瓦时电成本也将出现显著上升。

中国当前的电力需求，采用水电和火电等传统能源发电基本可以满足。这也与目前水电和火电的装机容量占比 90%、发电量占比 95%的情况一致。未来受到水能资源限制和火电污染物排放限制，当电力需求进一步上升时，大力发展新型能源发电将成为唯一选择。根据供给侧成本曲线，新型能源发电所能提供的、经济性较好的装机容量潜力还十分巨大。

采用新型能源发电替代传统能源发电，可以避免火力发电超过污染物排放限制、碳排放限制甚至化石燃料限制。虽然采用新型能源发电将造成成本上升，但当火力发电超过以上限制时，带来的资源、环境和社会方面的附加成本更为巨大。

综合以上分析，到 2050 年时发电产业利润预计将收窄 20%左右。但新型能源发电比例的提升，以及信息化和自动化技术的普及，将从资源、环境、社会等方面抵消经济因素的影响，经济收益将更多地转换为生态收益和社会效益。

第3节　竞争趋势与替代时间分析

《全球能源互联网》等著作中提出，为了实现人类能源可持续发展战略，需要改变全球能源秩序，维护全球能源安全，重塑全球能源治理架构。以英国的低碳转型计划和可再生能源战略为例，未来将构建可持续（sustainable）、可再生（renewable）、可负担（affordable）的能源架构。

相关学者指出，中国能源问题的解决方法是实施“两个替代”，即电能替代和清洁替代。电能替代方面，重点任务是推进“以电代煤、以电代油、电从远方来、来的是清洁电”战略，提升电气化水平。清洁替代方面，主要是利用清洁能源替代化石能源，其中涉及技术性问题、经济性问题和安全性问题。

本节讨论的内容主要涉及清洁替代，重点分析新型能源发电对于传统能源发电的整体替代，以及具体发电形式之间在不同情景下的替代时间。

一、 发电形式的替代含义

在人口增长、经济发展、能源消费水平提升等因素的推动下，发电产业未来将长期保持规模扩大趋势。在资源、环境和社会等影响因素作用下，新型能源发电比例不断扩大，传统能源发电比例不断缩小，也是发电产业未来的大趋势。归纳第 3 章～第 8 章的各类发电形式装机容量预测曲线，结果如图 9－11 所示，可以清晰地看出传统能源发电和新型能源发电的整体竞争趋势。

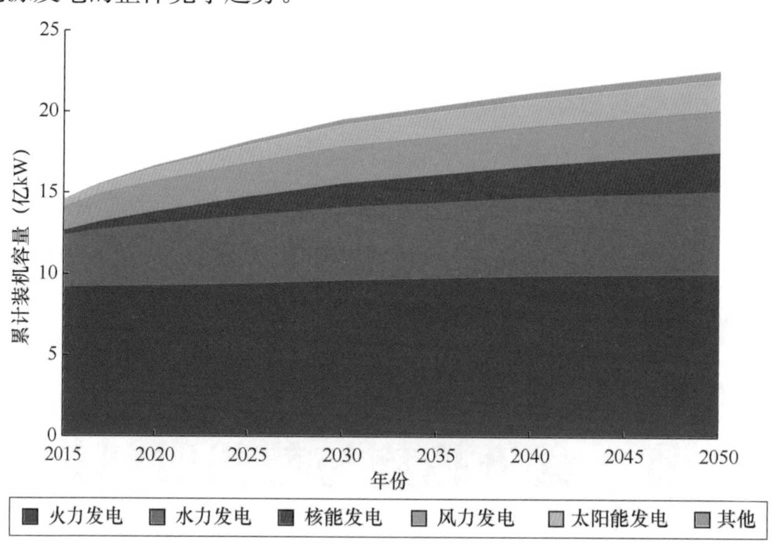

图 9－11　各类发电形式的累计装机容量长期预测

探讨新型能源发电对于传统能源发电的替代，首先需要明确“替代”的含义。从技术指标方面，替代是指两者的装机容量、发电量等指标达到一定程度的相对变化；从经济指标方面，替代是指两者的千瓦时电成本、建设成本、上网电价、回收期等指标达到一定程度的比较优势；从资源、环保和社会等角度，替代是指新型能源发电具备了特有优势和政策扶持，在满足电力需求增长时优先考虑新型能源发电。

二、 传统与新型能源发电的整体竞争趋势

结合上文对各类发电形式的分析，对传统能源发电和新型能源发电的各项指标进行综合评价，结果如表9-6所示。通过对“替代”含义的讨论，新型能源发电对传统能源发电的替代，不应局限于指标数值上的超过，而是数值上的变化可以带来新型能源发电的竞争优势。

表9-6　　新型能源发电的替代量化指标

指标	传统能源发电综合值	新型能源发电综合值	新型能源发电替代值	替代时间（年）
转换效率（%）	50	30	40	2040
典型规模（MW）	600	10	20	2030
年利用小时（h）	4000	2000	2500	2035
机组寿命（年）	40	25	30	2030
间歇波动（%）	20	60	40	2040
选址难易（%）	40	70	60	2040
技术成熟度（%）	95	60	80	2040
综合技术评价（%）	85	45	65	2040
建设成本（元/kW）	4500	9500	6000	2045
千瓦时电成本（元/kWh）	0.20	0.50	0.30	2045
上网电价（元/kWh）	0.35	0.60	0.40	2050
回收周期（年）	5	10	7	2045
回收期/寿命（%）	15	45	25	2045
综合经济评价（%）	95	75	85	2045
资源制约程度（%）	65	40	35	2025
环境影响程度（%）	80	25	20	2025
社会贡献程度（%）	55	40	50	2040

在未来长期中，新型能源发电的技术指标和经济指标普遍落后于传统能源发电，而资源限制和环境影响普遍优于传统能源发电。新型能源发电的技术指标和经济指标，只要在一定程度上接近传统能源发电，使得新型能源发电具备一定的技术竞争力和经济竞争力，就可以视为替代的发生。新型能源发电的资源限制和环境影响等指标进一步优化，也可以增强竞争力并拉大与传统能源发电的距离，产生替代作用。

表 9 - 6 中给出了新型能源发电产生替代效应时，相应的各类指标的估值。结合指标值和之前章节对于新型能源发电的趋势预测，可以粗略估计替代效应的发生时间。新型能源发电在资源制约、环境影响和社会效益等方面的竞争力较强，替代时间较早。新型能源发电的技术指标方面的替代时间会略晚一些，预计在 2040 年前后，而经济指标的替代时间又将晚于技术指标 5 年左右。整体来看，新型能源发电将在 2040 年前后，对于传统能源发电产生较为明显的替代效应。

综合之前章节对于各种发电形式的累计装机容量的长期预测，获得传统能源发电和新型能源发电的累计装机容量长期预测，如图 9 - 12 所示。其中传统能源发电具体包括燃煤发电、燃油发电、燃气发电、常规水电、抽水蓄能等，新型能源发电具体包括生物质发电、垃圾发电、余热发电、燃料电池、核能发电、风力发电、太阳能发电、海洋能发电、地热发电等。

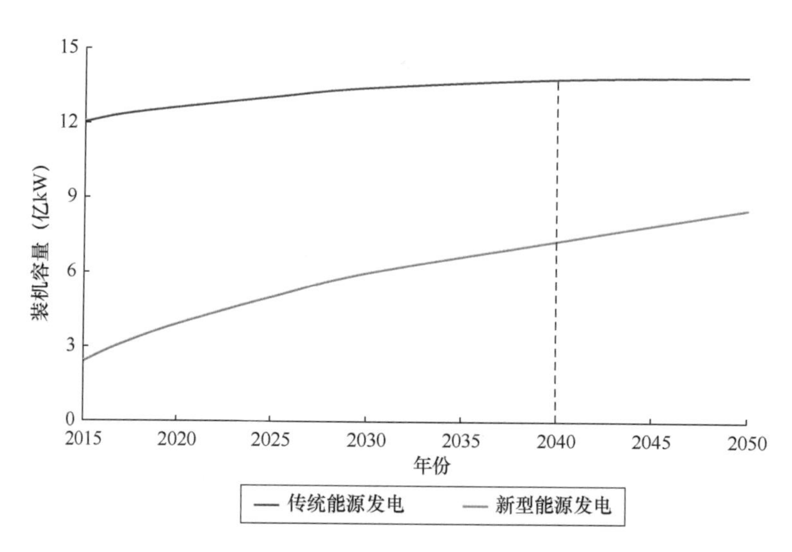

图 9 - 12　传统能源发电和新型能源发电累计装机容量长期预测

传统能源发电累计装机容量在 2030 年前后增长逐步趋缓，在 2040 年后基本保持不变。由于传统能源发电早期累计装机容量比例较高，机组寿命较长，2040 年时传统能源发电仍将占据总量的近三分之二比例。新型能源发电累计装机容量在 2050 年前都将保持较为稳定的增长速度，并在 2040 年前后占据总装机容量的三分之一以上。

从新增装机容量角度，分析传统能源发电和新型能源发电的竞争趋势，如图 9－13 所示，可以看出替代趋势更为清晰。传统能源发电的新增装机容量在 2040 年后基本为零，内部变化主要围绕传统能源发电的新旧技术交替。

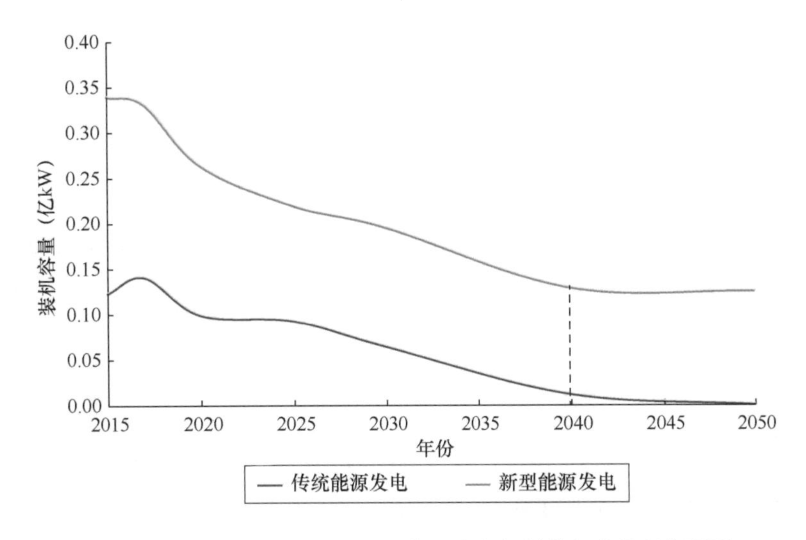

图 9－13　传统能源发电和新型能源发电新增装机容量长期预测

新型能源发电的新增装机容量始终大于传统能源发电，并且在 2040 年后新增装机容量仍然能保持稳定水平。到 2040 年，预计中国净增装机容量 90％以上将来自于新型能源发电。这也说明，届时在满足新增的电力需求时，将优先考虑新型能源发电。

2040 年前后新型能源发电对传统能源发电的替代，并不意味着传统能源发电产业就此衰落。火力发电和水力发电的建设仍将继续，满足技术转型升级带来的新建机组需求。由于累计装机容量巨大，传统能源发电的运行、维护产业仍然将保持较大市场规模。业务重点预期将有所变化，新建机组调试业务减少而已有机组改造、延寿等业务增多。

新型能源发电的建设、运行、维护等相关产业将保持高速增长，相关企业需要做好应对转变的准备。相应的发电设备制造、电力生产、电力输送、电力销售等整个产业链，都将因为新型能源发电的替代效应而发生深刻变化。

三、 竞争与替代背景下的发展路线

在未来新型能源发电替代传统能源发电的宏观背景下，发电行业的技术研究和产业应用的发展战略，需要结合发电形式之间的竞争趋势和替代时间来制定。

对于新型能源发电，技术研究应重点关注技术指标的短板，改善机组规模、年利用小时数、波动性和间歇性等薄弱环节。可以将新型能源发电的共性问题列为重点课题，结合储能、分布式发电、冷热电联供、多能互补等先进技术手段，提升新型能源发电的整体技术成熟度。

产业应用方面，应当通过批量化和商业化，降低新型能源发电的建设成本和千瓦时电成本。政策方面也应当继续予以扶持，提升补贴的精准度，并在技术可靠性提升后，逐步减少政策性的约束和限制。培育有竞争力的新型能源发电产业链，促进新型能源发电在资源、环境、社会等方面的效益发挥。针对各类传统能源发电形式，开展相应的替代研究，筛选替代潜力较高的新型能源发电形式。对于显著影响替代时间点的关键技术，应当开展专项研究，加速替代进程。

传统能源发电的技术研究应当围绕向高效、清洁方向转型升级中的关键技术展开，减轻传统能源发电造成的资源环境压力。对于700℃超超临界发电、S-CO_2布雷顿循环、燃煤污染物控制、先进燃气轮机技术、1000MW高性能大容量水电机组等前沿技术，应当保障资金重点投入和技术攻关力度。

产业应用方面，2050年前传统能源发电在累计装机容量方面仍然占据较大比例，现有机组应当通过技术改造进行转型升级，充分发挥技术成熟可靠、千瓦时电成本较低的技术经济优势，继续创造社会效益。传统能源发电产业应当积极配合新型能源发电的替代进程，政策方面也应当鼓励传统能源发电企业开展新型能源发电业务，并探索水光互补、水风互补、太阳能互补联合循环（ISCC）等传统与新型发电形式相结合的产业模式。

此外，传统能源发电中的一些新兴形式和用途，如IGCC、微燃机分布式冷热电联供、煤层气和页岩气等非常规油气发电等方向，也可以作为转型升级中的研发重点，从而促进传统能源发电的转型进程。

四、 具体发电形式的替代时间分析

上部分内容分析了新型能源发电对于传统能源发电的综合替代时间。而具体到两类发电形式的替代时间，以及在不同政策导向、发电补贴等情景下的竞争趋势和替代时间，则需要进一步详细分析。

1. 发电形式之间的替代范围

具体到某一种传统能源发电形式的替代时，需要充分考虑规模、效率、环保、经济、稳定、资源、地区等因素的相似性和比较优势。例如沿海地区的核电机组可以较好地替代燃煤机组，是因为规模、稳定性、地区等方面的相似性，以及核电机组在环保、资源等方面的比较优势。首先归纳各类发电形式在各个方面的相似性，如表 9 - 7 所示。

表 9 - 7　　影响发电形式替代的主要因素的范围划分

典型规模	300MW 以上：燃煤发电、核能发电、常规水电、抽水蓄能	30～300MW：燃气发电、光热发电、光热发电（储能）、潮汐能发电	0.8～30MW：燃油发电、生物质发电、垃圾发电、陆上风电、海上风电、地热发电	0.8MW 以下：余热发电、燃料电池、光伏发电、波浪能发电
年利用小时	4500h 以上：垃圾发电、燃料电池、核能发电、光热发电（储能）、地热发电	3500～4500h：燃煤发电、常规水电	1900～3500h：燃气发电、生物质发电、余热发电、光热发电、潮汐能发电	1900h 以下：燃油发电、抽水蓄能、陆上风电、海上风电、光伏发电、波浪能发电
地理位置	任何地区：燃煤发电、燃气发电、燃油发电、生物质发电、垃圾发电、余热发电、燃料电池	沿海地区：核能发电、海上风电、波浪能发电、潮汐能发电	内陆地区：陆上风电、光伏发电、光热发电、光热发电（储能）	特定地区：常规水电、抽水蓄能、地热发电
建设成本	15 000 元/kW 以上：垃圾发电、海上风电、光热发电（储能）、波浪能发电、潮汐能发电	9500～15 000 元/kW：余热发电、燃料电池、光热发电、	5000～9500 元/kW：燃气发电、生物质发电、核能发电、陆上风电、光伏发电、地热发电	5000 元/kW 以下：燃煤发电、燃油发电、常规水电、抽水蓄能
千瓦时电成本	1.0 元/kWh 以上：燃料电池、光热发电、光热发电（储能）、波浪能发电、潮汐能发电	0.65～1.0 元/kWh：燃油发电、垃圾发电、余热发电、海上风电	0.30～0.65 元/kWh：燃气发电、生物质发电、陆上风电、光伏发电、地热发电	0.30 元/kWh 以下：燃煤发电、常规水电、抽水蓄能、核能发电
资源环境社会评价	评价很高：垃圾发电、余热发电、抽水蓄能	评价较高：燃料电池、陆上风电、海上风电、光伏发电、光热发电、海洋能发电	评价中等：燃气发电、生物质发电、常规水电、核能发电、地热发电	评价较低：燃煤发电、燃油发电

结合表 9-7 对于发电形式替代的主要因素分析，可以筛选具有较高相似性的发电形式，归纳一种传统能源发电形式的新型能源发电替代形式的可能范围，如表 9-8 所示。对于占据中国装机容量和发电量主导地位的燃煤发电，几种新型能源发电形式在替代方面的优势和不足如图 9-14 所示。

表 9-8　　传统能源发电形式的替代范围

被替代的传统能源发电形式	可用于替代的新型能源发电形式
燃煤发电	生物质发电、垃圾发电、核能发电、陆上风电、海上风电、光热发电（储能）、潮汐能发电
燃气发电	生物质发电、垃圾发电、核能发电、陆上风电、海上风电、光热发电、潮汐能发电
燃油发电	生物质发电、垃圾发电、余热发电、燃料电池、陆上风电、海上风电、光伏发电、光热发电、波浪能发电
常规水电	核能发电、陆上风电、海上风电、光热发电（储能）、潮汐能发电
抽水蓄能	核能发电、陆上风电、海上风电、光热发电、潮汐能发电

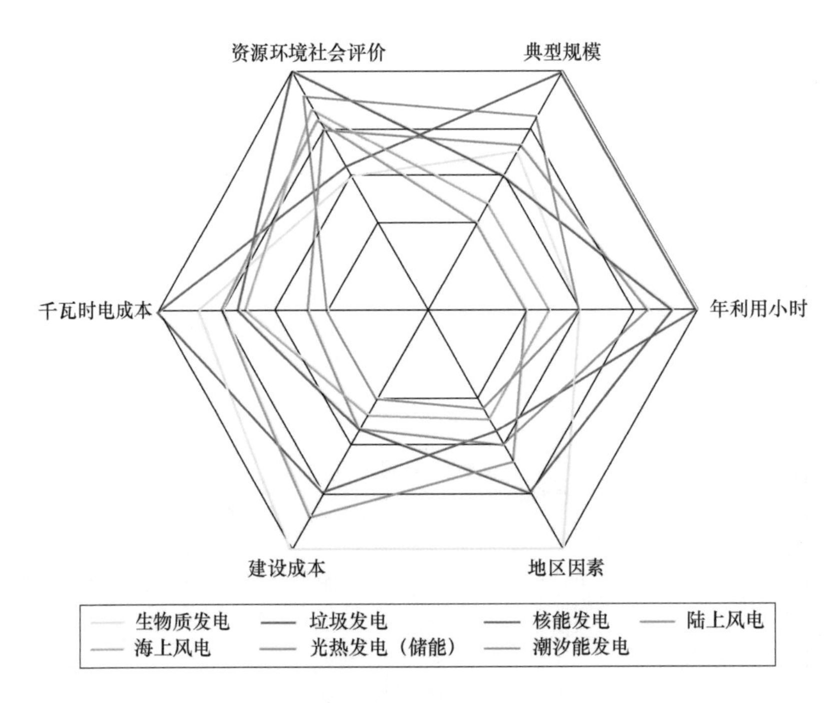

图 9-14　新型能源发电对燃煤发电的替代潜力评价

从图 9-14 可以看出，与燃煤发电具有部分相似性的新型能源发电形式中，没有能够完美替代燃煤发电的新型能源发电形式。核电是其中最具优势的替代方式，目前存在的不足主要是建设选址较难、建设成本较高等。随着未来核电进一步发展，以及内陆核电政策的变化，以上不足解决后核电可以较为完善地替代燃煤发电。

生物质发电和垃圾发电作为火力发电大类中的两种新型能源发电形式，在地区因素方面与燃煤发电具有较高的相似性。生物质发电在规模、年利用小时和资源环境社会评价方面的替代能力存在一定不足，而垃圾发电在规模、成本方面的替代能力有待优化。考虑到生物质发电和垃圾发电的固有特点，只能作为替代燃煤发电进程中的有效补充。

如果采用陆上风电和海上风电替代燃煤发电，则需要完善装机规模、年利用小时等方面替代潜力的不足。装机规模方面可以采用大量风机组成大型风电场解决，但占地面积将明显大于相同装机容量的火电机组，而且大型风电场的控制更为复杂。受到地区风能资源可利用小时的限制，风电的波动和间歇问题也难以通过增大风机数量解决。此外，海上风电的地区限制和建设成本，也显著影响了替代燃煤发电的潜力。综合来看，风力发电不适合直接替代燃煤发电。

光热发电可以实现较大的装机容量规模，配合储能技术可以实现长时间连续稳定发电，资源环境社会评价较高，具备一定替代燃煤发电的潜力。目前存在的问题是光热发电的建设成本和千瓦时电成本都显著高于燃煤发电，而且现有技术条件下光热发电需要建设在太阳能资源丰富地区，因此还有待于根据未来发展情况评价替代潜力。潮汐能发电与光热发电类似，相比其他新型能源发电在装机容量和年利用小时方面具有优势。但潮汐能发电的建设成本和千瓦时电成本较高，而且选址非常局限，用于替代同一地区的燃煤机组的可能性较小。

2. 典型情景下燃煤发电替代时间分析

以核能发电对于燃煤发电的替代为例，从技术指标、经济指标和资源环境社会评价等各角度详细分析替代时间。对于煤电和核电而言，未来较长时期内煤电的效率、建设成本等将优于核电，而核电的装机规模、年利用小时、机组寿命等将优于煤电，资源制约和社会效益方面两者基本相当。对于核电替代煤电影响较为突出的指标，主要是地区因素、千瓦时电成本和环境影响等具体指标。

燃煤发电的地区因素方面如图 9-15 所示，随着未来燃煤发电的排放标准逐步提高、发电煤耗逐步降低，燃煤发电选址方面，与市区、煤矿、港口等的距离因素将有所淡化，选址范围有所增大。随着直接空冷、间接空冷、CFB、S-CO_2布雷顿循环等技术的逐步成熟推广，由于水源、煤种等因素造成的选址限制也将逐步减少。

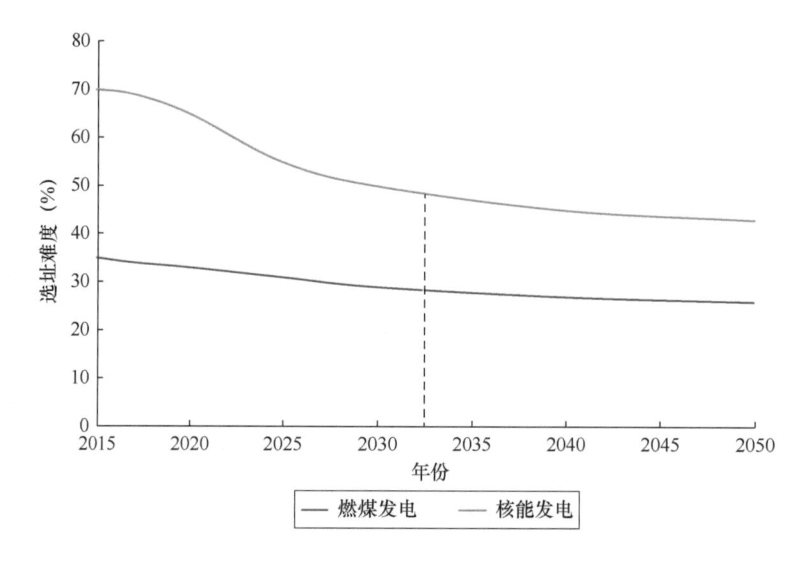

图 9-15 燃煤发电和核能发电的地区因素趋势对比

核电的地区因素方面，选址主要考虑技术和政策两方面影响。核电技术的快速发展使得核电安全性不断提升，对于冷却水源、人口密度等要求将有所放宽，内陆核电技术将走向成熟。政策方面，随着中国开展大气污染治理和燃煤发电替代研究，为满足用电需求增长并发展核电产业，内陆核电审批放开只是时间问题。

燃煤发电的千瓦时电成本，随着环保装置的大规模应用和升级，未来将出现小幅上升，如图 9-16 所示。此外，虽然煤炭资源相对其他化石能源较为丰富，但长期来看煤炭价格仍然将呈现上涨趋势，而煤炭价格对于燃煤发电的千瓦时电成本影响显著。核电的千瓦时电成本则更多来自于建设成本，燃料成本影响相对较小。未来十年随着第三代核电机组的大范围建设和投运，核电的千瓦时电成本将伴随安全技术应用而小幅上升。随后第四代核电技术将逐步成熟和商业化，核电千瓦时电成本预期将会逐步回落，最后将低于燃煤发电，与法国、美国等核电先进国家的情况相近。

环境影响方面，燃煤发电和核能发电的趋势有所不同。随着环保法规的不断完善和排放控制技术的持续发展，燃煤发电的污染物和温室气体排放的绝对值将逐步降低，但相对其他发电形式的环境影响仍然较为严重。核能发电的环境影响集中在核废料相关环节，预计将随着核燃料循环技术进步而逐渐下降。核电相比煤电，在环境影响方面的优势将继续保持，差距较为稳定。

综合上述分析可以看出，核电替代煤电中两个关键性指标，分别是地区因素和

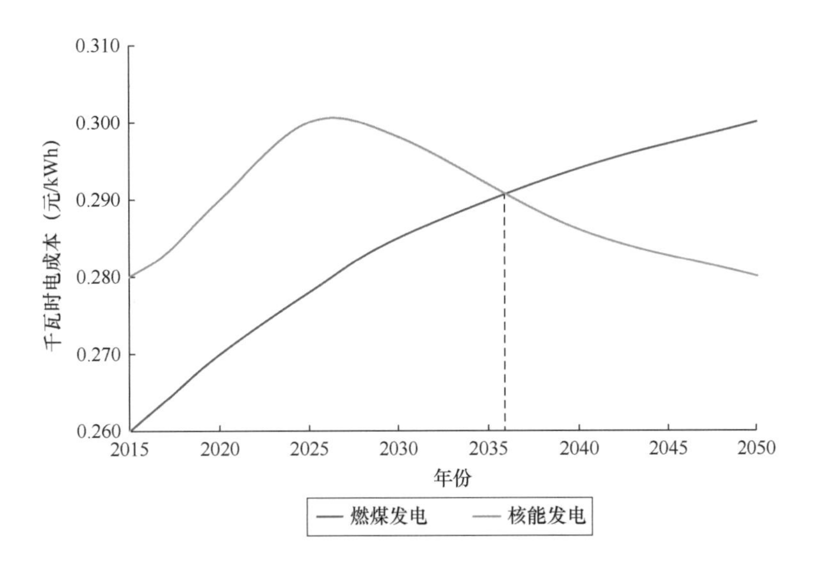

图 9-16　燃煤发电和核能发电的千瓦时电成本趋势对比

千瓦时电成本。由于核电的固有特点和安全要求，核电选址难度未来仍将高于煤电。两者选址难度差异缩小至 20%以内时，适合建设煤电的区位中将有相当比例可以建设核电，可以近似视为替代。根据图 9-15 所示选址难度曲线趋势，选址因素方面的替代效应的时间约为 2033 年前后。

千瓦时电成本方面，当核电的千瓦时电成本低于煤电的千瓦时电成本时，对于替代具有明显的推动作用。根据图 9-16 所示千瓦时电成本曲线趋势，煤电与核电的千瓦时电成本在 2036 年前后出现交叉，随后核电的千瓦时电成本优势将继续扩大。

综合地区因素和千瓦时电成本，可以预测核能发电对于燃煤发电出现替代优势的时间约为 2035 年前后，早于新型能源发电对于传统能源发电的整体替代时间约 5 年。届时，燃煤发电的装机容量将下降至 8.0 亿 kW 左右，而核电的累计装机容量预计将上升至 1.7 亿 kW 左右，达到燃煤发电累计装机容量的五分之一。2035 年之后，核电相对煤电在新增装机容量方面保持稳定优势，说明替代趋势已经基本定型。

这一分析结果也说明针对燃煤发电的替代，核电在各方面相似性较高而且具备环保方面的优势。随着核电的大规模商业化和支持政策的出台，核电在千瓦时电成本和地区因素两方面的差距将进一步缩小或消除，成为新型能源发电替代传统能源发电进程中，具有代表性的替代组合。

3. 其他情景下燃煤发电替代时间分析

上文替代分析中，技术指标和经济指标根据典型的技术现状、燃料价格、政策补贴、环保要求等确定，在此情景下预测替代时间。以核电对煤电的替代为例，在煤炭价格、核电政策等影响因素发生变化的情景下，替代时间可能会出现较为明显的提前或滞后。

探讨不同燃煤价格情景下的替代时间：上文替代时间分析中采用的中等燃煤价格为750元/t水平，记为情景1；对于低燃煤价格（500元/t）和高燃煤价格（1000元/t），分别作为情景2、3。

在计算燃煤发电千瓦时电成本时，不同技术形式对于燃煤价格的敏感性有所不同，效率较高的燃煤发电技术形式的敏感性相对较弱。因此，对于情景1、2、3中的燃煤发电，根据亚临界、超临界、超超临界、CFB、S-CO_2布雷顿循环等技术形式的装机容量权重，加权计算得到整体的千瓦时电成本，如图9-17所示。

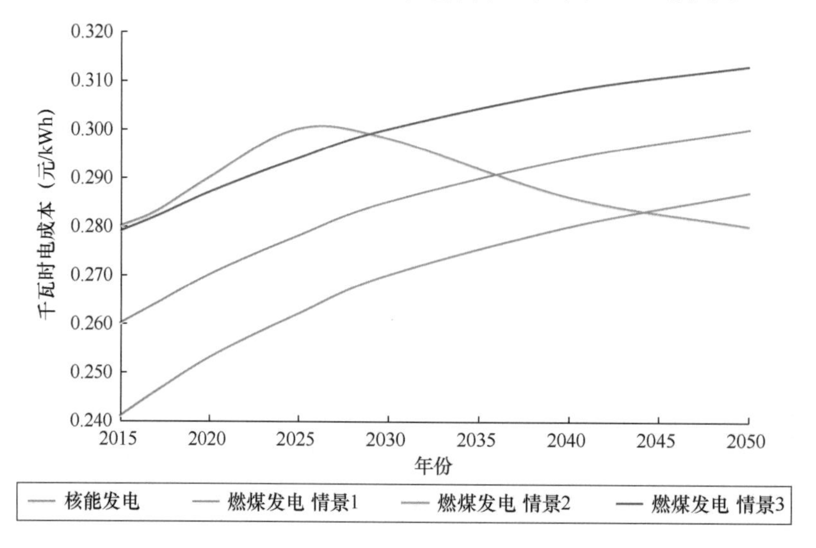

图9-17　不同情景下的燃煤发电和核能发电的千瓦时电成本趋势对比

可以看出，燃煤发电的不同情景之间，千瓦时电成本差异将缓慢缩小。主要原因是未来高效率燃煤发电形式的比重不断提升，平均煤耗下降，削弱了燃煤价格波动的影响。

由于燃煤发电和核能发电的千瓦时电成本较为接近，因此燃煤价格的变化，对于核能发电替代燃煤发电的影响明显。可以看出，如果燃煤价格保持中位（情景1），从经济性角度而言，核能发电将于2036年前后产生替代效果。当燃煤价格保持低位（情景2），虽然燃煤发电的千瓦时电成本将随环保要求提升而逐渐上升，但在2044年前仍将低于核能发电，替代时间相比情景1推迟了8年左右。

当燃煤价格处于高位时（情景3），核电的替代优势相比之下更为明显，因此替代时间提前至2028年前后。对于燃煤价格处于更高水平的情景，燃煤发电的千瓦时电成本有可能一直高于核能发电，这一情景下替代进程将显著加速。

核电政策也是影响核能发电对于燃煤发电替代进程的重要因素，根据中国未来能源政策和核电规划，核电装机容量未来将快速增长。但对于内陆核电发展，目前政策态度尚不明确，未来五年内陆核电获准开工的可能性较小。

根据2016年11月由国家发改委和国家能源局正式发布的《电力发展“十三五”规划》，中国将“坚持安全发展核电的原则，加大自主核电示范工程建设力度，着力打造核心竞争力，加快推进沿海核电项目建设”。

核电发展将重点关注开工建设CAP1400示范工程、推动“华龙一号”技术进一步融合等方向。“十三五”期间核电投产需要达到3000万kW装机容量，开工建设达到3000万kW以上装机容量，到2020年累计装机容量达到5800万kW。目前核电政策中，沿海核电仍然是“十三五”期间的开发重点，沿海核电厂址也可以保证“十三五”期间核电发展目标的实现。

对于内陆核电，目前核电政策中指导意见主要是开展前期工作。核电项目从前期选址到建成投运，周期通常为8～10年。在政策明确之前，十余个省份已经提出或者开展了内陆核电的前期工作，预计从批准建设到建成投运之间的周期可以缩短至5年左右。

上节的替代时间分析中，内陆核电获准建设的时间点为2020年前后。随后的五年中核电的地区限制逐步放宽，无量纲地区限制指标下降约10%。核电与煤电地区因素差异随之逐渐缩小，在2025年前后趋于稳定。结合现行内陆核电的发展政策，这一预期偏向乐观，并设定为情景1。

如果内陆核电获准建设的时间点在2025年前后，相比仅有沿海选址的情景，2030年核电选址的数量将增加20%～30%，相应的地区限制指标将下降10%左右。这一情景可以设定为情景2。如果内陆核电获准建设的时间点为2030年，则设定为情景3。

如图9-18所示，由选址难度趋势可以看出，核电技术进步和内陆核电政策共同影响着核电选址难度。技术进步带来的选址增加，是一个缓慢而持续的过程；而内陆核电政策放开，则将在随后的五年内带来显著变化。此外，内陆核电获准建设的时间点越早，内陆核电在设计建造阶段的技术经验积累就越丰富，也有助于拓展内陆核电选址范围。因此，两方面影响因素存在叠加影响，三种情景中内陆核电均获准建设时，获准时间点较早的情景将保持一定优势。

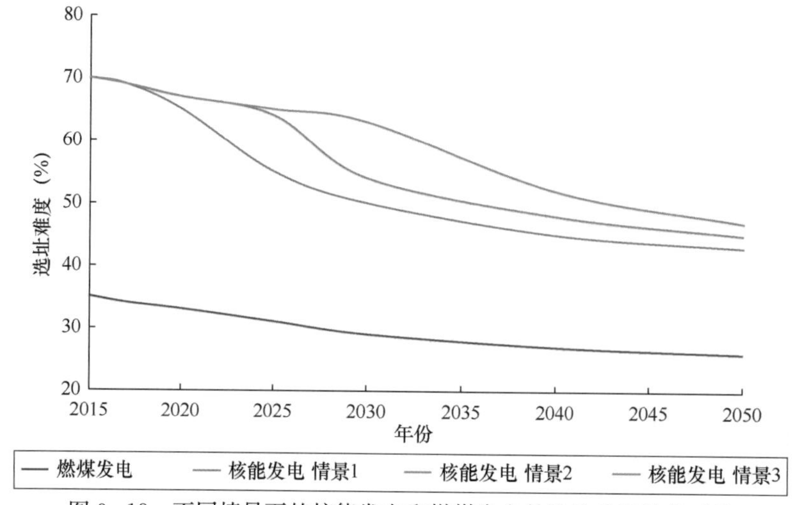

图 9-18　不同情景下的核能发电和燃煤发电的选址难度趋势对比

参考文献

[1] 中华人民共和国国家统计局．中国统计年鉴［M］．北京：中国统计出版社，2015.

[2] 2016 年 1～8 月份电力工业运行简况［R］．中国电力企业联合会，2016.

[3] 2010～2015 年电力装机容量、发电量及用电量［R］．北极星电力网，2016.

[4] 王春亮，宋艺航．中国电力资源供需区域分布与输送状况［J］．电网与清洁能源，2015，31（1）：69-74.

[5] Bloch H，Rafiq S，Salim R. Coal consumption，CO_2 emission and economic growth in China：empirical evidence and policy responses［J］. Energy Economics，2012，34（2）：518-528.

[6] 陈潇君，金玲，雷宇，等．大气环境约束下的中国煤炭消费总量控制研究［J］．中国环境管理，2015，7（5）：42-49.

[7] 曾琳．煤炭峰值预测与对策研究［J］．煤炭经济研究，2014，34（4）：5-9.

[8] 林伯强，李江龙．环境治理约束下的中国能源结构转变——基于煤炭和二氧化碳峰值的分析［J］．中国社会科学，2015，9：84-107.

[9] Li R，Leung G C K. Coal consumption and economic growth in China［J］. Energy policy，2012，40：438-443.

[10] Zhang X P，Cheng X M. Energy consumption，carbon emissions，and economic growth in China［J］. Ecological Economics，2009，68（10）：2706-2712.

[11] 刘勇，赵忠德，周淑慧，等．中国燃气行业天然气利用状况及发展趋势［J］．国际石油经济，2016，24（6）：52-60.

[12] 董康银，孙仁金，李慧．中国天然气消费结构转变及对策［J］．科技管理研究，2016，36（9）：235-241.

[13] Li J，Dong X，Shangguan J，et al. Forecasting the growth of China's natural gas consumption［J］．Energy，2011，36（3）：1380-1385.

[14] Lin W，Zhang N，Gu A. LNG（liquefied natural gas）：a necessary part in China's future energy infrastructure［J］．Energy，2010，35（11）：4383-4391.

[15] 陈润羊，花明．铀矿资源对我国核电发展战略影响的研究［J］．矿山机械，2015，11：7-11.

[16] 李文，许虹，王秋舒，等．全球铀矿资源分布以及对中国勘查开发建议［J］．中国矿业，2016，25（6）：1-6.

[17] You-liang C. Current status and prospecting vistas of uranium resources in southwest of China［J］．Uranium Geology，2004，20（1）：1-3.

[18] 李玉宏，王行运，韩伟．渭河盆地氦气资源远景调查进展与成果［J］．中国地质调查，2015，2（6）：1-6.

[19] 黄湘，孙育文．不同能源发电形式对环境的影响［J］．中国电力，2008，41（2）：48-50.

[20] 宋炜，顾阿伦，吴宗鑫．城镇居民生活用电需求预测模型［J］．中国电力，2006，39（9）：67-70.

[21] 傅莎，邹骥．"十三五"煤电零增长也能满足中国未来电力需求［J］．世界环境，2016，4：77-79.

[22] Liu T，Xu G，Cai P，et al. Development forecast of renewable energy power generation in China and its influence on the GHG control strategy of the country［J］．Renewable Energy，2011，36（4）：1284-1292.

[23] 国网能源研究院．中国电力供需分析报告2015［M］．北京：中国电力出版社，2015.

[24] 顾宇桂，罗智，单葆国．2013年中国电力供需形势展望［J］．中国电力，2013，46（1）：7-10.

[25] 肖欣，周渝慧，张宁，等．城镇化进程与电力需求增长的关系研究［J］．中国电力，2015，48（2）：145-149.

[26] 方伟，郑文竹，樊立沙，等．基于二次指数平滑模型的中国社会电力需求预测分析［J］．价值工程，2015，34（36）：65-66.

[27] 詹花秀．中国新能源产业发展面临的障碍与对策［J］．经济研究导刊，2014，25：60-62.

[28] 单葆国，韩新阳，谭显东，等．中国"十三五"及中长期电力需求研究［J］．中国电力，2015，48（1）：6-10.

[29] 电力发展"十三五"规划［Z］．国家发改委，国家能源局，2016.

第 10 章

发电技术发展路线与战略建议

结合之前章节对于传统能源发电和新型能源发电的技术现状和发展趋势的调研分析，以及对于传统能源发电和新型能源发电两者的竞争趋势和替代时间研究，本章重点围绕传统能源发电和新型能源发电的技术发展战略展开，并提出了能源发电产业未来发展的政策建议。

传统能源发电的技术发展路线方面，通过分析现有的优势和缺点，本章重点探讨了满足清洁、高效、低碳要求，并符合我国产业转型升级路线的传统能源发电的新形式、新技术。新型能源发电的技术发展路线方面，首先根据各种新型能源发电形式的特点进行了分类讨论。对于具备竞争优势和替代潜力的新型能源发电形式，本章分析了应当重点发展的关键技术以及配套的产业和政策扶持。综合传统能源发电和新型能源发电之间的相似性讨论和替代分析，本章针对性地提出了适合转型对接的新型能源发电形式和关键技术。

本章综合传统能源发电和新型能源发电的技术发展战略，从全局角度分析了能源发电产业的未来趋势，总结了十个重点发展方向，并提出了产业发展的战略建议。

第 1 节　传统能源发电技术发展路线

一、 技术现状分析

综合之前章节对于能源发电形式的划分，传统能源发电具体包括燃煤发电、燃油发电、燃气发电、常规水电、抽水蓄能等，新型能源发电具体包括生物质发电、垃圾发电、余热发电、燃料电池、核能发电、风力发电、太阳能发电、海洋能发电、地热发电等。

在本书划分的五种主要的传统能源发电形式中，存在落后技术、主流技术和前沿技术等技术类别，也具有集中式、分布式、联合循环、热电联供、调峰蓄能等多种应用形式。技术类别和应用形式已在之前章节进行了充分讨论，本章将从适应未来传统能源发电的清洁、高效、低碳转型升级的角度，筛选技术类别和应用形式，提出需要重点研究发展的技术类别和应用形式。

传统能源发电形式中，燃油发电和抽水蓄能内容相对较少，重点分析燃煤发电、燃气发电和常规水电的技术类别水平，情况如表 10 - 1 所示。发电形式的主流技术，通常兼顾了技术指标的成熟度和先进性，并在经济性和环保方面具有一定竞争力。相比之下，前沿技术的技术指标一般更为先进，环保优势更为显著，但关键技术通常有待于进一步成熟，而且发电成本普遍有待降低。

表 10 - 1　　主要传统能源发电形式的技术划分

发电形式	早期技术	主流技术	前沿技术
燃煤发电	亚临界、超临界	600℃超超临界、二次再热、超低排放、CFB、热电联供	700℃超超临界、煤基 S - CO_2 布雷顿循环、化学链燃烧、富氧燃烧、CCS
燃气发电	E 级燃气轮机	F 级燃气轮机、燃气蒸汽联合循环	IGCC、煤层气、微燃机、分布式冷热电联供
常规水电	传统中小型水电站	大中型水电站、分布式小型水电站	1000MW 水电机组、生态友好水电、水光互补、水风互补

以燃煤发电为例，前沿技术、主流技术和早期技术，在规模、效率、环保、千瓦

时电成本、技术成熟度等主要指标方面，存在较为明显的差异。对比主流技术和早期技术，由图 10 - 1 可以看出主流技术的各方面指标全面优于早期技术，技术成熟度略有落后但差异较小。因此主流技术已经占据燃煤发电新建机组的较高比例，并将在未来 5～10 年中保持较为明显的优势。

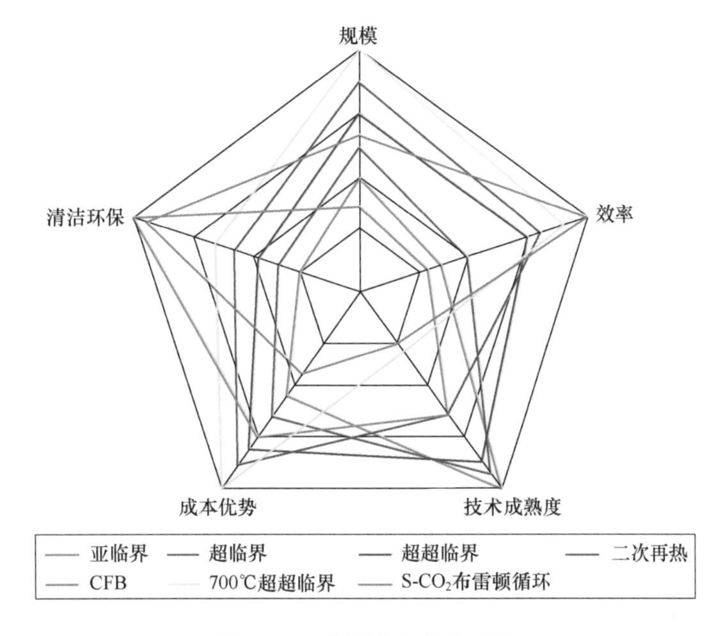

图 10 - 1 燃煤发电技术对比

前沿技术相比主流技术，在清洁和高效两方面较为突出，但在技术成熟度和千瓦时电成本方面有待改进。由于前沿技术的发电效率较高，因此千瓦时电成本偏高更多来自于尚未规模化和商业化的原因，长期来看千瓦时电成本将逐步降低并低于现有主流技术。

综上所述，现有的主流技术从研究层面已经基本成熟，考虑到研究成果转化周期和更新换代方面的滞后，当前和未来 5～10 年中主流技术仍然占据传统能源发电的主导地位。但从科学研究角度而言，传统能源发电转型升级对于清洁高效方面提出了更高要求，开展前沿技术研发工作已经成为重要而迫切的需求。

二、 技术发展方向

“十二五”期间，中国燃煤发电的研发、示范和推广取得一定成果，超超临界直接空冷、超超临界间接空冷、超超临界二次再热、CFB 等技术逐步成熟，已投运世界首台 1000MW 级超超临界直接空冷机组、世界首台 660MW 超超临界二次再热机组、世界首台 1000MW 超超临界二次再热机组、世界首台 600MW 超临界 CFB 机组等，世界首台 1000MW 级超超临界间接空冷机组也已经开工建设。高钠钾煤（准东煤）发电、褐煤干燥提质发电、超低排放等技术也取得了预期进展，正在逐步推广应用。

“十三五”期间，燃煤发电方面研究重点仍然围绕提高参数和降低排放展开。整体指标方面，燃煤机组的供电煤耗力争达到 300g/kWh，重点地区燃煤机组的粉尘、SO_2、NO_x 力争达到燃气发电排放水平。

重点前沿技术方向，应当围绕 700℃超超临界发电、煤基 S-CO_2 布雷顿循环、1200MW 等级超超临界发电等重大课题展开，在高温合金材料、S-CO_2 布雷顿循环配套材料、超长叶片等关键技术方面取得一定突破，为建设示范机组做好准备。对于燃煤发电相关的 CCUS 技术，“十三五”期间重点在于开展系统研究和实验，为未来设计建造 100 万吨/年规模的二氧化碳捕集装置提供技术支撑。

燃煤污染物控制技术在“十二五”期间得到了较为充分的研究，工艺路线和关键技术取得阶段性的成果和突破，超低排放技术、一体化脱除、湿式电除尘、干法脱硫、SCR 脱硝、重金属脱除等技术在“十三五”期间将进入规模化应用阶段。与燃烧协同的污染物控制技术方面，低氮燃烧技术已经基本成熟并逐步应用，富氧燃烧技术在“十三五”期间应当开展全面和细化的研究工作，并逐步降低应用成本，为商业化和规模化应用打好基础。化学链燃烧从机理层面还有待于进一步探索，载氧剂（OC）等关键技术有待突破。

燃气发电方面，“十二五”期间中国在燃气轮机的设计、制造、调整和修复方面的能力都在不断提升，但与国外先进水平还存在一定差距。燃气-蒸汽联合循环和 IGCC 方面，“十二五”期间取得了重要应用成果，装机规模为 265MW 的天津 IGCC 示范电厂建成投运。

“十三五”期间，应当继续开展燃气-蒸汽联合循环（NGCC）、IGCC、污染物控制、煤层气发电等方面的研究和应用。应当重点关注燃气轮机的高温部件材料、高温防护涂层、单晶透平叶片等关键技术，推进进一步掌握燃气发电的核心竞争力。全面掌握 F 级燃气轮机核心部件的制造技术，以及研发 400～500MW 大容量 IGCC

机组成套技术，也是“十三五”期间应当重点开展的工作。

煤层气、页岩气等非常规油气采用燃气轮机进行发电，也是未来应当重点关注的前沿技术。国务院办公厅印发的《能源发展战略行动计划（2014—2020年）》提出，到2020年国产常规气达到1850亿m^3，页岩气产量力争超过300亿m^3，煤层气产量力争达到300亿m^3，非常规油气将占据燃气发电市场的重要份额。低浓度煤层气发电是目前的前沿技术热点，主要技术瓶颈在于浓度波动时如何稳定发电，以及低浓度煤层气的安全运输和使用问题。

随着多能源互补、分布式发电和冷热电联供等技术的发展，微燃机作为分布式系统核心设备，未来发展潜力巨大。微燃机技术发展始于1990年代，技术差距相对较小，在“十三五”期间应当努力实现跨越式发展。在国家发改委、能源局印发的《能源技术革命创新行动计划（2016—2030年）》中，先进径流式回热循环微型燃气轮机，以及先进轴流式简单循环小型燃气轮机等，都是值得重点投入的前沿技术。

水力发电方面，“十二五”期间中国已经实现800MW级水电机组的建造运行，超高坝、超大型地下洞室群等先进关键技术取得突破并实现工程应用，整体技术水平位于世界领先地位。随着水电资源深度开发的进行，“十三五”期间中国将面临更多的高海拔、高寒、复杂地质条件地区的水电开发，相关的筑坝技术、生态保护技术有待进一步提升，努力实现高海拔、高寒地区的300m级堆石坝、200m级高碾压混凝土重力坝等的建设和应用。

1000MW高性能大容量水电机组技术，也有望在“十三五”期间攻克设计、制造方面的关键技术难题，将涉及设计、仿真、冷却方式、推力轴承、配套设备等方面的新技术、新工艺。多能源互补，也是水力发电在“十三五”期间值得关注的发展趋势。对于水光互补、水风互补等形式，开展具有针对性的设计、制造、运行和维护方面的研究，有助于中国在清洁可再生能源互补发电领域取得优势领先地位。

以燃煤发电和燃气发电为代表的传统能源发电的技术发展和应用替代，是一个较为缓慢的进程，其中产业配套和政策支持等因素也至关重要。对于传统能源发电产业，普遍存在建设周期长、机组寿命长等特点，前沿技术的大规模商业化应用，往往要经历5～10年的较长周期。而“十三五”期间，传统能源发电产业的转型升级需求又较为迫切，因此对于采用早期技术和主流技术的发电机组，进行持续的改进、改造和升级，是一条切实可行、经济环保的路线，符合国家节能减排的政策精神。在电厂配合和政策稳定的情况下，预期的技术应用趋势如图 10－2 所示。

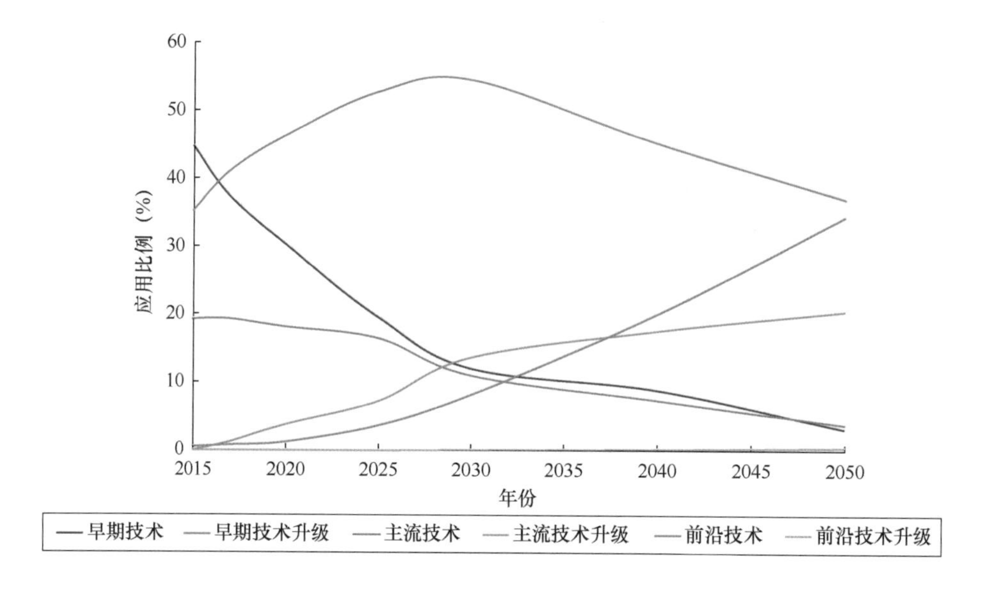

图 10－2　燃煤发电和燃气发电的技术应用趋势预测

可以看出，以燃煤发电和燃气发电为例，目前中国传统能源发电中以早期技术为主的机组的装机容量仍然占据很高比例。主流技术由于工程应用的滞后，目前装机容量比例还有待提升。未来五年中，随着国家各项环保政策的进一步落实，燃煤机组改造项目将持续快速增长，亚临界机组、超临界机组、E 级燃气轮机等早期技术的发电机组面临较大压力，预计未进行改造升级的机组比例将快速下降。

经过燃烧、除尘、脱硫、脱硝等改造升级后的早期机组，将随着改造进程的推进而出现装机容量比例的短期上升。但在 2025～2030 年后，随着主流技术和前沿技术对于早期技术的替代作用，经过改造升级的早期技术机组的比例也将开始下降。相比之下，没有进行改造的机组正在进入快速下降通道，将在未来迅速减少。

采用主流技术的燃煤发电机组和燃气发电机组，总体比例在未来保持上升趋势。其中，未进行升级改造的主流技术机组在 2025～2030 年后比例逐步减少，而被已经进行升级改造的主流技术机组替代。污染物控制和 CCUS 等技术改进预计将持续进行。对于采用前沿技术的火力发电，预计将在 2025 年前后逐步实现工程应用，并在 2030 年前后实现规模化和商业化，装机容量预计将在 2050 年提升至 40％。

第 2 节　新型能源发电技术发展路线

一、现状分析

新型能源发电具体包括生物质发电、垃圾发电、余热发电、燃料电池、核能发电、风力发电、太阳能发电、海洋能发电、地热发电等。新型能源发电的技术路线与传统能源发电存在一定差异，主要体现在新的具体形式不断涌现，如高空风电、干热岩发电等。除核能发电、风力发电、光伏发电等历史相对较长的发电形式，大部分新型能源发电还没有出现较为明显的早期落后技术，主要以现有主流技术和未来前沿技术为主，如表 10 - 2 所示。

表 10 - 2　　主要新型能源发电形式的形式和技术划分

发电类别	主流形式/技术	前沿形式/技术
生物质发电	焚化发电、沼气发电	综合利用、CFB
垃圾发电	焚烧发电	CFB、气化熔融、烟气处理
余热发电	余热锅炉	S - CO_2布雷顿循环、ORC、斯特林循环
燃料电池	第一代 PAFC 电厂、	第二代 MCFC 电厂、第三代 SOFC 电厂、AFC 与 PEMFC 移动电源
核能发电	第二代改进、第三代	第四代、小型堆、行波堆、聚变堆、核燃料循环、热解水制氢
风力发电	陆上风电、海上风电、大容量风机、低风速风机	高空风电、漂浮式风电、功率预测、并网技术、超大型风机、微型风机
太阳能发电	第一～三代光伏发电、槽式、塔式光热发电	第四代光伏、光热＋储能、碟式光热、斯特林循环、ISCC、风光互补
海洋能发电	潮汐能、波浪能	海流能、温差能、盐差能
地热发电	蒸汽型、热水型、一次蒸汽法、二次蒸汽法、ORC	干热岩、Kalina 循环

新型能源发电普遍具有资源来源广、清洁可再生、应用方式灵活等特点，因此研究热点更多集中在提升技术指标和经济指标方面，应对资源环境压力的转型升级的研究和应用相对较少。因此，对于新型能源发电的技术现状和发展趋势分析，首先要根据形式和技术对新型能源发电进行划分，随后提出未来应当大力发展的新形式和新技术，并提出相应的关键技术、产业发展和政策扶持建议。

根据表 10 - 2 对于各类能源发电的形式与技术划分，可以看出生物质发电、垃圾发电和余热发电领域的新形式和新技术，重点集中在 CFB、污染物控制和新型循环等三大方面。其中 CFB、污染物控制和 S - CO_2 布雷顿循环，也同样是燃煤发电重点关注的技术热点。因此对于生物质发电、垃圾发电和余热发电等可以划入火力发电“大类”中的新型能源发电，研发重点在于针对新型能源发电调整以上关键技术，从而适应新型能源发电不同的需求和侧重点。

有机朗肯循环（ORC）和斯特林循环是适用于余热发电的新形式和新技术，也可以应用于光热发电、地热发电等利用中低温热源和外热源的发电形式。当 ORC 和斯特林循环应用于不同发电形式时，通常具有相似的共性技术，应当作为重点的共性研究课题。

燃料电池、海洋能发电在技术研发方面相对独立，燃料电池技术主要朝着电厂和移动式电源两个方向发展，技术逐步更新换代。海洋能发电目前技术重点在于扩展具体形式和内容，除潮汐能发电技术相对成熟外，其余形式需要进一步完善技术实用性并走向工程应用。

核电领域未来技术发展路线较为清晰，中国已经确定了“热中子堆电厂 - 快中子堆电厂 - 聚变堆电厂”三步走的发展路线。同时，核燃料循环研究也应当引起关注，特别是对于乏燃料后处理、地质处置等方面的需求较为迫切。核电领域前沿技术研究中，热解水制氢属于重要交叉领域，与中国大力发展第四代核电技术，以及鼓励采用氢能等清洁环保终端能源的思路和政策较为符合。

风力发电的风机容量向着超大型风机和微型风机两个方向发展，相应的前沿技术研究也将围绕这两方面趋势展开。功率预测和并网技术是提升风力发电稳定性的重要技术，也是实现风光互补等多能融合技术的前提基础。高空风电、漂浮式风电等具体形式，在现阶段可以进行初步的探索性研究，从而充分评价其可行性和稳定性。

光伏发电的前沿技术发展，主要围绕先进的太阳电池展开，包括三叠层电池、多元化合物薄膜电池、砷化镓电池、染料敏化电池、有机基电池等。光伏发电的应用方面目前已经相对成熟，集中式、分布式、多能互补、光伏微网等技术的应用前景良好，光伏建筑一体化（BIPV）等未来也有很大的发展空间。

光热发电领域的前沿技术内容较为丰富，其中熔盐储热技术可以显著提升光热发电的稳定性和效率，还可以实现24h不间断发电，未来应当重点推进这一技术的成熟化和商业化。太阳能-天然气耦合能源动力系统（ISCC）在环保和效率方面优势显著，未来关键技术主要围绕进一步提高参数，以及推进900～1200℃的高温太阳能热化学互补的研究应用。

光热发电还可以根据参数不同，选取斯特林循环、ORC、亚临界朗肯循环、超临界朗肯循环、S-CO_2布雷顿循环等循环形式。未来前沿技术将进一步提升光热发电的循环参数和装机容量，包括在燃气燃油辅助下实现超超临界循环发电，或者采用熔盐介质实现700℃超超临界循环发电。光热发电与火力发电存在大量共性关键技术，在未来研究中可以整合研究资源，力争突破技术瓶颈，并且针对光热发电特点开展技术调整和改进。

与光热发电类似，地热发电领域的前沿技术也涉及ORC、Kalina循环等共性技术，这些技术的突破与改进，有助于提升地热发电的发电效率和适用范围。干热岩资源量巨大，目前干热岩的勘探开发、发电维护还处于研发探索阶段，预计未来将是地热发电领域的前沿技术热点。

总结以上分析，在“十三五”期间内具备应用潜力和竞争优势，或者很可能出现技术突破的新形式和新技术，主要包括：生物质发电和垃圾发电领域的CFB技术；余热发电、光热发电、地热发电领域的ORC、斯特林循环、Kalina循环技术；风力发电和太阳能发电领域的功率预测、并网技术、ISCC、风光互补等。以上新形式和新技术，目前研究基础和经验积累相对较为充足，部分新形式和新技术在国内外已经实现了试验装置或示范项目的建设或运行。

“十三五”期间及未来长期，值得持续关注的前沿技术包括S-CO_2布雷顿循环、第四代核电、核燃料循环、热解水制氢、高空风电、漂浮式风电、干热岩发电等。上述新形式和新技术在国内外仍然面临较多的技术难题和技术瓶颈，预期在“十三五”期间仍将处于实验室研究或验证性试验阶段，距离工程应用还有一定距离。

二、发展方向与建议

传统能源发电的技术框架经历数百年的发展完善，目前已经基本成型。相比新型能源发电，传统能源发电的前沿技术相对集中，研究方法较为固定，技术难点较清晰，技术交替较有规律。传统能源发电的早期技术、主流技术和前沿技术，在探索研究、试验应用、示范工程、商业化规模化、竞争力降低、落后淘汰等各个发展阶段的内容和进度方面，开展预测相对容易，提出准确可行的技术路线和政策建议的难度相对较低。

而新型能源发电的技术发展历程中，新形式不断涌现，新技术不断产生。因此新型能源发电技术的发展方向预测和技术路线建议，相比传统能源发电而言范围更广、难度更高、方式更灵活、共性技术更多。

根据第 9 章分析，2050 年前中国将长期处于新型能源发电替代传统能源发电的进程之中，把握替代进程中的发展机遇十分重要。因此，大量涉及传统能源发电领域的科研、设计、建设、运行和维护的高校、院所、企业、工厂等，都将面临着从传统能源发电行业转型、开展新型能源发电业务的客观环境和竞争压力。

其中，火力发电和水力发电领域的研究体系，在变革中将首先面对压力，开展新型能源发电领域研究的需求也更为迫切。一种新型能源发电在替代一种传统能源发电时，需要充分考虑两者的相似性。与之类似，传统能源发电科研体系需要结合现有的人力资源、研究基础、技术优势、产品特点等，开展具有相似性的新型能源发电技术研究，便于顺利转型。

对于燃煤发电领域的研究体系，可以开展具有相似形式或共性技术的新型能源发电前沿技术，包括生物质发电、垃圾发电、余热发电、核能发电、光热发电、地热发电等。具体技术方面，燃煤发电的污染物控制、劣质煤利用、富氧燃烧、CCUS 技术，经过调整可以应用于生物质发电、垃圾发电；超临界、超超临界、二次再热等高效发电技术对于提升核电效率具有借鉴意义；直接空冷、间接空冷等技术，对于内陆核电、光热发电（通常位于缺水地区）具有参考价值；S - CO_2 布雷顿循环等热力循环成套技术，也属于余热发电、地热发电等形式的共性技术。

此外，燃煤发电技术体系中的部件设计、换热设计、材料制造、动力机械、控制软件、运行维护等方面，对于以上新型能源发电形式具有较高的可移植性。特别是中国燃煤发电整体技术水平处于世界领先地位，这对促进新型能源发电的技术探索走在世界前列，具有重要的推动作用。

燃气发电的前沿技术研究成果，也可以用于生物质和垃圾的沼气化发电、与光热发电相结合的ISCC等课题。燃气轮机的压气机、透平、换热部件、高温材料等技术，对于S-CO_2布雷顿循环、斯特林循环、ORC等循环的部件设计、材料选择、加工制造和运行维护等环节具有重要的参考价值。

水力发电领域的研究体系，对于风力发电、海洋能发电等依赖天然资源并采用叶轮机械的新型能源发电的技术研究和应用业务，可以提供较好的研究基础和技术积累。前沿技术方面，常规水电和抽水蓄能方面的灯泡式半贯流水轮机、灯泡式贯流水轮机、低水头水轮机、可逆式水轮机等水轮机技术，可以较好地应用于海洋能发电。水力发电所涉及的流体力学、整体设计、部件制造、电磁、轴承、绝缘、冷却等方面技术，也与风力发电、海洋能发电等具有大量共同点，相关技术和经验具有重要参考价值。

传统能源发电行业在开拓新型能源发电业务时，还需要考虑人力资源、产品特点、地域特征等方面的相似性和差异性。陆上风电、光热发电等与燃煤发电在应用方式（集中式）、应用地区（市区外）、维护需求（定期专业维护）等方面存在相似性，光伏发电与燃气发电在产品特点（分布式微燃机、BIPV）、应用地区（市区内）、排放特点（在使用地点污染物排放很少或为零）等方面也较为一致。在考虑相似性的同时，新型能源发电业务与传统能源发电业务也存在一定差异性，也需要予以重视。

第3节　产业发展战略建议

结合上文提出的传统能源发电和新型能源发电的技术发展路线，从全局角度分析能源发电产业的未来趋势，提出下列十个重点发展方向和发展战略建议。

1. 700℃超超临界发电

700℃超超临界燃煤发电技术，是高效清洁燃煤发电技术的代表，发电效率有望提升至50%，相比600℃超超临界机组的供电煤耗减少36g/kWh左右，CO_2排放减少13%左右。

700℃超超临界发电的技术路线如下：①概念设计、总体设计与可行性分析。②低成本高强度高温合金材料的开发。③水冷壁、过热器、再热器关键部件制造技术，汽轮机大型合金铸、锻件材料和制造技术，汽轮机转子和气缸制造技术，大口径镍基合金管道、阀门技术。④关键高温部件的长周期实炉挂片试验验证。⑤工程建设及运行维护技术。

目前技术路线中的第①步已经基本完成，第②～④步将在“十三五”期间进入重点研发阶段，最为关键的高温部件验证部分，有望在2025年前完成。结合技术路线进展，相关的产业发展路线如下：①配合制造技术测试和高温部件现场试验验证。②关键部件制造、大口径镍基合金管道、阀门制造。③示范机组开工建设，设计参数35MPa/700℃/720℃，效率为48%以上。④建成投运示范机组，完善运行维护技术。⑤实现关键部件低成本批量化制造，推进700℃超超临界机组批量化商业化。

以上产业发展路线中，预期第①、②步将在2030年前完成，第③、④、⑤步将在2030年后逐步推进。结合第3章对于700℃超超临界发电技术的预测，在技术路线进展顺利的情况下，预计2030年前后将开始建设700℃超超临界发电示范机组；如果技术路线进展缓慢或遭遇瓶颈，则预计2030年前后至少可以建成或开始建设650℃超超临界发电示范机组，并在后续形成一定装机规模。

2. S-CO_2布雷顿循环

S-CO_2布雷顿循环具有体积小、质量轻、效率高、功率密度高、功率范围大、费用较低等优点，可以利用外界提供的500～800℃热源，因此较为适合600℃超超临界煤基发电、光热发电、高温气冷堆核电和中高温余热发电。随着富氧燃烧、化学链燃烧、CCUS等技术的发展，从燃煤发电大规模低成本捕集得到的CO_2，也可以用作S-CO_2布雷顿循环的工质。

S-CO_2布雷顿循环的技术路线和产业路线如下：①系统设计、可靠性分析和经济性评价。②适用于高温高压S-CO_2的耐腐蚀合金材料开发。③关键部件制造技术，实验室小功率模拟机组。④S-CO_2布雷顿循环示范机组建设，关键部件低成本批量化制造工艺研究。⑤S-CO_2布雷顿循环在煤基发电、光热发电、高温气冷堆核电、余热发电等多种形式上的工程应用与示范机组建设。⑥S-CO_2布雷顿循环的批量化建设和商业化运营，完善运行维护技术。

S-CO_2布雷顿循环发展路线中，目前第①阶段已经有较为丰富的研究成果，第②、③阶段将是“十三五”期间的重点攻关内容。在第②、③阶段的成果基础上，第④、⑤阶段发展预计将于 2025～2040 年开展。

3. 燃煤污染物控制技术

燃煤污染物控制技术方面，脱硫、脱硝、除尘、重金属控制、一体化脱除、污废水控制、固废综合利用等技术，在“十二五”期间研究成果丰富。“十三五”期间，燃煤污染物控制技术领域的研究应用的重点包括 W 火焰锅炉低氮燃烧技术、超细粉尘控制技术、烟气资源化技术、固废综合利用技术、燃烧协同的污染物控制技术等。

近年来中国燃煤发电污染物排放标准中，对粉尘排放提出了更高标准，并且新增了细颗粒物（PM2.5）排放标准。传统除尘技术难以满足未来超细粉尘排放控制需求，应当大力发展湿式电除尘技术和其他新型高效除尘技术。“十三五”期间，大气污染治理和燃煤发电细颗粒物排放控制作为能源电力行业热点问题，新型高效除尘技术的研发和应用工作需要快速推进，争取在“十三五”期间实现示范工程应用。

与燃烧协同的污染物控制技术方面，重点关注富氧燃烧和化学链燃烧两方面技术发展。富氧燃烧技术在“十三五”期间应当开展全面和细化的研究工作，并逐步降低应用成本，争取完成工程现场试验或示范工程，为 2025 年前实现商业化和规模化应用打好基础。“十三五”期间，化学链燃烧在机理层面还有待于进一步探索，载氧剂（OC）等关键技术有待突破，力争在“十三五”期间形成成套技术，并于 2030 年前开展应用和示范工程。

4. 燃气轮机装备制造、微燃机冷热电联供技术装备、非常规油气的燃气发电

“十三五”期间，中国自主燃气轮机装备制造发展战略，需要重点围绕高温部件材料、高温防护涂层、单晶透平叶片等关键技术，支撑燃气发电、NGCC、IGCC 等的快速发展需求。

“十三五”期间燃气轮机装备制造研究内容具体包括：全面掌握 F 级燃气轮机核心部件的设计制造技术、含通流部件设计优化、通流部件振动与强度分析、燃烧优化技术、高温材料性能、热端部件力学性能及失效分析、高温部件冷却技术、气膜冷

却和内部肋通道冷却、热通道部件修复技术、热障涂层工艺、低热导率耐高温热障涂层材料等。

通过以上工作，在“十三五”期间建立E级、F级燃气轮机热通道部件高温材料性能数据库，实现F级燃气轮机热通道部件修复国产化。力争实现F级燃气轮机的透平第一级动静叶、燃烧调整等自主化。

在2030年前，进一步掌握G级、H级燃气轮机的系统设计和装备制造能力，力争实现燃气轮机系统示范项目应用，并掌握G级、H级燃气轮机热通道部件修复技术。

微燃机具有体积小、质量轻、振动小、噪声低、维护简单、用途广泛等特点，适用于区域式供电和建筑冷热电联供。“十三五”期间重点关注的前沿技术包括高转速转子、高效紧凑式回热器、空气润滑轴承、低NO_x燃烧技术、烟气回注系统、新型陶瓷材料、微型无绕线的磁性材料发电机转子、可变频交直流转换的发电控制技术等。

中国具有自主知识产权的100kW级微型燃气轮机研制已经取得突破，通过“十三五”期间的进一步研发和应用，力争实现全面掌握微型燃气轮机各项关键技术，并在微燃机的设计、制造、应用领域取得世界领先地位。

结合中国提出的能源技术革命创新行动计划，未来技术和产业前沿还包括先进径流式回热循环微燃机及先进轴流式简单循环小型燃气轮机等。在大力发展微燃机技术的同时，还应当充分重视冷热电联供技术研究和应用，将水、电、燃气、制冷、供热乃至氢能等多种能源产品有机整合，提升微燃机冷热电联供系统的综合效率。

煤层气、页岩气等非常规油气采用燃气轮机进行发电，预计将在“十三五”期间取得产业突破。预计到2020年中国国产常规气达到1850亿m^3，页岩气产量力争超过300亿m^3，煤层气产量力争达到300亿m^3。采用非常规油气的燃气发电，预计到2020年有望接近200万kW装机容量，其中煤层气发电装机容量有望达到120万kW。

目前非常规油气的评价方法、开采工艺和利用技术发展迅速。针对中国煤层气甲烷含量低、浓度波动大的特点，低浓度煤层气发电将是“十三五”期间的技术热点。关键技术包括浓度波动时的稳定发电，以及低浓度煤层气的安全运输使用。此外，甲烷氧化技术等利用非常规油气发电的新型途径，以及针对非常规油气设计的多孔介质燃烧器等新型方式，也将在“十三五”期间取得突破和完善。

5. 1000MW 高性能大容量水电机组技术

1000MW 级水电机组的成套技术，是世界范围内的技术难题。中国作为水电领域的领先国家，研究 1000MW 级及以上水电机组的设计、制造、施工中的关键技术，有助于提升水电产业竞争力，解决高山峡谷地区大型水电经济性问题。

在“十三五”期间，1000MW 高性能大容量水电机组的核心技术，主要包括水轮发电机组设计、冷却方式及仿真试验、推力轴承及仿真试验、配套设备等。安装调试方面，关键技术还包括运输工艺与规范、焊接工艺与规范、安装与调试工艺与规范等。

中国在金沙江下游河段建设的乌东德、白鹤滩水电站，根据动能指标和坝址情况具备了采用 1000MW 机组方案的条件。随着“十三五”期间水轮机设计工作完成，以及电磁、绝缘技术完善，乌东德、白鹤滩水电站的 1000MW 高性能大容量水电机组预计将于 2020 年投运。在技术成熟的情况下，到 2030 年采用自主知识产权的 1000MW 高性能大容量水电机组在国内外装机容量预计将达到 1000 万 kW 左右。

6. 先进核电技术与第四代核电技术

中国核电产业正在从二代技术、二代改进技术逐步向三代技术过渡，“十三五”期间先进核电技术将重点关注大型先进压水堆和安全技术、核燃料元件制造、乏燃料后处理、高放废物处置技术等。

同时，第四代核电技术方面，高温气冷堆和超高温气冷堆也是“十三五”期间重点关注的前沿技术。高温气冷堆中的主氦风机、氦气透平、电磁轴承、多模块协调、热电联产技术等，有待于在 2020 年前进一步完善，为高温气冷堆示范机组顺利投运提供技术保障。

产业发展战略方面，“十三五”期间和 2025 年前核电产业发展，将重点关注采用第三代核电技术的核电厂建设和运行。沿海核电基地建成和内陆核电审批放开，将进一步促进中国核电事业的大发展，有利于保障能源安全、优化能源结构。第三代核电在建设和运行过程中积累的经验，有助于“华龙一号”等具有自主知识产权的第三代核电成套技术和装备走出国门，具有重要的引领和战略作用。

中国第四代核电在“十三五”期间仍然将以技术研究为主，并力争在“十三五”末期实现首台高温气冷堆示范机组投运。到2025年后，力争实现第四代核电技术的批量化和商业化建设运营，并且在设计、制造、运行等各环节实现完全自主化，形成中国核电品牌走向国际市场。第四代核电机组装机容量到2035年有望占据中国核电装机容量的10%，到2050年有望占据核电装机容量的40%。

7. 海上风电与新型风力发电

中国风力发电产业近年来发展迅速，陆上风能资源的开发利用已经较为充分。“十三五”期间陆上风电的前沿技术和产业应用，热点将集中在风能资源评估、风电功率预测、风电并网技术、故障检测诊断、低风速风机等方面。通过上述技术优化，预计“十三五”后期同一规模风电场的发电量相比“十二五”后期提升3%～5%，预测精度提升3%左右，故障导致损失减少10%左右。

中国海上风电相比于陆上风电，目前开发程度偏低。海上风电具有资源丰富、利用小时数高、不占用土地资源等优势。“十三五”期间，中国海上风电将迎来研究和应用的高峰期，相关的规划评估、设计制造、施工维护等都将成为风电领域的热点。

海上风电的施工成本和维护成本显著高于陆上风电，对于减少风机数量、采用大容量风机的需求明显。“十三五”期间大容量风机的设计、制造、运行、维护，都将成为前沿技术热点。“十三五”期间预期可以突破8MW级及以上的海上风机关键部件的设计制造技术，运行维护方面也将向着免维护的方向更进一步发展。

预期经过“十三五”期间海上风电产业的快速发展，中国沿海风能资源将进一步得到充分开发，并推动风电领域的装备制造由中低端水平向着高端水平转型升级。“十三五”期间中国有望建成100MW级海上或潮间带风电场，并实现百万千瓦以上区域性多风电场的监控与智能化管理，“风－水－光－储”多能互补技术也有望实现规模化应用。

同时随着产业发展，“十三五”后期到2025年，预计海上风电千瓦时电成本将逐步接近陆上风电千瓦时电成本；2025～2035年，海上风电和陆上风电的千瓦时电成本都将逐步靠近传统能源发电的千瓦时电成本水平，实现平价上网。

高空风电具有能量密度高、设备质量轻、占地面积小、年利用小时数高等特点，经济性将显著优于传统风电，可以提供清洁、高效、廉价、可再生的电能。中国东南沿海地区高空风能资源丰富，与东部经济发达地区距离较近。高空风电可以在城市毗邻地区建设，有助于解决风电的长距离输电、消纳困难、弃风率高等问题。“十三五”期间，高空风电将围绕氦气球空中涡轮和高空风筝两条技术路线继续开展可行性研究工作，其中空中涡轮轻量化、风筝稳定性控制等关键技术有待进一步突破。

海上风电由于海上桩基施工难度高等原因，建设成本约为陆上风电的三倍左右，而且应用范围局限于 0～30m 水深的浅海。研究人员提出的海上漂浮式风电，可以显著降低海上风电的施工成本，并可以应用于 60～1000m 水深的广大海域，有望使海上风能资源的技术可开发量提升十倍以上。

海上漂浮式风电的技术应用方面，挪威 Hywind 漂浮式风电机组采用 2.3MW 风机，从 2009 年开始在 220m 水深环境中试运行。德国 Grossmann Ingenieur Consult 公司也开发了的漂浮式风机安装平台，并于 2012 年完成模型水池。美国 FloWind 公司与桑迪亚国家实验室在 1980 年代开发的垂直轴漂浮式风机，也在加州进行了大规模安装运行。

“十三五”期间，海上漂浮式风电在中国仍将处于探索阶段，预计到 2020 年将会有部分与国外合作的海上漂浮式风电示范项目。中国海上漂浮式风电领域实现技术自主化，并在应用方面取得规模化和商业化成就，仍然需要较长时间。

8. 高效低成本光热、光伏发电

在“十二五”期间中国光热发电的技术和产业逐步走向成熟，代表性项目包括中控德令哈 10MW 塔式电厂等，目前还有多个 1.5～20MW 装机容量的槽式、塔式、菲涅尔式光热项目在建。“十二五”期间，光热发电与其他能源发电形式的多能互补也取得了技术突破和产业应用，代表性项目是 2012 年华能三亚 ISCC 示范电厂投运，装机容量为 1.5MW，可以利用光热系统产生蒸汽，减少天然气用量。

“十三五”期间，中国将进一步开展光热发电研究，重点关注系统整体设计、定日镜控制、集热系统设计、熔盐吸热介质、储能技术等，以及超超临界、ORC、斯特林循环、S-CO_2 布雷顿循环等技术在光热发电领域的应用。光热发电将成为学科技术交叉较多、多能融合特点明显的代表性新型能源发电形式。

产业发展方面，“十三五”前期中国将发展 50MW 级光热发电的自主设计、建造和运行能力，并有望在 2018 年前后投运 50MW 级大型商业化光热发电示范机组，缩小与国外光热发电产业发达国家的差距。其中，代表性的示范项目包括中广核德令哈 50MW 槽式光热发电项目等。“十三五”后期，中国有望实现 100MW 级光热发电和配套储能技术的产业化，建成 100MW 级光热发电示范项目，光热发电产业整体装机容量规模达到 2000～5000MW。

光伏发电领域，“十三五”期间技术发展将延续“十二五”期间的技术发展路线，围绕进一步提升光伏电池效率，降低制造成本两方面推进研发工作。技术发展战略方面，关注第三代电池（高聚光电池）、第四代电池（染料敏化电池、纳米晶电池、有机基电池、钙钛矿电池等新型电池）等关键技术研发的同时，也应当关注高效率低成本晶硅电池和薄膜电池的技术改进。“十三五”期间，力争实现效率超过 23%的晶硅电池和效率超过 13%的薄膜电池的自主研发、制造和应用，并开发效率超过 40%的高聚光电池和配套跟踪技术，用于示范工程。

光伏发电产业发展方面，在发展集中式光伏电厂的同时，“十三五”期间也应当侧重发展分布式光伏发电系统以及配套的智能微网系统，包括推进建设兆瓦级 BIPV 示范项目，以及包含光伏发电的多能互补智能微网系统示范工程。“十三五”期间应当加快光伏功率预测、直流并网、孤岛防护等相关前沿技术的应用进程，促进太阳能资源的开发利用，推进技术进步和产业升级，为占据光伏领域的领先地位打好基础。

9. 大容量低成本储能

随着可再生能源发电近年来的迅速发展，可再生能源发电的随机性和间歇性对于电网的冲击和影响问题日益突出。储能技术能够有效弥补可再生能源发电的间歇性、波动性等不足，对于可再生能源产业发展具有重要的促进和保障作用。同时随着分布式发电的快速发展，用户侧对于储能的需求也较为强烈，储能成为提升分布式系统效率和经济性的重要途径。

“十三五”期间，高效环保的储能技术将日益受到发电产业重视。储能领域的关键技术包括储能方式、储能材料、制造工艺、储能效率、耐久性、经济性等方面。储能方式研究将主要围绕超导储能、超级电容器储能、电化学储能等先进方式展开，重点关注超导材料、碳材料、过渡金属氧化物、导电聚合物、三元锂材料等前沿材料的研发和试验。

通过提升材料、设计、制造等各个环节水平，“十三五”结束时储能装置有望实现储能效率大于 80%，并力争在 2030 年前储能效率达到 90%以上，接近超导储能、超级电容、锂离子电池等方式的理论储能效率。经济性方面，“十三五”结束时储能环节的平均成本有望下降至 0.25 元/kWh 水平，接近燃煤发电千瓦时电成本水平。

储能产业方面，“十三五”期间应当重点发展大容量储能，并完善大规模储能系统中的预测、控制、调度等功能。“十三五”结束时，实现满足风电和光电配套需求的秒级响应时间的兆瓦级储能系统的示范运行，效率和经济性指标达到世界先进水平，并掌握核心部件的自主知识产权。通过在“十三五”期间大力发展储能技术的产业应用，有助于降低弃风弃光现象、降低备用电源容量、提高电网设施利用率，更有助于形成具有自主知识产权的风一水一光一储的多能融合成套产品，为提升中国在可再生能源发电领域的技术竞争力提供支撑。

10. 多能融合与能源互联网

根据第 8 章对于多能融合和能源互联网的深入分析，“十三五”期间中国将依照国家能源局确立的《能源互联网行动计划大纲》和 12 个支撑课题，开展相关技术研究和产业开拓。能源互联网通过互联互通和优化配置，可以最大限度地发挥各类能源发电形式的效率，最大程度地减少各类用能、储能过程中的损失。目前中国燃煤散烧、弃风限电、弃光限电等问题突出，而能源互联网可以最大比例利用可再生能源，实现产业和社会的高效清洁电气化转型升级。

多能融合和能源互联网领域在“十三五”期间重点关注的前沿技术，包括云计算、大数据分析、输变电技术、储能技术、微电网技术、智能电网技术等上游技术，仿真技术、规划技术、调度策略、故障恢复等自身相关技术，以及分布式微网、制氢技术、智能充电桩等下游技术。整体来看多能融合和能源互联网在“十三五”期间仍然将处于初始探索阶段，但部分技术将快速发展并走向成熟。

产业方面，多能融合和能源互联网的产业发展将循序渐进，预计在“十三五”期间将首先开展能源互联网概念的试验验证和示范工程建设。示范工程通过将可再生能源互补与储能技术相结合，采用先进的技术模型、经济模型和运行策略，探索高效灵活、安全稳定的天然气和可再生能源复合供能的分布式能源系统，并尝试即插即用、智能电价等功能模块。

2020 年后能源互联网将逐步成熟，可再生能源、分布式发电、储能、电动汽车和电力需求侧管理将逐渐普遍化。随着能源发电的生产、分配、消费、存储的新型体系建立，能源互联网将对现有体系产生替代，形成大电网和微电网结合的布局。

到2030年，通过总结示范工程经验，中国将从各方位全面提升能源互联网的技术水平和经济性，实现大规模商业化的能源互联网基础设施建设。通过推动多能融合和能源互联网产业发展、解决可再生能源消纳问题，可以提升能源综合利用效率和可再生能源发电比重，促进节能减排事业发展并使得中国在这一领域取得世界领先地位。

参考文献

[1] 中国电机工程学会．“十三五”电力科技重大技术方向研究报告［M］．北京：中国电力出版社，2015.

[2] 国家发展改革委，国家能源局．能源技术革命创新行动计划（2016—2030年）［Z］．国家发展改革委，国家能源局，2016.

[3] 国家发展改革委，国家能源局．能源技术革命重点创新行动路线图［Z］．国家发展改革委，国家能源局，2016.

[4] 国务院．能源发展战略行动计划（2014－2020年）［M］．北京：人民出版社，2014.

[5] 能源发展“十二五”规划［Z］．国务院，2013.

[6] 中国科学院能源领域战略研究组．中国至2050年能源科技发展路线图［M］．北京：科学出版社，2009.

[7] 王志轩．大变化与大趋势（一）——“十三五”电力改革与发展现状及展望［J］．中国电力企业管理，2015，12：27－30.

[8] 王志轩．大变化与大趋势（二）——“十三五”电力改革与发展现状及展望［J］．中国电力企业管理，2016，1：38－43.

[9] 潘荔．“十三五”电力节能减排展望［J］．中国电力企业管理，2015，11：18－20.

[10] 张运洲，程路．中国电力“十三五”及中长期发展的重大问题研究［J］．中国电力，2015，48（1）：1－5.

[11] 汪建平．科学谋划“十三五”服务国家能源发展战略［J］．中国电力企业管理，2014，12：24－25.

索　引

A

B

C

D

E

F

G

H

J

K

L

M

N

P

Q

R

S

T

后　　记

本书对于火电、水电等传统能源发电和核电、风电、光伏、光热等新型能源发电的技术现状和发展趋势，进行了系统的整理分析。“技术”一直是本书编写过程中的关键点和落脚点，书中对于各种能源发电形式的最新基础理论和前沿工程技术进行了充分的归纳和分析。

通过对比传统能源发电与新型能源发电的技术指标和经济指标，以及资源、环境和社会评价，本书讨论了传统能源发电与新型能源发电的竞争趋势和替代时间。根据以上研究分析，本书提出了传统能源发电技术的发展路线和政策建议，以及新型能源发电的前沿技术探索和产业开拓方向，希望能对能源发电行业的研究、决策、工程人员有所帮助。

本书在编写过程中，得到了多所高校和科研机构的大力支持，西安交通大学、浙江大学、清华大学、华能山东石岛湾核电有限公司、中国华能集团公司技术经济研究院等单位提供了资料、图片、参观、培训等各方面协助，在此表示衷心感谢！本书得到了西安热工研究院研究开发基金项目和2016年陕西省博士后科研项目资助的大力支持，特此致谢！

展望未来，能源发电领域的前沿技术将不断涌现，推动着中国发电产业的转型升级。本书的未来趋势预测部分基于当前产业和技术现状得出，随着技术发展特别是可能出现的颠覆性技术，预测结果可能与未来情况存在偏差。本书作者将在后续研究中继续跟踪前沿技术动态，不断完善分析预测，以期更好地把握能源发电产业的未来发展方向。

编者
2017年11月